国家林业和草原局普通高等教育"十三五"规划教材

木材识别与鉴定

邱　坚　主　编
潘　彪　副主编
李　坚　主　审

中国林業出版社
China Forestry Publishing House

内 容 简 介

本教材主要涉及植物分类学简介和木材名称，描述木材宏观形态的术语、木材细胞壁结构、国际木材解剖学家协会(IAWA)《阔叶树种显微特征一览表》和《针叶树种显微特征一览表》的应用和记载方法、检索表的建立与应用计算机检索系统应用、木材识别与鉴定的基本流程和方法、实践以及木材鉴定新技术介绍等内容。

本教材不仅适用于林业工程类专业本科生、研究生教材，而且可以作为木材鉴定理论和实践培训的重要参考资料。

图书在版编目(CIP)数据

木材识别与鉴定 / 邱坚主编；潘彪副主编. —北京：中国林业出版社，2024. 4
国家林业和草原局普通高等教育"十三五"规划教材
ISBN 978-7-5219-2299-8

Ⅰ. ①木… Ⅱ. ①邱… ②潘… Ⅲ. ①木材识别-高等学校-教材 Ⅳ. ①S781. 1

中国国家版本馆 CIP 数据核字(2023)第 148921 号

策划编辑：杜 娟
责任编辑：杜 娟 田夏青
责任校对：苏 梅
封面设计：周周设计局

出版发行：中国林业出版社
（100009，北京市西城区刘海胡同 7 号，电话 010-83223120）
电子邮箱：cfphzbs@ 163. com
网址：https：//www. cfph. net
印刷：北京中科印刷有限公司
版次：2024 年 4 月第 1 版
印次：2024 年 4 月第 1 次
开本：850mm×1168mm 1/16
印张：22
字数：547 千字
定价：65. 00 元

前　言

深入贯彻新时代中国特色社会主义生态文明思想，牢固树立和践行绿水青山就是金山银山的理念，着力提升生态系统多样性、稳定性、持续性，加大生态系统保护力度，是党的二十大重要精神，是全面推进美丽中国建设的战略任务和重大举措。

木材解剖学是植物学的一个分支学科，木材识别与鉴定是木材解剖学的重要应用。木材识别与鉴定是在植物分类学的基础上，以木材的宏观和显微特征为基础，结合木材的物理、化学特征和植物地理分布特征，以及植物演化过程中植物细胞变化规律，进行特征比较，从而达到木材鉴别和分类的过程。木材识别与鉴定课程对于木材加工利用、木材检验检疫、木材流通贸易、木质文物考古、涉木纠纷处理与刑事案件侦查等工作都具有重要的意义，是林业类普通高等院校林业工程、林学相关专业必修课程之一，对木材科学与技术专业职业能力培养具有十分重要的作用。迄今，还没有针对林业类普通高等院校林业工程等相关专业木材识别与鉴定课程的专业教材，因此，有必要编写专业教材用于相关教学。

本教材特色主要体现在以下四个方面。

一是专业性和针对性强。本教材中木材细胞组织、针叶树材和阔叶树材显微特征的记载方法等内容，根据木材识别与鉴定专业化需求，对木材的细胞组织术语概念进行了较为深化的阐释，与《木材学》内容有所不同。

二是全面与国际标准接轨。本教材相关解剖特征的分类体系与现有常见木材学专业书籍有所不同，针叶树材和阔叶树材显微特征的记载方法采用国际木材解剖学家协会标准。

三是授人以渔，实践性强。本教材强化理论与实践相结合，建立了针叶树材计算机检索系统及其应用，木材检索表的建立和计算机检索的应用。其中包含木材识别与鉴定所涉及的木材解剖实验技术、木材解剖学实验、木材识别与鉴定实践，因此，本教材可兼作木材识别与鉴定的实验指导书。

四是扩展现代仪器分析在木材鉴定中的应用。本教材介绍了近年来最新的 DNA 技术、近红外(NIR)等现代仪器分析技术在木材识别与鉴定口的应用。

本教材由西南林业大学邱坚教授任主编，南京林业大学潘彪教授任副主编，由东北林业大学李坚院士主审。南京林业大学尹思慈教授对本书提供了许多宝贵的建议。参加编写的单位和人员有：安徽农业大学徐斌教授、吕黄飞讲师，东北林业大学郭明辉教授，福建农林大学林金国教授，广西大学符韵林教授，南京林业大学潘彪教授、石江涛副教授，西南林业大学邱坚教授、高景然副教授、秦磊副教授、李君副教授、林启招工程师、何鑫实验师和王宪助教，西安建筑科技大学张毛毛副教授，中国林业科学研究院殷亚方研究员、郭娟研究员、焦立超副研究员、何拓副研究员，中南林业科技大学苌姗姗教授，浙江农林大学李文珠正高级实验师。具体编写分工：绪论由徐斌编写，第1章由王宪编写，第2章由苌姗姗编写，第3章由林金国编写，第4章由郭明辉编写，第5章由邱坚编写，第6章由殷亚方、郭娟编写，第7章由潘彪编写，第8章由高景然编写，第9章由林启招(9.1)、何鑫(9.2)编写，第10章由符韵林编写，第11章由秦磊编写，第12章由石江涛、潘彪编写，第13章由李君(13.1~13.4)、林启招(13.5)、何鑫(13.6)、徐斌、吕黄飞(13.7~13.11)、李文珠(13.12)编写，第14章由何拓(14.1)、焦立超(14.2)、张毛毛(14.3)、高景然(14.4)编写。全书由邱坚教授最后统稿。

本教材参考了国内外木材科学有关教材和文献资料，其中，本教材第6章和第7章翻译自国际木材解剖学家协会(IAWA)2004年发表的《针叶树材显微特征一览表》和1989年发表的《阔叶树材显微特征一览表》，并向国际木材解剖学家协会购买使用权用于本教材的出版；排版时保留原有特点，与其他部分略有区别，对于树种的科属表达严格遵循了原文。编写出版过程中得到编者所在单位以及中国林业出版社的大力支持，在此向所有关心和支持本教材出版的个人和单位表示衷心的感谢。由于时间和水平的限制，书中不足之处在所难免，恳请读者批评指正。

邱　坚
2023年5月

目　录

绪 论

木材识别与鉴定是指从事木材生产、加工、流通、质检活动的人员，通过木材宏观或微观特征，将木材鉴定到属、类或种的过程。这是正确认识和科学合理利用木材最基本的工作。同时，由于同种木材构造特征的差异相对较小，因而在古建筑修缮、科技考古、刑事侦查、仲裁检验中有时也能发挥不可替代的重要作用。

木材识别不能简单等同于树种识别，它是根据木材商品名而区分的种别，即木种的识别，每个木种包含树种数目的多寡，决定于各树种在经济上的重要性和外观的可识别性，以及从业人员木材识别的能力，因而鉴定过程是较为复杂的，鉴定的准确性达到属一级就有一定难度，不仅要求从业者对木材构造特征内涵能够准确把握，而且对树木分类、树种分布、立地条件对木材构造特征的影响等林学知识有一定的了解，同时供检索用的相关文献资料也是必不可少的。即使这样，因生产单位送来的鉴定材料形状、大小、取材部位、材料来源、目的与要求都具有较大的不确定性，在实际工作中也会经常遇到困难，因而掌握木材识别与鉴定的基本方法成为木材生产、销售和使用单位的木材检验人员一项重要的基本技能。

0.1 木材识别与鉴定的重要意义

木材资源来源广泛，种间木材差异性大，种内木材也存在很大的变异性，而且还存在同物异名或异物同名现象，生产者、加工者、市场管理者之间信息不对等，对木材认识偏差大，导致的问题或纠纷多。通过准确识别、鉴定木材，进而正确认识木材、科学利用木材具有极其重要的生产指导意义，主要表现在以下几个方面。

0.1.1 因材施用

生产上很多中文名称相似树种的某些性质差异很大、如水松 *Glyptostrobus pensilis*、陆均松 *Dacrydium* spp. 并不是"松木"（Pine），云杉 *Picea* spp. 、冷杉 *Abies* spp. 、铁杉 *Tsuga* spp. 、南洋杉 *Araucaria* spp. 并非"杉木"（Chinese Fir），而木材商品市场上"杉木"名称规范性较差，涵盖了杉科杉木属 *Cunninghamia*、柳杉属 *Cryptomeria*、水杉属 *Metasequoia* 等多个属的木材，进行必要的区分才能真正实现适材适用、材尽其用。

0.1.2 按质论价

名称相似，价格迥异是很多消费者难以理解和消费纠纷产生的主要原因，如目前市场上价格昂贵的"小叶紫檀"（即檀香紫檀 *Pterocarpus santalinus*）与"大叶紫檀"（即卢氏

黑黄檀 *Dalbergia louvelii*)、“檀香紫檀”与“染料紫檀 *Pterocarpus tinctorius*”；桢楠 *Phoebe zhennan* 与润楠 *Machilus nanmu* 的木材统称为楠木，二者价格差异大，消费者对其认可度也不一致。即使同一个树种，其产地不一致、树龄大小不一样、取材部位的不同，也会导致木材价格不同，通过木材识别、材性判定可以实现优材优价。

0.1.3 正确检验木材及其制品

枕木、车辆、军工、矿业等特种用途往往对木材某些性质或物理力学指标有着特殊要求，如尺寸稳定性、抗虫耐腐性、抗冲击韧性、铣削等加工性能，如果木材种类混淆往往会带来人身财产等安全隐患，所以原材料采购时严格把关是非常必要的；有些产品标准中，不同木材其技术指标值要求也是不一样的，如 GB/T 9846—2015《普通胶合板》中，不同类别胶合板的胶合强度指标合格判定标准分为 3 个等级，测试者如果不能准确地识别旋切单板的木材种类，则无法根据检测结果做出正确的判定结论。

0.1.4 科学工艺的制定依据

人造板或家具生产中，木质原材料不同，其化学组分、酸碱性质、物理力学性能也存在差异，而这些差异对金属连接件、胶黏剂等辅料选择或加工工艺方案或参数制定做出相应调整，才能保证后续工艺及产品质量的可靠性。如木材密度与人造板热压工艺中的压缩比、施胶量大小与木材 pH 值之间的关系、木材干燥工艺曲线的制定等都需要对木材种类有较为准确的把握。

0.1.5 有利于木材相互代用

木材资源短缺与需求关系矛盾日益突出，人们熟知的木材更容易出现供应断层。为解决资源短缺问题，找寻材性相近、用途相通、近缘关系密切的替代原材料是木材科学的一个重要研究方向，这不仅需要树木分类学知识，也离不开木材形态学知识。

0.1.6 其他特殊用途

浙江余姚河姆渡遗址干阑式建筑、誉为“中国第一村”的安徽蒙城尉迟寺遗址红烧土排房、中国古典建筑与家具的榫卯结构……一个个具象的遗存，彰显了先民科学利用木材的勤劳和智慧，同时也印证了木材一直推动着中华人类文明。正因为如此，科技考古、古建筑修缮、特种案件中经常会遇到年代久远的木材，如何满足准确定名、修旧如旧、濒危植物保护等要求也离不开木材识别与鉴定。

0.2 木材识别与鉴定发展历史

燧人氏“钻木取火”、有巢氏“构木为巢”“刳木为舟，剡木为楫”“揉木为耒，斵木为耜”……一个个美丽的传说，无声地诉说着木材与人类一道从远古走来。但考古史料表明，人们利用木材征服和改造大自然的习惯性、区域性特色鲜明，木材识别真正成为一个研究方向的时间并不久远。其源于以木材解剖学为主要内容的木材构造研究，自 20 世纪初 Wiesner 发表的《植物基本材料》(1900)介绍单独种类的木材宏观特征及详细描述三个切面微观特征开始，以木材识别、性质与用途为目的的专著相继出现，如

Gamble 的《印度木材手册》(1902)、Baker 的《澳大利亚阔叶树材及其经济价值》(1919)、英国 Jone 的《木材结构和识别》(1924)、美国 Brown 和 Panshin 合著的《美国商用木材识别》(1934)、德国木材学家 Kollmann 的《木材工艺学》(1936)等，这些木材识别的早期专著对各国同类研究工作起到推动作用。

我国木材解剖学研究开始于 20 世纪 30 年代，唐耀先生率先发表《华北重要阔叶树材之鉴定》《华南重要阔叶树材之鉴定》等，编写了木材识别法和木材解剖术语，译注了国际木材解剖词汇，于 1936 年正式出版我国第一部木材学专著《中国木材学》。

新中国成立后，木材构造研究范围和技术水平均大幅提升，相关学术论文、专著相继发表，代表性著作有成俊卿主编的《中国木材志》《中国热带及亚热带木材》《木材识别和利用》《东南亚木材识别及用途》《世界主要树种木材科学特性》《龙脑香科木材》《拉丁美洲热带木材》《非洲热带木材》《东南亚热带木材》以及各种地方木材志，如《广西木材初步识别》《华南阔叶树木材识别》《云南经济木材志》《山西中条山木材志》等。同时，为规范市场，还出台了一些标准，如 GB/T 16734—1997《中国主要木材名称》、GB/T 18513—2022《中国主要进口材木材名称》、GB/T 18107—2017《红木》、GB/T 29894—2013《木材鉴别方法通则》、QB/T 2385—2018《深色名贵硬木家具》等；长期潜心于木材识别与鉴定并作出突出贡献的代表性人物有成俊卿、谢福慧、汪秉全、卫广扬、周崟、杨家驹、刘鹏、尹思慈、江泽慧、徐永吉、姜笑梅、徐峰等。国内很多高校也先后在木材科学与工程专业、林学专业中开设“木材识别与鉴定”专业任选课，出版了相应的教材或讲义，如安徽农业大学、西北农林科技大学编写了《木材识别》，邱坚撰写了云南省普通高校“十二五”规划教材《木材显微技术》，徐有明主编的普通高等教育“十一五”国家级规划教材、国家林业和草原局普通高等教育“十三五”规划教材《木材学》也将“木材识别与鉴定”单独成章列入。

在技术手段上，传统方法有对分检索表识别、穿孔卡片检索识别和木材智能识别(微机检索、图像扫描技术)，其原理基本一致，主要是通过木材构造特征的有无，与经过正确定名的标本特征比对，循序渐进，逐步缩小，最终确定或划定类别。随着科技进步，木材识别与鉴定的技术手段也在不断地推陈出新，气质联用(GC-MS)分析技术、DNA 标记技术、稳定同位素分析技术、近红外光谱分析技术、深度学习等人工智能技术等均有尝试，有些已经被应用于特类材料识别，如 LY/T 2904—2017《沉香》就将薄层色谱分析、高效液相特征图谱分析等技术应用于沉香原料及其制品的检验。但由于样本数少、取样的代表性不强、木材加工工艺对样品化学组分影响等原因，支撑测试分析结果的基础数据少，可靠性不够强，这些新技术、新理念距离普及化应用尚有很多需要解决的问题。

0.3 木材识别与鉴定常用方法

木材识别方法较多，根据识别对象不同，分为原木识别、锯材识别、木制成品用材识别及古木、化石识别；依据识别目的与要求不同，分为定种(类)识别与判定是非识别，前者是在名称未知情况下，根据材料提供的特征及样品来源等信息，采用相应的方法，将其鉴定到属、类或种，而后者则是根据委托单位提供的木材名称与待检样品，判定其特征与经过正确定名的标本特征的符合性，从而确定待检材料名称与所提供木材名称的一致性。

0.3.1 对分检索表

对分检索表是运用对分法原理，将木材构造特征按照主次顺序，进行有无或正反并列对比，以互相排斥为条件编制而成。宏观特征中，针叶树材典型特征包括树脂道的有无与多少、树脂或气味的有无、早晚材转变度、心边材明显度等，阔叶树材则关注管孔式类型、侵填体的有无、木射线宽窄、轴向薄壁组织类型、木材重量与硬度、材色与气味等。特征差异不显著、材性相近的同属木材可按商品材归类，识别时可不区分到“种”。显微构造特征往往是鉴定准确性的重要支撑，且尽可能鉴定到“种”。

0.3.2 穿孔卡片检索表

穿孔卡片检索表(简称穿孔卡)是把木材的全部识别特征排列在一张卡片周围，在每一特征上方打一小孔，一个树种制成一张卡片。凡该种木材所具有的特征上方的小孔剪穿，变成“U”形缺口，如果具有的特征不够明显的，则在“U”形下画横线。同时剪去每张卡片的右上角，使所有卡片按同一方向放在卡片盒内。检索时，按照特征的明显程度顺次用钢针穿卡片上相应特征的圆孔，轻摇抖落具有该特征的卡片，留在针上的放在一边，将抖落的卡片叠好，又按第二个特征再进行穿挑分离，逐次淘汰，直到最后几张时，再与定名的木材切面对照，以确保鉴定结果的可靠性。目前，因穿孔卡片检索表制作很少，其功能逐渐被计算机检索系统取代。

0.3.3 计算机技术在木材识别上的应用

计算机技术和智能手机发展迅速，为识别木材开拓了一条新的途径。从国内现有的软件来看，它主要是结合了对分检索表和穿孔卡检索法两者的优点，采用木材树种名称及构造特征的数据，利用微机数据库管理系统编制软件，开发成木材(树种)识别计算机检索系统或手机应用程序识别软件，这种软件的开发必须具备良好的木材学基础知识。这种方法具有处理信息快、运行效率高、综合功能强等特点。

3种检索方法各有利弊，主要异同点见表0-1。

表0-1 木材科学识别方法比较

	优 点	不 足
木材检索表法	无须特殊设备； 树种不多时较为适用	编制检索表具极强的专业性； 增减树种或修改特征麻烦甚至要重新编制； 不可跳跃或按照最显著特征进行检索； 标本上观察不到表中所列特征则不易检索甚至错检
穿孔卡片法	鉴定程序简单，方便快捷，可按照最显著特征检索，结果准确性高，增减或修改也较为容易	木材特征设置受卡片大小限制；检验范围受卡片数量限制，当待检木材不在已有卡片之中时易造成漏检；卡片易损坏，使用寿命具有局限性
微机检索法	容量大、速度快、增减易、可一次检索多个特征	其要求编程人员必须同时具备木材识别和计算机应用两方面知识，否则会导致编制的程序可操作性不强

0.3.4 木材识别工具与设备

(1)试样制作工具

木工锯刨、斧、刀片、切片设备等。

(2)观察用的工具与设备

主要包括用于宏观识别的放大镜和用于微观识别的光学显微镜、电子显微镜等。

(3)结果检索与判定用工具

检索表、穿孔卡片、经过正确定名的木材标本、木材识别的各种参考资料及数据库系统应用软件。

所谓经过正确定名的标本，相当于工厂生产的“产品样本”，平时应注意搜集和积累，并及时建立标本档案，于教学、科研、木材识别均具有极为重要的现实意义。木材标本一般制作成长12~15cm、宽6~8cm、厚1.5~2cm的光面长方体，最好带有树皮，要求不含缺陷，心边材区别明显的应同时具备，窄面贴上标签，标注产地、中文名称、学名等内容，条件许可时应与树木蜡叶标本配套。

相关文献资料对鉴定结果的顺利得出起着至关重要的作用，已经出版的相关专著很多，如《中国木材志》及地方木材志、木材实物标本、木材鉴定图册、进口木材文献资料等，既有木材识别特征的文字及图片记载，也有区域性的木材检索表。

0.3.5 木材识别基本步骤

0.3.5.1 基本操作流程

规范的操作流程是检验过程可溯源、技术数据可信、鉴定结论可靠的重要保证。待鉴定木材样品获取后，要随即标注编号并记录样品初始状态，填写样品流转单，以确保编号与样品全过程一致；涉及纠纷或特殊案例的还需几方当事人在样品或流转单上签字，鉴定过程及结果只对待检样品负责。鉴定者按照宏观特征观察与记载、木材软化处理、木材切片制备(根据实际情况，可徒手切片也可经切片机切片)、微观特征观察与记载、综合预判、标本比对复核、结果判定、报告出具与签发等一系列流程完成鉴定工作。原始记录尽可能详细，样品初始状态及观察到的特殊形态特征最好拍摄图片作为鉴定报告附件。

0.3.5.2 识别原则与结果判定

要准确迅速识别木材，应在熟练掌握木材构造特征内涵的基础上，把握先宏观后微观、先看共性后查特性、先显著特征后潜在特征、先横切面后纵切面、先判定结果后做出结论(与经过正确定名的标本对照后)、边观察记载边查找核对的原则，根据鉴定目的要求，观察、记载、检索、结果判定、对照标本、得出鉴定结论、出具鉴定报告，从而完成整个鉴定过程。实际工作中，应根据不同情况采取相应的步骤，如根据管孔有无区分针阔叶树材(某些科属例外)，根据有无正常树脂道判定是否为松科六属木材，根据波痕有无判断其进化程度。另外，木材特征性颜色和气味、内含物的特征性颜色和性状等都可为木材识别提供直接依据，能大大缩短鉴定周期，在具体工作中逐步积累经验，灵活运用，就能达到事半功倍之功效。

0.3.5.3 木材识别与鉴定注意事项

随着木材贸易路径进一步拓展，木材来源更加广泛，产地或出处更具不确定性，而人们的维权意识又不断增强，使得木材识别与鉴定工作具有极大的挑战性与风险性，在实际操作中，以下几点是值得注意的：

①准确把握木材构造特征的含义，理论与实践相结合，反复将理论上的描述与实物的宏观构造及显微镜下的微观特征相对照，领悟其内涵，才能保证实际操作中得心应手，当然这是一个长期工作经验积累的过程。

②鉴定前应做好以下几项工作，即弄清鉴定目的与要求，尽可能弄清试样来源(木材产地、取材部位、何种用途等)，要求送检者在来样上签字(一般情况下不需要，当涉及刑事案件或民事纠纷案件则是必不可少的)，这些工作不仅可以减少走弯路，也可在出现对鉴定结果产生意见分歧时有据可查。

③将鉴定结果与经过正确定名的标本进行对照。只要条件许可都应根据检索结果，在进行对比分析的基础上做出最终的结论，否则不能轻易出具鉴定报告，以免造成不可预测的严重后果。

④出具的鉴定报告应标注鉴定依据、送件样品图片、关键特征附图、构造特征的文字记载，鉴定结论应明确，定种(类)鉴定时除标注中文名称外，还需标注英文或拉丁文名称。

0.4 木材特征记载要点

0.4.1 木材宏观识别

木材宏观识别常用工具是锋利的小刀和10倍放大镜，此法较适合于现场识别，工作人员对木材构造知识的掌握程度、经验和判断能力对鉴定结果的准确性起着至关重要的作用。观察前应弄清试样的三个切面所在位置，将其局部削平，然后用肉眼或放大镜在光滑的切面上观察所展现的特征，尤其横切面呈现的特征较多，应作为观察重点。当特征不清楚或木材切面不光滑，可在切面上滴以清水，往往能增强特征的明显度，如轴向薄壁组织、波痕、气味等。木材颜色表述应该以气干状态的健康材为准，不能用腐朽或变色材。

裸子植物材其进化较为低等，结构较简单，识别特征相对较少，但不同木材特征差异较明显。被子植物材种类繁多，进化较为高等，木材构造远比针叶树材复杂，二者宏观观察的侧重点不同，具体情况见表0-2。

表0-2 针、阔叶树材宏观识别异同点

类别	相同点	侧重点
针叶树材	心边材差异；生长轮的明显度、宽窄及均匀度；颜色；气味；滋味；重量；硬度；结构、纹理与花纹	无孔材；树脂道的有无、多少；树脂的有无；早晚材转变度
阔叶树材		有孔材；管孔式类型；材表特征；环孔材晚材管孔的分布；管孔大小及组合；侵填体的有无；木射线宽窄及明晰程度；轴向薄壁组织的明晰程度及分布类型

0.4.2 木材微观鉴定

微观鉴定无论是设备还是操作过程都比宏观识别复杂，必须在实验室完成，这也是准确识别木材的必要工序，尤其对于规格较小、变质(如发掘的古木)或不标准(如枝桠材)的试样，微观识别显得尤为必要，而切片质量好坏则是微观识别的关键所在。木材切片方法很多，以徒手法最为简单，不需要特别仪器，但不易切得很薄，视个人技术而异，不能供精细研究用，一般多用切片机切片。

针叶树材细胞径向排列整齐，个体间微观特征的微弱差异均有可能成为木材识别的重要依据，阔叶树材构造分子排列不规整，细胞类型更复杂，分工也更明确，但主要由导管分子、木纤维、轴向薄壁细胞及射线薄壁细胞四种细胞组成。二者微观识别要点见表0-3。

表0-3 针、阔叶树材微观识别观察记载要点

类别	识别要点
针叶树材	1. 管胞：形态特征及胞壁特征如纹孔的分布、列数、排列方式、形状、纹孔塞边缘形状；螺纹加厚的有无、显著程度、倾斜角度、早晚材分布情况； 2. 树脂道：有无、泌脂细胞壁的厚薄，泌脂细胞的个数等； 3. 木射线组织：列数、高度；细胞组成；射线管胞内壁特征；射线薄壁细胞形态特征、水平壁厚薄及有无纹孔、垂直壁形态特征； 4. 交叉场纹孔：类型、大小、数目； 5. 轴向薄壁组织：有无、丰富程度及排列方式； 6. 其他一些不稳定的显微特征，如径列条、澳柏型加厚、含晶细胞等
阔叶树材	1. 导管：导管分子形状、大小；穿孔的类型；侵填体及其他内含物的有无和形态特征；管孔组合方式；管间纹孔式的有无及类型；螺纹加厚的有无等； 2. 薄壁组织：类型、丰富程度、分室含晶细胞的有无及晶体的个数等； 3. 射线组织：类型；宽度、高度；与导管间的纹孔式；径向胞间道的有无等； 4. 木纤维胞壁：厚薄、分隔木纤维及胶质木纤维的有无； 5. 叠生构造：有无、出现叠生构造的细胞类型等； 6. 晶体及其他无机内含物，主要指晶体的有无、出现部位、数量、形状(菱形、柱状、晶簇、晶沙、针晶体或束等)； 7. 其他特征如油细胞的有无(如樟科木材)、环管管胞明显与否(如壳斗科木材)、维管管胞的有无(如金缕梅科木材、云南龙脑香)等

0.5 木材识别与鉴定发展趋势

0.5.1 木种来源更广泛

随着森林资源结构的调整，木材资源利用已经实现了从天然林为主向人工林转变、从大径级成熟材向中小径级中幼林材转变、从常用树种向更广大的树种拓展转变、从传统国产木材向地域范围更广、木材种类更为多样化的进口材转变。尤其随着我国木材进口贸易的迅速发展，进口木材市场呈现多国别、多木种的态势，来源遍及五大洲(表0-4)。由于技术资料欠缺、木材商品名称不统一、木材种类繁杂等多种因素的影响，木材识别与鉴定从业人员面临的挑战更大，对专业要求也必将进一步提升。

表0-4 进口木材分类

类别	主要分布区及其特点	常见输出原木	备注
东南亚、南太平洋木材	世界热带湿润林主要分布区，集中于印度尼西亚、马来西亚、菲律宾等国和地区，为东南亚、南太平洋商品材的主要产地和输出国	东南亚以龙脑香科为主，约占总输出量78%左右；其次为夹竹桃科、橄榄科、楝科、漆树科、樟科、豆科、梭柱木科、梧桐科、肉豆蔻科、山榄科等；巴布亚新几内亚以番龙眼为主，其他木材有海棠树、榄仁树、普纳木等	我国木材进口的主要地区
中美洲、南美洲热带木材	以热带雨林气候为主，兼有热带草原气候、亚热带森林气候、亚热带地中海式气候及山地气候，森林资源非常丰富，大部分由热带阔叶林构成，盛产各种珍贵的热带林木	白坚木类、南美红漆木、巴西玉蕊、巴西黑檀、红椿类、蚁木、圭亚那乳桑木、中美大叶桃花心木等	我国进口中高档木材的一个重要途径
非洲热带木材	世界第二大洲。森林面积约占全洲面积的21%，占世界森林总面积的19%，非洲西部热带雨林历史上为欧洲阔叶树材的供应来源，目前以南部地区的中小径材为主要出口对象	非洲紫檀、奥克榄、绿柄桑、非洲楝等，山榄科、粘木科、樟科、豆科的木材等	我国20世纪50年代开始从非洲进口木材
欧洲木材	海岸线最曲折、平均海拔最低，冰川地形分布较广，高山峻岭汇集南部，大部分地区气候温和湿润。国家和地区之间森林和林地分布不均，俄罗斯是重要木材输出国	除传统的俄罗斯产的雪松、樟子松、落叶松外，产自德国、法国、荷兰、意大利等国的山毛榉、樱桃木、枫木、橡木等贵重木材的进口量呈逐年增加的势头	俄罗斯所产木材业内称为北洋材
北美木材	指美国、加拿大和墨西哥的一部分。该区森林工业发达，进口多，出口少，是世界木材产品主要生产国	花旗松、西部铁杉、西加云杉、冷杉、美国西部侧柏、北美山杨等	

0.5.2 鉴定类别多样化

传统的木材识别主要针对原木、锯材、木制品贸易等领域出现的一些纠纷等问题展开，近三十年来，从业人员的业务范围大大拓展，如珍稀古老树种、古木、化石木、刑事案件、投诉案例的木材或高档家具、工艺品、珍贵或古典木制品用材的识别，因其与常规木材识别相比具有自身的特殊性，如取样的局限性、试样特征的不完整性、试样软化等预处理的安全性要求、鉴定结论的准确性要求等，所以将其作为特类木材识别加以讨论。

0.5.2.1 珍稀树种木材

珍稀树种是指中生代或新生代的孑遗(少数发生于古生代，如银杏)或第四纪冰川后幸存下来的树种，有些是中国特产，有些是单种属稀有树种，有些已濒临灭绝边缘，都受到国务院明令保护。古树则指在同种树木中，寿命长，树体大，有些生长年代久远，经历了自然历史变迁的漫长岁月，其中不乏唐、宋、元、明、清以来数百年甚至千年以上的老寿星，它们是人类历史发展的“见证人”。我国环保部门规定，一般树只要生长百年以上，都叫古树。上海市规定，凡是具有历史价值和纪念意义、树龄百年以上、树种珍贵、树形奇特的均划为古树名木。以上这些都是从树木学角度来定义的，从木材学角度则侧重点有所不同，它更注重从资源的多少、木材性质(强度、稳定性、抗虫耐腐性等)的优劣、是否带有特征性的颜色、花纹、气味等方面来理解木材的珍稀(贵)性，如红木类、柚木、楠木等，此类木材识别时结合树木形态学特征较为方便。

0.5.2.2 古木、化石木

古木指由于地壳运动、河水冲刷等原因，长时间被深埋在地下缺氧环境中仍然保存其完整组织结构的木材。因为树木是有机生物体，虽然木材本身的天然耐腐性对木腐菌生存有抑制作用，但时日长久之后，仍然会发生腐朽。化石木是指古代树木的茎干、枝、根，在长期地质作用下，保存在岩层中，各个地质历史时期的树木遗体或遗迹。它的名称在我国没有统一，报刊或文献上有硅化木、矽化木或木化石等叫法。由于不同地区化石木所含矿物很不相同，应依据化石木中所含的主要矿物含量，才能分别称为硅化木、钙化木或玛瑙硅化木、玉髓硅化木等，故未做矿物鉴定之前，统称化石木为宜。该类木材识别多在科技考古中用到，因试样处理与正常木材存在很大差异，有些树种因时代变迁，现在已经灭绝，因而鉴定起来难度较大。试样处理应根据实际情况采取相应措施，结果分析宜从地理学、历史学、地质学等多学科考虑，结合取样地的土壤、水文状况及周围小环境进行，鉴定结论视难易程度可以做定论，也可以出具鉴定分析意见书。

0.5.2.3 高档木制成品用材识别

家具等木制品与一般锯材或原木的木材鉴定存在较大的不同，高档家具或工艺品、珍贵或古典木制品更是如此，操作时应特别注意以下几点：①以宏观识别为主，微观识别为辅，尽可能减少对木制品的破坏。②取样时既要考虑所取样品是否具有代表性，又要考虑是否会破坏木制品的外观质量及其结构的完整性，遵循相关标准的规定进行取样，仲裁鉴定时所取样品应得到当事双方同时认可方可保证鉴定结果的有效性。③鉴定前应明确委托者的要求，一般定种(类)识别难度要大一些，对取样、鉴定要求也较高，而判定是非识别则可抓住主要特征进行判定，且可能减少取样对家具所造成的破坏。④因所取样品较小，因而木材切片的软化处理应该采用相对安全的方法如水煮等，也可徒手切片，以免软化过头重新取样造成不必要的损失。

0.5.3 鉴定要求精准化

信息化社会带来的巨大变化是人们的认知范围更为广泛，信息来源更为便捷、碎片化，消费者对木材鉴定机构出具的报告权威性不再盲从。而随着我国“放管服”改革的持续推进，木材检测机构如雨后春笋般涌现，但从业人员专业水平千差万别，对一些技术问题或标准要求的理解存在差异，检验、分析等技术手段参差不齐，进一步加剧了木材鉴定市场的混乱。在此背景下，木材识别与鉴定结果能否经得起推敲、验证成为高悬在从业结构或人员头上的一把利剑。对专业名词术语内涵的精准把握、对样品构造特征清晰详实的文字描述和据此作出科学准确的鉴定结论将成为木材鉴定从业者应对挑战、规避风险必须具备的基本要素。

第1章 木材的名称和命名

从植物学观点看，木材来源于树木，即裸子植物中的大部分和被子植物中双子叶植物的一部分。树木是植物界的一个重要组成部分，树木的分类方法是沿用统一的植物分类研究成果。木材的分类和植物学的分类有关，木材名称源于树木名称，植物分类学的基本知识对木材识别与鉴定来说十分重要，也是必须掌握的内容。

1.1 植物分类学简介

木材的分类是基于植物分类学进行的。植物分类学是对植物类群进行分门别类、鉴定和命名、亲缘关系探讨的一门学科。随着学科的发展，植物分类学有三个层次的定义，即植物分类、植物分类学和植物系统分类学。植物分类是对植物类群进行分门别类的技术，如明朝李时珍所著的《本草纲目》是以“部”为纲，以“类”为目对植物进行分类。植物分类学是对植物类群进行鉴定和命名的学科，如瑞典生物分类学家林奈所著的《植物种志》，对他已知的所有植物进行了列举、描述和分类命名。植物系统分类学是在分类、鉴定和命名的基础上，探讨植物类群进化与系统发育的学科。植物系统分类学的科属排列已反映类群间的亲缘关系，如《中国高等植物图鉴》和《中国植物志》等对中国已知的植物确立了其科属上的关系。

然而随着近几年分类学的研究范畴扩大，使得分类学和系统分类学成了同义词。“分类学”的广义是研究和描述有机体的变异以及变异的前因后果，并对数据进行处理形成一个分类系统的过程，这与“系统分类学”的定义是一致的。

1.1.1 植物分类历史沿革

当人类开始在地球上生活时，对植物进行分类就开始出现了，因为他们需要知道各种植物的用途。这些分类信息最开始仅凭记忆，或者通过口述的方式传给下一代。而现在人们已经利用大量的信息储备和分析，建立了基于表征信息的系统发育的分类。植物分类学的整个发展过程经历了多个阶段，即使是目前也还在不断完善当中。

1.1.1.1 史前时期(公元前2000年以前)

史前时期，就是指文字产生以前的人类历史时期，在这个时期尽管没有文字记载，但当时的人们已经开始对植物进行简单的分类，他们懂得什么植物能吃、什么植物能治疗疾病。在世界上某些偏僻地方的原始部落仍然保留这样一些传统，通过口授的方式将植物名称和用途传给下一代。这种经由隔离的群体发展起来的植物分类来自生活需要，没有受科学所影响，被称为民间分类学，通常与现代分类学并列。如禾草和莎草的英文名称与现代分类学中的禾本科和莎草科是一样的，这种情况也表明了民间分类学和现代分类学是平行发展的。

1.1.1.2 萌芽时期(公元前 2000—1400 年)

自古以来，人类生活离不开植物。人类认识植物和利用植物的历史久远，但在有文字之后，才开始把植物分类知识记录下来。早期文明兴盛于古巴比伦、古埃及、中国和古印度。在中国，例如《诗经》记载植物约 132 种，《山海经》记载植物约 100 种，《楚辞》也提到了多种植物。此外，印度人用一种在西方世界不易理解的梵语记载植物学知识。在公元前 2000—前 800 年，小麦、大麦、枣、甜瓜和棉花等农作物已有种植。

到了西汉时期，中国第一部植物学专著《神农本草经》出现。该书的问世也标志着中国植物分类学的初步形成，其中汉代《神农本草经》收载药物 365 种，唐代《新修本草》收载药物 844 种，宋代《证类本草》收载药物 1558 种，明代《本草纲目》收载药物 1892 种。

1.1.1.3 人为分类时期(1400—1859 年)

在 15 世纪文艺复兴时期，随着印刷术和航海科学的技术革新，使海外的植物学资源得以大规模流通，植物分类学开始迅猛发展。同时伴随着大众对植物的兴趣重燃和对欧洲、亚洲、非洲以及新大陆的广泛考察，植物名录迅速增加，意味着对植物的一种正式的分类、命名和描述系统的需要。此时，植物学开始独立于药学，以一门新学科的身份发展起来。

切萨皮诺(Cesalpino)是第一位植物分类学家，也是意大利的植物学和药学教授。1583 年，他的 16 卷本著作《论植物》(*De Plantislibri*)出版，描述了 1520 种植物，并把它们分为草本和木本两大类，还进一步区分了果实和种子的特征。与同时代的人不同的是，他强调了生殖特性的重要性，这对后来约雷(Ray)、图内福尔(Tournefort)和林奈的分类产生了重要的影响。

在此之后，1623 年，鲍汉(Bahin)的《植物界纵览》(*Pinax Theatri Botanici*)已使用了双名法概念。在一册单行本著作中，他试图对当时所知植物名称重复性的混乱予以阐明。1703 年，约雷的《植物新方法》(*Methodus Plantarum Nova*)就包含了 1. 8 万种植物。图内福尔，可能是第一个在列物种名录时对属命名并进行描述的人。尽管鲍汉已经认识到了属和种的存在，但却没有进行描述。因此，是图内福尔首次建立了“属”的概念。

植物分类学的成熟是以林奈 1737 年发表的《植物属志》(*Genera Plantarum*)和 1753 年发表的《植物种志》(*Species Plantarum*)为标志。他在总结前人知识的基础上，系统、科学地采用双名命名法给 6000 多种植物和 4000 多种动物命名。在人为分类时期，植物专著中所收载的植物类群均已应用学名进行命名。但林奈的物种概念是不变的形态学概念，植物分类学仅停留在分类、鉴定、命名的阶段。该时期尚无生物演化关系的理论。

1.1.1.4 自然分类时期(1859—1900年)

达尔文在贝格尔号(Beagle)的环球旅行历时5年(1831—1836年)，观察和收集了大量的物种演化证据。结合了华莱士(Wallace，1822—1913年)1858年提出的生物进化自然选择学说，他用20余年的时间完成历史巨著《物种起源》，并于1859年出版。《物种起源》的出版，标志着自然分类时期的开始，至1900年孟德尔《植物杂交试验》论文被学术界重新证实，又标志着自然分类时期的结束。在这期间，植物分类学已发展成为植物系统分类学。该时期的植物分类学，不仅进行分类、鉴定和命名，而且系统的排列还可反映类群间的亲缘关系，如哈钦松(Hutchinson)系统和恩格勒(Engler)系统等。

1.1.1.5 系统发育分类时期(1900年至今)

1866年，孟德尔发表论文《植物杂交试验》，阐明遗传规律，但未被学界重视。直至1900年，荷兰植物学家德佛里斯(Vries，1848—1935年)、德国植物学家柯灵斯(Correns，1864—1935年)和奥地利植物学家丘歇马克(Tschermk，1871—1963年)分别证实了孟德尔的遗传学理论，英国科学家贝特森(1861—1926年)引进"遗传学"一词来描述孟德尔已经奠定的这门学科。至此，才标志着系统发育分类时期的开始并延续至今。克里克(Crick，1916—2004年)和沃森(Watson，1928—)发现了DNA双螺旋结构，让人类分析DNA成为可能。在这期间，植物系统分类学已发展成为生物系统学，分子系统学证据、细胞学证据可用来证实类群的演化位置及其亲缘关系等。但植物系统分类学仍然植根于经典分类学，分子生物学等新的知识仅能为经典分类提供新的分类依据，使经典分类学日臻完善。

1.1.2 植物分类的单元

1.1.2.1 植物的分类阶元

如果没有恰当的机制将30多万种绿色植物进行归类，那么，研究与记载这些植物的文献资料将十分混乱。不管分类标准是什么——人为特征分类、全形态学分类、系统发育分类或是表征分类，其最基本的步骤是相同的。生物体首先是基于一定的相似性被识别并归类，这些类群再进一步组成更大、包含更多种类的类群，这一过程反复进行直到所有的生物体构成一个单一的、包含种类最多的大类群。这些类群，再进一步被划分为不同的阶元，这些阶元之间具有一定合理的排列顺序，包含最多类群的安排为最高等级的阶元(一般为门)，而包含最少类群的则为最低等级的阶元(通常为种)。各分类群被赋予一定的名称，名称是根据其所属的阶元不同而定的。如蔷薇目、桃金娘目、锦葵目都属于"目"级分类阶元，蔷薇科、桃金娘科、锦葵科则属于"科"级分类阶元。一旦所有的类群都被划分至分类阶元并被命名，那么分类过程便是完整的，或者说整个最庞大而复杂的分类结构便完成了。阶元、类群以及分类结构的概念可采用树状图的形式来表示。

分类阶元(taxonomic category)是生物分类学确定共性范围的等级。现代生物分类采用的7个必要的阶元有：界(kingdom)、门(phylum)、纲(class)、目(order)、科(family)、属(genus)、种(species)。由高到低植物分类的阶层系统表示如图1-1所示。

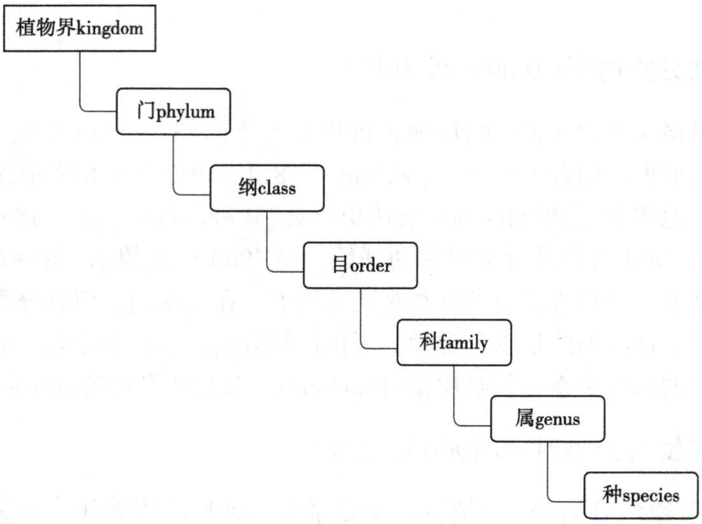

图1-1　植物分类的阶层系统表

1.1.2.2　最常用的分类阶元

(1)种

对于不同的植物学家，种的意义是不同的。达尔文认为，在分类学中种是形态特征相似的个体的集合，与其他具有许多不同形态特征的类群相区别。在生物学中，马雅(Mayr)认为种是可杂交的并与其他群体之间存在生殖隔离的自然群体。按照《国际植物命名法规》(ICBN)指出："种是专业生物学家根据所有获得信息而定义的便于利用的分类单位。"在生物科学中，种具有双重含义：其一，种是一个自然发生的个体或群体的集合，是进化过程中的基本单位；其二，在各式各样的命名法规所支配的分类等级系统中，种是一个分类阶元。

种被认为是分类的基本单位，在绝大多数分类中，没有种下等级的名称。它不像其他分类群，没有关于其他等级分类群的知识，我们同样可以描述和识别种。因此我们可以很容易地将植物标本区分成不同的种，而不必去知道这些标本究竟属于多少个属。然而，如果不参照属内的物种，我们将无法识别和描述属。因此，种是直接处理植物的唯一阶元。

种被作为分类的基本单位，《国际植物命名法规》认可5个种下的分类等级：亚种、变种、亚变种、变型和亚变型。其中亚种、变种和变型在文献中被广泛应用。Du Rietz(1930)将亚种定义为：一个地理区域中一些生物型构成的居群，它们或多或少形成了一个种内的地域特色。生长在不同地区的同种的居群，它们若形态不同，但可进行杂交，彼此间只存在地理隔离，这样的居群可视作一个种的不同亚种。Du Rietz将变种定义为：某地方某些生物型的居群，它们或多或少形成一个种的本地特色。变种通常用于占据局限地理区域形态不同的居群集合。而亚种有更大的地理范围，变种强调的是本地范围。几个变种通常在一个亚种范围内识别。变种也可应用于变异，这些变异的实质并不被理解，在分类学的早期阶段对其处理通常是必须的。变型通常可被视为靠一个或几个相关特征来区分的零星变异。然而，变型所依赖的极小或随机的变异几乎是没有分类意义的。

根据《国际植物命名法规》(ICBN)，一个种的名称是双名，即由 2 个部分组成，属名及其后的种加词。ICBN 规定所有的种加词首字母都必须小写，如水曲柳 *Fraxinus mandshurica*。然而，当种加词来源于人名、以前的属名或普通名称的时候其首字母也会大写，如盈江青冈 *Cyclobalanopsis Yingjiangensis* Y. C. Hsu et Q. Z. Dong，不过 ICBN 不提倡这种用法。种加词可以有任何来源或者任意组合，常见的来源于人名，如 *hookeri* 等；或地名，如 *chinensis*；或特征，如 *albus* 等。

(2)属

属的概念的产生非常古老，比如最早的蔷薇、橡树、松树等。属是亲缘关系很近的种的集合。根据 Rollins(1953)的概念，属是依据系统发育关系被集合到一起的一组近缘种。将一个种归到属时，最根本的问题就是该种与那个属内确定种的亲缘关系是否很近。Mayr(1957)将属定义为：包含一个种或是几个形态相似种的一个分类阶元，通过确定的间断性与另一个属区分开来。早期人们认为，属应当总是基于个别特定的花特征，易于鉴定。但更理性的划分应考虑到以下标准：①该类群应尽可能是一个自然类群。该类群的单系类群性质应由与形态学相关的地理学信息和细胞学信息推出。②属不应该只由一个特征识别，而是几个特征的总和。在多数例子中，属可以很容易地通过适应性特征(与生态小生境的适应性)而判定。③属的大小没有要求。一个属可以包括一个种，即单型属，如长蕊木兰属；也可以含有多个种，如松属。其唯一重要的标准是两个属间的种必须具有决定性的差别。如果两个属不能很好地分开，那可将其合并为一个属，并分为亚属或组。这样的操作需要考虑到科内其他属的概念、属的大小(更有利于较大属内亚属和组的划分)以及传统上的应用。④当有遗传限制时，绝对有必要研究居群的整个地理分布，因为一个地区稳定的特征到其他地区可能就不成立了。

属名是单数名词或作为单数名词处理的词，根据拉丁语的习惯往往会以此为后缀来代表阳性、中性还是阴性，*-us*、*-pogon* 通常代表阳性的属，*-um* 通常代表中性的属，*-a*、*-is* 通常代表阴性的属。属名的第一个字母要大写，属名通常来源于纪念某人，如羊蹄甲属 *Bauhinia*，或基于一个地点，如南洋杉属 *Araucaria*，或基于一个重要特征，如红豆杉属 *Taxus*，或俗名，如银杏属 *Ginkgo* 等。

(3)科

科是相近属的集合。与属一样，科的概念的产生也比较久远。一些我们现在称之为科的自然类群，如豆科、十字花科、伞形科、禾本科等，已被人们使用了几个世纪。在观念上，科应该是单元发生的类群。与属一样，科可以包括单一的属，如银杏科等，也可以含多个属，如樟科等。大多数分类学家认为这些科使分类保持着一定的稳定性。尽管在唇形科和马鞭草科之间没有明显的界限，但这两个科仍然被看作是不同的科。同样的观念也使得植物学家不再拆分蔷薇科，尽管科内存在着相当大的分异。

一个科的名称是一个复数形容词用作名词，其构成来源于经典拉丁语以及希腊语的模式属的名称，将其单数属格的词尾替换为-*aceae* 词尾，如松科 Pinaceae 来源于松属 *Pinus*。按照这种方法，那些非经典来源的名词在无法确定单数属格的时候，则把词尾-aceae 加在整个词的后面，如银杏科 Ginkgoaceae 来源于银杏属 *Ginkgo*。当属名具有可互用的属格形式时，必须遵从原作者明确使用的一个，如睡莲科 Nymphaeaceae 来源于睡莲属 *Nymphaea*。

1.1.3 主要的分类系统

1.1.3.1 边沁和虎克

以两位英国植物学家边沁(Bentham，1800—1884 年)和虎克(Hooker，1817—1911 年)为代表提出的种子植物分类系统，是发展最为完善的自然分类系统。此分类系统发表在边沁和虎克编写的 3 卷巨著《植物属志》(1862—1883 年)中。《植物属志》包含种子植物 202 科 7569 属约 97205 种，此分类系统是阿尔逢斯·德·康多(A. P. de Candolle)及林德利(Lindley)系统的升华，而后两者是依据裕苏(De Jussieu)分类系统提出的。科与属的分界建立在自然亲缘关系之上，属于自然分类系统。所有科与属的描述都是根据植物标本的观察写出的，而不是从其他文献抄袭而来，这使得该分类系统更受欢迎，更可信。世界上许多重要的标本馆都是依据该系统排列的。

此分类系统将显花植物或种子植物分为三个纲：双子叶植物纲、裸子植物纲和单子叶植物纲。根据花瓣的有无及合生情况将双子叶植物纲又进一步分为了三个亚纲：离瓣花亚纲、合瓣花亚纲及单被花亚纲，这些亚纲又依次被分为系、目和科。在单子叶植物纲及单被花亚纲中没有群的概念，直接分为科。

1.1.3.2 恩格勒和柏兰特

德国植物学家恩格勒(Engler，1844—1930 年)和柏兰特(Prantl，1849—1893 年)联合提出了整个植物界一个分类系统。该分类系统发表在 23 卷不朽巨著《植物自然科志》(1887—1915 年)上。该分类系统提供了属级水平以上的分类和描述，并综合了形态、解剖及地理分布等信息。

该系统公认以恩格勒命名。1892 年恩格勒首次以《植物分科志要》为名发表了描述到科级水平的分类系统。此分类系统框架不断地被恩格勒修订，直到他去世后，修订工作仍在进行。在最新的第 12 版中，双子叶植物被移到了单子叶植物之前。1900—1953 年，共出版了 107 卷，包含种子植物 78 个科和苔藓植物的泥炭藓科。此外，恩格勒还编写分类学专著《植物界》，将各个科描述到种级水平。

恩格勒系统通常被认为是系统发育框架的开始，现在来讲并不是十分严格的系统，只是从最简单的类群开始按进化的复杂程度以线性序列来编排的。遗憾的是，恩格勒没有看到被子植物中的简化实际上是进化中退化的结果。

虽然如此，恩格勒系统较边沁和虎克分类系统还是有很大的改进：将裸子植物移至被子植物的前面；取消了单被花亚纲，并将原单被花亚纲的各类群放在了与其相近的离瓣花系中；许多大的、不自然的科被划分为小而自然的科。然而该系统所作出的将单子叶植物放在双子叶植物之前的改变并没有得到认同。将包含桦木科、壳斗科和胡桃科等的柔荑花序类放在双子叶植物起始位置，后来也没有发现更多的支持。因该系统内容丰富、全面，像边沁和虎克系统一样变得非常流行，现在世界上许多地区的标本馆还一直采用恩格勒系统，包括《欧洲植物志》在内的一些最近的植物志编写都采用了这个系统。

在这个分类系统框架中，将植物界分为13门(在1936年第11版的《植物分科志要》中，将植物界分为14门；而第12版中则分为17门)，前11门为无节植物门，第12门为无管有胚植物门(形成胚，但无花粉管)，包括苔藓植物和蕨类植物；第13门也是最后1门为有管有胚植物门(有胚，形成花粉管)，包括种子植物。

1.1.3.3 哈钦松

哈钦松(1884—1972年)，英国邱园皇家植物园植物学家，管理邱园标本馆多年。哈钦松最初在其著作《有花植物科志》中提出被子植物分类系统，1926年第1卷双子叶植物出版，1934年第2卷单子叶植物出版。该分类系统不断被修订，1959年出版了第2版，在他去世后一年即1973年又出版了第3版。

哈钦松分类系统仅涉及有花植物，包括被子植物门和裸子植物门。该分类系统建立在24条原则基础之上，这些原则包括一般原则、与一般习性相关的原则、与有花植物的一般结构相关的原则以及与花和果实相关的一般原则。

哈钦松认为被子植物属单元起源，起源于假定的苏铁类祖先类群，将它命名为原生被子植物。他通过特征组合将植物划分在一起，建立了许多小的类群。他建立了木兰目以区别毛茛目，因为他认为两者是平行进化的。哈钦松认为木兰科是现存被子植物中最原始的科，双子叶植物比单子叶植物要原始，将其置于单子叶植物之前，并将两者作为亚门等级。

离瓣花、合瓣花和单被花等类群被彻底废除，同时将双子叶植物分为两大进化分支：木本区(基本上是木本植物)和草本区(基本上是草本植物)；木本区以木兰科开始，以马鞭草科结束。草本区第一科为毛茛科，最后一科为唇形科。哈钦松将单子叶植物分成三个进化线：萼花区(有花萼植物)、冠花区(有花冠植物)和颖花区(有颖片植物)。将被子植物分为411科，双子叶植物342科，单子叶植物69科；木本区包括54目，草本区29目(萼花区12目、冠花区14目、颖花区3目)。

哈钦松认为双子叶植物中木本习性是原始的，而单子叶植物中草本习性则是原始的，木本类群起源于草本类群。此外，哈钦松认为单子叶植物也是一个单系类群，起源于毛茛目，认为花蔺目和铁筷子科有一定的联系，而泽泻目和毛茛科有联系；毛茛科种子具胚乳，花蔺科和泽泻科不具胚乳，否则被认为关系更近，哈钦松解释后两者可能是由于水生的关系。

1.1.3.4 塔赫他间

塔赫他间的分类系统最初于1954年用俄文发表，在1958年苏联出版了他的英文版《被子植物起源》以后，才逐渐被外界了解。塔赫他间属于毛茛学派，他所提出的这个科级水平以上的被子植物分类系统，在很大程度上受哈钦松、Hallier及其他许多进步的德国学者影响。他认为被子植物为单元起源，来自种子蕨。依据塔赫他间的观点，被子植物为幼态成熟起源(在成体植物中保持幼体特征，又称为幼体发育)。这样，在木兰目——现存被子植物中最原始的类群，单叶、全缘、羽状脉重现了种子蕨叶状体的幼年阶段。

塔赫他间认为被子植物在环境的胁迫下出现，可能是对季风气候地区的岩石山坡适度的季节性干旱适应的结果。

多年来，塔赫他间认为林仙科以及单心木兰科是被子植物中最原始的类群。但最后，他选择单心木兰科作为最原始的科，置于木兰目中。他将林仙科移到木兰目之后独立的林仙目。现代许多分类学家也认为林仙科或者古草本类(主要为互叶梅科)属于现存被子植物中最原始的类群。

塔赫他间的分类系统将被子植物作为木兰门的命名与克朗奎斯特(1981，1988)的观点相近，双子叶植物和单子叶植物给予纲一级等级，并分别命名为木兰纲和百合纲。它们再进一步分为亚纲(以-idea 结尾，如蔷薇亚纲)、超目(以-anae 结尾，如蔷薇超目)、目和科。但是克朗奎斯特并未划分出超目，也反对塔赫他间将双子叶植物分为 11 个亚纲，单子叶植物分为 6 个亚纲(1987 年的分类系统中，双子叶植物分为 8 个亚纲，单子叶植物分为 4 个亚纲)。而克朗奎斯特将双子叶植物分为 6 个亚纲，单子叶植物分为 5 个亚纲。这两个系统都是基于每一个研究领域的系统发育和表征分类学方面的研究资料。然而克朗奎斯特更加强调表征分类学资料的重要性，塔赫他间更重视系统发育的资料。

1.1.3.5 克朗奎斯特

克朗奎斯特(1919—1992 年)是美国杰出的分类学家，依托纽约植物园与塔赫他间和 Zimmerman(1966)一起提出有胚植物的广泛分类系统，1968 年在《有花植物的分类与进化》一书中，他提出一个详细的被子植物分类系统。1981 年在《有花植物的综合分类系统》一书中进一步详细阐述了该系统。最终的修订本发表在 1988 年第二版的《有花植物的分类与进化》中。一些双子叶植物的重新排列 1983 年发表在《北欧植物学》杂志。

该分类系统大体上与塔赫他间系统相似，但细节上不同。与塔赫他间系统一样都基于各个方面的证据，只是塔赫他间重视进化支的数据，克朗奎斯特重视相对表现型分类法的数据。

同塔赫他间一样，克朗奎斯特也将被子植物称为木兰门，分为木兰纲(双子叶植物)和百合纲(单子叶植物)。该系统的双子叶植物包括 6 个亚纲，单子叶植物有 5 个亚纲。在双子叶植物中，将塔赫他间系统中的毛茛亚纲并入木兰亚纲，唇形亚纲并未作为一个独立的亚纲等级，而是保留在菊亚纲中。

在单子叶植物中，姜亚纲从百合亚纲中分离出来，霉草目仍保留在泽泻亚纲中，与塔赫他间、Deblgren 和 Thorne 系统的主要不同点在于：没有划分超目，将亚纲直接分成了目。塔赫他间系统划分了 233 目 592 科，而克朗奎斯特系统划分了 83 目 386 科。克朗奎斯特同意 Thorne 的观点(早期版本为到 1992 年)，关于在双子叶植物的起始位置保留林仙科(没有像塔赫他间采用单心木兰科作为双子叶植物的起始)，并连同单心木兰科、木兰科和番荔枝科等。与当代其他作者不同，克朗奎斯特没有把芍药科划分为独立的芍药目，而是把它移到了五桠果亚纲下的五桠果目中。

克朗奎斯特与塔赫他间系统的重要分歧在于将石蒜科和百合目下百合科的合并。塔赫他间将这两个科分别放在两个独立的石蒜目和百合目下。与近代多数作者不同的是，克朗奎斯特认为单子叶植物是水生起源的，起源于类似现代睡莲目的原始无导管的祖先。

与塔赫他间系统不同，克朗奎斯特系统将莲科放在了睡莲目(而不是作为一个独立的莲目)，香蒲目放在了鸭跖草亚纲(而不是棕榈亚纲)，双子叶植物合瓣花类的科放在了一个大的亚纲——菊亚纲(而不是 3 个亚纲——菊亚纲、山茱萸亚纲和唇形亚纲)。

荨麻目和风媒传粉的科一起包括在金缕梅亚纲中(而不是和其相关的锦葵目和大戟目放在一起)，锦葵目和大数目分别保留在两个独立的亚纲——五桠果亚纲和蔷薇亚纲中(不是同亚纲——五桠果亚纲)。克朗奎斯特提供了一个分类群排列的概要，推进了科级水平鉴别的进程。这个系统在美国被广泛应用。

1.1.3.6　达格瑞

达格瑞(Rolf Dahlgren，1932—1987年)，丹麦植物学家。1974年在丹麦教科书中第一次提出了他自己的系统和阐述系统发育关系的一个新方法。随后的英文修订版于1975年、1980年、1981年和1983年相继出版。1985年，一个参考价值大的单子叶植物详细分类在其著作《单子叶植物科志》(达格瑞等)中提出。他的系统图是一个通过顶部横切面的具有想象力的系统发育树来表现，因绘制了被子植物各个目特征地位的分布变得非常流行，被普遍称作达格瑞系统。

在1987年的一次车祸中，达格瑞不幸去世，其妻子格特鲁德·达格瑞(Gerrud Dahlgren)继续他的工作，并在1989年为双子叶植物发表了*The Last Dahlgrenogram*，紧随其后的单子叶分类系统也于同年出版，其中包括了达格瑞的最新的想法，并提出了一个最新版的被子植物分类系统。格特鲁德也将超目的词尾由-florae变为-anae，由于前一词尾的使用仅限于有花植物，变成-anae保持了与ICBN的一致性。词尾-anae最初由塔赫他间开始使用，但现在包括早期同达格瑞一样喜欢以-florae结尾的Thorne(自从1992年起)也开始用-anae结尾。格特鲁德(1991)继续用各种胚胎学特征地位来强化这个系统图。

该分类系统非常接近Thorne早期的各个版本，以木兰纲作为被子植物的名称，木兰亚纲表示双子叶植物，百合亚纲表示单子叶植物。重新排列是基于大量的表征分类学特征，主要是植物化学、超微结构和胚胎学。该系统包括双子叶植物25个超目和单子叶植物10个超目。达格瑞和他的合作者完成了几百个这样的图。达格瑞认为双子叶植物和单子叶植物的划分并不严谨，认为单子叶应该作为一个亚纲等级的类群进行研究。

1.1.3.7　索恩

索恩(Robert F. Thorne，1920)，美国分类学家，供职于兰考圣安娜植物园(Rancho Santa Ana)，创立了一个植物分类系统并周期性修订，其系统接近于达格瑞系统，将被子植物设为纲的等级，双子叶植物和单子叶植物设为亚纲等级。这些又进一步划分为超目、目、亚目和科。目和科排列的一般性方法，与同时代其他3位分类学家克朗奎斯特、达格瑞和塔赫他间的分类在相当大的程度上平行发展。

索恩于1968年第一次提出自己的分类系统，并分别在35年间进行了多次修订。开始他以-florae作为超目的词尾，而不愿像塔赫他间用-anae做词尾，但现在他接收了以-anae做词尾。

索恩在分类群的重新排列中结合了植物化学的应用，更频繁地划分亚科，并且将优先律原则应用到纲的等级，这样倾向于以Annonopsida作为被子植物的名称，Annonidae作为双子叶植物的名称，以Annoniflorae代替Magnoliflorae用于木兰超目，Annonales代替Magnoliales用于木兰目。然而从1992年，他开始放弃与当代其他分类系统的分歧，采纳了大多数人接受的木兰纲、木兰亚纲和木兰目的名称。

1992年，索恩开始建立电子版本的分类系统。1999年，主要修订版与1992年版有很大的区别，放弃了传统的将被子植物划分成双子叶植物和单子叶植物的做法，而是采用当代的分支分类学处理。该分类系统于2000年发表在《植物学评论》(*Botanical Review*)上。被子植物(现在偏向以纲命名被子植物门)被分成10个亚纲，其中传统的单子时植物被分成3个亚纲(泽泻亚纲、百合亚纲、鸭跖草亚纲)，置于木兰亚纲之后毛茛亚纲之前。这10个亚纲有些接近被子植物系统发育研究组的非正式类群，包括木兰亚纲、泽泻亚纲、百合亚纲、鸭跖草亚纲、毛茛亚纲、石竹亚纲、五桠果亚纲、蔷薇亚纲、菊亚纲和唇形亚纲。这样的位置排列产生了不同分类群的一个更加真实的系统发育排列，使这个系统与被子植物系统发育类群更加接近。该分类系统将被子植物划分为31超目、74目、471科；也有7个不确定的属，其中4个暂时作为单型科。在目的划分上，该分类系统也是十分详细的，需要时将目划分为亚目，科划分成亚科。

1.1.3.8 被子植物系统发育研究组

最先认真尝试创立分支分类系统的学者是布雷默(Bremer)和万托普(Wanntorp)，他们建议被子植物应该被处理为种子植物纲的木兰亚纲，他们认为被子植物不应该被划分为单子叶植物和双子叶植物，因为这样使整个类群成为并系，而应该将被子植物直接划分为一系列的超目。这个提议最初并未得到重视，因为直到20世纪90年代，所有主要的分类系统仍然将单子叶植物和双子叶植物作为分离的类群被划分开。

随着分子数据的应用和强大的数据处理工具的发展，分支分类的概念大量出现。近十年来，通过一批投身于"被子植物系统发育研究组(APG)"工作者(K. Bremer等)的通力合作，这个概念发展成了APG分类系统。他们在1998年发表了一个包含462科的被子植物分类系统，这些科被归类成40个假定的单元目，置于以下几个非正式的更高级类群中：真蔷薇类Ⅰ、真蔷薇类Ⅱ、菊类、真菊类Ⅰ、真菊类Ⅱ。在这些非正式类群中同样列出了许多未设立目的科，在开始位置包括11个未设立目的科，在被子植物中的起始位置也有4个目没有划分超目类群成为非正式类群。在该系统的末端有一个补充名单，列出了无确定位置的25个科，因为没有可靠的数据支持它们在该系统中的位置。

最近的分支分类分析更详尽地揭示了有花植物的系统发育，并且有证据支持科以上水平的许多主要类群是单系类群。

随着系统发育主要分支系列中很多组分的确立，有花植物超科分类系统的修订变得可行而必要。分支分类系统的信息强烈表明将被子植物简单划分为单子叶植物和双子叶植物是不能反映出系统发育历史的。

自1998年首次提出APG Ⅰ之后，2003年发布了APG Ⅱ，2009年发布了APG Ⅲ，APG分类系统的最近修订是2016年，在《林奈学会植物学报》发表了APG Ⅳ，其依靠被子植物系统发育网站(http://www.mobot.org/MOBOT/research/APweb/)，使得APG分类系统框架有了相当的改善，目前该系统包含64目416科。

1.2 木材名称

木材和其他物种一样，各有其名称，如松木、柏木和杨木等。木材的名称包括学名、标准名、俗名、商品名等。学名和标准名多用于教育教学、学术研究和正式报告等场合，俗名和商品名多用于日常交流、商品贸易等场合。由于木材名称种类之多，经常存在一种木材在不同地方叫法不同或在同一个地方也有多种名称的情况。这种现象叫同物异名。还有一种情况是异物同名，是指不同的木材在不同地方叫法相同，如酸枣在我国南方是指漆树科的一种木材，而在我国北方是指鼠李科的一种木材；也存在同属或同类但不同种的木材叫法相同，如松木泛指松属木材的多种或一种木材，有时也指除了柏木、杉木以外的针叶树材，有时甚至用作泛指针叶树材。这些情况的出现导致了木材名称的混杂现象，因此，有必要了解并正确运用木材名称。

1.2.1　俗　名

俗名也称别名，是对木材种类的通俗叫法，往往具有地方性、非专业性，因通俗易懂，适用场合广泛。我国幅员广阔，树木种类繁多，由于各地的取名角度以及历史文化等方面的差异，对于木材种类的通俗叫法也不尽相同。各种不统一、非规范的俗名的使用，造成了同物异名和同名异物的情况的出现。如市场中俗称的“榉木”，实际上是壳斗科水青冈属的木材，而“榉木”作为正式名称指的是榆科榉属(*Zelkova*)木材；又如枫杨(*Pterocarya stenoptera*)的俗名在全国有十多个。木材名称的俗称，除了上述弊端外，还有词义欠明确、欠严谨之虞。例如，“松木”一词，按照植物分类的概念应该指松科松属(*Pinus*)的木材。然而俗名常把除柏木、杉木之外的几乎全部针叶树材，皆称为松木。又如市场上俗称的“白松”，指的是冷杉属(*Abies*)的木材，但有些也有把云杉属(*Picea*)也包括在内，更有甚者则把铁杉、落叶松等也列入其中。这种情况的出现必然给木材名称的使用造成混乱，影响对木材的识别，也给木材的生产、贸易和科学研究等方面带来很多困扰，同时也给了不良商家混淆视听、以次充好的机会，阻碍了木材市场的正常流通和合理利用。

1.2.2　商品名

商品名是指木材在市场流通中使用的木材名称，根据使用情况可以分为标准商品名和一般商品名。标准商品名是依据国家标准中的规定使用的，包括了中文商品名和国外商品名，例如，GB/T 18107—2017《红木》中规定了符合标准的豆科紫檀属(*Pterocarpus*)的木材商品名为紫檀木，檀香紫檀(*Pterocarpus santalinus*)的商品名为 red sanders。GB/T 18513—2022《中国主要进口木材名称》中规定的为国外商品材名称，如南洋杉科贝壳杉属(*Agathis*)的商品名为 agathis、damar minyak 或 kauri pine。

而一般商品名根据木材本身特点，或为了提高木材受众程度而使用的木材名称，多以产地、颜色、材质、简称等特点进行命名。由于近年来木材贸易的飞速发展，大量国外鲜为人知的木材出口到我国，尽管其具有相应的学名或规范的中文名称，但很难被消费者所接受，因此很多商家以此为机，将一些知名度低或国内尚未有准确研究的木材自行进行命名，其多具有严重不规范性、误导性等特点。如“产地+某种知名木材名称”的命名方法，如南美胡桃木。胡桃木本指胡桃科胡桃属(*Juglans*)的木材，以黑胡桃(*Juglans nigra*)，俗称北美黑胡桃最为出名；而南美胡桃木是指与黑胡桃为材色相近的南美洲产的雨树(*Samanea saman*)，或是与胡桃木无任何关联的东南亚地区产的人面子(*Dracontomelon duperreanum*)等木材。另外，由于中国对于红木情有独钟，其中最广为人知的是檀香紫檀(俗称小叶紫檀)、降香黄檀(俗称海南黄花梨)、交趾黄檀(俗称大红酸枝)、大果紫檀(俗称缅甸花梨)等，因此衍生出各式各样的“某某檀”“某某酸枝”“某某花梨”等木材名称，而其绝大部分与红木无任何联系。例如，黄金檀实则为紫草科破布木属(*Cordia*)木材，非洲酸枝实则为苏木科伯克苏木(*Burkea africana*)，红花梨实则指并非属于红木的豆科紫檀属非洲紫檀(*Pterocarpus soyauxii*)，甚至有些木材具有多个具有迷惑性的商品名，例如，非洲小叶紫檀、赞比亚紫檀、血檀等均指豆科紫檀属染料紫檀(*Pterocarpus tinctorius*)。一般商品名的产生很大程度取决于商家，往往忽略了木材名称的规范性、科学性和适用性，多为了混淆视听，因此造成了目前市场中商品名的使用极为混乱，严重影响了市场环境。因此，消费者在购买时需要谨慎甄别，防止受骗。

1.2.3 标准名

标准名称是经过国家有关行业或标准管理单位授权制定或颁布实施的名称，是以科学分类为基础，综合俗名、商品名的使用习惯对木材名称的规范。我国已颁布了3个关于木材名称方面的国家标准，即：GB/T 16734—1997《中国主要木材名称》、GB/T 18513—2022《中国主要进口木材名称》、GB/T 18107—2017《红木》。木材标准名称具有权威性和法律效力，目的在于规范木材与木材产品市场，以及促进科学技术的进步和生产力的发展。标准中的木材名称通常以植物分类上的属为基础，材质为主要依据，将宏观构造相似，材质相近的木材种类进行归类，以属名或参考该类木材俗名或商品名的使用习惯将木材进行命名。例如，在GB/T 16734—1997《中国主要木材名称》中将松科云杉属(*Picea*)的所有种统称为云杉，将松科松属中的赤松(*Pinus densiflora*)、思茅松(*Pinus kesiya*)、马尾松(*Pinus massoniana*)等材质较为坚硬的木材称为硬木松，将华山松(*Pinus armandii*)、红松(*Pinus koraiensis*)、乔松(*Pinus wallichiana*)等材质较为轻软的木材称为软木松。标准名既具有实用性，又兼具有科学性，可适用范围最较广。就一般用途而言，宏观特征和材质差异较小的木材，其使用价值也几乎相同，区分到种也是不必要的。

1.2.4 学　名

学名是最正确的木材名称，具有唯一性。由于木材取自于植物，因此木材的学名也沿用了植物的学名，世界各国都遵循《国际植物命名法规》所规定的命名法，也就是植物分类系统的名称。其中最常用的是属名、种名和变种名，其他附加词常予以省略，但在某些情况下，为防止树种间混淆，木材名称中加上命名人名也是有必要的，例如 *Taxus* sp. 指红豆杉科(Taxaceae)红豆杉属的某一种，*Taxus yunnanensis* 特指云南红豆杉一个种。这种命名方式不仅科学，且不会产生木材种类上混淆，有利于国内外进行学术交流和木材贸易。

学名在国际交流和科学鉴定等方面也有着重要的意义，在国内外学术期刊、进出口贸易、木材鉴定等场合均需在木材名称后标注学名，用以查验。学名固然有科学性、唯一性等优点，但由于语言文字上的障碍和木材树种过于繁杂，在实际运用中各学名的树种，有些具有相应的中文名，而有些树种则没有，并且在实际应用中仅凭肉眼不易快速确定到种，非专业人士很难正确使用学名，故在木材生产、贸易和使用等领域受到一定的限制。

第2章
世界重要商品材树种概况

2.1 亚洲重要商品材树种概况

2.1.1 亚洲整体概况

亚洲是世界第一大洲，全称亚细亚洲，包括东亚、东南亚、南亚、西亚、中亚和北亚等地，位于东半球的东北部和亚欧大陆东部，是地球上最大陆块——亚欧大陆的主体。亚洲的纬度北部约达81°N，南部11.3°S，南北所跨纬度之广为各大洲之最。亚洲的地形复杂多样，主要以高原、山地为主，地势极端起伏，地形结构中部高、四周低，山脉组合成群成带。亚洲的森林面积约占世界森林总面积的35%，主要分布在印度尼西亚、缅甸和马来西亚，是世界上多林地区之一，其中，文莱森林覆盖率居亚洲之冠。

在中国的小兴安岭、张广才岭、完达山及长白山脉，俄罗斯的阿穆尔州沿海地区，朝鲜的北部，日本的本州、四国中心部分，红松商品材占明显优势，混生有云杉、冷杉、杨树、桦树、椴树、栎树、榆树、槭树、白蜡树、核桃树、黄柏等树种，构成原生的针阔混交林。在亚洲主要分布在中国长江流域南部、朝鲜和日本列岛南部的常绿阔叶林，栎属和栲属最为典型，中亚热带典型常绿阔叶林主要由壳斗科的常绿树种、樟科、山茶科、木兰科、金缕梅科、番荔枝科、蔷薇科、杜英科、蝶形花科、安息香科、冬青科、茜草科、卫矛科、桑科、藤黄科、五加科、山龙眼科等组成。热带雨林在亚洲主要分布在中国的西双版纳、海南以及菲律宾群岛、马来半岛、缅甸、越南部分地区、加里曼丹岛西北部、印度尼西亚群岛、斯里兰卡等地区，其所包含的植物总数占世界总数的一半，其中以东南亚受季风影响较大的地方最为典型，主要组成树种多为桑科、槭树科、无患子科、椴树科、紫薇科、大戟科等。表2-1为我国进口东南亚地区的主要树种名称。在亚洲，印度西部德干高原、斯里兰卡等降水量不足的地区分布着干旱草原森林。中亚、阿富汗、伊朗、蒙古、中国等地分布着沙地梭梭林、刺柏属、松桧混交林、桧—黄连木林等。

表2-1 我国进口东南亚地区的主要树种名称

序号	非红木类	红木类
1	印茄(俗称：菠萝格、南洋木宝) *Intsia biujga*	檀香紫檀(俗称：小叶紫檀) *Pterocarpus santalinus*
2	甘巴豆(俗称：金不换、南洋钢柏木、马来甘巴豆) *Koompassia malaccensis*	花梨木类(包括：大果紫檀、印度紫檀、囊状紫檀、安达曼紫檀) *Pterocarpus* spp.

（续）

序号	非红木类	红木类
3	木荚豆（俗称：金车花梨、红荚木）*Xylia xylocarpa*	黑酸枝木类（包括：刀状黑黄檀、阔叶黄檀）*Dalbergia* spp.
4	龙脑香（俗称：克隆木）*Dipterocarpus grandiflorus*	红酸枝木类（包括：奥氏黄檀、交趾黄檀、巴里黄檀）*Dalbergia* spp.
5	摘亚木（俗称：柚木王、马尾柚木、南洋红檀）*Dialium platysepalum*	乌木 *Diospyros ebenum*
6	木莲（俗称：金丝柚、楠木）*Manglietia fordiana*	条纹乌木类（包括：菲律宾乌木、毛药乌木、苏拉威西乌木）*Diospyros* spp.
7	柚木（俗称：胭脂木）*Tectona grandis*	白花崖豆木（俗称：缅甸鸡翅木、黑鸡翅）*Millettia leucantha*
8	橡胶木 *Hevea brasiliensis*	铁刀木（俗称：泰国山扁豆、孟买黑檀、孟买蔷薇木、黑心树）*Cassia siamea*
9	大甘巴豆 *Koompassia excelsa*	—
10	坤缅铁樟（俗称：铁金刚）*Eusideroxylon zwageri*	—

2.1.2 中国特有树种概况

中国国土辽阔，自然条件复杂，有多种树木生存和繁育的条件，加之未受第四纪大陆性冰川期破坏性袭击，因而特有树种资源甚为丰富。据初步统计，中国裸子植物有10科33属200余种。其中特有科是银杏科，特有属有银杏属（*Ginkgo*）、银杉属（*Cathaya*）、金钱松属（*Pseudolarix*）、水松属（*Glyptostrobus*）、水杉属（*Metasequoia*）和白豆杉属（*Pseudotaxus*）6属，各属均只含1种。中国裸子植物特有种约100种，几乎占中国裸子植物总数的一半。在松科、杉科、柏科各属中，如油杉属全世界共有11种，中国特产有9种；冷杉属全世界有50多种，中国特产有15种。许多特有种是第三纪孑遗植物，如第四纪冰川期后已灭绝的水杉于1943年在中国湖北利川谋道镇发现后，被世界各国植物学家看作是珍贵的活化石。银杉作为一个新属曾引起植物界的争论，经过对银杉木材构造、化学成分、细胞染色体等多方面的研究，确立了它在分类学中的地位。

中国被子植物中特有的科有杜仲科，特有的属有60多属，其中乔木有20多属，如华盖木属（*Manglietiastrum*）、观光木属（*Tsoongiodendron*）、青钱柳属（*Cyclocarya*）、青檀属（*Pteroceltis*）、喜树属（*Camptotheca*）、半枫荷属（*Semiliquidambar*）、掌叶木属（*Handeliodendron*）、银鹊树属（*Tapiscia*）、伞花木属（*Eurycorymbus*）和海南椴属（*Hainania*）等。至于特有种几乎各大科中都有，如中国有樟科420种，其中特有种就有192种，其种类分布以秦岭—淮河以南的湖北、湖南和广西西部至四川和云南西部种类最多。向东、向西和向北减少，西北地区无乔木特有种。每一个特有树种的个体数量和分布区的范围因种而异。有些特有种是广布种，分布到数个省（自治区、直辖市），已在国内外广泛引栽，如水杉、杜仲、珙桐等特有树种。另一些特有树种分布范围很窄，个体数量很少，有的甚至仅在某地存留数株，处于濒危灭绝状态，如绒毛皂荚（*Gleditsia vestita*），普陀鹅耳枥（*Carpinus putoensis*）等。从垂直分布看，从平原到高山均有，如油松、毛白杨可分布于华北地区的低山平原地带，而巨柏则分布到西藏海拔 3000m 左右地区。

中国的树木种类繁多且资源丰富，由于国内经济的快速发展，特别是与木材需求有直接关系的建筑、装修、家具、造纸等行业升温，牵动木材消耗逐年加大，木材消费越来越多，为了满足市场需求，在相当长的时间内我国木材资源供应仍以进口为主。表 2-2 为我国进口原木、锯材的主要树种名称。

表 2-2　我国进口原木、锯材的主要树种名称

序号	针叶树材	阔叶树材
1	红松 *Pinus koraiensis*	水曲柳 *Fraxinus mandshurica*
2	樟子松 *Pinus sylvestris* var. mongolica	红栎 *Quercus rubra*
3	辐射松 *Pinus radiata*	山毛榉 *Fagus longipetiolata*
4	落叶松 *Larix gmelinii*	柠檬桉 *Eucalyptus citriodora*
5	花旗松 *Pseudotsuga menziesii*	柚木 *Tectona grandis*

2.2　非洲重要商品材树种概况

非洲森林资源非常丰富，主要集中在非洲中部和南部，森林覆盖面积约为 6.5 亿 hm^2，约占世界森林覆盖总面积的 19%。非洲中部的森林覆盖面积占非洲总面积的 35%，全球森林的 8%。非洲中部 6 国，即赤道几内亚、加蓬、刚果(布)、刚果(金)、喀麦隆和中非共享刚果盆地热带雨林资源。非洲南部的森林覆盖面积高达 1.95 亿 hm^2，森林覆盖率为 30%。非洲是仅次于南美洲亚马孙热带雨林区的世界第二大热带雨林区，木材蓄积量大，经济价值高，盛产红木、黑檀木、花梨木、柯巴树、乌木、樟树、栲树、胡桃木、黄漆木、栓皮栎等珍贵木材，是世界热带木材的主要产区之一。非洲热带木材主要是指西非、中非和东非地区，如几内亚、几内亚比绍、塞拉利昂、利比里亚、科特迪瓦、加纳、尼日利亚、赤道几内亚、加蓬、刚果(布)、刚果(金)、中非、喀麦隆、坦桑尼亚、索马里、肯尼亚、乌干达、埃塞俄比亚等国的热带雨林木材，以阔叶林占绝对优势，大部分来自天然林。森林主要类型为西非和中非的热带雨林，东非和南非的热带干燥森林，北非亚热带混交林、山地林以及海岸带的红树林等，另外还有少量的人工林。据非洲木材组织统计，非洲木材储藏量共达 2.5 亿 hm^2，其可开采的木材量高达 100 亿 m^3，其中的 90%集中在非洲木材组织 14 个成员国内。目前，非洲木材的出口值占世界热带木材贸易总额的 7%。非洲热带木材产品的 45%以上仍以原木出口，其余的 55%也多为初加工锯材。近年来，中国进口自非洲的木材逐年增加，表 2-3 为我国进口非洲的主要原木树种名称。加蓬、赤道几内亚是非洲木材出口中国最多的两个国家，两国出口中国的木材贸易额占非洲出口中国木材贸易总额的一半以上。其他主要的木材出口国还包括喀麦隆、利比里亚、莫桑比克、刚果(金)等。据统计，非洲森林资源不断减少，且趋势较为明显。世界森林面积减少约有 1/2 源于非洲森林的减少，且非洲森林资源减少的速度远远高于世界平均水平。

表 2-3 我国进口非洲的主要原木树种名称

序号	非红木类	红木类
1	筒状非洲楝(俗称：沙比利、非洲桃花心)*Khaya seegalesis*	卢氏黑黄檀(俗称：大叶紫檀)*Dalbergia louvelii*
2	大美木豆(俗称：非洲柚木)*Pericopsis elata*	东非黑黄檀(俗称：紫光檀)*Dalbergia melanoxylon*
3	猴子果(俗称：麦哥利、非洲红樱桃木)*Tigehmella heckelii*	刺猬紫檀(俗称：非洲黄花梨)*Pterocarpus erinaceus*
4	奥克榄(俗称：奥古曼、加蓬木、红胡桃)*Aucoumea klaineana*	非洲崖豆木(俗称：非洲鸡翅木)*Millettia laurentii*
5	绿柄桑(俗称：黄金柚、圆盘豆)*Chorophora excelsa*	厚瓣乌木(俗称：黑檀)*Diospyros crassiflora*
6	古夷苏木(俗称：巴西花梨)*Guibourtia* spp.	
7	非洲紫檀(俗称：非洲红花梨)*Pterocarpus soyauxii*	
8	安哥拉紫檀(俗称：红高棉)*Pterocarpus angolensis*	

2.3 美洲重要商品材树种概况

美洲根据行政区划，可以分为北美洲和南美洲两部分，中间以巴拿马运河为界，其以北分为北美洲，面积达 2471 万 km^2，主要国家包括加拿大、美国、墨西哥、古巴以及加勒比海地区的众多国家；其以南部分为南美洲，面积达 1784 万 km^2，主要国家包括巴西、阿根廷、智利、秘鲁、委内瑞拉、哥伦比亚等。拉丁美洲是美国以南所有美洲地区的通称，也就是墨西哥及以南的广大美洲地区，包括墨西哥、中美洲、西印度群岛和南美洲。北美洲森林资源丰富，森林面积达 6.77 亿 hm^2，占全球森林面积的 18%，覆盖率高达 34%，主要分布在西部山地，盛产道格拉斯黄杉、巨型金针柏、糖槭、红松、铁杉等。其中，美国是世界上第四大森林资源丰富的国家，位列俄罗斯、巴西和加拿大之后，森林面积 3.03 亿 hm^2，占全球森林面积的 7.6%，森林蓄积量占全球森林蓄积量的 8%。加拿大是全球第三大森林和其他林地面积拥有国，森林面积达 3.973 亿 hm^2，约占全球森林面积的 10%左右，森林覆盖率达到 43%。加拿大的森林中针叶林占 67%，阔叶林占 11%，针阔混交林占 16%。在北美洲，美国和加拿大是目前世界上最主要的木材资源出口国。木材资源相当丰富，加之材性优良，质量、等级等制度严密，受到国际市场欢迎与青睐。美国原木年出口总量排世界第二(年原木出口量约 1100 万 m^3)；加拿大锯材和人造板出口总量位于世界第一(出口锯材约 4000 万 m^3，出口人造板约 1250 万 m^3)。北美洲约 14%的森林作为生产性森林即生产林，其中约 93%的生产林分布在美国。在美国，30%的森林用作生产林，而加拿大只有 1%森林作为生产林。北美洲的多种用途林占森林的 68%，可以支持木材及其木制品的生产。

南美洲陆地地形被分为三个南北向纵列带，其中海拔 300m 以下的平原约占南美洲面积的 60%，海拔 300~3000m 的高原、丘陵和山地约占全洲面积的 33%。由于受到地理位置、大气环流、地势高低、人类活动等因素的影响，南美洲大部分地区属于热带雨林和热带草原气候，温暖湿润。在地理位置、气候类型的影响下，南美洲的植被类型主要是热带雨林和热带稀树草原。地处热带雨林的亚马孙平原是木材的主要产区。拉丁美洲森林资源丰富，占世界林地总面积的 24%。森林基本由 89%热带阔叶林、6%温带阔叶林及 5%针叶林组成。其中巴西是拉丁美洲最大的国家，森林面积 367 万 km^2，蓄积量 1250 亿 m^3，占世界第二位。据报道，世界热带雨林面积约为 850 万 km^2，其中 40%分布在巴西。巴西热带雨林拥有世界上最丰富的天然资源和生物多样性。拉丁美洲盛产许多优质良材，有些还是特产，如大叶桃花心木(Mahogany，*Swietenia macrophylla*)、李叶苏木(Jatoba，*Hymenaea courbaril*)、蚁木(Ipe，*Tabebuia* spp.)、具脉紫心苏木(Purpleheart，*Peltogyne venosa*)、维罗蔻木(Virola，*Virola* spp.)、巴西良木豆(Cerejeira，*Amburana cearensis*)、圭亚那乳桑木(Tatajuba，*Bagassa guianensis*)、洋椿木(Cedar，*Cedrela* spp.)等。我国进口美洲的主要树种名称见表 2-4。

表 2-4 我国进口美洲的主要树种名称

序号	北美洲	南美洲
1	SPF 板材(云杉、松木、冷杉三种北美洲木材的统称)	重蚁木(俗称：南美紫檀、依贝)*Tabebuia* spp.
2	白橡(俗称：白栎木、柞木)*Quercus fabri*	双柱苏木(俗称：南美柚木)*Dicorynia guianensis*
3	红橡(俗称：红栎木、橡木)*Quercus rubra*	香脂木豆(俗称：红檀香)*Myroxylon balsamu*
4	白蜡木(俗称：北美水曲柳、白元、南槐、北槐、白栓)*Fraxinus americana*	李叶苏木(俗称：南美樱桃、南美苏木)*Hymenaea cunrbaril*
5	樱桃木(俗称：美国黑樱桃木、红樱桃)*Prunus serotina*	饱食桑(俗称：巴西红木)*Brosimum acutirolium*
6	硬枫(俗称：硬槭木、五角枫、黑槭)*Acer nigmum*	南美楝 *Cabralea cangerana*
7	黑核桃(俗称：美洲胡桃木、黑胡桃)*Juglans nigra*	维腊木(俗称：绿檀木)*Bulnesia arborea*
8	北美鹅掌楸(俗称：美国黄杨、美国白杨、金丝白木)*Liriodendron tulipifera*	铁线子(俗称：红檀、南美樱木)*Manilkara kanki*
9	黄桦木(俗称：美国桦木、魁北克桦木、硬桦木、银桦木、沼泽桦木、白桦木)*Betula alleghaniensis*	良木芸香 *Euxylophora paraensis*
10	美洲椴木(俗称：菩提木、美洲白木、美洲椴)*Tilia americana*	香二翅豆(俗称：龙凤檀)*Dipteryx odorata*
11	红榆(俗称：滑榆、棕榆)*Ulmus rubra*	紫心苏木(俗称：紫罗兰)*Peltogyne pubescens*

2.4 欧洲重要商品材树种概况

2.4.1 欧洲整体概况

欧洲的全称是欧罗巴洲，有近 50 个国家和地区。在地理上习惯分为北欧、南欧、西欧、中欧和东欧五个地区。欧洲木材产区主要分布在东欧和北欧地区，其中俄罗斯产区占比高达 80%，挪威和波兰产区加起来约占 20%。在针叶树种中，挪威云杉是欧洲经济和生态方面最重要的树木之一，有着悠久的栽培历史，广泛分布在北欧的北方森林以及阿尔卑斯山和喀尔巴阡山脉的亚高山地区。芬兰松又名“北欧赤松”，是产自芬兰的人工林木。芬兰松在芬兰寒冷的生长环境下，生长过程缓慢，其生长轮排列紧密使得木材尺寸稳定，而且节疤小，易于去脂加工。欧洲榉木，又称英国、丹麦、法国山毛榉

(以产地命名)，树高一般可达30m，偶尔可达50m，直径可达1.3m，主产欧洲大陆和英国，奥地利、法国、捷克、罗马尼亚、德国、丹麦和波兰的产量也较大。橡木为壳斗科栎属，树心呈黄褐色至红褐色，生长轮明显，略成波状，材质重硬，分布在德国、法国及地中海沿岸一些国家。欧洲铁杉主要分布在英国和爱尔兰，由于异叶铁杉树皮具有较高的单宁含量，可作为鞣剂、颜料和清洁的原料，该木材密度适中，易雕刻，也用来制作调羹、梳子、楔子和碗。胡桃木，是木材中较优质的一种，主要产自北美洲和欧洲、东南亚，尤其是欧洲西北部的国家，从14世纪开始，就被广泛用于制造家具。桃花心木是世界上最名贵的木材之一，是制作高级家具的优质原料，原产于南美洲，现各热带地区均有栽培，可作行道树、校园树、庭院树等。我国进口欧洲的主要原木树种类名称见表2-5。

表2-5 我国进口欧洲的主要原木树种名称

序号	针叶树材	阔叶树材
1	芬兰松木(俗称：北欧赤松)*Pinus silvestris*	欧洲水青冈(俗称：榉木、山毛榉)*Fagus sylvatica*
2	欧洲云杉(俗称：欧洲白松)*Picea abies*	欧洲桤木 *Alnus glutinosa*
3	地中海柏木(俗称：丝柏、意大利柏、意大利柏木、地中海柏)*Cupressus sempervirens*	欧洲白蜡木 *Fraxinus excelsior*
4	雪松 *Cedrus deodara*	欧洲桦 *Betula pubescens*
5	欧洲樟子松 *Pinus sylvestris* var. *Mongolica*	欧洲栎 *Quercus robur*

2.4.2 俄罗斯重要商品材树种概况

俄罗斯是俄罗斯联邦的简称，位于欧洲东部和亚洲大陆的北部(30°~180°E，50°~80°N)，地跨欧亚两洲，其欧洲领土的大部分是东欧平原。北邻北冰洋，东濒太平洋，西接大西洋，西北临波罗的海、芬兰湾。俄罗斯拥有世界最大的森林储备，森林覆盖面积8.67亿hm^2，占国土面积50.7%，居世界第一位，木材蓄积量也高达807亿m^3。按经济区域划分，俄罗斯全国分为欧洲地区和亚洲地区两大部分，亚洲地区又包括西西伯利亚、东西伯利亚和远东三个部分。从俄罗斯森林的树种结构来看，主要是以北方的针叶林为主，占森林资源的68.5%左右，这些树种主要是生长在西伯利亚地区和远东地区，优势树种为落叶松，其面积超过其他针叶树种的总和。此外，混阔叶林占俄罗斯林种21.7%，主要生长在俄罗斯的南部地区和西西伯利亚地区。其中分硬阔叶林和软阔叶林两种，主要包含橡树、栎树、落叶松、云杉等树种。软阔叶林的代表树种为桦树，主要是垂枝桦和毛桦，其次为山杨。硬阔叶林的优势树种为橡树，其中约55%分布在欧洲地区，主要为夏栎；其余橡树林大多分布在远东地区，主要树种为蒙古栎。此外，在东西伯利亚和远东地区还生长着一些材质坚硬的桦树，如岳桦、黑皮桦等，其面积仅次于橡树，居第二位。其他一些硬阔叶林，如千金榆、白蜡树、枫树和榆树等的面积都很小。西伯利亚还有一些其他品种的云杉、松树和冷杉；西部重要树种为挪威云杉和欧洲赤松。我国进口俄罗斯的主要原木树种名称见表2-6。

表 2-6　我国进口俄罗斯的主要原木树种名称

序号	针叶树材	阔叶树材
1	红松 *Pinus koraiensis*	栎木 *Quercus* spp.
2	樟子松 *Pinus sylvestris* var. *mongolica*	桦木 *Betula* spp.
3	白松 *Pinus armandii*	杨木 *Populus* spp.
4	落叶松 *Larix gmelinii*	水曲柳 *Fraxinus mandshurica*
5	冷杉 *Abies sibirica*	白蜡木 *Fraxinus* spp.

2.5　大洋洲重要商品材树种概况

大洋洲横跨印澳板块、太平洋板块和欧亚板块三大板块，是由世界上面积最小的澳大利亚大陆和 1 万多个面积大小悬殊的岛屿组成。由于降水从北、东、南三面沿海向内陆作半环状递减，植被也相应呈半环状分布，由沿海的森林带向内陆逐渐过渡为草原带、荒漠带，除沿海地区外，植被多表现出明显的旱生特点。沿海地区(除南海岸外)，丘陵起伏，水源丰富，土地肥沃，适于居住与耕种。

澳大利亚的森林面积为 1.64 亿 hm^2，其中 99% 为天然林。天然林主要是桉树林，其次为金合欢林和白千层林。森林类型以阔叶林为主，97%组成树种主要是桉树类和槭树类，仅桉树就有 600 多种。阔叶林分布很广，主要树种有巨桉、柳桉和蓝桉，针叶林主要树种为南洋杉和辐射松。在澳大利亚海岸地带和东南部高海拔山区，年降水量在 800mm 以上，主要森林类型为热带雨林和硬叶林，呈不连续的镶嵌型分布，主要优势树种为南洋杉和贝壳杉。中央盆地分布着疏林、灌木林，分布在年降水量为 400mm 以下的地区，主要树种为木麻黄、澳洲柏木。西部高原主要分布着沙漠灌丛，仙人掌等景天科植物随处可见。

新西兰位于大洋洲，由南、北两大岛和附近一些小岛组成，森林资源丰富，林地面积 730 万 hm^2，森林覆盖率 27%，森林蓄积量 3.2 亿 m^3，其中天然林面积占 86%，主要类型有亚热带林、贝壳杉林、罗汉松林和山毛榉林等。除此之外，人工林是新西兰森林资源中的重要组成部分，通过大力发展人工造林，不但解决了本国对木材的需求，而且有了发展木材及其制品出口的能力，成为其出口创汇的支柱产业。如今有人工林面积 85 万 hm^2(主要为辐射松，约占 90%)，年采伐量约 85 万 m^3，占总采伐量的 94%，我国进口的新西兰松均产于人工林。

巴布亚新几内亚独立国(以下简称巴新)位于南太平洋西部，是南太平洋地区仅次于澳大利亚的第二大国，它由北部的新几内亚和南部的巴布亚两部分组成。巴新木材质地优良，与非洲和马来西亚的木材相似。巴新林业是国家发展的必需项目，是优先项目，也是巴新国民经济中的重要支柱产业。据国际热带木材组织报道，巴新是世界热带木材第二大出口国。巴新生长树种较多，例如橄仁木、铅笔柏、红坚木、大头茶、阿摩楝、冰糖果、番龙眼、胡桃木、剥皮桉、印茄等。我国进口大洋洲的主要原木树种名称见表 2-7。

表 2-7 我国进口大洋洲的主要原木树种名称

序号	针叶树材	阔叶树材
1	辐射松(俗称：新西兰辐射松) *Pinus radiata*	桉树(包括：巨桉、红桉、玫瑰桉、澳洲圆锥花桉、异色桉、美叶桉、斜叶桉、杏仁桉、赤桉、亮果桉、蓝桉) *Eucalyptus* spp.
2	加勒比松 *Pinus caribaea*	澳洲檀香木 *Santalum spicatum*
3	南洋杉 *Araucaria cunninghamii*	马占相思(俗称：澳大利亚相思豆) *Acacia mangium*
4	湿地松 *Pinus eliottii*	黑木相思(俗称：澳洲黑檀) *Acacia melanoxylon*

2.6 《濒危野生动植物种国际贸易公约》树种概述

为保护野生动植物免受过度国际贸易而威胁其在野外的生存状况，21 个国家代表于 1973 年 3 月在美国华盛顿签署了《濒危野生动植物种国际贸易公约》(英文简称 CITES)。该公约于 1975 年 7 月 1 日正式生效，通过建立统一的国际法律框架和普适的贸易程序机制达成控制濒危物种贸易活动的目的；目前有 183 个缔约方，缔约大会一般每 2~3 年召开一次。公约通过制定监管物种的附录、实行进出口许可证管理制度、促进国家履约立法和执法、对违约方实施制裁等措施，来规范野生动植物国际贸易活动，以达到保护野生动植物资源和实现可持续发展的目的。近 40 多年来，CITES 在促进国际野生动植物种贸易规范化管理和保护生物多样性方面发挥了重要作用。1981 年，中国正式加入 CITES，并持续在立法、贸易管理、执法、国际合作等方面作出积极贡献。

2023 年 2 月 23 日起生效的 CITES 管制的木材树种已超过 529 种，并分别列入三个不同的附录，包括附录Ⅰ共 11 种，附录Ⅱ超过 510 种，附录Ⅲ共 8 种。其中附录Ⅰ包括了所有受到和可能受到贸易的影响而灭绝危险的物种，其商业性国际贸易被严格禁止；附录Ⅱ包括了目前虽未濒危灭绝，但对其贸易如不严加管理以防止不利其生存的利用就可能变成灭绝危险的物种，以及为了使上述某些物种的贸易能得到有效的控制而必须加以管理的其他物种，其国际贸易受到严格限制，允许进行商业性国际贸易的物种，但需通过进出口许可证，或者再出口证明书管理；附录Ⅲ包括了任何一缔约国认为属其管辖范围内应进行管理，以防止或限制开发利用而需要其他缔约国合作控制贸易的物种，其出口受到一定限制，允许进行商业性国际贸易，也需通过许可证或证明书管理，但对其限制通常少于附录Ⅱ物种。CITES 附录中的木材树种名录见表 2-8。

表 2-8 CITES 附录中的木材树种名录

科别	附录Ⅰ	附录Ⅱ	附录Ⅲ
漆树科 Anacardiaceae		德氏漆 *Operculicarya decaryi* 织冠漆 *Operculicarya hyphaenoides* 象腿漆 *Operculicarya pachypus*	
夹竹桃科 Apocynaceae	安博棒锤树 *Pachypodium ambongense* 红花棒锤树 *Pachypodium baronii* 德氏棒锤树 *Pachypodium decaryi*	火地亚属所有种 *Hoodia* spp. 棒锤树属所有种 *Pachypodium* spp. 蛇根木(印度罗芙木) *Rauvolfia serpentina*	绿花白皮玉 *Raphionacme zeyheri* (南非)

（续）

科别	附录Ⅰ	附录Ⅱ	附录Ⅲ
夹竹桃科 Apocynaceae	矮红花棒锤树（温莎瓶干）*Pachypodium windsorii*		
南洋杉科 Araucariaceae	智利南洋杉 *Araucaria araucana*		
多柱树科 Caryocaraceae		多柱树 *Caryocar costaricense*	
柏科 Cupressaceae	智利肖柏 *Fitzroya cupressoides* 皮尔格柏 *Pilgerodendron uviferum*	姆兰杰南非柏 *Widdringtonia whytei*	
柿树科 Ebenaceae		柿属所有种 *Diospyros* spp.（马达加斯加种群）	
壳斗科 Fagaceae			★蒙古栎 *Quercus mongolica*（俄罗斯）
胡桃科 Juglandaceae		枫桃 *Oreomunnea pterocarpa*	
樟科 Lauraceae		玫瑰安妮樟 *Aniba rosaeodora*	
豆科 Leguminosae（Fabaceae）	巴西黑黄檀 *Dalbergia nigra*	★黄檀属所有种 *Dalbergia* spp.（除被列入附录Ⅰ的物种） 德米古夷苏木 *Guibourtia demeusei* 佩莱古夷苏木 *Guibourtia pellegriniana* 特氏古夷苏木 *Guibourtia tessmannii* 巴西苏木 *Paubrasilia echinata* 大美木豆 *Pericopsis elata* 多穗阔变豆 *Platymiscium parviflorum* 刺猬紫檀 *Pterocarpus erinaceus* 紫檀属所有种 Pterocarpus spp.（除被列入附录Ⅱ采用注释#7 的檀香紫檀 Pterocarpus santalinus；仅包括非洲种群，其他种群未被列入附录） 檀香紫檀 *Pterocarpus santalinus* 南方决明 *Senna meridionalis*	巴拿马天蓬树 *Dipteryx panamensis*（哥斯达黎加、尼加拉瓜）
木兰科 Magnoliaceae			★盖裂木 *Magnolia liliifera* var. *obovata*（尼泊尔）
锦葵科 Malvaceae		格氏猴面包树 *Adansonia grandidieri*	
楝科 Meliaceae		洋椿属所有种 *Cedrela* spp.（新热带种群） 卡雅楝属所有种 *Khaya* spp.（仅包括非洲种群） 矮桃花心木 *Swietenia humilis* 大叶桃花心木 *Swietenia macrophylla*（新热带种群） 桃花心木 *Swietenia mahagoni*	

（续）

科别	附录Ⅰ	附录Ⅱ	附录Ⅲ
木樨科 Oleaceae			★水曲柳 *Fraxinus mandshurica*（俄罗斯）
松科 Pinaceae	危地马拉冷杉 *Abies guatemalensis*		★红松 *Pinus koraiensis*（俄罗斯）
罗汉松科 Podocarpaceae	弯叶罗汉松 *Podocarpus parlatorei*		★百日青 *Podocarpus neriifolius*（尼泊尔）
蔷薇科 Rosaceae		非洲李 *Prunus africana*	
茜草科 Rubiaceae	巴尔米木 *Balmea stormiae*		
紫杉科 Taxaceae		★红豆杉 *Taxus chinensis* 和本种的种下分类单元 ★东北红豆杉 *Taxus cuspidata* 和本种的种下分类单元 ★密叶红豆杉 *Taxus fuana* 和本种的种下分类单元 苏门答腊红豆杉 *Taxus sumatrana* 和本种的种下分类单元 ★喜马拉雅红豆杉 *Taxus wallichiana*	
瑞香科 Thymelaeaceae（Aquilariaceae）		★沉香属所有种 *Aquilaria* spp. 棱柱木属所有种 *Gonystylus* spp. 拟沉香属所有种 *Gyrinops* spp.	
水青树科 Trochodendraceae（Tetracentraceae）			★水青树 *Tetracentron sinense*（尼泊尔）
蒺藜科 Zygophyllaceae		愈疮木属所有种 *Guaiacum* spp. 萨米维腊木 *Bulnesia sarmientoi*	

注：物种、亚种或较高级分类单元中文名前附有“★”者，系指该种或该分类单元所含物种在中国有自然分布的记录，以亚种列入的，则指该亚种在中国有自然分布的记录；因分类系统差异、分类命名变动及专业和行业习惯，中文名时有不同或变化，使用本附录时应以物种及较高级分类单元的学名为准，中文名供参考。

第 3 章
木材的宏观构造

木材的宏观构造是宏观识别木材的重要依据，它是指肉眼或手持放大镜所能观察到的构造特征。木材宏观识别就是根据不同树种木材宏观构造特征的差异，对未知树种木材进行识别。观察研究木材的宏观构造，可揭示树种间木材宏观构造特征方面的共同点和不同点，通过树种固有宏观构造特征的观察分析达到识别鉴定木材的目的。

木材的宏观特征，分为宏观构造特征和宏观非解剖特征两部分。木材的宏观构造特征较为稳定，包括心材和边材、生长轮和年轮、早材和晚材、管孔、轴向薄壁组织、木射线、胞间道等。木材的宏观非解剖特征变化较大，包括木材的材色、光泽、气味、滋味、密度、硬度、髓斑、荧光、结构、纹理、花纹等特征，虽然不属于木材的构造特征，但对木材宏观识别具有重要价值。

3.1 木材宏观构造特征

3.1.1 树干结构

树干是树木的主体部分，它下连树根，上承树冠，是木材的主要来源。树干从外到内由树皮、形成层、木质部和髓构成。形成层位于树皮和木材之间，是包裹着整个树干的一个连续的鞘状层，它具有无限的分生能力，向外分生新的树皮细胞，向内分生新的木材细胞，是树皮和木材产生的源泉，形成层在肉眼或放大镜下不可见。对木材宏观识别具有价值的树干结构是树皮(bark)、材表(surface)、木质部(xylem)和髓(pith)四个部分，下面分别对其在木材鉴别中的意义进行阐述。

3.1.1.1 树　皮

树皮位于树干的最外侧，即树木的韧皮部。树皮分外皮和内皮，立木时，外皮属于死亡组织，内皮为生活组织。不同树种外皮具有不同的颜色、形态、剥落、皮孔、厚度和质地等特征，对原木识别具有重要的参考价值。

(1)外皮颜色

一般以老树皮为标准，不同树种外皮有其较固定的颜色。松木、杉木等针叶树材外皮颜色多为红褐色，阔叶树材外皮颜色多为褐色，也有其他特别的颜色。如：外皮灰褐色的有银杏、刺槐等，黄褐色的有香樟等，红褐色的有白桂木等，黑褐色的有罗浮柿等，灰白色的有光皮桦等，暗灰色的有钻天杨等，白褐色的有白皮松等。

外皮颜色也因树龄、生长环境、含水率而异。梧桐生材外皮为青绿色，干后则为红褐色；青杨生材外皮为青绿色，干后黄绿色；银杏幼龄树皮为银灰色，成熟树皮变成灰褐色；檫树、香樟幼龄树皮呈绿色，成熟树皮变为暗褐色。

(2) 外皮形态

外皮形态一般可分为平滑、粗糙、纵裂、横裂、纵横裂、鳞片状裂、刺凸、剥落、皮孔等。如：外皮平滑的有冷杉、梧桐、油茶和柠檬桉等，粗糙的有山樱桃、枫香、石栎属、青冈属、朴树属等，纵裂的有香樟、檫树、野鸦椿、酸枣、鹅掌楸、刺槐、核桃木、粗榧、银杏、杉木等，横裂的有光皮桦和山樱桃等，纵横裂的有柿树、刺楸和泡桐等，鳞片裂的松属、铁杉等，刺凸的有皂角木、光叶石楠、木棉、刺楸等。

(3) 外皮剥落

树木生长中外皮先开裂后脱落的现象称为剥落。通常针叶树材外皮自然剥落较为普遍，阔叶树材外皮的剥落不如针叶树材明显；外皮剥落可分为块状剥落、鳞片状剥落、纸片状剥落、条状剥落和条片状剥落五种情况。如：块状剥落的有鸡毛松和柿树等，鳞片状剥落的有松科树种等，纸片状剥落的有楠木等，条状剥落的有杉木、柏木和红豆杉等，条片状剥落的有黄连木和黄檀等。

(4) 树皮质地

树皮质地指树皮软硬、脆性和韧性、纤维的长短及粗细情况。如：质地硬的有青冈属、石栎属、木荷等，质地软的有银杏、栓皮栎、龙眼木、榆属等，质地坚实的有麻栎、青冈栎等，疏松的有苦槠、楠木等，脆的有杜鹃、乌饭树等，韧的有光皮桦、福建山樱桃等。

树皮纤维长的有甜槠、板栗、椴树、梧桐等，树皮纤维短的有红豆杉、三尖杉、柏木等，树皮纤维粗的有石栎、栲树、猴欢喜等，树皮纤维细的有杜英、山矾等。

(5) 皮孔

树皮表面可见一些条形、圆形、扁形或其他形状的孔状凸起，称为皮孔。不同树种皮孔的形状不同，针叶树材皮孔一般不明显；阔叶树材的皮孔一般较明显。多数树种的皮孔呈圆形或卵圆形，如皂荚等；具菱形皮孔的有毛白杨、青榨槭等，具横的椭圆形或线形皮孔的有光皮桦、泡桐、樱花等。另外，不同树种的皮孔大小、数量存在差异，樱桃树有显著横列皮孔，红花荷具有数量多、绿豆大小的白色皮孔，山杨为纵列皮孔。

(6) 树皮厚度

不同树种的树皮厚度存在差别，具有一定的识别价值，且树皮厚度也存在株内变异，树干下部的树皮厚于上部的，因此，一般树皮厚度以老树下部为标准，分为五级：很薄（≤3mm）的有冬青、油茶、杜鹃和紫薇等，薄（3~6mm）的有光皮桦、七叶树等，中等（7~12mm）的有枫杨、板栗等，厚（13~16mm）的有核桃木、甜槠和麻栎，很厚（>16mm）的有栓皮栎、刺槐等。

3.1.1.2　材　表

材表是指原木剥去树皮露出来的木材表面，即紧邻树皮的木材表面。不同树种木材具有各不相同的材表特征，肉眼下可见，对原木树种识别有一定的价值。材表的主要特征有平滑、槽棱、棱条、网纹、灯纱纹、波痕、条纹、尖刺几种类型(图 3-1)。

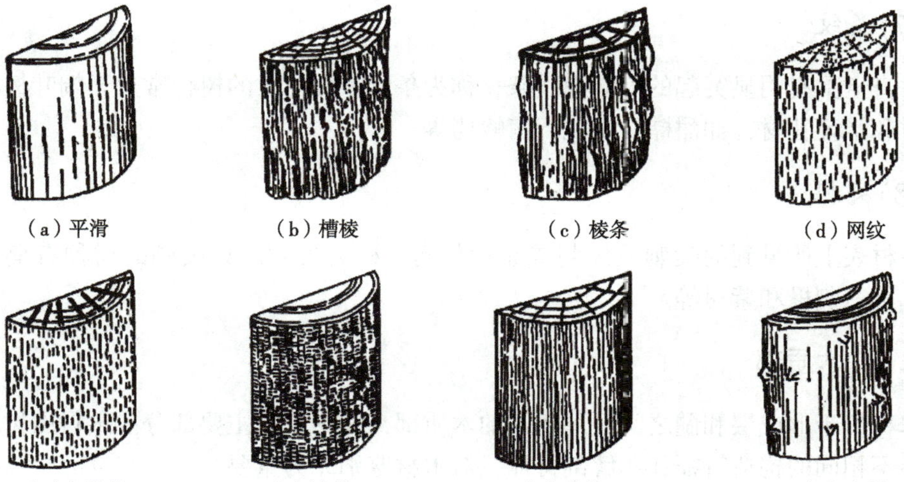

(a) 平滑　(b) 槽棱　(c) 棱条　(d) 网纹

(e) 灯纱纹　(f) 波痕　(g) 条纹　(h) 尖刺

图 3-1　材表特征的类型

(1) 平滑

材表光滑或近似光滑，无明显凹凸形态。多数树种属于平滑，杉木、红松、冷杉和云杉等大多数针叶树材材表平滑，山茶科、木兰科部分树种以及核桃木和榆木等阔叶树材材表平滑。

(2) 槽棱

宽木射线如在木材表面折断，材表上出现凹痕，呈槽沟状；如在树皮内表面折断，则在材表上形成棱。具槽棱的树种有石栎属、青冈属、鹅耳枥属等。

(3) 棱条

材表上可见起伏不定的条纹，呈粗大的拱形或半圆形的凸起，称为棱条。横断面树皮呈多边形或波浪形的材表上一般可见棱条。具棱条的树种有槭树、枫杨、广东钓樟、少叶黄杞、拟赤杨等。

(4) 网纹

材表上可见排列较均匀、整齐的短小纺锤形下凹，形如网格，称为网纹。具网纹的树种有银桦、山龙眼、水青冈、密花树、悬铃木等。

(5) 灯纱纹

肉眼下材表可见形状略似细纱布的网纹或汽灯纱罩状的纱纹。具灯纱纹的树种有冬青、猴欢喜、毛八角枫、鸭脚木、桑树、白榆、苦楝、槭木、朴树、吴茱萸等。

(6) 波痕

材表全部或局部可见水平波状的层次排列，整齐地排列在材身的同一水平面上，与木纹相垂直的细线条，称为波痕。具波痕的树种常见于柿树、黄檀、木棉、红豆树和梧桐等。

(7) 条纹

材身上具有明显突起的纵向细线条，称为条纹，具条纹的树种常见于阔叶树材中的环孔材和半环孔材，如甜槠、山槐、南岭栲等。

(8) 尖刺

在材表上所见到的尖刺或疣刺或瘤状凸起，称为尖刺。具尖刺的树种有皂荚、柞木、木棉、刺楸和紫树等。

3.1.1.3 木质部

木材位于形成层和髓之间，即树木的木质部，是树干的主要部分。木材因树种不同具有各不相同的构造特征和非解剖特征，对木材鉴别尤为重要。

根据木材是否具有管孔，判定是针叶树材还是阔叶树材，针叶树材一般无管孔，阔叶树材一般有管孔；如确定是针叶树材，再观察是否具有树脂道，具有树脂道的木材再观察树脂道的大小、多少，然后继续观察木材的心材和边材、生长轮和年轮、早材和晚材、密度和硬度、气味和滋味、结构、纹理、花纹等特征对针叶树材树种加以鉴别；如确定为阔叶树材，首先观察管孔分布特征，判定是环孔材、半环孔材还是散孔材，其次观察管孔排列、组合、大小及木射线、轴向薄壁组织、波痕、心材和边材、生长轮和年轮等主要木材宏观构造特征，最后观察材色和光泽、气味和滋味、密度和硬度、髓斑、荧光、结构、纹理、花纹等非解剖特征，对阔叶树材树种加以鉴别。

3.1.1.4 髓

髓一般位于树干中心，少数有偏离中心的，质地松软。针叶树材髓大小变化很小，直径约 3~5mm；阔叶树材髓大小相差悬殊，青榨槭、榆木髓的直径为 3~4mm，而泡桐、梧桐髓的直径可达 10mm 以上。

髓的形状以圆形为主，也有其他形状的。如：圆形的有榆木、核桃木等，卵形或椭圆形的有槭木、椴木等，星形的有水青冈、椴木等，三角形的有山毛榉、鼠李等，四角或方形的有白蜡木等，长方形的有华南樟、桉树等，五角形的有白杨等，八角形的有杜鹃等。

髓的结构根据髓腔形态大体可分为实心髓、分隔髓、空心髓三种类型。杉木、梧桐、楝树等大多数树种属实心髓，枫杨、核桃、交让木、朴树等为分隔髓，泡桐、山桐子等为空心髓。

3.1.2 木材三切面

木材具有无数的剖面，从不同的方向锯切木材，可得到不同的切面。人为定义的三切面是为了更好地观察木材的构造，三切面不是木材本身的构造特征。利用横切面、径切面、弦切面这三个典型切面上木材的宏观和微观构造特征，可识别和鉴定木材。

3.1.2.1　横切面

横切面是指与树干长轴相垂直的切面，亦称为树干的端面或横断面(图 3-2)。横切面是木材宏观识别最重要的切面。在这个切面上，既可看见木材中轴向管胞、导管、木纤维和轴向薄壁组织等各种纵向细胞或组织的横断面形态及分布规律，又可看见木材中木射线等横向细胞或组织的宽度、长度等特征。生长轮在横切面上呈同心圆状、椭圆形或梅花状；木射线在横切面上呈辐射状。

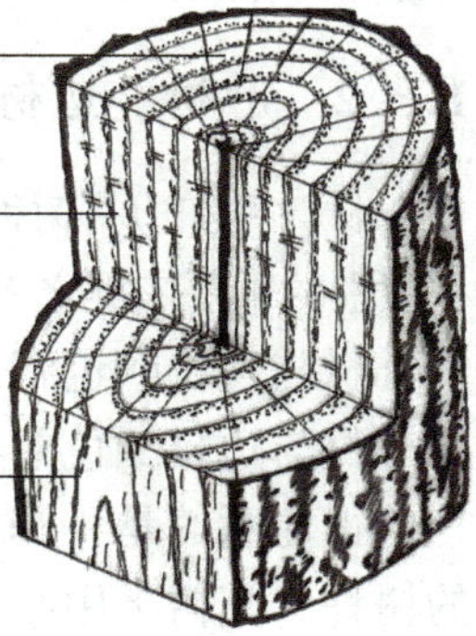

图 3-2　木材三切面

3.1.2.2　径切面

径切面是指沿树干长轴方向通过髓心与木射线平行并与年轮垂直的切面。生长轮在径切面上呈平行于树干主轴的线条，木射线在径切面上呈横列的短线状或短带状(图 3-2)。

3.1.2.3　弦切面

弦切面是指沿树干长轴方向不通过髓心与木射线垂直并与年轮相切的切面。生长轮在弦切面上呈倒“V”形和抛物线形，木射线在弦切面上呈纺锤形、木梭状(图 3-2)。

径切面和弦切面均为沿着树干主轴的切面，都属于纵切面。木材三个切面可见不同的宏观特征，宏观观察时横切面呈现的识别特征最丰富，是宏观识别最重要的切面；其次为弦切面，可以观察到导管、射线的粗细和排列情况、波痕、木材纹理等；径切面上的特征最少，除纹理、导管外，可见射线斑纹等。

3.1.3　边材和心材

3.1.3.1　基本概念

树干横切面木质部中靠近树皮一侧、水分较多、颜色较浅的外环部位，称为边材(图 3-3)；树干横切面木质部中靠近髓心一侧、水分较少、颜色较深的内环部分，称为心材(图 3-3)。

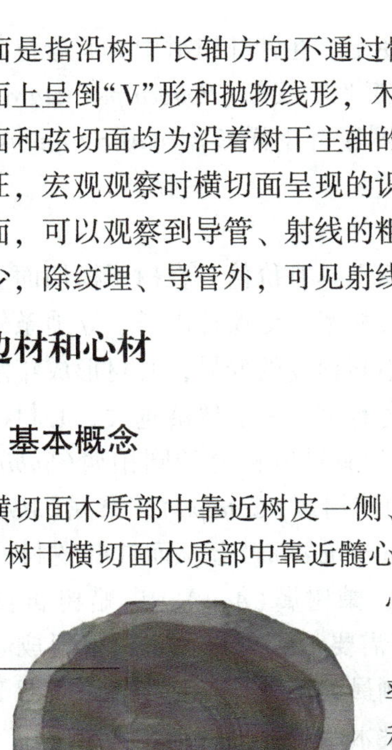

图 3-3　心材和边材

通常根据心边材颜色、立木中心边材含水率差异情况，将木材分为心材树种、边材树种和熟材树种。

心材树种是指心边材颜色区别明显的树种，又称为显心材树种，如松属、落叶松属、柏木属、红豆杉属等针叶树材；苦楝、水曲柳、黄波罗、核桃楸、桑树、苦木、檫木、漆树、栎木、蚬木、刺槐、香椿、榉木、紫檀等阔叶树材。

边材树种是指树干中心部分与外围部分木材颜色和含水率均没有明显差别的树种，边材树种多为阔叶树材，如桦木、椴木、桤木、杨木、鹅耳枥及槭属等。

熟材树种是指树干中心部分与外围部分木材颜色没有明显区别，但在立木时中心部分含水率较低的树种，又称为隐心材树种，如云杉属、冷杉属、山杨、水青冈等。

3.1.3.2 心材、边材的明晰度

心材树种和边材树种间的差别是客观存在的，心材、边材区别是否明显及其明显程度是木材识别的重要依据之一，可分为心材与边材颜色相近和心材与边材颜色差异明显。

心材与边材颜色相近。如：云杉属、冷杉属等一些树种。

心材与边材颜色差异明显。如：松属、落叶松属、红豆杉属、柏木属等一些树种。

值得注意的是，桦木属、杨属、柳属、槭属和云杉属等一些本身心材、边材颜色相近的树种，其树干中心部分由于受到真菌侵蚀等外界因素的影响，颜色变深，出现了类似心材的颜色，称为伪心材，又称假心材。在树干横切面或纵切面上均表现为不规则的分布和不均匀的色调。

另外，圆柏等少数心材树种，由于受到真菌危害，偶尔会在树干心材部位出现材色较浅的环带，称为内含边材，不同于正常边材。如：弗吉尼亚刺柏（柏科）和刺柏属其他树种，通常具有“内含边材”，没有产生颜色的相关化合物沉积。

3.1.3.3 心材具条纹

心材具条纹的特征与心材颜色结合在一起使用。在针叶树材中具有彩色条纹的树种不是很普遍，如深红褐色至橘黄褐色条纹是新西兰罗汉松（*Podocarpus totara*），罗汉松科莫氏陆均松（*Dacrydium mausoriense*）；南洋杉科窄叶南洋杉（*Araucaria angustifolia*）。

3.1.3.4 边材的宽度

心材树种中，边材宽度或心材大小对原木识别具有价值。在树干横切面上，边材及心材的面积占总面积的比例分别称为边材率和心材率。受遗传因子、立地条件、树龄以及在树干中的部位等因素的影响，心材率存在不同程度的变异；心材形成年龄因树种而异，不同树种心材形成时间有早有晚，边材有宽有窄，一般树龄越大，心材比例越高。

较早形成心材、心材率高、边材狭窄的树种有针叶树材的圆柏属（*Sabina*）、刺柏属（*Juniperus*）、红豆杉属（*Taxus*）和阔叶树材的梓树属（*Catalpa*）、桑属（*Morus*）、檫木属（*Sassafras*）、刺槐属（*Robinia*）、肥皂夹属（*Gymnocladus*）等；而针叶树材的松属、落叶松属、银杏和阔叶树材的山核桃属（*Carya*）、槭树属（*Acer*）、白蜡树属及山毛榉属（*Fagus*）、柿树、青皮、降香黄檀等树种，一般需要10~30年以上方能形成心材，心材率低，边材较宽。常见的商用木材中，心材比例最大的树种是刺槐和黄波罗等，比例最小的树种是柿木；松木、落叶松、黄连木和核桃木等心材比例则属于中等。

3.1.4 生长轮

3.1.4.1 生长轮和年轮

通过形成层的分生作用，树木在一个生长周期中形成的木材，在横切面上呈现一个

个围绕髓心的完整轮状结构，称为生长轮。温带和寒带树木在一年内由于气候交替而形成的一层木材，称为年轮。但在热带或南亚热带地区，一年间四季不分明，树木在全年内几乎不间断地生长，仅与雨季和旱季的交替有关，一年内可能形成多个生长轮，因此，生长轮不完全等同于年轮。年轮宽窄随树种、树龄和生长条件而异。在适宜条件下，年轮很宽的树种有泡桐、杨树、桉树、臭椿、杉木、辐射松和翅荚木等，年轮很窄的树种有黄杨木、红豆杉等。

生长轮在不同的切面上呈现出不同的形状(图 3-2)。大部分树种的生长轮在横切面上呈同心圆状，为圆形封闭线条，如杉木、红松等；少数树种的生长轮线为不规则的波浪状，可见于壳斗科、鹅耳枥、榆木等，蚬木的生长轮为似鲑壳的环纹。生长轮在横切面上的形状是识别木材的重要特征之一。生长轮在径切面上表现为平行于树干主轴的线条，在弦切面上则呈"V"形或抛物线形的花纹。

树木在生长季节内，由于受到菌虫侵蚀、霜冻、火灾或干旱等不良因素的影响，致使生长暂时中断，经过短时间后又恢复生长，便会在同一年内形成二个或多个年轮，称为伪年轮或假年轮。伪年轮的界限不如正常年轮那样明显，往往呈不完整的弧状，常见于马尾松、杉木和柏木等树种中(图 3-4)。

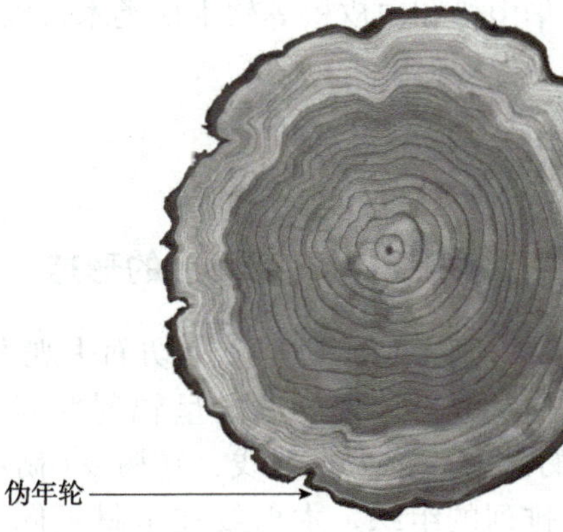

图 3-4　伪年轮

3.1.4.2　早材和晚材

在一个生长轮中靠近髓心，由一年的早期(春季或雨季)形成的材色较浅、材质较疏松的一部分木材称为早材(图 3-5)；而在一个生长轮中靠近树皮，由生长晚期(秋季或旱季)形成的材色较深、材质较致密的一部分木材称为晚材(图 3-5)。除了生长轮明显度之外，早材至晚材的过渡分为急变和缓变，在识别针叶树材树种时，具有重要意义。

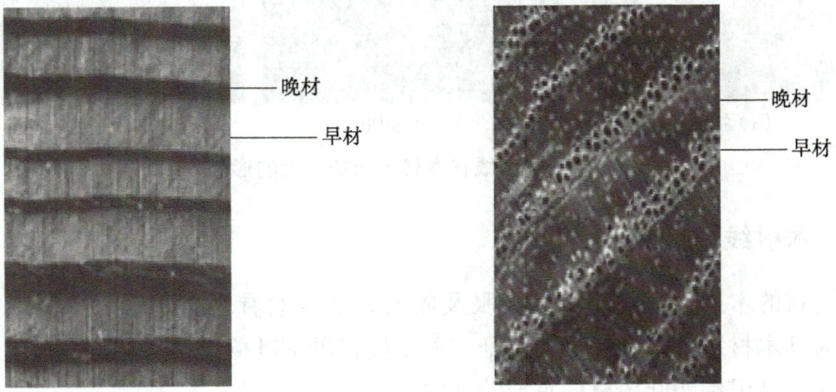

图 3-5　针叶树材和阔叶树材中的早材和晚材

对生长轮的观察，阔叶树材和针叶树材有所不同。阔叶树材中的环孔材和半环孔材的早材、晚材区别较明显，侧重于观察晚材管孔的排列方式等。阔叶树材中的散孔材早材、晚材区别较困难，侧重于观察管孔在生长轮中的排列、组合、数量及大小情况。

3.1.4.3 早材至晚材过渡

木材生长轮内早材至晚材变化情况对针叶树材识别具有重要的作用。在木材的横切面上，一年晚材与翌年早材之间的分界线称为生长轮界，分为明显和不明显或缺乏。有些树种木材轮界明显，有的不明显或缺乏，生长轮界明显的有杉木、红松等，不明显或缺乏的有白千层、檀香紫檀等。

针叶树材一个生长轮内早材至晚材的转变和过渡有急有缓，其变化缓急程度称为早晚材转变度。针叶树材早材向晚材转变是急剧变化、界线明显的称为急变，如马尾松、油松、樟子松等硬木松类木材；早材至晚材转变是和缓、没有明显界线的称为缓变，如红松、华山松和白皮松等软木松类木材以及杉木等。阔叶树材侧重于管孔分布特征，一般不提早、晚材转变度。

3.1.5 木射线

3.1.5.1 木射线在三切面上的形态

宏观识别木材时应从三个切面去观察木射线的形态。在树木横切面上，有许多颜色较浅、从髓心向树皮方向呈辐射状排列的细胞组合，称为髓射线。在木材(木质部)中的髓射线称为木射线，在树皮(韧皮部)中的射线称为韧皮射线。木射线是木材中横向排列的组织。木射线在木材不同切面上呈现出不同的形状，在横切面上呈辐射条状，在径切面上呈横列的短线状或短带状；而在弦切面上呈竖的短线或纺锤形状(图 3-6)；木射线在径切面由于受到其他细胞的穿插形成带状斑驳纹路，称为射线斑纹。不同树种木材径切面射线斑纹明显度不同，肉眼下有的明显，有的略明显，有的不明显，一般发达木射线在径切面呈明显的射线斑纹。

(a) 横切面　　(b) 径切面　　(c) 弦切面

图 3-6　木射线在木材不同切面上的形态

3.1.5.2 木射线的特征

针叶树材的木射线很细小，在肉眼及放大镜下一般看不清楚，对木材识别意义不大，不作为其木材宏观识别的重要特征。而不同树种阔叶树材木射线的宽度、高度和数量区别明显，是识别阔叶树材的重要特征之一。

(1)针叶树材木射线的宽度

针叶树材木射线分为单列和 2~3 列两类，大多数针叶树材木射线为单列(也包括非常零星分布的部分 2 列射线)；2 列和 3 列射线类型中有时也存在单列射线，例如北美红杉和大果柏木(柏科)。在肖柏、罗汉柏、翠柏(柏科)中也存在 2 列射线。

(2)阔叶树材木射线的宽度

阔叶树材木射线分为下列五级:

①木射线单列。代表树种有榄仁(使君子科)、栗木(壳斗科)、杨树(杨柳科)等。

②木射线宽 1~3 细胞。代表树种有奥克榄(橄榄科)、圭亚那双柱苏木(苏木科)、雨树(含羞草科)、苹果(蔷薇科)等。

③宽木射线通常 4~10 列。代表树种有糖槭(槭树科)、黄槟榔青(漆树科)、卡雅楝(楝科)、朴树(榆科)等。

④宽木射线通常 10 列以上。代表树种有栎木(壳斗科)、密花树(紫金牛科)、悬铃木(悬铃木科)、昆士兰山龙眼、山龙眼(山龙眼科)、柽柳(柽柳科)、钟萼桐(假轮叶科)。

⑤木射线多列部分与单列部分等宽。代表树种有泡状铁青木(铁青树科)、心叶水团花(茜草科)以及夹竹桃科、山榄科和大戟科的多数木材。

有的宽木射线或极宽木射线全部由射线细胞组成,中间不夹杂着其他纵向组织,称为真宽木射线,如山龙眼、梧桐等。有的树种存在有宽窄明显不同的 2 种木射线,也称为复合木射线。有的宽木射线或极宽木射线是由许多小而窄的木射线集合而成,肉眼或低倍放大镜下像一根宽的木射线,实际上中间夹杂着木纤维或导管等其他纵向组织,这种木射线称为聚合木射线,又称假宽木射线。聚合木射线常见于壳斗科、桤木、鹅耳枥、木麻黄等阔叶树材中。不同树种间木射线存在差异,木射线宽窄因树种而异,有助于宏观识别木材,栎木、水青冈、大叶榉、悬铃木等具有宽木射线的木材,其径切面呈现出美丽的射线斑纹,形成美丽的银光纹理,木射线的宽度和木射线形成的花纹具有重要的识别价值。

(3)木射线的数量

针叶树材木射线在宏观下不明显,一般不测量针叶树材木射线的数量。阔叶树材木射线的数量一般以单位弦向长度上射线的分布数为基准,每毫米射线数最好在弦切面上沿一条垂直于射线高度的直线测定,也可在横切面测,测 10 次取平均确定范围。木射线数量对阔叶树材宏观识别有一定的意义。阔叶树材木射线数量分为以下三级:

①少于 4 条/mm。代表树种有 *Guatteria schomburgkiana*(番荔枝科)、*Cussonia arborea*(五加科)。

②4~12 条/mm。代表树种有 *Acer rubrum*(槭树科)、*Acacia* spp.(含羞草科)。

③12 条以上。代表树种有 *Diospyros mespiliformis*(柿树科)、*Randia armata*(茜草科)。

3.1.6　管　孔

除麻黄科树种外,几乎所有的针叶树材都没有导管,因此,针叶树材又称无孔材。阔叶树材除水青树(*Tetracentron sinense*)和昆栏树(*Trochodendron araioides*)等个别树种没有管孔外,几乎所有的阔叶树材都有管孔,因此,阔叶树材又称有孔材。有无管孔是鉴别阔叶树材和针叶树材的主要依据。绝大多数阔叶树材的管孔可凭肉眼或放大镜在横切面上观察到,管孔的分布、排列、组合、大小、数目等特征是识别阔叶树材的重要依据。

3.1.6.1 管孔的分布

管孔是指作为阔叶树材轴向输导组织的导管在横切面上呈孔穴状的孔眼，导管在纵切面上呈沟槽状。阔叶树材种类繁多，其管孔在年轮内表现出较稳定的分布特征，是区别木材树种的重要依据。根据国际木材解剖学家协会索引(IAWA index)，阔叶树材管孔分布类型可分为环孔材、半环孔材和散孔材(图 3-7)。一些树种可能为散孔材，但具有半环孔材倾向；有些木材生长在不同区域管孔分布类型不同，如香樟生长在中亚热带及以北区域为半环孔材；而生长在南亚热带或热带区域则为散孔材。

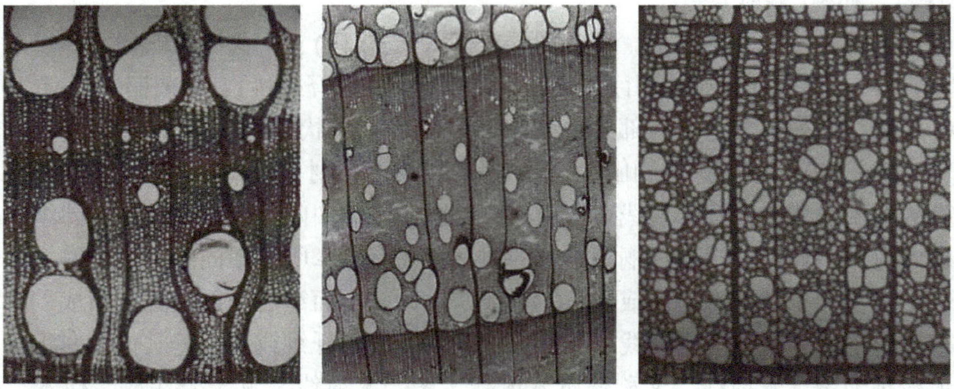

(a) 环孔材 (b) 半环孔材 (c) 散孔材

图 3-7 阔叶树材管孔分布类型

(1)环孔材

在一个生长轮内，早材管孔比晚材管孔大得多，并沿生长轮呈环状排成一至数排的管孔分布形式。常见的环孔材有壳斗科的栲属、栗属以及水曲柳、榔榆、檫树、苦楝、刺槐、酸枣、泡桐、刺楸、麻栎、黄波罗等木材。环孔材中早材管孔的列数和排列的疏密程度以及晚材管孔的排列方式对鉴别环孔材有着重要的意义。

(2)半环孔材

在一个生长轮内，早材管孔比晚材管孔稍大，从早材到晚材的管孔逐渐变小；管孔的大小界限不明显的管孔分布形式，称为半环孔材。常见的半环孔材有柿树、核桃木、乌桕、枫杨、黄杞、香樟和风车木等。

(3)散孔材

在一个生长轮内早材、晚材管孔的大小无明显区别，分布较均匀的管孔分布形式，称为散孔材。如杨木、柳木、桦木、椴木、槭木、枫香、木荷、悬铃木、冬青、蚬木、木兰、鹅掌楸、楠木、桃花心木、香脂木豆、筒状非洲楝、青冈栎、银桦、橄榄等。散孔材管孔的排列方式对鉴别阔叶树材有着重要的意义。

3.1.6.2 管孔的排列

管孔的排列指管孔在木材横切面上呈现出的排列方式，主要是针对散孔材整个年轮内的管孔和环孔材的晚材管孔进行观察分类。根据 IAWA index，阔叶树材管孔的排列方式可分为弦列带状、径列或斜列和树枝状(图 3-8)。

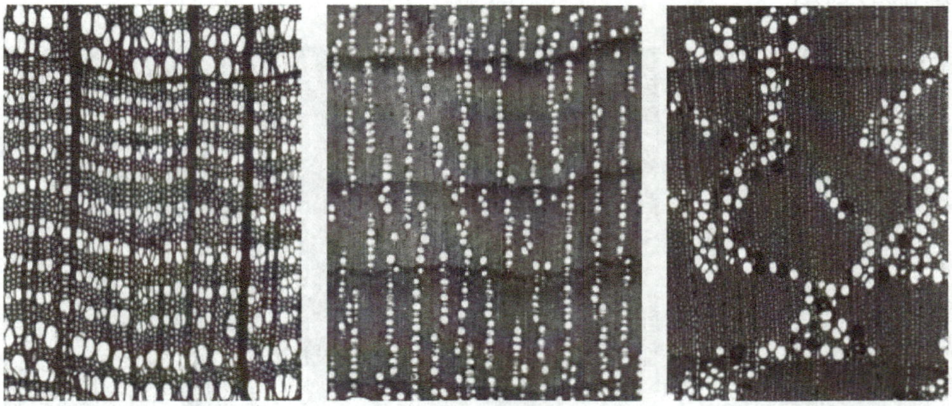

（a）弦列带状　（b）径列或斜列　（c）树枝状

图 3-8　阔叶树材管孔的排列方式

①弦列带状。在散孔材整个年轮或环孔材晚材带中，管孔与木射线垂直并形成短或长的弦向带状，有直的或波浪形的。常见于银桦、越南山龙眼等散孔材以及榆木、榉树、刺楸等环孔材晚材带中。

②径列或斜列。在散孔材整个年轮或环孔材晚材带中，管孔呈径向或倾斜状的辐射状排列，常见于青冈属、石栎属、鹅耳枥和拟赤杨等散孔材以及刺楸、蒙古栎、栓皮栎、麻栎、黄连木、梓木等环孔材晚材带中。

③树枝状。在散孔材整个年轮或环孔材晚材带中，管孔呈分枝状、火焰状方式排列，形成不同的束，由缺乏管孔的区域隔开。常见于黄杨木、橄榄等散孔材以及栲属、栗属、鼠李属等环孔材晚材带中。

除以上三种类型外，更多散孔材树种整个年轮或环孔材树种晚材带中管孔呈杂乱无章排列的星散状，如桦木、柳木、椴木、槭木、悬铃木、楠木、枫香等绝大多数散孔材的管孔排列为不规则的星散状；水曲柳、香椿、梧桐、白蜡树、檫树、酸枣、泡桐等环孔材晚材管孔的排列也为不规则的星散状。

3.1.6.3　管孔的组合

管孔的组合是指相邻管孔的连接形式，环孔材观察的区间侧重于晚材部分，而散孔材则在全年轮内。常见的管孔组合有以下 4 种形式(图 3-9)：

①单管孔(90%或更多)。指 90%或更多的单生导管周围完全被其他分子所包围，和其他管孔互不连生，各个管孔是单独存在的，桃金娘科、壳斗科、山茶科、金缕梅科、木麻黄科的木材几乎是单管孔。大部分单管孔为圆形、卵圆形，少数单管孔具多角形的几何轮廓。

②径列复管孔 2~3 个。指 2 个或 3 个管孔相连成径列或斜列，除了在两端的管孔仍为圆形外，中间部分管孔接触面为扁平状，如枫杨、毛白杨、红楠、椴木、黑桦等。

③径列复管孔 4 个或以上。指 4 个或更多相邻的单管孔呈径向辐射状排列，管孔仍保持原来的形状，如冬青、油桐、紫荆、胡颓子等。

④管孔团。指 3 个或 3 个以上同时具有径向和弦向接触的导管群，管孔呈不规则地聚集

在一起，在晚材带内呈团状，如榆木属、鹅掌楸属、皂荚属、臭椿属、桑属等。

有的阔叶树材只有一种类型的管孔组合形式，有的阔叶树材可能有两种甚至三种类型的管孔组合形式。

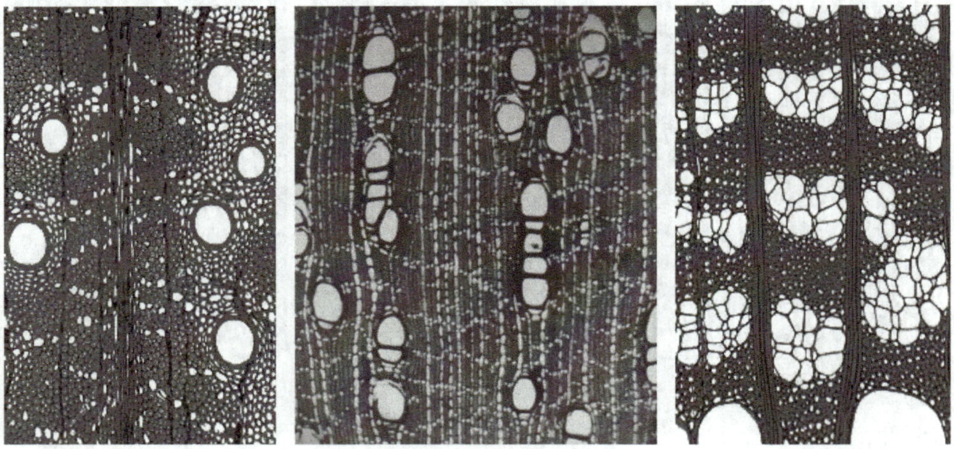

（a）单管孔　（b）径列复管孔 2~3个及4个或以上　（c）管孔团

图 3-9　阔叶树材管孔组合形式

3.1.6.4　管孔的大小

管孔的大小是阔叶树材宏观识别的特征之一。管孔的大小需在横切面上测定导管的弦腔径，可分为以下 4 级：

①50μm 以下，如黄杨。

②50~100μm，如桦木。

③100~200μm，如楠木。

④200μm 以上，如泡桐。

3.1.6.5　管孔的数目

管孔的数目是指管孔在 $1mm^2$ 面积内的个数，一般适用于管孔分布较均匀的散孔材，不适用于环孔材和半环孔材，对散孔材树种识别有一定的价值，可分为以下 5 级：

①5 个以下，如榕树。

②5~20 个，如黄檀。

③20~40 个，如核桃。

④40~100 个，如穗子榆。

⑤100 个以上，如桦木、拟赤杨。

3.1.6.6　管孔内含物

管孔内含物是指在管孔内的侵填体、树胶或其他无定形沉积物(如矿物质或有机沉积物)。

在某些阔叶树材心材导管中有一种泡沫状带光泽的白色填充物，称为侵填体，在良好光线条件下，在纵切面上，管孔内的侵填体常呈现亮晶晶的光泽(图 3-10)；具有侵填体的树种很多，但侵填体较发达的仅见于檫树、水曲柳、刺槐、麻栎、黄连木、梓树等少数树种；侵填体有无或多少，也是木材识别的重要依据之一。麻栎和栓皮栎木材是难以区别的，但麻栎心材含有较多的侵填体，而栓皮栎的心材略含或不含侵填体。有些阔叶树材导管内存在树胶、矿物质或其他沉积物，它们不像侵填体那样有光泽，呈现不定型的褐色或红褐色的胶块，含树胶的有豆科、蔷薇科、苦楝、香椿等木材；矿物质或有机沉积物为某些树种所特有，柚木、桃花心木、胭脂的导管内常含白垩质的沉积物，印茄木的导管内常具有黄色的沉积物，大叶合欢的导管内有白色的矿物质，皂荚心材导管中有丰富的淡红色沉积物，树胶、矿物质或沉积物的有无及其形态是识别木材的依据之一。

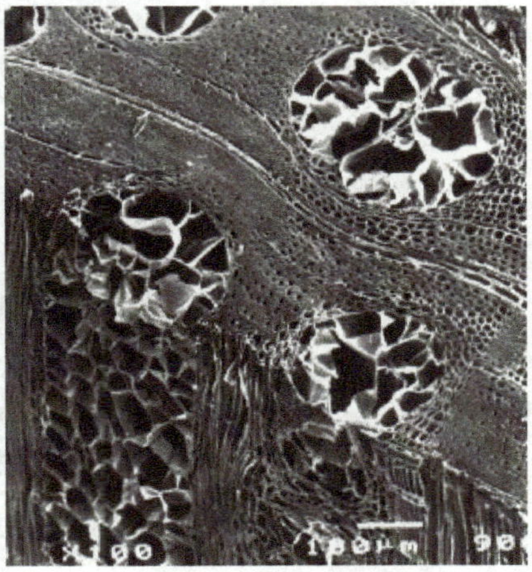

图 3-10　导管中的侵填体

3.1.7　轴向薄壁组织

轴向薄壁组织是指由沿树干方向排列的薄壁细胞的组合。在木材的横切面上，薄壁组织的颜色浅于其他组织。具发达轴向薄壁组织的树种，肉眼下很容易与其他组织区别开来。轴向薄壁组织在针叶树材中极不发达或根本没有，仅在杉木、柏木等少数树种中存在，在肉眼和放大镜下通常不易辨别。

在阔叶树材中，轴向薄壁组织相对较发达，其分布类型多；横切面上轴向薄壁组织的清晰度和分布类型是识别阔叶树材的重要依据。在用扩大镜进行观察前，若将木材标本的横切面上湿以水分，可增加轴向薄壁组织的明显度。一般情况下，心材中的轴向薄壁组织较边材中明显，但当心材含有油脂、树脂或树胶时，边材中轴向薄壁组织则较心材中明显。

根据横切面上轴向薄壁组织的有无及其与导管连生情况和排列方式，将阔叶树材轴向薄壁组织类型分为薄壁组织缺如、离管型薄壁组织、傍管状薄壁组织和带状薄壁组织4种类型。

应该注意的是，有的阔叶树材仅有一种类型的轴向薄壁组织，有的阔叶树材具有两种或两种以上的轴向薄壁组织，但在每一种树种中的分布情况是有规律的，如麻栎具有离管星散聚合型和傍管环管型。

3.1.8　胞间道

胞间道是由分泌细胞围绕而成的长形空腔，分为轴向胞间道和径向胞间道。储藏树脂的为树脂道，存在于部分针叶树材中。储藏树胶的为树胶道，存在部分阔叶树材中。

3.1.8.1　树脂道

树脂道是指部分针叶树材中由泌脂细胞围成不定长度的孔道，根据树脂道在树干中的分布，可分为纵向排列的轴向树脂道和横向排列的径向树脂道。轴向树脂道因其个体较大和数量较多，肉眼或放大镜下可见，对木材宏观识别具有重要的意义。轴向树脂道在木材横切面上常星散分布于早晚材交界处或晚材带中，呈大如针孔的浅色白点(图 3-11)，氧化后颜色会变深；在纵切面上则呈各种不同长度的深色或褐色小沟槽或细线条，沟道中常

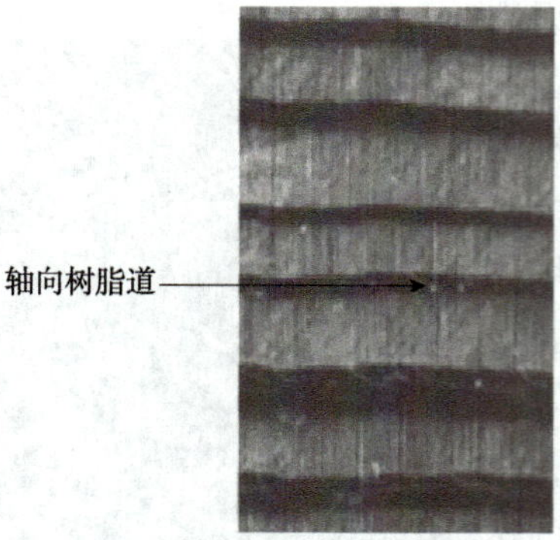

图 3-11 针叶树材中的轴向树脂道

图 3-12 针叶树材中的创伤树脂道

充满树脂。径向树脂道位于纺锤状木射线中央，因其个体较小和数量较少，一般在肉眼或放大镜下并不明晰，因而木材宏观识别中很少应用。

针叶树材中具有正常树脂道的有松属、落叶松属、云杉属、黄杉属、银杉属及油杉属6个属；前5属具有轴向与径向两种树脂道，而油杉属仅有轴向树脂道。一般松属木材的树脂道大而多，在肉眼下明显；落叶松属木材的树脂道大而稀少；云杉属与黄杉属的树脂道小而少；油杉属无径向树脂道，而且轴向树脂道极稀少。树脂道的有无、大小及数量对宏观识别针叶树材有着重要意义。

根据有无正常树脂道和树脂香气的大小，常把针叶树材分为：

①脂道材。具有天然树脂道的木材，如松属、云杉属、落叶松属、黄杉属、银杉属及油杉属等。

②有脂材。无正常树脂道而具有树脂香气，初伐时常有树脂流出的木材，如铁杉、杉木、柏木等。

③无脂材。既无树脂道又无树脂香气的木材，如银杏、鸡毛松、竹柏等。

在木材识别时要正确区分正常树脂道和创伤树脂道。有些没有正常树脂道的针叶树材，活立木时会因受气候、损伤或生物侵袭等原因产生创伤树脂道，常见于冷杉、铁杉、雪松、水杉等(图 3-12)，创伤树脂道的个体较正常树脂道大，在木材横切面上呈弦向排列，常分布于早材带内，仅见于树木受伤部位。

3.1.8.2 树胶道

储藏树胶的胞间道称为树胶道，存在于部分阔叶树材中，通常分为轴向树胶道和径向树胶道(图 3-13)。正常轴向树胶道多数呈弦向排列，少数为单独星散分布，形体小，

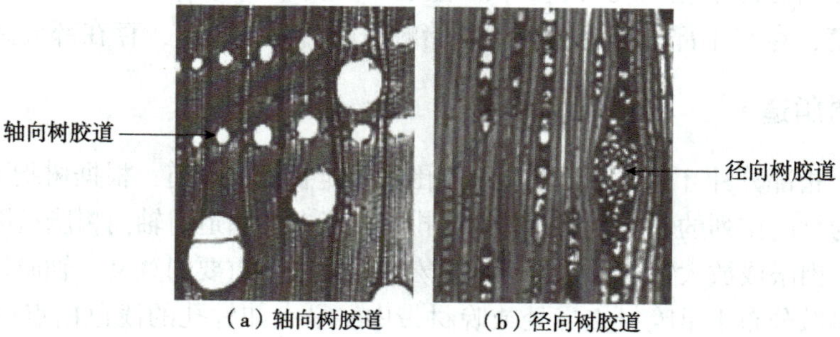

（a）轴向树胶道（b）径向树胶道

图 3-13 正常树胶道

不像树脂道那么显而易见，且易与管孔混淆，轴向树胶道常见于龙脑香科和豆科的某些木材中，对热带树种木材识别上具有重要的价值。径向树胶道是漆树科漆树属、黄连木属、南酸枣属等属以及五加科鸭脚木属、橄榄科橄榄属等属的特征，但在肉眼和放大镜下通常不见，只有在显微镜下才明晰。轴向树胶道和径向树胶道一般极少见同时出现于同一种阔叶树材中。龙脑香科的黄柳桉同时具有正常的轴向和径向树胶道。

创伤树胶道的形成与创伤树脂道相似。阔叶树材通常只有轴向创伤树胶道，在木材横切面上呈长弦线状排列，肉眼下可见，常出现于枫香、木棉、肾果木等木材中。

3.2 木材的宏观非解剖特征

3.2.1 材色和光泽

3.2.1.1 材　色

不同树种木材由于不同的色素、单宁、树脂、树胶及油脂等物质沉积于木材细胞腔，并渗透到细胞壁中而呈现不同的颜色，可作为木材识别的特征之一。边材树种和熟材树种心材和边材的颜色没有明显的区别，可一并描述；而心材树种的边材颜色较浅，心材颜色较深，应对心材和边材的颜色分别加以描述。白色至黄白色的木材有云杉、杨木、白梧桐、枫杨、樟子松边材等；黄色至黄褐色的木材有马尾松心材、樟子松心材、落叶松、铁杉、银杏、雪松、水曲柳、刺槐、黄连木、桑树、冬青等；红色至红褐色的木材有杉木、香椿、厚皮香、荔枝、桃花心木、西南桦、水青冈、大叶桉、木荷以及非洲紫檀的心材；栗褐色的木材有檫树、鸡翅木等；紫红褐色至紫褐色的木材有紫檀木、红酸枝木；黑色的木材有乌木、风车木；黄绿色至灰绿色的木材有楠木、漆树心材、木兰科心材等。木材的颜色受水分等因素影响变化较大，如少叶黄杞刚采伐时横切面呈黄色，干燥后变为灰褐色；绒毛小叶红豆心材刚锯开时呈鲜红褐色，久之变为暗红褐色。

3.2.1.2 光　泽

木材的光泽是指光线在木材表面反射时所呈现的光亮度，是木材表面镜面反射的结果。不同树种光泽强弱与木材构造特征、表面平整程度、侵填体等内含物、光线入射角、木材切面方向等因素有关。一些外观特征相似的木材可借助木材光泽进行鉴别，如云杉和冷杉外观特征和颜色极为相似，但云杉材面呈绢丝光泽，而冷杉材面光泽较淡，可通过光泽差异将两者区分开来。

3.2.2 气味和滋味

3.2.2.1 气　味

木材气味来源于细胞腔所含有的树脂、树胶、单宁、芳香油以及各种挥发性物质。不同树种木材由于所含的挥发性化学物质不同，因而会散发出各种不同的气味，且新伐木材气味较浓，可作为识别木材的参考依据。松木具清香的松脂气味；杉木具杉木香气；雪松具辛辣气味；柏木、圆柏、侧柏等柏科木材具柏木香气；银杏具苦药气味；杨木具青草气味；椴木有腻子气味；檀香木具馥郁的香味；大果紫檀具芳香气；红酸枝木和黑酸枝木具酸香气；八角具浓厚的八角气味；香樟、黄樟等樟科木材具樟脑气味；纽墩豆等树种具难闻的臭味等。

3.2.2.2 滋　味

木材滋味来源于木材中所含的水溶性的一些特殊化学物质。不同树种木材由于所含的水溶性化学物质不同，因而具有各不同的滋味，可作为木材树种识别的参考依据之一，如糖槭具甜味；苦木、黄连木具苦味；板栗、栎木具单宁涩味；肉桂具辛辣及甘甜味。

3.2.3 密度和硬度

木材的密度与硬度可作为木材树种识别的参考依据，一般来说，密度高的木材硬度大。有些木材外部特征很相近，可通过密度与硬度将它们区别开来，比如：桦木中的红桦和香桦外部特征非常相近，但红桦较轻软，而香桦较重硬，两者就容易区别开来。

在木材识别时通常将木材分为轻、中、重与相应的软、中、硬三大类。轻软木材(气干密度小于0.5g/cm^3)有杉木、泡桐、杨木等；中等木材(气干密度小于0.5~0.8g/cm^3)有马尾松、米槠、少叶黄杞等；重硬木材(气干密度大于0.8g/cm^3)有青冈栎、子京、荔枝、檀香紫檀等。在宏观识别木材时一般是用拇指甲在木材上试之有无痕迹，或用小刀切削，以试其软硬程度。

3.2.4 髓　斑

髓斑是指有些树种木材横切面上可见一些质地较松软的月牙状的褐色斑点，在纵切面上为深褐色的粗短条纹，是木质部受虫害后形成的一种愈伤薄壁组织。髓斑不是木材的正常构造，但常发生在某些特定树种中，因而在木材识别上有参考价值，可见髓斑的木材有桤木、桦木、槭木、椴木、枫杨、柳木、樱属等。

3.2.5 荧　光

极少数树种木材的刨花或木屑经过水或酒精浸泡一段时间后，其浸出液在日光下或荧光灯下可见荧光，这对木材识别具有参考价值。红木树种中紫檀属与黄檀属木材外观很相似，不易区别；黄檀属木材刨花或木屑的浸出液无荧光现象，但紫檀属木材刨花或木屑浸出液常有荧光现象，两者可通过刨花或木屑浸出液荧光试验区别开来。檀香紫檀木屑浸出液紫红色，有荧光；安达曼紫檀木屑浸出液黄褐色，有荧光；印度紫檀木屑水浸出液黄褐色，有荧光；大果紫檀木屑水浸出液浅黄褐色，荧光弱；囊状紫檀木屑水浸出液红褐色，有荧光。木屑水浸出液出现荧光的快慢程度因树种而异，有的木材投入水中即有荧光，有的则需要数天较长的时间。

3.2.6 结构、纹理和花纹

3.2.6.1 结　构

木材结构是指构成木材细胞的大小及差异程度，然而，木材细胞大小在宏观下不可见，要通过其他宏观特征反映。针叶树材以早晚材变化缓急、晚材带大小等指标反映，阔叶树材是以管孔孔径和数目以及木射线的多少等指标反映；组成阔叶树材环孔材早晚材管孔大小差异很大的，称为结构不均匀，组成阔叶树材散孔材管孔大小变化不大的，称为结构均匀。针叶树材和阔叶树材的结构分级有所不同。

针叶树材结构分级如下：

①很细。晚材带窄，早材至晚材渐变，射线细而不见，材质致密，如红豆杉、柏木等。

②细。晚材带窄，早材至晚材渐变，射线细而可见，材质较松，如杉木、竹柏等。

③中。晚材带窄，早材至晚材渐变或急变，射线细而可见，材质疏松，如铁杉、建柏等。

④粗。晚材带窄，早材至晚材急变，树脂道直径较小，如广东松、落叶松等。

⑤很粗。晚材带宽，早材至晚材急变，树脂道直径大，如马尾松、湿地松、火炬松等。

阔叶树材结构分级如下：

①很细。管孔在肉眼下不见，在10倍放大镜下略见，木射线很细或细，如卫矛等。

②细。管孔在肉眼下不见，在10倍放大镜下明显，木射线细，如槭木、冬青。

③中。管孔在肉眼下略见，木射线细，如桦木。

④粗。管孔在肉眼下明显，木射线细，如香樟；或管孔在肉眼下可见、木射线宽，如水青冈。

⑤甚粗。管孔在肉眼下很明显，木射线细，如红锥；或管孔大、木射线宽，如水曲柳、青冈、桐木。

3.2.6.2　纹　理

木材纹理是指构成木材主要细胞(针叶树材的轴向管胞以及阔叶树材的木纤维和导管等)的排列方向。木材构造所形成的各种纹理，对于木材鉴别有一定的帮助。木材纹理通常分为以下几类：

①直纹理。直纹理指木材轴向细胞的排列方向基本与树干长轴平行，如杉木、红松、鸭脚木等。

②斜纹理。斜纹理指木材轴向细胞的排列方向与树干长轴不平行，成一定角度。斜纹理又可分为以下几种：

a. 螺旋纹理。指木材轴向细胞围绕树干长轴成单方向向左或向右的螺旋状排列，如侧柏、柠檬桉等。

b. 交错纹理。指螺旋纹理的方向有规律的反向，即左螺旋纹理与右螺旋纹理分层交替缠绕，如海棠木、母生等。具有这类纹理的木材，在径切板上形成带状纹理，劈开后在板面上形成交错纵列的楔形槽。

c. 波浪纹理。指木材轴向细胞按一定规律向左右弯曲，呈波浪起伏状，如楠木、七叶树、樱桃、笔木等。

d. 皱状纹理。基本上与波浪纹理相同，只是波浪的幅度较小，形如绉绸，常见于槭木、杨梅、桃花心木。

3.2.6.3　花　纹

木材花纹是指木材的心边材、生长轮、木射线、管孔、轴向薄壁组织等各种构造特征以及颜色、节子、树瘤等在木材表面上呈现出来的图案。不同树种木材的花纹不同，对木材识别具有一定的价值。常见的花纹有以下几种：

①抛物线形花纹。木材弦切面上，由于早晚材管孔大小不同或材色不同，形成形似抛物线状的花纹，如水曲柳、檫树、酸枣、马尾松等。

②银光花纹。具有宽木射线或聚合木射线的树种，在径切面上木射线受反射光的影响而呈现的花纹，如水青冈、栎木、山龙眼等。

③鸟眼花纹。原木局部的凹陷形成近似鸟眼的圆锥形图案，如鸟眼枫木。

④树瘤花纹。树木休眠芽受伤或由微生物寄生在树干上形成的圆球形凸出物锯解后形成的树瘤图案，多见于核桃、榆木、桦木和悬铃木等。

⑤鱼骨花纹。枝桠的薄木花纹由于木材细胞排列相互成一定角度近似鱼骨的图案，称为鱼骨花纹。

⑥虎皮花纹。由具有波浪状或皱状纹斑而形成的花纹，如槭木、楠木等。

⑦带状花纹。由于木材中的色素物质分布不均匀，在木材上形成许多颜色不同的条带，如香樟。

第 4 章
木材细胞壁结构

木材作为一种生物质材料，是由细胞组成的，细胞是构成木材的基本形态单位。木材细胞在生长发育过程中经历分生、扩大和胞壁加厚等阶段而达到成熟。成熟的木材细胞多数为空腔的厚壁细胞，仅有细胞壁与细胞腔。因此，对于木材的识别研究来说，首先要了解木材细胞壁的壁层结构和细胞壁上的特征，才能进一步了解针叶树材、阔叶树材的微观构造特征及其差异。

4.1 木材细胞壁的壁层结构

木材细胞壁各层的化学组成不同，光学显微镜下，它的结构可分为胞间层、初生壁和次生壁三层(图 4-1)。在光学显微镜下，在木材切片用番红着色时，初生壁和胞间层因木质素含量较次生壁高而都染色较深。初生壁是细胞最外的完整壁层，而次生壁上存在有细胞加厚中产生的一些特征，如纹孔、螺纹加厚、眉条和径列条等。

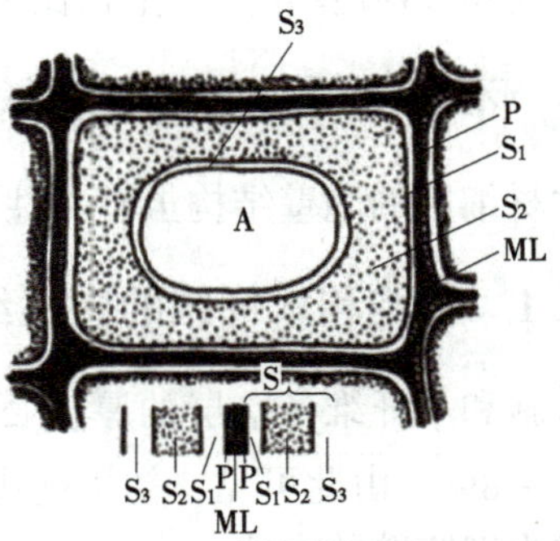

A—细胞腔；P—初生壁；S—次生壁；ML—胞间层；S_1—次生壁外层；S_2—次生壁中层；S_3—次生壁内层。

图 4-1 木材管胞细胞壁壁层结构

4.1.1 胞间层

胞间层(ML)是细胞分裂的末期，出现了细胞板，将新产生的两个细胞隔开，这是最早的细胞壁部分。此层很薄，它是两个相邻细胞中间的一层，为两个细胞所共有，实际上，通常将胞间层和相邻细胞的初生壁合在一起，称为复合胞间层。主要有木质素和果胶物质组成，纤维素含量很少，所以高度木质化，在偏光显微镜下显现各向同性。

4.1.2 初生壁

初生壁(P)是细胞增大期间所形成的壁层。初生壁通常较薄。一般为细胞壁厚度的1%左右。当细胞生长时，其微纤丝沉积的方向非常有规则，通常呈松散的网状排列，这样就限制了细胞的侧面生长最后只有伸长。随着细胞伸长，微纤丝方向逐渐趋向与细胞长轴平行。初生壁中微纤丝排列总体上呈无定向的网状结构(图 4-2)。

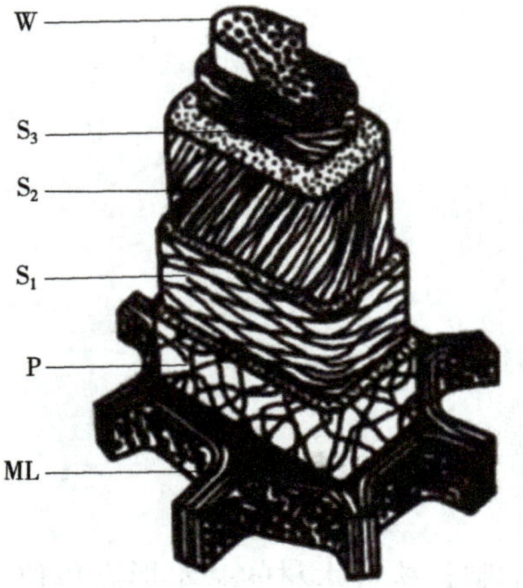

P—初生壁；ML—胞间层；S_1—次生壁外层；S_2—次生壁中层；S_3—次生壁内层；W—瘤层。

图 4-2 在电子显微镜下管胞壁分层结构模式

4.1.3 次生壁

次生壁(S)是构成细胞胞壁的主要部分。次生壁最厚，占细胞壁厚度的95%或以上，分外(S_1)、中(S_2)、内(S_3)三层。次生壁形成初期主要由纤维素或纤维素和半纤维素的混合物组成，后期常含有木质素和其他物质。虽然木质素总量比初生壁高，但因次生壁厚，木质素浓度比初生壁低，因此它的木质化程度不如初生壁高，在偏光显微镜下具有高度的各向异性。

次生壁的微纤丝是相互整齐地排列成一定方向。光学显微镜虽不能直接观察到微纤丝，但是木材细胞壁切片后经脱木质素处理情况下，用光学显微镜可以观察到微纤丝的条纹，即显示微纤丝的排列方向。木材细胞壁纤丝角的大小，不仅与微纤丝所在的细胞层次以及细胞壁的厚薄有关，而且与细胞长度、存在部位等有关。细胞长度大，则木材细胞壁 S_2 层的纤丝角小。同株树的不同部位，木材细胞壁 S_2 层的纤丝角亦有差异，树干基部木材细胞壁 S_2 层的纤丝角要比树干中上部木材细胞壁 S_2 层的纤丝角大。梢部细胞壁 S_2 层的纤丝角最大。

木材细胞壁纤丝角的大小，对木材的物理力学性质有很大的影响，尤其是木材细胞壁 S_2 层的纤丝角。木材的顺压强度、抗弯强度、硬度都与木材细胞壁的 S_2 层的微纤丝角呈反比关系，微纤丝角越小，木材的强度就越大。而木材的纵向干缩性则与木材细胞壁的 S_2 层的微纤丝角大小呈正比关系。

4.1.4 不同木材细胞胞壁结构的差别

木材细胞的胞壁结构虽有共性，但各种细胞间还存在差别。

4.1.4.1 管胞和木纤维的壁层结构

管胞和木纤维各壁层的厚度百分率为：$P>1\%$、$S_1\approx10\%\sim22\%$、$S_2\approx70\%\sim90\%$、$S_3\approx2\%\sim8\%$。由此可见，初生壁比次生壁薄得多，而次生壁中 S_2 层为胞壁中最厚的一层，成为细胞壁的主体。

4.1.4.2 导管分子的壁层结构

因阔叶树材导管分子壁上的纹孔特别多，使得它的胞壁微纤丝排列与管胞或木纤维不一样。偏光显微镜下，观察不出导管胞壁的层次结构。但在电子显微镜下，由纹孔膜上的微纤丝方向可看出，导管有初生壁和次生壁的区分。由上述可知，导管胞壁的次生壁不像管胞和木纤维那样具有典型的三层结构，对导管分子的壁层结构尚待进一步研究。

4.1.4.3 薄壁细胞的壁层结构

虽然薄壁细胞在针叶树材中含量较少，但在阔叶树材中占有相当大的比例，特别是热带阔叶树材。因此薄壁细胞壁层结构的研究，对木材鉴别也具有一定意义。

电子显微镜下观察，射线薄壁细胞初生壁微纤丝排列是无定向的；S 层的微纤丝角，就 S_1、S_3 来说，多数与细胞轴呈 30°～60°，而 S_2 与细胞长轴几乎平行。另外，部分树种射线薄壁细胞在 S_3 的内侧还有一薄层，其微纤丝是无定向的。至于轴向薄壁细胞的胞壁结构，其最外层的微纤丝排列的主方向与细胞轴大致垂直，其余部分与射线薄壁细胞相似。在薄壁细胞中未曾见有瘤层。

4.2　细胞壁上的结构特征

细胞壁上的许多特征是为植物生长需要而形成的，主要有纹孔、内壁加厚、径列条、眉条、瘤层等，这些结构特征为木材的鉴别提供了重要依据。

4.2.1　纹　孔

纹孔(pit)作为木材细胞壁上的主要结构特征之一，木材细胞壁加厚产生次生壁时，初生壁上未被增厚的部分，即次生壁上的凹陷。相邻两个细胞的两个互补的纹孔，形成一个纹孔对(pit-pair)。

4.2.1.1　纹孔的组成

纹孔主要组成部分是纹孔腔和纹孔膜，还包括纹孔环、纹孔缘、纹孔室等部分组成(图 4-3)。纹孔腔是由纹孔膜到细胞腔的全部空隙。纹孔膜是分隔相邻细胞壁上纹孔的隔膜，实际上是两个相邻细胞的初生壁与细胞间的胞间层组成的复合胞间层。纹孔环是指纹孔膜周围的加厚部分。纹孔缘位于纹孔膜上方，次生壁呈拱状突起的部分。纹孔室为纹孔膜与纹孔缘之间的空隙部分。纹孔道是指细胞腔通向纹孔室的通道。纹孔口是指纹孔的开口，又分纹孔内口和纹孔外口。由纹孔道通向细胞腔的开口为纹孔内口，由纹孔道通向纹孔室的开口为纹孔外口。当纹孔内口直径不超过纹孔环时，称内含纹孔口；超过纹孔环时，称外延纹孔口。

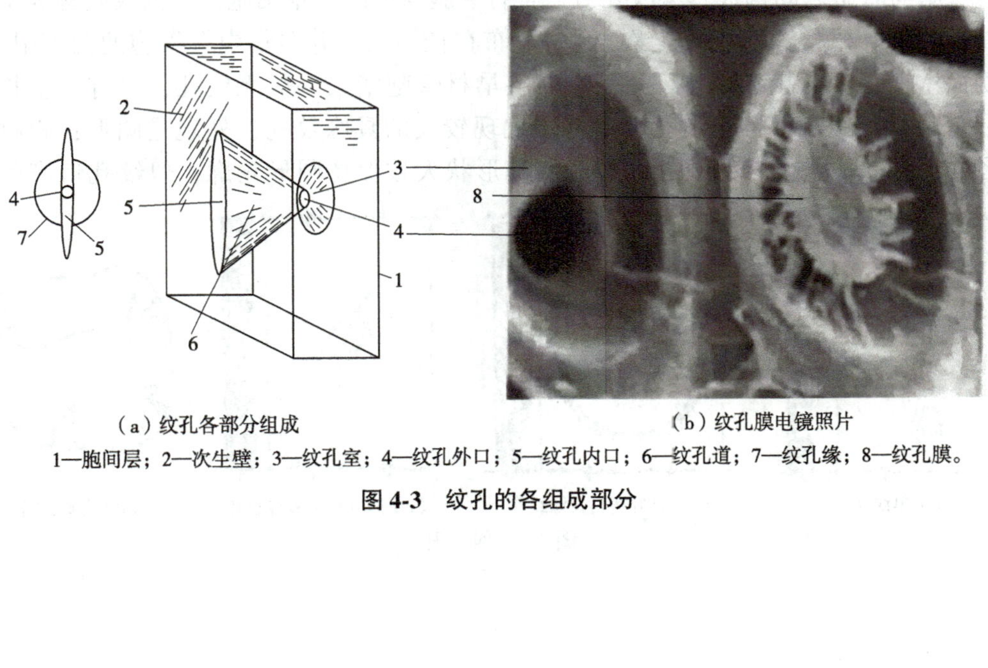

（a）纹孔各部分组成　　（b）纹孔膜电镜照片

1—胞间层；2—次生壁；3—纹孔室；4—纹孔外口；5—纹孔内口；6—纹孔道；7—纹孔缘；8—纹孔膜。

图 4-3　纹孔的各组成部分

4.2.1.2 纹孔的类型

根据纹孔的结构，可以将其分为两大类，即单纹孔和具缘纹孔。

(1)单纹孔

单纹孔(single pit)指当细胞次生壁加厚时，所形成的纹孔腔在朝着细胞腔的一面变宽或逐渐变宽的纹孔。单纹孔多存在于轴向薄壁细胞、射线薄壁细胞等薄壁细胞壁上。单纹孔的纹孔膜一般没有加厚，只有一个纹孔口，多呈圆形。但在极厚的细胞壁上，纹孔腔有时是由许多细长的孔道呈分歧状连接起来通向细胞腔，此种纹孔称为分歧纹孔[图 4-4(a)(d)]。

(2)具缘纹孔

具缘纹孔(bordered pit)指次生壁在纹孔膜上方形成拱形纹孔缘的纹孔。即次生壁加厚时，其纹孔腔为拱形。具缘纹孔主要存在于各种厚壁细胞的胞壁上。例如：针叶树材的轴向管胞、索状管胞及射线管胞等的具缘纹孔；阔叶树材的导管、导管状管胞、环管管胞及木纤维等细胞壁上具缘纹孔。具缘纹孔的构造远比单纹孔的构造复杂，在不同细胞的胞壁上，具缘纹孔的形状和结构有所不同，通常可分为如下三种：

①针叶树材、阔叶树材的具缘纹孔。在针叶树材轴向管胞壁上具缘纹孔的纹孔膜中间形成初生加厚，此加厚部分称为纹孔塞，只有针叶树材具缘纹孔存在纹孔塞，针叶树材具缘纹孔又称为有塞具缘纹孔。纹孔塞的直径通常大于纹孔口，呈圆形或椭圆形的轮廓。由于相邻细胞不均衡压力，致使纹孔塞侧向位移，从而将一个纹孔口堵住，呈闭塞状态的具缘纹孔，称为闭塞纹孔。

大多数针叶树材的管胞间径壁纹孔均具有明显的纹孔塞，但西部侧柏缺如，以此作为鉴别该树种的特征。加拿大铁杉和西部铁杉纹孔塞延伸呈宽的束状形式和瘤层，并从胞腔伸入纹孔。由于这些特征需用电镜高倍放大才可以见到，因此在日常鉴别木材时对这些特征的利用是有限的。

管胞与管胞之间构成具缘纹孔对，早材管胞与射线薄壁细胞之间的纹孔称为交叉场纹孔。针叶树材管胞上的具缘纹孔常分布在径切面，并多集中在管胞的两端附近；弦切面壁上很少，甚至缺乏。在弦切面上早材管胞壁上一般无纹孔，只有在生长轮末端与晚材相邻处早材管胞径面壁上才发现较大的具缘纹孔，外观是圆形；晚材管胞径面壁和弦面壁上具缘纹孔均较小，其形状大致保持圆形轮廓，但纹孔口有呈卵

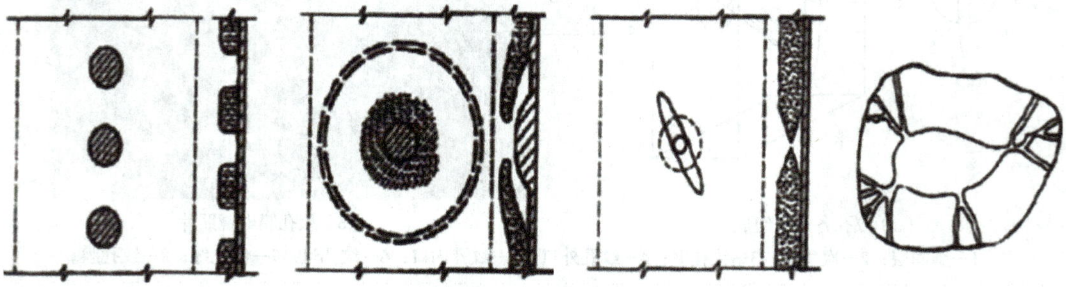

(a) 单纹孔　(b) 针叶树材具缘纹孔　(c) 阔叶树材具缘纹孔　(d) 分歧纹孔

图 4-4　纹　孔

圆形、椭圆形，甚至裂隙状[图 4-4(b)]。

而阔叶树材厚壁细胞壁上具缘纹孔的纹孔膜中间无初生加厚，所以阔叶树材的具缘纹孔又称无塞具缘纹孔，阔叶树材木纤维上的纹孔室与纹孔腔相通有较窄的纹孔道，通常纤维径壁上的纹孔较弦壁上多[图 4-4(c)]。

②澳柏型具缘纹孔(callitrisoid pit)。这是一种特殊的具缘纹孔，它具有双重纹孔室；在弦切面上观察有通向管胞腔的开口和通向纹孔室的开口，但后者较大，开口呈椭圆形，与管胞长轴略倾斜。在径切面上，纹孔边缘呈圆形，在纹孔口上下有两条括弧状的横隔(图 4-5)。常出现在针叶树材的澳洲柏(*Callitris glauca*)、金钱松(*Pseudolarix amabilis*)、榧木(*Torreya grandis*)和穗花杉(*Amentotaxus argotaenia*)的管胞壁上。

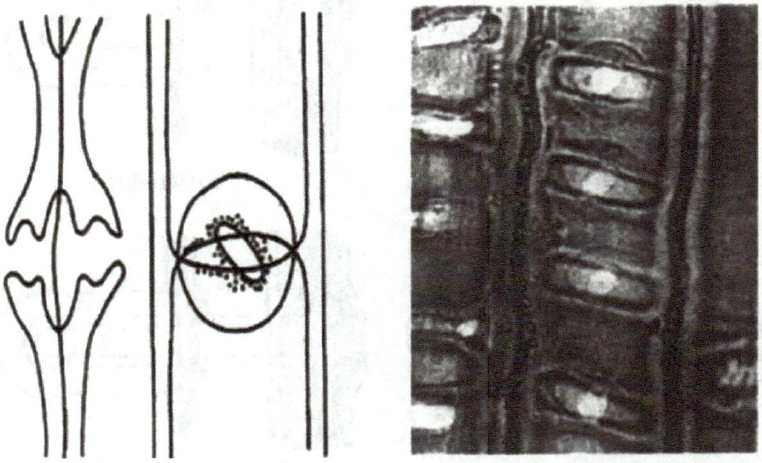

(a) 侧面图　(b) 正面图　(c) 管胞径切面澳柏型纹孔显微结构图

图 4-5　澳柏型具缘纹孔

③附物纹孔。阔叶树材的某些科树种中，存在一种附物纹孔(vestured pitting)。附物纹孔是阔叶树材的一种具缘纹孔，在纹孔缘及纹孔膜上存在一些凸起物，称为附物。附物的分布由细胞腔一直到纹孔腔，甚至延及纹孔膜(图 4-6)。附物纹孔一般常见于导管壁上的具缘纹孔，也见于纤维状管胞壁上的具缘纹孔。它可见于某属的树种，或该属

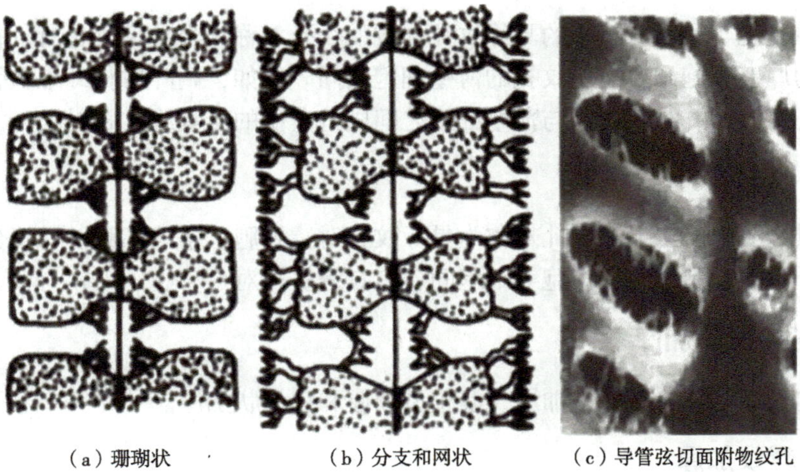

(a) 珊瑚状　(b) 分支和网状　(c) 导管弦切面附物纹孔

图 4-6　附物纹孔

的某一树种，或者完全没有。附物纹孔以茜草科和豆目各科(紫荆属除外)的树种最为显著。

4.2.1.3　纹孔对

纹孔多数成对，即细胞上的纹孔与其相邻细胞的另一个纹孔构成纹孔对。纹孔有时通向细胞间隙，如不与相邻细胞上的纹孔构成对，这种纹孔称为盲纹孔。典型的纹孔对有单纹孔对、半具缘纹孔对和具缘纹孔对三种(图 4-7)。

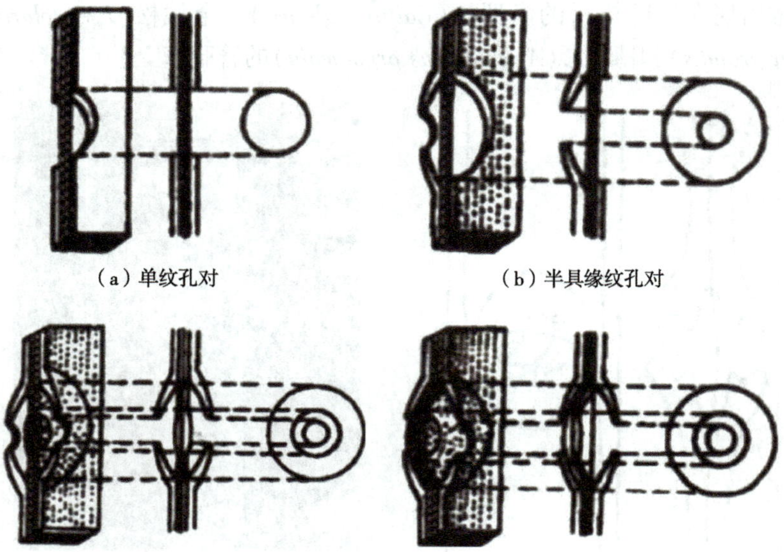

(a) 单纹孔对　(b) 半具缘纹孔对　(c) 具缘纹孔对　(d) 闭塞纹孔

图 4-7　纹孔对

(1) 单纹孔对

单纹孔之间构成的纹孔对称为单纹孔对。存在于轴向薄壁细胞、射线薄壁细胞和韧性纤维等含有单纹孔的细胞之间。

(2) 半具缘纹孔对

一个单纹孔与另一个相邻的具缘纹孔构成的纹孔对称为半具缘纹孔对。存在于含有具缘纹孔的厚壁细胞和含有单纹孔的薄壁细胞之间。例如，阔叶树材纤维状管胞之间形成具缘纹孔对，而纤维状管胞与薄壁细胞之间则是典型的半具缘纹孔对。

(3) 具缘纹孔对

两个具缘纹孔所构成的纹孔对称为具缘纹孔对。管胞、索状管胞、导管分子、导管状管胞、纤维状管胞和射线管胞等细胞间含有具缘纹孔对。

4.2.2　细胞内壁加厚

细胞内壁加厚主要有螺纹加厚、澳柏型加厚和锯齿状加厚。

4.2.2.1　螺纹加厚

在细胞次生壁内表面上，由微纤丝局部聚集而形成的屋脊状突起，呈螺旋状环绕着细

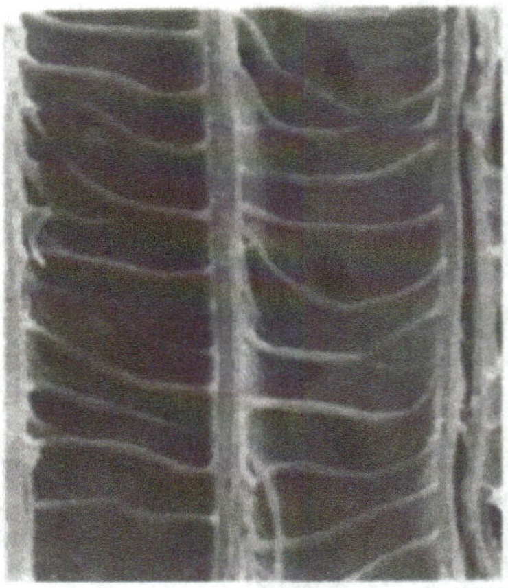

图 4-8　胞壁螺纹加厚

胞内壁的加厚组织，称为螺纹加厚(spiral thickening)。螺纹加厚围绕着细胞内壁呈一至数条 S 状螺纹(图 4-8)，常见于木材的厚壁细胞。螺纹的倾斜度随树种和细胞壁的厚度而变异，一般胞腔狭窄而壁厚则螺纹的倾斜度大，反之，螺纹比较平缓。因此在一个年轮中，晚材管胞的螺纹加厚比早材管胞的倾斜度大。

在针叶树材中，螺纹加厚为黄杉属(*Pseudotsuga*)、银杉属(*Cathaya*)、红豆杉属(*Taxus*)、白豆杉属(*Pseudotaxus*)、三类杉属(*Cephalotaxus*)等针叶树材管胞次生壁内壁的一种加厚形式，是这些木材轴向管胞的稳定特征。但是在这些针叶树材中，并非所有轴向管胞都具有螺纹加厚。例如：三尖杉属仅在晚材管胞壁具有；黄杉属是早材管胞壁具有；落叶松、云杉属(*Pica*)是晚材管胞壁具有。云杉属、黄杉属、落叶松属树种中的射线管胞内壁有时也具有螺纹加厚。

在阔叶树材中，螺纹加厚为部分导管分子次生壁内壁上的特征，虽不多见，但它是鉴别阔叶树材的重要特征之一。阔叶树环孔材中，螺纹加厚一般常见于晚材导管分子内壁，如黄波罗(*Phellodendron amurense*)、榆属(*Ulmus*)、朴属(*Celtis*)等树种。有的树种螺纹加厚遍及全部导管，如冬青(*Ilex chinensis*)、槭树(*Acer* spp.)等。有的仅在导管的梢端，如枫香(*Liquidambar formosana*)。热带木材常缺乏螺纹加厚。

螺纹加厚一般多存在于木材导管具单穿孔的树种中，或在具有单穿孔和梯状穿孔同时存在的树种中(图 4-9)。阔叶树材纤维状管胞因树种不同而异，通常其次生壁的内壁平滑，但有些树种具螺纹加厚。如冬青属的木材纤维状管胞，其壁较薄，多具有具缘纹孔和螺纹加厚。一般具有螺纹加厚的纤维状管胞，往往成叠生状排列，以榆科(*Ulmaceae*)及蝶形花科(*Fabaceae*)树种的木材最为常见。

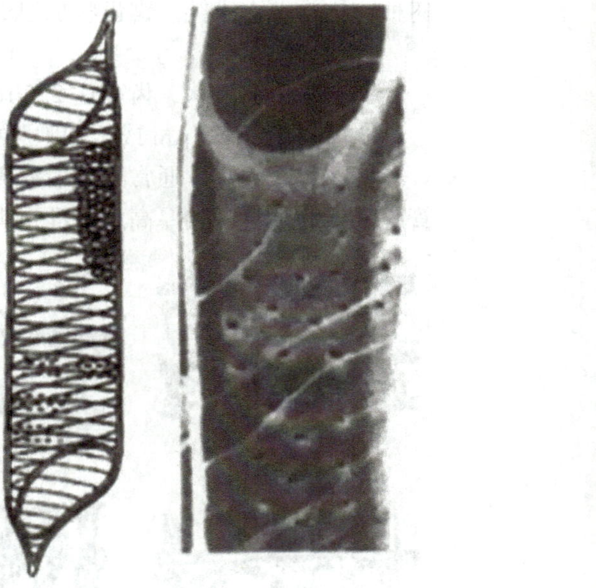

(a) 模式图　　(b) 显微构造图

图 4-9　导管内壁螺纹加厚

4.2.2.2　澳柏型加厚

澳柏型加厚是管胞间具缘纹孔上下成对出现的水平脊状突起。在针叶树材澳柏属的许多树种，如澳洲柏、金钱松、榧树和穗花杉管胞壁有条状加厚，与管胞轴成直角(图 4-10)。

4.2.2.3　锯齿状加厚

锯齿状加厚(dentate thickening)是针叶树材射线管胞内壁的次生加厚的锯齿状突起。锯齿状加厚只存在于针叶树材松科木材中，是鉴别松科树种的主要特征之一。通常将射线

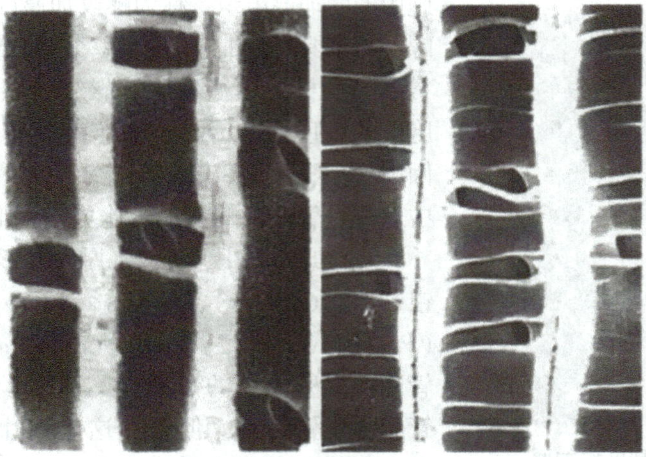

（a）澳洲柏 （b）穗花杉

图 4-10 澳柏型加厚

管胞内壁有锯齿状加厚的树种，如马尾松(*Pinus massoniana*)、油松(*Pinus tabulaeformis*)、黑松(*Pinus thunbergii*)、赤松(*Pinus densiflora*)、樟子松(*Pinus sylvestris* var. *mongolica*)等树种，称为硬木松类。锯齿状加厚的程度可分为以下 4 级(图 4-11)：

①内壁平滑。

②内壁为锯齿状，齿高达 2. 5μm。

③齿高超过 2. 5μm 或至细胞腔中部。

④网状式腔室。通常观测射线管胞内壁的锯齿状加厚高度，多以射线最外缘的射线管胞内壁的锯齿状加厚高度为准。锯齿状加厚通常在晚材中发达。

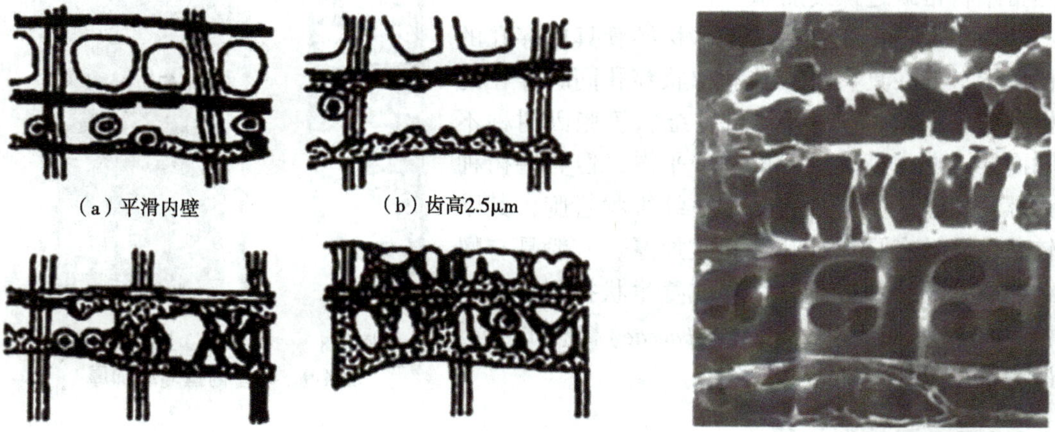

（a）平滑内壁 （b）齿高2.5μm （c）齿高超2.5μm （d）网状加厚 （e）齿状加厚（湿地松）

图 4-11 松属木射线管胞内壁锯齿的深度

4. 2. 3 径列条

径列条(radial section)是细胞壁上的一种条状加厚，其横过细胞腔。一般在同一高度贯穿数个细胞，形成一直线，与细胞壁接触部分稍膨大一些[图 4-12(a)]，有时在径切面上重叠有数条。Pashin 等认为径列条起源于形成层，即在形成层处由细胞壁物质形成纤细的细线穿过纺锤形原始细胞，在细胞分裂后，次生壁附着于细线之上，

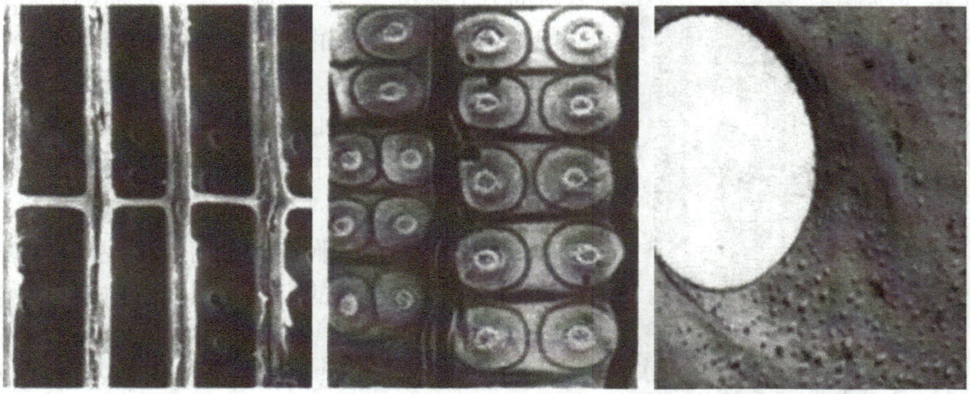

（a）径列条（水杉）　（b）眉条（马尾松）　（c）瘤状层（长苞冷杉）

图 4-12　细胞壁其他特征

如同细胞壁加厚一样在其上加厚。然而，McElhanney 及其同事认为径列条出于形成层上的菌丝最初所形成的纤细的细线，细胞壁物质沉淀于菌丝的细丝之上。径列条在径切面上较易观察到，其次是在横切面上。径列条通常较规则地成水平方向横串一系列细胞，其直径有时也有变异，径列条的作用还不明了。径列条常见于针叶树材的管胞，尤以南洋杉属(*Araucaria*)常见。径列条在针叶树材中的存在并没有一定的规律，在阔叶树材中也有存在的可能。

4.2.4　眉　条

轴向管胞径面壁上的具缘纹孔上下边缘有弧形加厚的部分，形似眼眉称为眉条(crassulae)[图 4-12(b)]。眉条的功能是加固初生纹孔场的刚性。眉条通常普遍存在于所有的针叶树材，也存在于某些阔叶树材的导管和管胞。除南洋杉科外，在木材鉴别上没有其他鉴定价值。

4.2.5　瘤　层

瘤层(warty layer)是指次生壁内层上的微细突起物和包括覆盖它的附加层或结壳层，通常存在于细胞腔和纹孔腔内壁。瘤层中的隆起物常为圆锥形，亦有其他形状，其变化多样。瘤层的化学组成与次生壁和初生壁不同，这可能是由解体的原生质的残余物形成而覆盖在次生壁 S_3 层内表面上的、有规则凸起的一种非纤维素膜[图 4-12(c)]。瘤层已被认为是一种常见的结构。在轴向薄壁细胞和射线薄壁细胞内壁还未发现有瘤层存在。瘤层存在于针叶树材管胞内壁，认为是识别针叶树材的特征之一(参见第 6 章特征 60)。如我国松属中软木松类(单维管束松亚属)除白皮松组外，瘤状层多不易见或偶尔出现于管胞内表面角隅处；硬木松(双维管束松亚属)瘤状层则普遍出现于管胞内表面及纹孔缘、纹孔室表面、纹孔膜等处。

4.2.6　螺纹裂隙

螺纹裂隙(spiral check)是应力木中一种不正常的构造特征，其管胞内壁上具有一种贯穿次生壁并且呈螺旋状的裂隙，称为螺纹裂隙。螺纹裂隙会削弱细胞强度，进而降低

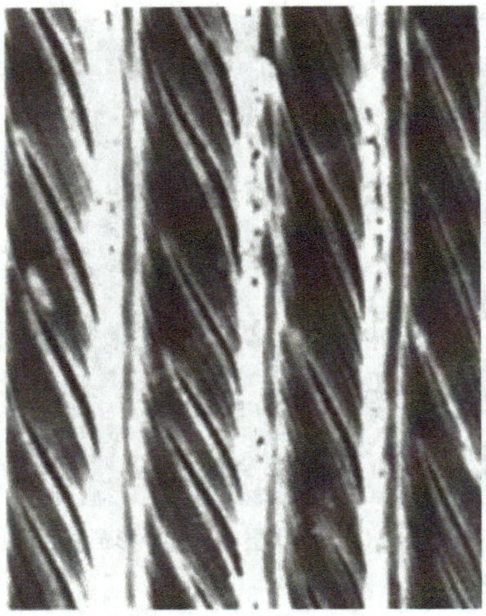

图 4-13 螺纹裂隙(湿地松)

木材的力学强度。螺纹裂隙常见于弯曲的针叶树材树干中，造林时合理的林分密度等措施可减少管胞内壁螺纹裂隙的产生。

螺纹裂隙与螺纹加厚的区别主要在于以下 3 点：

①螺纹加厚多见于正常材；而螺纹裂隙多见于应力木。

②螺纹加厚为细胞壁内表面上出现的凸起；而螺纹裂隙是细胞壁内的裂痕，螺纹裂隙延至复合胞间层。

③螺纹加厚与轴线的夹角一般大于 45°，壁厚腔窄则螺纹的倾斜度较陡，反之则较平缓；螺纹裂隙与轴线的夹角一般小于 45°，倾斜度较大，裂纹的距离也不等(图 4-13)。

第 5 章 木材的细胞组织

木材是由无数个微小细胞结构单元构成的集合体，每一个结构单元是一个细胞，这些细胞被细胞间物质黏合在一起，就如同空心砖块被砂浆黏合构成的墙体。每一个细胞都具有细胞壁以及由它围成的细胞腔，细胞腔中存在或曾经存在过象征生命的物质——原生质。这些细胞的集合体称之为组织(tissues)，木材实际上就是高等木本植物的组织按一定方式组合而构成的。

木材的细胞组织主要有导管、管胞和木纤维、轴向薄壁组织、木射线、叠生构造、胞间道和形成层变异体等。

5.1 导 管

导管是由多个细胞上下相通而成的管状体，是树干中向上输导水分和无机盐的木材组织结构。阔叶树材中除水青树属及昆栏树属等都具有导管。针叶树材中除麻黄属、买麻藤属及非洲特产的维物且属以外，都没有导管。

导管中具有穿孔状的细胞，称为导管分子(vessel element)。导管分子的横切面称为管孔(pore)。导管特征的描述记载主要包括管孔的排列与组合，导管分子穿孔板的类型，导管相互间的纹孔，导管胞壁上具或不具螺纹加厚，侵填体以及导管内的沉积物等，在特殊情况下，遇到其他可以帮助树种鉴定的特征，也须加以描述记载。导管的平均长度，对植物亲缘关系有帮助，一般来说，较进化树种的导管分子较短，而较原始树种的导管分子较长，但它们间的差异性很大，通常不用于木材树种的鉴定。

5.1.1 管孔的分布类型

管孔的大小、形状、数目、相互间以及与其他分子间的排列方式常在树种间具有很大的差异。一个生长轮内早材、晚材管孔的大小无明显区别，分布较均匀的管孔分布形式，称为散孔材，如槭属、桦属和鹅掌楸属。一个生长轮内早材管孔较晚材管孔大得多，并沿生长轮呈环状排成一至数列的管孔分布形式，称为环孔材，如栗属、白蜡树属、洋槐属。一般来说，环孔材仅存于温带的区域内，其种类远少于散孔材。一个生长轮内早材管孔比晚材管孔稍大，从早材到晚材的管孔逐渐变小，管孔的大小差别界限不明显的管孔分布形式，称为半环孔材或半散孔材，这属于环孔材和散孔材中间的类型，如核桃属等。

值得注意的是有些木材，如柚木属生长在某一产地者呈环孔材；而生长在另一产地时也可以呈散孔材。同一树种，当晚材发育良好时，看起来是明显的环孔材，而当晚材生长迟缓几乎不见，而呈现的全是早材时，则看似散孔材。

5.1.2 管孔的排列

国际木材解剖学家协会(IAWA)发布的《阔叶树材显微特征一览表》(*IAWA List of Microscopic Features for Hardwood Identification*)中，管孔的排列分为弦向排列，斜列至径向排列和树枝状排列三种类型。详见第7章7.2.3。

上述类型的不同排列，使管孔的排列方式多样化。单管孔和小的复管孔配合，可以形成径向斜列或者弦向排列。管孔链有时排列成长径列或者斜列。管孔团可以是聚合的，形成短至长的斜列，或呈不规则的同心圆带。这些带状的排列，除非被木射线隔断外多半是连续的。管孔的排列常受木射线的限制，尤其是宽木射线，或者具有密接的射线者最为显著。管孔的排列形成显著图案时，如栎属，其图案的构成不但包括管孔，也包括其他组织，尤其是薄壁组织。管孔的排列是重要的木材鉴别特征，但须考虑到木材构造上的局部变异以及受到树木生长快慢的影响。

5.1.3 管孔的组合

管孔的组合可以划分为单管孔、复管孔、管孔链、管孔团4种类型。单管孔中圆形、卵形管孔占多数，其长轴为径向。当木材具厚壁的木纤维和薄壁的导管时，如美国枫香，管孔则为多角形(图5-1)。单管孔为主的木材，指至少有90%的单管孔的木材，如桉属(*Eucalyptus*)的多数种。在横切面上，有时可看到弦向连接的管孔，它们系导管中两个导管分子的尖端交叉部分，这一现象应给予注意。

由2至数个管孔相连成径向或弦向排列，除两端的管孔仍为圆形外，中间部分的管孔则为扁平状的一组管孔的组合形式，称复管孔。木材径列2~4个复管孔是最常见的组合，常见于槭树属、桦木属、杨树属等(图5-2)；一串相邻的单管孔，呈径向排列，管孔仍保持原来的形状的管孔组合形式，也称管孔链，如冬青木属(图5-3)。

多数管孔聚集在一起，组合不规则，在晚材内呈团状的管孔组合形式，称为管孔团，是肥皂荚(*Gymnocladus chinensis*)的一个重要鉴别特征(图5-4)。晚材管孔团弦向组合呈同心圆的波状带者是榆木属、朴树属等(图5-5)。

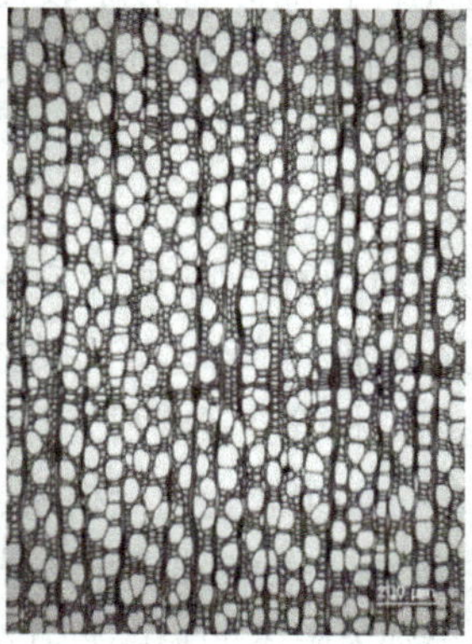

图5-1 单管孔

(美国枫香 *Liquidambar sturacitlua*)

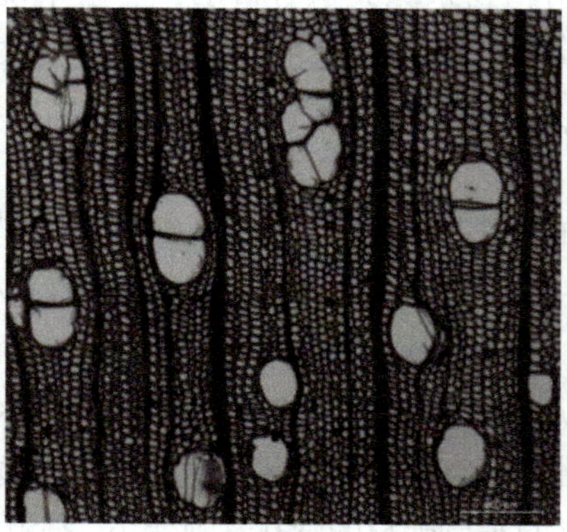

图5-2 复管孔

(西南桦 *Betula alnoides*)

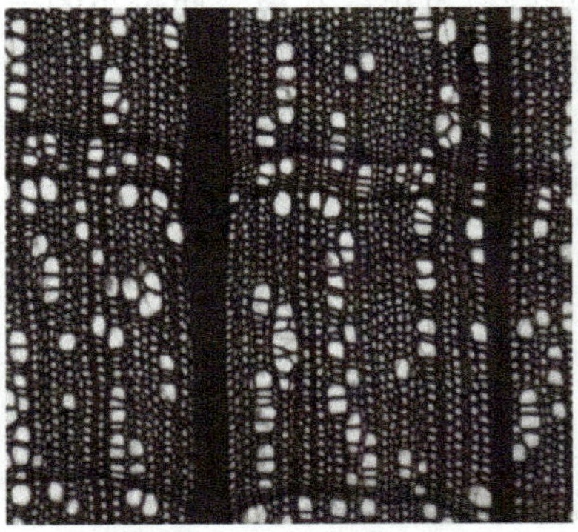

图 5-3　管孔链
（尾叶冬青 *Ilex wilsonii*）

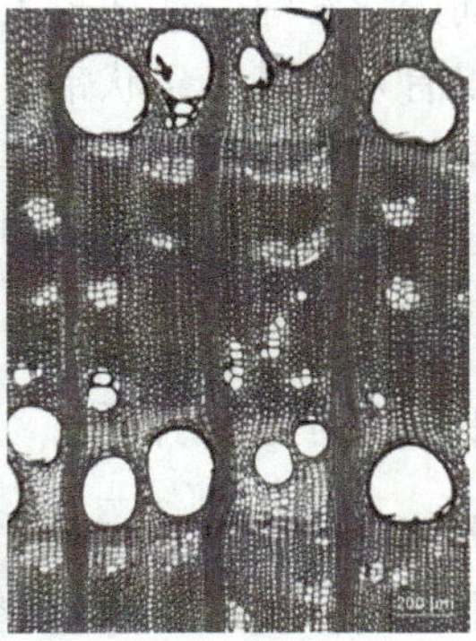

图 5-4　管孔团
（肥皂荚 *Gymnocladus chinensis*）

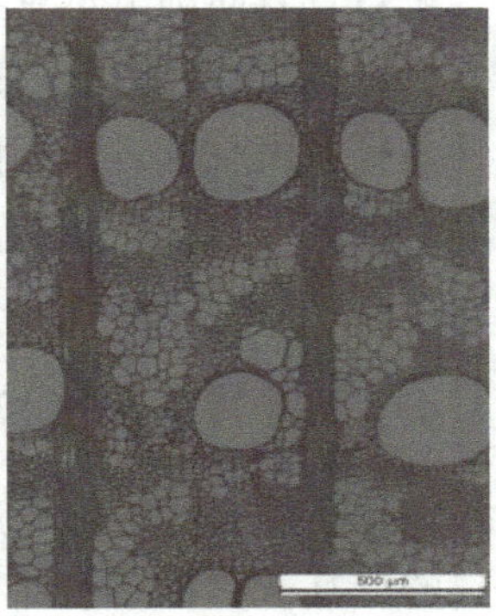

图 5-5　管孔团
（榉木 *Zelkova schneideriana*）

5.1.4　导管分子的穿孔板

导管是由上下连接的几个导管分子构成的一种复合结构。在导管分子的发育过程中，由两个互补纹孔的纹孔膜消失而形成不同的类型孔洞，或者此种底壁已完全消失，成为一串打通的细胞组织，如同没有底壁的竹杆，两个导管分子间的通道称为穿孔（perforation）。由于导管分子穿孔的存在，细胞间的水分可以不经过纹孔膜，由一个细胞直接达到另一个细胞。

两个导管分子之间连接部分的细胞壁称为穿孔板（perforation plates）。穿孔板的形状随着倾斜度的大小，呈现各种形态，如穿孔板与导管分子的长轴垂直则为圆形，倾斜度大则为椭圆形。导管分子的穿孔板是很稳定的树种鉴定特征，常常为全科、全属的共有特征之一，并且很少有变异。

根据纹孔膜消失的情况，穿孔板可分为单穿孔板、梯状孔板和复穿孔板 3 种类型，具体如下：

5.1.4.1　单穿孔板

导管分子在原始时期端部为一个大的纹孔时，当导管发育成熟后，导管分子两端的纹孔膜全部消失，在两导管分子间形成一个圆或略圆的开口，这一类型称为单穿孔板（simple perforation plates）。同时，在导管周围的各种组织，也会同时发生相应的变化，其中以木纤维的变化尤为显著，其纹孔逐渐失去纹孔缘，成为单纹孔，由此分化为韧型木纤维。它与纤维状管胞在细胞形态上有很大的不同。

对大多数树种而言，其导管分子为单穿孔远较其他穿孔类型常见，是比较进化的树种的特征。导管具有单穿孔通常为整个科的特征，具有叠生构造的木材均为单穿孔板。

5.1.4.2　梯状穿孔板

具有一个至多个细长而平行无支链状开孔的穿孔板，称为梯状穿孔板（scalariform perforation plates）。两个穿孔之间所存留的底壁，称为横隔（bars），有些横隔可能分支。它们的数目、厚度、形状和横隔中条状带间距各异。梯状穿孔板横隔中条状带数分为≤10 个、10~20 个、20~40 个和≥40 个 4 个等级，在木材树种的鉴别上具有重要的意义。

木材具有两种大小显著不同的导管时，往往较大的导管仅有单穿孔板，而较小的导管则具有梯状穿孔板，但通常仅有几个横隔条状带。木材导管大小几乎相同的树种，如悬铃木属或肉豆蔻科，它们的穿孔板可以同时具有单穿孔板和梯状穿孔板两种类型，但常以一种类型为主。此外，一些树种的导管在靠近初生木质部具有梯状穿孔，而在次生木质部则具有单穿孔，如木兰属的一些树种。

5.1.4.3 网状、筛状和其他类型的复穿孔板

在温带商品材中不见这种类型，在少数的热带材中，如紫葳科、茜草科的穿孔板是倾斜的，其上有很多较小的、圆形或角状的穿孔。紫葳科多呈筛状穿孔板(foraminate perforation plates)，而茜草科多呈网状穿孔板(reticulate perforation plates)。麻黄属(裸子植物麻黄目)的穿孔板是倾斜，也呈多孔状，具有许多像筛状的圆形或椭圆形小穿孔的复穿孔，也称为麻黄型穿孔。其穿孔大小与侧壁较大的具缘纹孔相等。由此可以说明穿孔显然从具缘纹孔演化而来。

5.1.5 导管分子壁上的纹孔排列

导管分子壁不同面上的纹孔排列因其接触细胞种类的不同而有很大的变异。导管分子和纤维或管胞之间的纹孔对通常是具缘纹孔对，而导管分子和薄壁细胞间的纹孔对可能为具缘纹孔对、半具缘纹孔对或单纹孔对。

导管间纹孔排列一般在弦切面上看得最清楚，通常可作为鉴别的依据。导管间纹孔的排列有4种类型：梯状纹孔、对列纹孔、互列纹孔以及多边形互列纹孔。

(1)梯状纹孔

导管间纹孔为长条形，它与导管长轴成垂直方向排列，纹孔呈线形，长度常和导管的直径几乎相等的排列形式。

(2)对列纹孔

导管间纹孔为方形，上下左右均对称的排列，呈长或短水平状对列的排列形式。

(3)互列纹孔

纹孔排列呈对角行列，上下左右交错排列方式。排列不密集时为圆形至卵形；密集时，则是多角形，并且常常为六角形。导管间纹孔的排列有时会出现对列与互列同时出现的情况，当相邻纹孔呈水平排列时，则纹孔往往呈矩形。

(4)多边形互列纹孔

管间纹孔外形为多边形且超过4边，代表树种有杨柳科木材及大部分豆科木材。

导管间纹孔形状和大小存在变异。桦木或柿树导管的纹孔直径为2~4μm，可认为是非常的小；槭树木材的纹孔直径范围为5~10μm，为中等大小；木兰(*Magnolia*)导管纹孔为线形，其大小变化范围为12~50μm，是特大的。

在很多科、属的木材中，如金缕梅科、茶科、蔷薇科的许多种属均以单管孔为主，这些木材它们的导管间纹孔就没有，或者非常少。

5.1.6　附物纹孔

导管间的纹孔呈现附物纹孔的，常出现于一些科中，如龙脑香科（Dipterocarpaceae），豆科（Leguminosae）中的香槐属（*Cladrastis*）、皂荚属（*Gleditsia*）、肥皂荚属（*Gymnocladus*）和刺槐属（*Robinia*）等。在光学显微镜下观察，这些结构在纹孔口内呈现斑点状，如图 5-6 所示。这些结构出现与否，难以确定，因为在纹孔中积聚其他物质，可能产生同样的外观或形状。因此，纹孔内的附物在木材鉴别上是次要特征。

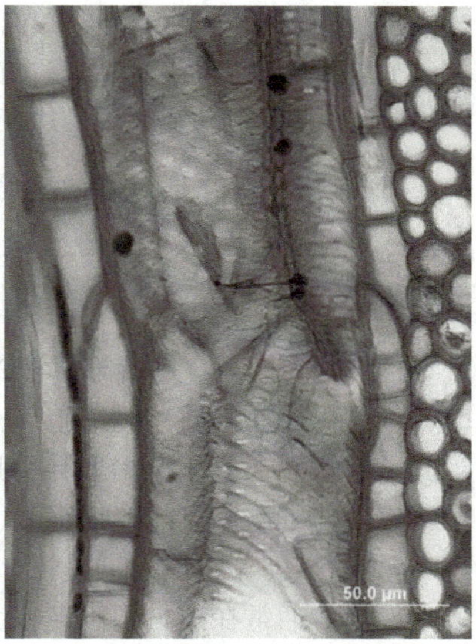

图 5-6　附物纹孔
（刺槐 *Robinia pseudoacacia*）

5.1.7　导管—射线间纹孔式

导管分子和射线组织交叉处的纹孔通常显著，是阔叶树材鉴别的重要特征。这区域纹孔的大小、形状、在导管壁上受射线影响的情况和有无单纹孔的存在等，均属重要特征。若导管数量较少，不易观察到导管—射线间纹孔时，可就导管与薄壁组织细胞间的纹孔加以观察。

依据国际木材解剖学家协会（IAWA）发布的《阔叶树材显微特征一览表》将导管—射线间纹孔式分为：①导管与射线间纹孔缘明显，大小及形状似管间纹孔（在整个射线细胞内）。②导管与射线间纹孔缘甚狭至明显单纹孔，纹孔圆形或方形。③导管与射线间纹孔缘甚狭至明显的单纹孔，纹孔水平（梯状，裂隙状）至垂直（栅状）。④导管与射线间纹孔具两种尺寸及形态（在一个射线细胞内）。⑤导管与射线间纹孔单侧复合且大（大于 10μm）。⑥导管与射线间纹孔仅限于射线边缘细胞，共 6 种类型。详见第 7 章 7.2.8。

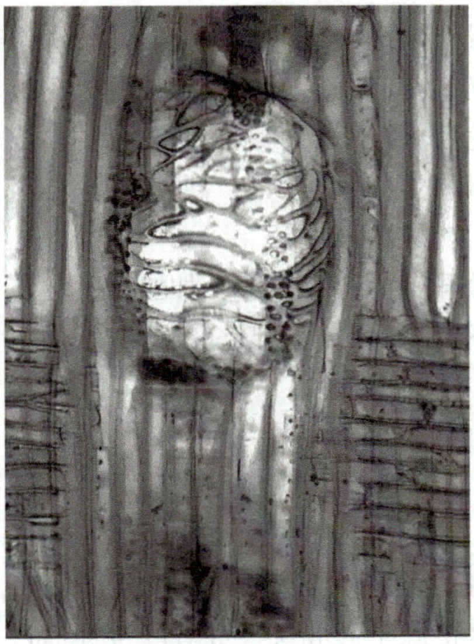
图 5-7　雕纹

5.1.8　导管壁上的螺纹加厚

导管的次生壁上有时存在螺纹加厚（helical thickening），它们在分类上是有用的性质，但变异性也很大，螺纹加厚总体是一个重要的鉴别特征。例如，螺纹加厚存在于槭树，但桦木中缺如。热带阔叶树材罕有螺纹加厚，而有些温带树种中则存在。

阔叶树材的散孔材，整个生长轮的导管分子可能都有螺纹加厚，另一方面，在环孔材中，螺纹加厚有时存在于小导管中，而在大导管中没有。例如，榆木和朴树的小导管和维管管胞的螺纹加厚为其稳定的特征。导管壁上的螺纹加厚有时仅限于尖端，即穿孔板以外，舌状伸长的部分，如金缕梅科及杜鹃科一些属中的某些树种。

值得注意的是当导管间纹孔排列为互列纹孔，当其紧密连接时，它纹孔内口常常连接，如此产生的斜行脊状加厚，在光学显微镜下呈现不规则的"雕纹"(gashlike)，如图5-7所示，其很容易和螺纹加厚相混淆。

5.1.9　导管的侵填体和沉积物

5.1.9.1　侵填体

侵填体(tyloses)是指与导管邻接的轴向薄壁组织细胞或射线薄壁细胞在具有生活力时，细胞内的原生质穿过细胞壁上的纹孔伸入导管分子腔内，形成一个个的囊状构造，当其数量多时，会完全堵塞导管腔。大多数侵填体的细胞壁很薄，但在某些树种木材中，侵填体细胞壁可能变得很厚、具有明显的层次和木质化的细胞壁，称为硬化侵填体(sclerotic tyloses)。

侵填体通常在边材刚刚转变为心材之前在边材内侧形成。它是一种正常的生理过程，发生于许多的阔叶树种。正常的侵填体有时也在边材形成，特别是当水分下降低于正常范围时。侵填体也可能因受机械损伤、菌类生长和病毒感染而产生，这样的侵填体被认为是创伤性的，为常见现象，但并不稳定。因此，在比较两种木材时，如果它们没有创伤性的侵填体，对于鉴别并不重要，若侵填体的数量很多并充满了导管时，则是有用的特征。

5.1.9.2　沉积物

当导管的功能不十分活跃时，它们的胞腔中常被邻近的射线或薄壁组织的分泌物或多或少地填充，树胶质的沉淀物位于导管腔内，呈大而不规则的块状或厚的板状，如豆科、楝科及樱桃属的一些种；也有呈薄且不均匀的隔膜，如紫树属的一些种。碳酸钙的沉淀物在少数树种中也常存在，如榆科的一些树种。在阔叶树材中，当受到创伤时，都有可能产生碳酸钙沉积物，在很多树种中，其心材或边材的薄壁组织细胞中也常见沉积物。

有色的树胶或其他沉积物，多半为偶发性现象，没有系统研究的价值。但是，在某一树种中特别显著时，则可作为该树种的识别特征。如桃花心木属(*Swietenia*)有色树胶成塞状可作为其鉴别特征之一。有些木材含有一种黄色粉状沉积物，如马鞭草科的海榄雌属(*Avicennia*)，紫葳科的 *Tebeluia* 属，在加入1%浓度的氢氧化钾时，即变成深红色盐类，因此很易于识别。

导管中含有晶体，是一种常见的现象。若边材多数导管中含有晶体，如榆科的一些木材，则对鉴定很重要。木材导管含有其他种类的沉积物目前尚缺乏系统的研究，但对他们在科、属的鉴别上很有帮助。

5.2　管胞和木纤维

管胞指不具穿孔的木质细胞(imperforated wood cell)，细胞壁上为具缘纹孔。管胞的类型有几种，但它们的个体发生史都一样，也就是直接源于形成层，或者间接地通过形成层母细胞的分裂。管胞成熟后的长度，较之母细胞有显著的增长，在形成次生壁以后，除少数例外，均丧失了原生质。

木材中各种纤维状细胞一般都称为木纤维，但从木材解剖学的角度，仅把这一名词限制于被子植物的某些细胞，而其他纤维可能源于管胞或变态的管胞。管胞和木纤维这两种形式是相似的，从形态上看，它们唯一的差别是纹孔的类型。

从管胞及木纤维的作用看，针叶树材的轴向管胞，既有疏导水分的作用，也有机械支撑的作用，机械支撑作用主要体现在晚材，这是由于它们的管胞壁较厚，显得更为重要。在阔叶树材中，木纤维细胞形状有较大的差异，分工也较为显著，输导水分的功能几乎丧失，而是由导管来担任，木纤维主要起机械支撑作用。

5.2.1　针叶树材的管胞

管胞构成针叶树材体积的绝大部分，针叶树材的管胞有 3 种主要类型，一是轴向管胞(longtitudinal tracheid)，系轴向生长的细胞，它们构成各种针叶树材的基本组织；二是索状管胞(strand tracheid)，是一种不常见的管胞；三是射线管胞(ray tracheid)，是针叶树材组织中唯一横向生长的厚壁细胞，为松科部分属的重要特征。

5.2.1.1　轴向管胞

轴向管胞的形态和特征变化较大，在不同生长季节有明显的差异，借此可将针叶树材区别到属，有时可以到种。

轴向管胞的形态特征：针叶树材的轴向管胞比较长(3.0~5.0mm)，呈 4~6 边形的棱柱形的细胞，末端封闭，它们为所有针叶树材的主要细胞类型。轴向管胞沿径向均匀整齐排列，正如在横切面所见，这是针叶树材特有的特征。早材轴向管胞的横切面呈六边形，通常径向直径较大，晚材管胞的横切面，基本上呈矩形，径向直径明显小于弦向直径，呈扁平状。管胞横切面上形状的变化与胞壁的厚薄和生长季节有关。某些厚壁的管胞呈现圆形轮廓，则会出现细胞间隙；某些薄壁的管胞且具有细胞间隙者，呈现密接的多角形或长方形，在近于生长轮的末端多呈扁平状。

就树种而言，细胞径向直径最大时，胞壁的厚度最薄，这类细胞多在生长开始后不久紧接着开始春季生长。生长季节后期，径向管胞直径逐渐减小，细胞壁变厚，具有最多的胞壁物质，生长轮的末端形成最窄的管胞。在早材与晚材之间，细胞直径和胞壁厚度的过渡可能急剧变化，形成致密的晚材弦向带，界限显明，如硬木松类。某些树种则具有逐渐过渡的带，如云杉。管胞胞壁厚度和它们在早材带或晚材带的位置有关，这种差异不是种、属的特征。一般来说，晚材率可视为木材强度的指标。

轴向管胞细胞壁通常具有纹孔，少数针叶树材中细胞内壁中存在螺纹加厚，偶尔还会出现其他结构如径列条或澳柏型加厚。

(1)纹孔

轴向管胞壁的纹孔可分为三类：一类是管胞间的，即邻接轴向管胞之间的纹孔；二是轴向管胞与射线薄壁组织细胞相接触而连通的纹孔对；三是组成木射线的射线管胞与轴向管胞连接的纹孔对。

早材的管胞壁较薄，端部钝形常屈曲，其径壁上的纹孔呈圆形的内含具缘纹孔口(aperture)。晚材的管胞，其次生壁较厚，末端逐渐地尖锐，其径壁上具缘纹口的内口

(inner aperture)呈双凸镜形，通常外展。早材管胞的径壁上横列纹孔的数目与其宽度有关。管胞径向直径较大时，每列的纹孔也较多。致密结构的针叶树材，如云杉类沿管胞长度的纹孔排成单列；中等结构的木材，如松木类横排管胞的纹孔通常成 2 列；粗结构的木材，如北美红杉横排管胞的纹孔常常 3~4 列。除了南半球的南洋杉科(Araucariaceae)外，所有针叶树材都是管胞径面壁上纹孔呈对列，沿管胞长度在横向排列成行。

大多数针叶树材的管胞间径壁纹孔均具有明显的纹孔塞，但西部侧柏除外，以此作为鉴别该树种的特征。加拿大铁杉和西部铁杉纹孔塞延伸呈宽的束状形式和表面具瘤层，并从胞腔伸入纹孔。由于这些特征需用电镜高倍放大才可以见到，因此在日常鉴别木材中这些特征的应用是有限的。此外，一些树种在轴向管胞中填充了较多的树脂，成为所谓的“树脂管胞”。

(2)管胞壁的螺纹加厚

它是在针叶树材中细胞腔的次生壁上内侧的螺旋状凸起，实际是次生壁的一部分，沿着胞壁的内壁按逆时针方向旋转。每束螺纹加厚可以是 1~4 条，但在整个细胞壁中不一定保持着全数。螺纹加厚的角度随着管胞的直径和胞壁的厚度而变化，通常在晚材比早材角度较陡。因此，螺纹加厚的角度在分类上的意义有限，而螺纹加厚的间距可以当作“种”的特征。

针叶树材中正常的螺纹加厚存在于红豆杉属(*Taxus*)、榧树属(*Torreya*)、穗花杉属(*Amentotaxus*)、银杉属(*Cathaya*)、黄杉属(*Pseudtosuga*)等，其全部或大部分的管胞都具有螺纹加厚。在云杉属、落叶松属的有些种中，则偶然的出现于晚材部分且不显著。

(3)径列条

径列条(trabreulae)常见于针叶树材的管胞，尤以南洋杉属(*Araucaria*)常见。径列条在针叶树材中它们的存在并没有一定的规律。在报春花科的 *Aegiceras* 属的一些射线细胞中，也曾发现径列条的存在。如图 5-8、图 5-9 所示。

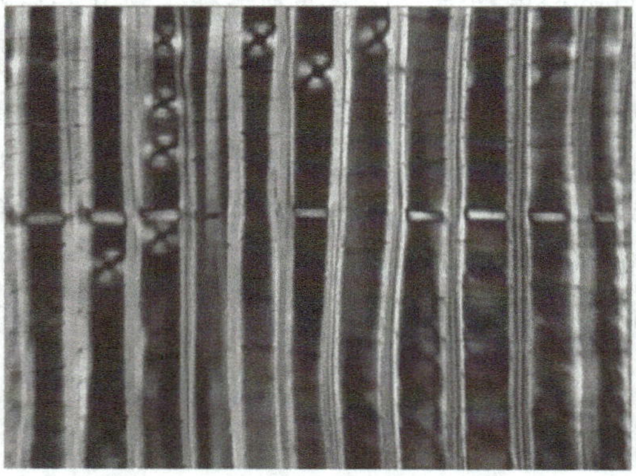

图 5-8　管胞径列条
(美洲红豆杉 *Taxus brevifolia*)

图 5-9　木纤维径列条
(紫油木 *Pistacia weinmannifolia*)

(4)澳柏型加厚

澳柏型加厚详见第 4 章 4. 2. 2. 2。

5.2.1.2 树脂管胞

当边材转变成心材时，轴向管胞可以被薄壁组织细胞所分泌的树脂性物质所渗入，这些物质可以填充在管胞腔中，有时横过细胞腔而形成板状物(plate)，形成所谓树脂板(resin plates)，常和木射线邻近。这类树脂板中部较边部略薄，它们在纵切面上，除颜色较深外，看似径列条。这种含有树脂板的管胞，也称为树脂管胞(resin tracheid)。它们在很多的木材中普遍地存在，特别是南洋杉科(Araucariaceae)中的一些树种。详见6.6.3有机沉积物(心材管胞)。

5.2.1.3 索状管胞

索状管胞(strand tracheid)有时也称为分隔状管胞(sepate tracheid)，指短细胞纵向成串排列的管胞。索状管胞不同于轴向管胞，其短且具有端壁，其中之一的端壁或两端的端壁垂直于纵壁，其端壁和径壁上都具有和正常管胞一样的具缘纹孔。当端壁与纵壁成直角时，该细胞沿长轴呈窄矩形。

索状管胞的发育和薄壁组织的细胞一样，由形成层的一个母细胞横向分裂而产生。在索状管胞中，同时可有薄壁组织细胞存在，因而产生混合束(mixed strand)的索状管胞。

索状管胞可视为轴向管胞与泌脂细胞或轴向薄壁组织之间的过渡分子。索状管胞大都出现在生长轮的末端，轴向树脂道或创伤树脂道的附近。轮界索状管胞有时存在于云杉属、黄杉属和落叶松属的木材中，取代轴向薄壁组织呈星散状分布。

5.2.1.4 射线管胞

射线管胞详见第6章6.9.1。

5.2.2 阔叶树材的管胞

阔叶树材管胞不常见，少数的阔叶树材存在管胞，为针叶树材管胞进化到阔叶树材导管保留的中间过渡状态。阔叶树材的管胞有两种，即导管状管胞(vascular tracheid)和环管管胞(vasicentric tracheid)。

5.2.2.1 导管状管胞

导管状管胞通常位于导管的附近，其形态、大小与其伴生的晚材小导管形似，但其末端不具穿孔，呈垂直排列。因此，导管周围的一系列的细长管状细胞有可能全是导管状管胞，或者这些导管状管胞与小导管分子混生。

导管状管胞的侧壁有许多具缘纹孔，具有与导管间纹孔相同的排列，并常具有明显的螺纹加厚。榆木和朴树导管状管胞具螺纹加厚，在横切面上小导管分子与导管状管胞混合组成波状带，成为榆属和朴属这两个属木材的特征。由于导管状管胞在横切面与晚材管孔有同样的外观，所以在木材横切面上，不能与真正管孔相区别。

5.2.2.2 环管管胞

环管管胞细胞较短，形状为不规则的纵列，末端不具穿孔，侧壁纹孔很多，为明显的具缘纹孔。通常在邻接的早材大导管周围丰富，如栎属、栗属和一些桉属的树种。环管管胞在栎木和板栗这些木材中，火焰状的管孔区伸入晚材时，也有少数环管管胞夹杂其间，环管管胞和导管以及轴向薄壁组织相互混生，在横切面上看导管和环管管胞也非常的相似。

由于导管胀大时的压力，环管管胞常呈扁平状，其纵壁有时被部分地分开，而由管状伸出物保持着联系，此种管胞叫做离生管胞(disjunctive tracheid)。

环管管胞与导管状管胞不同之处，在于环管管胞有尖削或圆形的末端，并不排成纵列，从大的早材导管分子过渡到邻接的环管管胞是突变的；而从导管状管胞到木纤维，比较起来则是缓变，往往要通过中间类型的细胞。

5.2.3 阔叶树材的木纤维

阔叶树材的纤维状分子，除环管管胞和导管状管胞以外，一般均列入木纤维的范畴。依照现行国际木材解剖学会的标准，木纤维依其纹孔的类型可分为三类：一类是木纤维具单纹孔至狭纹孔缘者，即韧型木纤维(libriform fiber)，一类是木纤维具有显著的具缘纹孔者，即纤维状管胞(fiber tracheid)，一类是指木纤维具单纹孔或具缘纹孔及或两者皆具备，常见于径面壁和弦面壁上。木纤维在一般需在高倍镜下(300倍)才是明晰的。

值得注意的是现行国际木材解剖学会的标准中，认为韧型木纤维(libriform fiber)和纤维状管胞(fiber tracheid)这两个专业名词的定义并没有达成一致意见，因而没有直接使用，而是采用直接描述的办法，本书为方便叙述以及和国家标准一致采用韧型木纤维和纤维状管胞这两个专业名词。

5.2.3.1 纤维状管胞

纤维状管胞指细胞腔小壁厚，两端尖削，其细胞壁具小的具缘纹孔，内口为双凸镜形至裂隙状，通常外展。纤维状管胞和正常管胞相似，是较原始的双子叶木本植物的特征。纤维状管胞多排列成整齐的径列，与异形木射线组织(hetergeneous ray tissue)和具梯状穿孔板的小导管分子同时存在。有些木材如冬青属(*Ilex*)、卫矛属(*Euonymus*)及灰木属(*Symplocos*)等，纤维状管胞具有螺纹加厚。

5.2.3.2 韧型木纤维

韧型木纤维指形状为细长纺锤形，末端略尖削，偶呈锯齿状或分歧状，细胞壁较厚，胞腔较窄，外形与纤维管胞略相似，具单纹孔的木纤维。纤维状管胞和韧型木纤维两者细胞壁厚度中等至甚厚，其差异在于纹孔特征不同。

5.2.3.3 径面和弦面壁均具纹孔的木纤维

这类木纤维具单纹孔或具缘纹孔或两者皆有，普遍同时存在于径面壁和弦面壁上。

5.2.3.4 木纤维的变异

纤维状管胞和韧型木纤维可能发生在同一木材中，而它们之间的转变往往非常缓慢，甚至会将一细胞既辨别为纤维状管胞，又为韧型木纤维。两种纤维类型都会产生许多变异情况，如分隔木纤维、胶质木纤维、薄壁组织状木纤维等，其中某些特征具有鉴别价值。

(1)分隔木纤维

分隔木纤维(septate fibre)是一种具有比侧壁更薄的水平隔膜组织的木纤维，常出现在具有较大单纹孔的韧型木纤维中。水平隔膜是其木纤维细胞原生质在次生壁完成后，再行分裂，在一个纤维母细胞中形成 2 个至数个细胞。

分隔木纤维常见于热带木材中，如桃花心木属。边材中的分隔木纤维，用以储藏淀粉，在心材中的可含有草酸钙晶体。在远志科的一些木材中，含晶体的分隔木纤维，在横切面上排列呈同心圆状，在肉眼下可见。在玉蕊科的一些种，含有晶体的分隔木纤维一般存在于薄壁组织层的边缘。

(2)胶质木纤维

纤维的另一种变异为胶质木纤维(gelatinous fiber)，指尚未木质化的，胞腔内壁呈胶质状的木纤维，通常出现胶质状态的韧型纤维较纤维状管胞要多。胶质木纤维绝大多数发生在阔叶树材的应拉木，但在栎木类正常材中也存在，与没有变异的木纤维混杂。胶质木纤维与正常木纤维的差异，在于胞壁层的物理和化学性质不同于正常木纤维次生壁层，对光具有强的折射，并常使纤维素与多种染色剂反应。

(3)薄壁组织状木纤维

在双子叶植物中，有一种特殊矩形的木纤维细胞，虽然它们和纺锤形木纤维薄壁组织细胞相类似，但它们属于木纤维的范畴；轴向薄壁组织状木纤维在横切面组成薄壁纤维带，类似轴向薄壁组织带。薄壁组织状木纤维较之形成层原始细胞增长得很少，它们具有薄壁和单纹孔，仅存在于一些材质特轻的木材中。

此外，侵填体可能存在于木兰科(Magnoliaceae)几个属的木纤维中。榆属木纤维被小导管带相间隔，排列呈不规则的层次。热带产的一些木材，它们的木纤维和薄壁组织有时交互成层。在同一树种的不同部位，木纤维和其他组织的比例，以及木纤维细胞壁的厚度，都可能有很大的差异。在一些木材中，其生长轮是以 1 列至数列呈扁平状的木纤维为界限，此种情况在环孔材中最为显著。

5.3 薄壁组织

轴向薄壁组织在纵切面是由轴向串联起来的较短方形和具单纹孔的细胞，前者主要功能是储藏养分，后者输导碳水化合物。它们在生理机能停止前，保留着原生质。

5.3.1 薄壁组织的类型

初生木质部的薄壁组织都是呈轴向排列，次生木质部中，通常存在 2 种排列类型，一是垂直排列的轴向薄壁组织(axial parenchyma)，二是横向并呈径向排列的射线薄壁组织(ray parenchyma)。

轴向薄壁组织又分为 2 种类型：一是仅由一个轴向延长的细胞构成，名为纺锤形薄壁组织细胞(fusiform parenchyma cell)。纺锤形的薄壁组织细胞，是源于一个纺锤形的形成层原始细胞(fusiform cambiuminitial)，它们不再分裂，也不再增加长度，这种类型的细胞，为一些阔叶树材的特征，其他多是偶发性的。

二是由一系列的细胞所构成的薄壁组织束(parenchyma strand)，是源于一个纺锤形的形成层原始细胞，由一个母细胞继续分裂成2个至数个细胞，薄壁组织束每一个细胞的长度和形状，几乎和原始细胞相等。在束尾的细胞，一端呈方形，另一端系逐渐或骤然地尖削，在束中部的细胞，多是方形直立。它们的形状从弦切面上最明显。

分室薄壁组织细胞是含有单晶体的一串者，通常称分室含晶体薄壁组织细胞，银杏常具球形晶体细胞。但多数含有晶体的薄壁组织细胞，并不是都具有隔膜。一些木材含有充满油脂的膨大薄壁细胞称为油细胞(参见第7章图7-32的1和2)，如樟科的一些木材。

此外，针叶树材和阔叶树材的泌脂细胞(epithelial parenchyma)是具分泌功能，壁薄的薄壁组织细胞，它们围绕轴向和径向构成树脂道或树胶道。

5.3.2 针叶树材薄壁组织

针叶树材的薄壁组织有3种类型，即轴向薄壁组织、泌脂薄壁组织和射线薄壁组织。它们是针叶树种鉴定的常用特征。

5.3.2.1 轴向薄壁组织

针叶树材的轴向薄壁组织(axial parenchyma)通常分散在管胞间，其排列分为星散状、弦向带状和轮界状3种类型。针叶树材的轴向薄壁组织细胞，呈束状排列，由于它们的原始细胞很长，因而每一薄壁组织细胞也很长，以至于它们的束状特征并不明显。它们的主要特征是细胞壁上为单纹孔，胞腔内一般都有深色的树脂。在有些属中，它们的端壁具有显著的节状加厚，如柳杉属(*Cryptomeria*)及落羽杉属(*Taxodium*)中的轴向薄壁组织。

针叶树材的轴向薄壁组织很少，不像阔叶树材形成特殊的图案，因此在宏观上对于木材鉴别的意义不大。在已知的针叶树材中，有些属的木材没有轴向薄壁组织，如红豆杉科的红豆杉属、榧属及罗汉松科的叶状枝木属(*Phyllocaladus*)、南洋杉科的南洋杉属和贝壳杉属。而在松科的一些属中一般也极少，如冷杉属、铁杉属、云杉属。落叶松和黄杉属的轴向薄壁组织有时分散于生长轮末端，通常较难找到。在落叶松属、黄杉属和云杉属中的生长轮端部，具有索状管胞，在横切面上呈星散状排列，看似轴向薄壁组织。松属木材的轴向薄壁组织存在于树脂道(resin canal)的周边。

在柏科和杉科的木材中均具有较发达的薄壁组织，它们呈不规则的星散分布，或者弦向带状，通常具有较薄的胞壁和单纹孔及深色的内含物，因此比较容易分辨。

5.3.2.2 泌脂薄壁组织

泌脂薄壁组织(epithelial parenchyma)是具有分泌功能的薄壁细胞组成，它们围绕轴向或径向腔道构成纵向或横向树脂道。空腔实际上是细胞间隙，即未成熟的轴向木质细胞被架空的场所，留下一个管状的腔道，称树脂道。树脂道不是一个木材分子，而是一个空腔，由泌脂薄壁细胞围绕而成。一个围绕树脂道完整的泌脂细胞层，称为泌脂细胞层(epithelium)，其厚度有1层至数层细胞。松属的泌脂细胞壁极其薄，没有纹孔，未木质化；云杉属、落叶松属和黄杉属的泌脂细胞壁厚，有纹孔，并已木质化。

5.3.2.3　射线薄壁组织

射线薄壁组织(ray parenchyma)细胞将在木射线 5.4.1.1 节中详述。

5.3.2.4　针叶树材的含晶细胞

针叶树材含晶细胞(crystal-bearing cell)罕见，它们对于木材鉴别没有意义。含晶细胞似乎只限于松科。当存在时，晶体以极其小的立方体、八面体、矩形棱柱体出现，通常与薄壁细胞伴生。偏菱形而伸长的晶体，主要在射线边缘的薄壁细胞内，经常地存在于芒冷杉、壮丽冷杉、巨冷杉、紫果冷杉和白香脂冷杉等木材中，但在太平洋银冷杉、香脂冷杉和亚高山冷杉等木材中缺如。北美西岸云杉射线薄壁组织细胞中偶尔含草酸钙晶体，金钱松属在轴向管胞中也发现晶体。

5.3.3　阔叶树材薄壁组织

阔叶树材的薄壁组织可分为轴向薄壁组织和射线薄壁组织。阔叶树材的射线薄壁组织将在木射线部分(5.4.2)中阐述，本节主要阐述轴向薄壁组织。

阔叶树材的轴向薄壁组织有 3 种类型，即纺锤形薄壁组织、束状薄壁组织和泌脂薄壁组织。在阔叶树材中薄壁组织数量有很大的差异，在有些种、属中很多，有的则很少，甚至没有。它们的排列可以是分散的，也可以集合成群，并排成一定的图案，因此在木材鉴别上十分重要。

5.3.3.1　纺锤形薄壁组织

纺锤形薄壁组织为轴向薄壁组织，由纺锤状形成层原始细胞衍生，不再分裂，纺锤状薄壁组织细胞是阔叶树材比较进化的特征，其细胞往往叠生，如柿树。

5.3.3.2　束状薄壁组织

束状薄壁组织是通过形成层纺锤状子细胞横向分裂而形成，整束单个的细胞接近于原始形成层细胞的形态和大小。束状薄壁组织为阔叶树材最常见的一种轴向薄壁组织，多数木材其轴向薄壁组织比例范围从小于 1%至约 24%(表 5-1)，在某些热带树种中，束状薄壁组织占木材总体积的 50%以上。在纵切面观察可见薄壁组织束的细胞数目有变化，从 2 个至 8 个细胞及以上，但在同种木材中，其变化的范围通常是较小的。轴向束状薄壁组织以多种方式聚集时，在横切面上低倍镜下即可见比其周围组织的颜色浅。

薄壁组织有多种排列方式，并且这些特征十分稳定，可作为阔叶树材鉴别的特征。依据国际木材解剖学家协会(IAWA)相关标准木材的薄壁组织排列类型可能具有离管状、傍管状、带状中的多种组合，详见第 7 章 7.4。

表 5-1　一些阔叶树材的体积组成

树种	占总体积的百分率/%			
	导管	纤维	射线	轴向薄壁组织
Acer rubrum	18.0	68.0	13.3	0.1
Acer saccharinum	21.4	66.6	11.9	0.1

（续）

树种	占总体积的百分率/%			
	导管	纤维	射线	轴向薄壁组织
Acer saccharum	21.0	61.0	17.9	0.1
Betula alleghaniensis	21.4	63.8	10.8	2.0
Betula papyrifera	10.6	75.7	11.7	2.0
Carya ovata	6.5	65.5	20.0	8.0
Carya pecan	7.7	55.0	26.4	10.9
Castanea dentata	39.8	46.8	11.9	1.5
Celtis occidentalis	50.8	27.4	13.3	8.5
Comus florida	9.9	57.5	27.0	5.6
Fagus grandifolia	21.4	56.7	20.4	—
Fraxinus americana	20.4	61.7	11.9	4.2
Fraxinus nigra	11.6	69.4	12.0	7.0
Fraxinus latifolia	31.4	51.3	14.5	2.8
Juglans cinerea	22.6	58.0	10.4	9.0
Juglans nigra	21.0	48.7	16.8	13.5
Liquidambar styraciflua	54.9	26.6	18.3	0.2
Liriodendron tullpifera	36.6	49.0	14.2	0.2
Magnolia acuminata	38.6	47.3	43.9	0.2
Nyssa sylvatica	38.4	45.0	17.6	—
Platanus occidentalis	51.9	28.9	19.2	—
Populus deltoides	33.0	53.1	13.7	0.2
Populus grandidentata	33.8	55.0	11.1	0.1
Prunus serotina	41.4	41.4	17.2	—
Quercus alba	16.1	47.8	28.0	8.0
Quercus macrocarpa	26.6	40.8	20.6	12.0
Quercus rubra	21.6	43.5	21.4	13.5
Quercus rubra *	19.5	41.3	15.9	23.4
Quercus velutina	14.1	37.3	31.4	17.2
Robinia pseudoacacia	14.8	57.9	20.9	6.4
Salix nigra	38.1	54.4	7.4	0.1
Tilia americana	55.6	36.1	6.1	2.2
Ulmus americana	48.0	34.7	11.3	6.0
Ulmus rubra	29.3	57.3	11.4	2.0
Ulmus thomasii	25.4	55.4	11.7	7.6

5.3.3.3　泌脂薄壁组织

泌脂薄壁组织(epithelial parenchyma)由泌脂薄壁细胞组成，环绕形成树胶道。在一些热带阔叶树材中，如龙脑香科(Dipterocarpaceae)娑罗双属(*Shorea*)的某些树种，菲律宾桃花心木(*Shorea acuminata*)和金背叶娑罗双(*Shorea hypochra*)的木材具有正常树胶道。一般来说，阔叶树材存在树胶道，或者轴向或者横向，这两个类型较少同时发生于同一树种。

5.3.3.4　薄壁组织中的内含物

薄壁组织中的内含物主要包括颜色深浅不一的树胶、淀粉粒、硅石和晶体等。硅石在温带材中不普遍，其形状小至甚微。晶体大多数为钙化合物，在薄壁细胞中十分普遍，其形态通常呈菱形。

当晶体在束状薄壁组织中形成时，这个束的一个细胞可以变为含有晶体的小腔，两个或两个以上可以视为晶体贮藏室。一束薄壁组织可以部分含有晶体而另一部分不含晶体，含晶体的细胞通常略有增大，因此容易识别。这样的含晶体的薄壁组织称为分室薄壁细胞。

碳酸钙的晶体见于山柑科的大细胞中；显著的针形晶束见于锡叶藤属等；石细胞见于南美洲桑科的蛇纹木属。至于单独的或者 2 个至多个含有草酸钙的斜方晶体，在分室的薄壁组织细胞中颇为常见。

5.3.4　创伤薄壁组织

创伤薄壁组织(traumatic parenchyma)是由于形成层受伤而形成的，常出现于木材中。此等细胞的大小、形状和排列都不规则，而且不成一定的束状。一般来说，它们具有厚的胞壁，具有很多的纹孔和深色的内含物。创伤薄壁组织，原为某些幼虫在形成层中所构成的管道，以后被创伤薄壁组织所填充，这种创伤薄壁组织，在横切面上形成一些斑点叫髓斑(pith-fleck)。它们常见于质密的散孔材中，如槭树科、桦木科、蔷薇科、杨柳科。但它们的出现并没有一定的规律，因此髓斑在木材鉴别上并不可靠。若一种木材具有很多的髓斑，也可当作鉴别特征之一，如桦木属及槭树属的一些树种中，经常有髓斑，而在另一些树种则没有。

5.4　木射线

木射线是以薄壁细胞为主体构成的带状组织，在木材中起横向输导和贮藏养分的作用，因此射线的长度几乎是不固定的。初生木质部的射线可以直达髓部，这种射线又称为髓射线(pith ray)，一般将形成层以内的射线称为木射线(xylem ray)，而将形成层以外的称为韧皮射线(phloem ray)。

5.4.1　针叶树材的木射线

针叶树材次生木质部具有 3 种包含在木射线内的径向排列细胞，即射线薄壁细胞、射线管胞和径向泌脂细胞。

5.4.1.1 射线薄壁组织细胞

射线薄壁组织细胞构成针叶树材射线的全体或一部分。针叶树材的射线中除射线管胞外，都由射线薄壁组织细胞构成，大部分的射线由薄壁细胞组成。射线薄壁细胞具有单纹孔，起横向输导作用。它们在边材中是活细胞状态，而射线管胞是死亡的细胞。

射线薄壁细胞的胞壁可保持着比较薄的状态，或者局部的加厚，也有全部增厚者。如在硬木松中的落叶松属，射线薄壁细胞的端壁上具有节状加厚。根据 Pierce 的研究，射线薄壁细胞在径切面上水平壁与端壁相交处所呈现的凹痕，对于柏科和杉科的有些属具有鉴定上的意义。Phillins 曾根据射线细胞胞壁上的微细构造，对针叶树材进行过比较解剖上的研究，如水平壁具有纹孔与否，端壁的节状加厚及凹痕等。结果表明，松科中的落叶属、云杉属、黄杉属、油杉属、冷杉属、柳杉属和雪松属中，它们的射线薄壁细胞的水平壁上均具有纹孔，但此等构造上的微细差异是否易于辨别，尚有待进一步的探讨。

就鉴别木材来说，射线薄壁细胞壁上，最重要的纹孔式种类存在于径壁与轴向管胞交叉处。单根早材轴向管胞和单个射线薄壁细胞相交处之间的细胞壁区域称为交叉场。不同的针叶树材，交叉场纹孔式的形态、大小和配置各具特征，这些特征源于射线薄壁细胞单纹孔和相对管胞一侧具缘纹孔的不同形态和边缘轮廓。

国际木材解剖学家协会(IAWA)发布的《针叶树材显微特征一览表》，把针叶树材的交叉场纹孔定为窗格型、松木型、云杉型、柏木型、杉木型和南洋杉型六种，详见第 6 章 6.10。

5.4.1.2 射线管胞

就木射线的组成来说，射线管胞的存在是属的特征，存在于松属、云杉属、落叶松属、黄杉属、铁杉属、雪松属及扁柏属的一些种。由于创伤，不正常的射线管胞可偶然出现，如冷杉属、扁柏属、侧柏属、肖楠属。因此，具有正常射线管胞的木材对鉴别很有帮助。

射线管胞源于射线原始细胞。它们在径切面上呈现长菱形，其端壁常常倾斜。就数量来说，射线管胞以松属，尤其硬木松最发达。硬木松类一些树种的短木射线，有时全部由射线管胞构成。硬木松内的射线管胞，其内壁具不规则的齿状突起；如马尾松和黄杉松，呈现较为平缓的齿状突起；而在白皮松中锯齿状突起更为明显，在径切面观察，它们的上下水平壁几乎相联或呈网状结构，因此这种齿状加厚可以作为识别硬木松的一种简易而可靠的方法。北美黄杉射线管胞具有与轴向管胞类似的螺纹加厚。

射线管胞的存在，较全由薄壁组织组成的木射线，从种系的发育上来说，似乎是一种原始的性质，因此，松属在针叶树材中一般认为是很古老的一个属，而松科具有射线管胞的各属，也较为原始。从冷杉及柏科、杉科中，在受创伤时所出现的射线管胞，也可认为是返祖的现象。因此也有人认为松科中没有射线管胞的柳杉属及油杉属，较该科中其他各属更为进化。

5.4.1.3 径向泌脂薄壁组织

径向泌脂薄壁细胞组织(radial epithelial parenchyma)存在于纺锤形木射线内，其细胞壁厚、具纹孔，而且木质化，例如马尾松(*Pinus massoniana*)、北美赤松(*Pinus resinosa*)和欧洲赤松(*Pinus sylvestris*)。

5.4.2 阔叶树材的木射线

阔叶树材的木射线与针叶树材的不同之处在于有较多的细胞种类和形态，细胞排列的变化较大，细胞内含物的种类也较多，木射线宽度和高度的变化均比针叶树材大。

5.4.2.1 木射线的高度和宽度

阔叶树材木射线，其高度和宽度在不同树种间有很大的差异。如杨属、柳属为低矮的单列木射线，只在放大镜下可见。而栎属、山龙眼科、五桠果科其木射线很高、很宽，非常显著。

在某些情况下，阔叶树材具有两种尺寸明显不同的木射线，如栎属的木材，有少数的极宽木射线和一些低矮的单列木射线，极宽木射线的宽度有时超过30个细胞以上，高度达数百个细胞。这种同时具有单列射线和极宽木射线的类型也称为栎式木射线。多列木射线在横过一个宽的生长轮界时，向外突起，此种情况称为结节(node)。

由许多窄的独立射线组织相互聚集一起，在肉眼下似单一的宽射线，显微镜下看是多个窄射线由不包含导管在内的其他轴向分子所分隔形成的木射线，称为聚合射线(aggregate ray)，如鹅耳枥属、榛属、桤木属等。

同一树种木材中，射线高度常比宽度大，应在弦切面上确定射线的纵向高度。国际木材解剖学家协会(IAWA)发布的《阔叶树材显微特征一览表》，将阔叶树材木射线的宽度划分为5级；射线高度仅定义大于1mm。详见第7章7.5.1。

5.4.2.2 同形木射线和异形木射线

阔叶树材的木射线组织完全由薄壁组织细胞构成，有3种类型，即横卧射线细胞(procumbent ray cell)、直立射线细胞(upright ray cell)、方形射线细胞(square ray cell)。

同形射线(homogeneous ray)指射线全部由横卧状的细胞所组成。同形射线可分为3种情况：即同形单列，偶尔出现两列的射线细胞，也视作单列射线，如杨属；同形多列，偶尔也出现单列的射线细胞，如石梓属、泡桐属；同形单列及多列，如桦木属、槭木属等。

异形射线(heterogenous ray)指一个射线的全部或局部均由方形或直立细胞所组成。异形射线可分为2种情况：即异形单列和异形多列。异形单列射线组织全为单列或偶尔出现成对者，以及横卧与直立或方形细胞组成，如柳属、千年桐等。异形多列射线组织是指复列木射线由非同一类型的细胞组成，包含匍匐状及方形细胞或直立细胞。

同形射线和异形射线这两种类型有时并不能截然分开，甚至互相混淆。有一种模式的异形射线，常常在射线中部为多列，由横卧细胞组成，而其边缘细胞为长或短的一列方形乃至直立形的细胞所组成，这两部分的比例变化也很大。直立射线细胞和薄壁组织束的细胞，有时不易分辨，此等直立细胞的端部，有时延长而且尖削，在射线的边部密集排列，很像栅栏状。至于射线细胞及细胞间隙，在木材树种鉴别上有时很有帮助。

国际木材解剖学家学会1957年所增订的木材名词术语解释认为，在记载射线的组成时，以描述整个射线的组成最为恰当；同形射线及异形射线术语是用来描述某个树种整体射线组成，因此，Kribs在1968年提出，根据射线在径面和弦面的外观对射线进行分类，国内木材鉴定重要参考书《中国木材志》及相关教科书广泛采用了Kribs的射线分类。

根据Kribs的研究，异形多列射线具有单列和多列2种宽度，可划分为3种类型：

①异形射线Ⅰ型。单列射线由直立或方形射线细胞组成。多列射线的单列尾部与多列部分等长或较长，单列尾部的细胞由4排以上的直立或方形边缘细胞组成，与单列射线的细胞同形。

②异形射线Ⅱ型。单列射线由直立或方形射线细胞组成。多列射线的单列尾部由2~4排直立或方形边缘细胞，多列射线的单列尾部较多列部分要短。

③异形射线Ⅲ型。此种射线的单列射线有2种，其中有些全由横卧细胞组成，有些全由直立或方形细胞组成。多列射线的单列尾部由1排方形或直立边缘细胞组成。

1989年国际木材解剖学家协会(IAWA)发布的《阔叶树材显微特征一览表》中，认为对于描述木射线构造特征，Kribs的射线分类(1968)是有用的。但在该标准中并未采用，而是认为木材中通常有单列和多列射线，讨论射线细胞组成(射线类型)仅限于多列射线，有些树种的木射线常包含多类，一般记载相对常见的类型。因而国际木材解剖学家协会最新的木材术语将射线细胞组成划分为6类，使用更为方便，也有与kribs的射线分类大致的对应关系，详见第7章7.5.5。

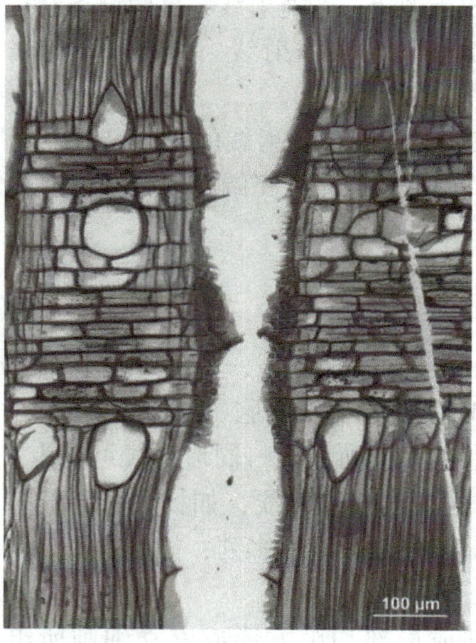

图5-10 油细胞

(美国檫树 *Sassafras albidum*)

对亲缘关系近的或者易于混淆的木材来说，射线组成往往是一个重要且容易确定的鉴别特征。例如柳树类的特征为异形单列射线，而杨木虽为单列射线，但基本上是同形射线。同样，美国朴树以其多列异形射线与同形射线的榆木容易区别开来。檫树(*Sassafras albidum*)常常误认为美国黑梣(*Fraxinus nigra*)，但能够应用射线细胞类型把它们分开，前者的射线为同形细胞到异形细胞，并含油细胞，如图5-10所示，而美国黑梣完全为同形射线。

5.4.3 木射线中的特殊构造

除了上述射线细胞类型外，有些阔叶树材的木射线中还存在一些特殊形态的细胞，如鞘状细胞、瓦状细胞和穿孔射线细胞等。有些阔叶树材的木射线中还有一些特殊构造，包括射线中含有晶体、乳汁管、胞间道(intercellular canal)、胞间囊(cysts pocket)、离生的细胞(disjunctive cell)、油细胞(oil cell)、石细胞(sclerotic cells)及沉积物等。

5.4.3.1　鞘状细胞

鞘状细胞(sherth cells)指一种直立的射线细胞，在弦切面上倾向于围绕多列射线横卧细胞的边缘，而形成鞘状射线细胞，它们是生长于原射线细胞周围的新细胞。常见于藤黄科、梧桐科、木棉科、大戟科等木材中。

5.4.3.2　瓦状细胞

瓦状细胞(tile cells)指一种特殊排列的形小直立细胞，其高度和横卧的细胞几乎相等，分散在横卧状细胞的行间，在弦切面上呈扁平状的细胞。瓦状细胞常分为榴莲型和翅子树型两类：榴莲型(durio)，瓦状细胞的高度与横卧细胞等高；翅子树型，瓦状细胞比横卧细胞高。瓦状细胞除有时含有晶体外，没有其他内含物，而其他行列的射线细胞多具有显著的深色内含物，这是瓦状细胞的典型特征。瓦状细胞常见于木棉科、梧桐科、椴科等木材中。

5.4.3.3　穿孔射线细胞

穿孔射线细胞是次生木质部细胞，由射线的原始细胞衍生而来，但有穿孔板和侧面纹孔，非常类似导管。穿孔射线细胞的穿孔类型可以是单穿孔、鳞片状、网状或有孔层状，并且不一定与同一木材的导管中的穿孔板类型一致。

5.4.3.4　阔叶树材无射线

阔叶树材无射线现象发生在大约 40 科的几百个物种中。植物体快速获得机械强度是大多数阔叶树材无射线的基础。只发生在少数乔木和一年生植物中，常见于木本草本植物、亚灌木和一些灌木。无射线似乎阻断了射线通常提供的树液径向流，但无射线的木材具有适量的纤维管胞和分隔或非分隔的活纤维提供树液径向流。阔叶树材无射线现象无表明木材的进化不仅涉及细胞类型的丰度和位置的变化，还涉及细胞类型的重新设计和多样化。

5.4.3.5　乳汁细胞和乳汁管

乳汁细胞和乳汁管(latex cells or tubes)是存在于树皮或髓(pith)的轴向排列管道相连接的细胞，如桑科、漆树科及夹竹桃科的一些树种。含有乳汁的连续管状细胞，是存在于射线中的变态细胞。含有乳胶的管道，乳胶无色或浅黄褐色；乳汁管可沿径向(夹竹桃科、萝摩科、桔梗科、番木瓜科、大戟科以及桑科一些属)或轴向(分散在木纤维间，目前所知仅存在于桑科)延伸。

5.4.3.6　油细胞

油细胞存在于番荔枝科、樟科、木兰科和肉豆蔻科的一些树种。油细胞的集合体存在于紫金牛科的一些种。

5.5 叠生构造

叠生构造(storied structure)指木材中的细胞及射线在弦面上高度一致，呈水平方向整齐排列，具有层状排列特征的专门名词。在弦切面上，木射线有时在肉眼下呈现横行的细线或条状，即宏观构造中的波痕(ripple marks)。木材具有叠生构造呈现的线痕可以很明显，或者不明显，有时在肉眼下观察，还比在放大镜下明晰，在显微镜下由于放大后的实际视野极小，或许不能分辨。

叠生构造一般仅出现于生长几年后的木质部，最常见的同时也是非常明显具叠生构造的木材，如蒺藜科(Zygophyllaceae)、紫葳科(Bignoniaceae)、豆科的大部分，它们的射线、导管分子、木纤维、木薄壁组织束和纺锤形薄壁组织细胞，都呈水平方向整齐排列。

5.5.1 叠生木射线

具叠生木射线结构的木材，其射线多位于每层的中部，即叠生构造的每层高度较之射线为高。因此，射线高度在树种间的差异，不妨碍叠生构造横纹的整齐度。若一树种木材，它们的射线呈现整齐的横列，则在木材横切面上刚好通过两个层次间，则在横切面上会完全看不到木射线，这种缺少木射线的横切面依据叠生后结构的整齐度而不同。

木材具有两种不同宽度的木射线，如木棉科、锦葵科和梧桐科，细射线在弦切面上排成横列，而宽射线排列不整齐，叠生构造多不明晰，在观察不仔细情况下有可能被忽视。

5.5.2 叠生的薄壁组织

导管分子、导管状管胞和薄壁组织束的长度与叠生构造每一层的高度常相似。当薄壁组织很少时，则导管分子和导管状管胞(如存在)似乎形成完全和波状木纹相当的纹理效果。当薄壁组织很多时，则薄壁组织的各细胞排列整齐，使得叠生构造中产生次级的波状木纹，尤其当薄壁细胞较大时，放大镜下易于见到。有些致密的木材也具有同样的次级的波状木纹；但细胞形态较小情况下，放大镜下多不明晰，甚至不能看到。

5.5.3 叠生的木纤维

有些树种木材中，木纤维呈水平方向整齐排列，也可以形成叠生状态。木纤维是否呈叠生状态，有时须将木材离析，尤其木射线不规则的木材。具有分隔木纤维，由于其横隔，也可以产生次级的波状木纹。

5.5.4 叠生构造和木材细胞的进化

木材构造中具有原始特征的树种均没有叠生构造，但除少数热带或亚热带的树种，如七叶树属、紫荆属、棉属、椴属。因此可认为，叠生构造仅限于那些在解剖上具有进化特征的树种，如：①导管分子有单穿孔及钝形的端部，管间纹孔互列而非梯状排列。②木纤维有单纹孔或不显著的具缘纹孔。③导管和薄壁组织间的纹孔对多为形小的半具缘纹孔。④射线狭且同形。

决定一种木材有无叠生构造，必须在弦切面上观察。在有些木材中，叠生构造的明晰度和观察时的角度有关，因为任何木材整齐的低矮射线，局部横纹都可能出现。

5.6 胞间道

5.6.1 针叶树材的树脂道

针叶树材的胞间道(intercellular canals)，通常称树脂道。它是长而狭的孔道，被1层至多层的泌脂细胞构成周边层。在松属中，一些周边细胞形状大，且不规则，它们的细胞壁很薄，切片时易被破坏。在其他具树脂道的针叶树材各属树种中，周边细胞大部分形状小，并具厚的细胞壁，其内圈细胞为圆形。正常树脂道在针叶树材中所占的体积有限，但树脂道存在与否和泌脂细胞壁的厚度是针叶树材树种鉴别的重要特征。

针叶树材的树脂道按生长方向区分为轴向和径向两种，轴向树脂道位于管胞间，径向树脂道位于增大的纺锤形射线内。正常树脂道可以作为稳定可靠的木材鉴别特征。由创伤而产生的树脂道称创伤树脂道(traumatic resin canal)，具有偶然性。在松属、云杉属、落叶属、银杉属和黄杉属等针叶树材中，它们均具轴向和径向的正常树脂道。油杉属仅有轴向的树脂道，其形状小，数量也稀少。无论是具有正常树脂道或者在正常情况下没有树脂道的树种，如雪松属、冷杉属、铁杉属，当它们的形成层受伤时，都可以产生创伤的轴向树脂道。

正常的树脂道，它们的横切面通常略呈圆形，在横切面上多是单独的或分散的2个或3个呈弦向的排列。创伤树脂道的分布不规则，通常沿着生长轮密接排列成短的或甚长的弦列，易辨识。短的径列创伤树脂道，常被称为树脂囊(resin cyst)。轴向和径向创伤树脂道通常不发生在同一树种中，但雪松属例外，其创伤树脂道形态大，通常轴向和径向的创伤树脂道同时存在。创伤树脂道的泌脂细胞通常是厚壁，具纹孔，从外形看已木质化。

树脂道的产生源于形成层带的原始细胞或特殊刺激的反应。针叶树材的轴向和径向树脂道是在形成层后发育的，在它们形成以前并不影响形成层的连续性，形成层细胞的生理特征也没有明显的变化。

针叶树材的细胞间隙是裂生的，为相连细胞壁分离所形成的一个大的空隙。

当边材变成心材时，树脂道的作用就停止了。在松属中由于一些泌脂细胞的细胞质保存的较久，形成貌似侵填体的沉积物称为拟侵填体(tylosoid)，并把树脂道堵塞失去功能。其他各属有厚壁的泌脂细胞的多数也保留一些薄壁细胞，并产生同样的沉积物。

关于针叶树材正常树脂道的有无和泌脂细胞壁的厚薄，都是属的特征。对于一般工业用木材的鉴别很有帮助。此外松属树脂道的大小，树脂道对于化学和人工采割刺激的反应，对采脂作业的增产都有关系，也是木材解剖学应用于生产的重要研究方向。

5.6.2 阔叶树材的树胶道

阔叶树材的胞间道称为树胶道(gum canal)，它们的内含物有很大的差异，可以是树胶、油脂和黏液等。这些树胶道有的是正常存在的，有的则是由于创伤的结果。它们的排列可以是轴向的，也可以是径向的。

正常的轴向树胶道，出现于热带产的豆科的一些属，龙脑香科的全体(除非洲产的3个属)以及其他很少的一些木材中。创伤轴向树胶道或一系列轴向的胞间囊(cysts)呈同心圆或弦向的排列，出现于很多的科、属中。

径向树胶道(参照第7章图7-34)为多种阔叶树材的特征。它们甚小至肉眼下可见，其溢出物可使木材部分着色。具有树胶道的窄射线在弦切面上呈现纺锤形。具有树胶道的宽射线，通常不会由于树胶道的存在而明显胀大，一个射线内可含有1个或2个的树胶道，它们在射线中位置没有一定的规律。在树胶道四周的细胞，一般较射线中的细胞小。径向树胶道和轴向者不同，它们几乎都是正常的，没有创伤树胶道。少数情况下，如娑罗双属柳桉类的一些木材，它们的轴向和径向的树胶道是纵横交错的。

树胶道的起源和发展，可以是裂生或溶生的，是由于胞壁的分离或者胶化，也可以是裂生后再溶生的。溶生的胞间道，没有真正的泌脂细胞，它的周边细胞大小、胞壁的厚薄，在各树种中均有差异。树胶道内可以没有内含物，也可以被固体或者液体的深色物质所填充。

5.6.3 其他特殊结构胞间道

少数热带产的木材，尤其是夹竹桃科、大戟科，它们具有一种空隙的树胶道，是径向延长的胞间隙，在有些情况下从髓一直扩展到皮层。有的在肉眼下就可见，有的呈大空隙在弦面高达1.5mm，宽3mm，它们在同一树种中的分布极不规则也不常见，但这种胞间道的存在，对木材的鉴别很有价值。

除弦向短的树胶道即胞间囊以外，也有一些不构成一定行列的胞间道。包括：①树脂袋(pitch porkets)，是存在于针叶树材的生长层或者生长层间不正常的空隙，含有或多或少的固体或液体树脂，它们的大小和形状，也有很大的差异。②木棉腔存在于木棉属和其他锦葵科的木射线和韧皮线中，是扁形或圆球的空隙。③溶生的树胶囊，常见于紫金牛科的木射线中。

5.7 形成层变异构造

有些阔叶植物的乔木、灌木及很多的藤本，它们茎部的组织和正常的结构差别较大，包括内生韧皮部、内含韧皮部、木质部及韧皮部两种次生组织的交递发展、复式和分离的木质部、木质部的不等增厚、木质部的分裂等现象，本节主要阐述内生韧皮部和内含韧皮部。

5.7.1 内生韧皮部

内生韧皮部(internal phloem)指初生韧皮部位于初生木质部与髓之间的结构。内生韧皮部，可能形成于髓的边缘成为带状，或者在髓内呈分散的、大小不一的束状。在用枝部标本进行研究时，内生韧皮部是木材鉴别上可采用的特征之一，但目前可用的研究资料还很少。

5.7.2　内含韧皮部

内含韧皮部(included phloem)指韧皮束或韧皮层位于次生木质部内的结构。依照内含韧皮部的起源，可分为同心式(带式)和多孔式(岛式)两大类型，但成熟后的木材，并不容易区别。

同心式内含韧皮部(concentric)源于寿命短促的形成层，并被新的分生组织所代替，其结果形成韧皮部和木质部的交递，好像同心带一样。同心带形韧皮部的宽度、互相间的距离和整齐性都有很大的差别。

多孔式内含韧皮部(foraminate)是由木质部中多数的韧皮束所形成，韧皮部的空隙可以呈现圆形、弦向扁平、散布的或密接的和分布均匀或者不均匀，像密集的岛屿状，在另一些情况下，则位于管孔链的端部。

许多具有内含韧皮部的木材，如海榄雌属、商陆科、防已科，它们的韧皮部和一种特殊连接组织(connective tissue)相结合，形成同心的网状层次，加之很宽的射线，因而把木质中柱分为很多的维管束。在另外一些木材，如豆科一些种同心式的内含韧皮部之间相距很远且无连接组织。此外，还有很多不规则的和介于同心式和多孔式内含韧皮部两类的中间型。

内含韧皮部是一种重要的木材树种鉴别特征，但在幼茎中有时并不存在，当木材成熟后它们的内含韧皮部才发展，也有在成熟的木质部中，内含韧皮部是偶发的现象。一般而言内含韧皮部是一种可靠的性状，尤其在木质藤本中，大部分具有内含韧皮部，这类木本攀缓植物是高度特化的种、属，目前研究还很少。

第 6 章
IAWA 针叶树材鉴定显微特征解析

《针叶树材显微特征一览表》的初稿于 1999 年 8 月在圣路易斯举行的第 16 届国际植物大会上经委员会讨论后完成，之后 IAWA 委员会协调员 Jorgo(H. G.) Richter 教授通过电子邮件与委员们广泛地进行交流，听取意见，并进行了修改和编辑，于 2003 年在美国俄勒冈州召开的国际木材解剖学家协会(IAWA)学术会上形成定稿，于 2004 年 3 月由 IAWA 委员会正式公开发行。

本章中各识别特征前的序号与国际木材解剖学家协会发布的《针叶树材显微特征一览表》(*IAWA List of Microscopic Features for Softwood Identification*)特征码相一致。

6.1 针叶树材显微特征一览表概述

《针叶树材显微特征一览表》是继 1989 年出版的《阔叶树材显微特征一览表》后第一次正式出版，与《阔叶树材显微特征一览表》是姊妹篇。该一览表阐述了针叶树材主要识别特征，如地理分布、物理性质、生长轮、管胞、螺纹和其他壁加厚、轴向薄壁细胞、射线组成、交叉场纹孔式、射线大小、胞间道、矿物质内含物等共计 124 条。每条均有详细的定义、注释和提示，并配有高质量的照片(均由 Dietger Grosser 和 Immo Heinz 提供)，图文并茂便于读者理解。

《针叶树材显微特征一览表》包括松杉纲 Coniferales 和银杏纲 Ginkgoopsida 中的针叶树材：南洋杉科 Araucariaceae、三尖杉科 Cephalotaxaceae、柏科 Cupressaceae(包括杉科 Taxodiaceae)、银杏科 Ginkgoaceae、叶状枝科 Phyllocladaceae、松科 Pinaceae、罗汉松科 Podocarpaceae、金松科 Sciadopityaceae 和红豆杉科 Taxaceae(Farjon，2001)。

《针叶树材显微特征一览表》为描述和研究针叶树材的结构、分类，编制针叶树材数据库和针叶树材识别提供了统一标准和统一编码，也为木材的性质，树木的进化和亲缘关系等提供了参考，是从事木材识别与鉴定和描述木材解剖构造非常有价值的指导和参考资料。

6.2 针叶树材显微特征一览表的命名法

《针叶树材显微特征一览表》记载标本全部的分类学信息，即科、属、种和定名人。对于已公认的学名和科间亲缘关系，引用了《世界针叶树材检索表》(Welch 和 Haddow，

1993）和《世界针叶树材检索和分类表》（Farjon，2001）等检索表，以及《植物志》辞典（Mabberley，1997）和《北美有花植物》或《维管植物的科属》（Kubitzki，1990）等资料。为了更具权威性，该表采用了普遍使用的 Brummitt 和 Powell（1992）缩写名称。最新的植物名称和异名可在位于 www. ipni. org 网址下国际植物名称索引中 Farjon 的检索表（2001），或 www. ars-grin. gov 网址下的 GRIN 数据库以及 www. conifers. org 等网址中查找。皇家邱园植物园 Kew 的网站（www. kew. org）也提供了许多有价值的植物名称索引链接。当创建数据库时，观察记载用于产生分类描述代码的标本种类和/或样品数目。每个标本收集时的数据（包括木质部的位置标示、采集人和采集号、来源国家等）也都必须进行记载。

该表中引用的植物学名称是 Farjon（2001）已经采纳的，将杉科包括在柏科中。表中列出的多数针叶树种是以世界自然保护联盟（IUCN）标准（Farjon，2001）为依据。

《濒危野生动植物种国际贸易公约》（CITES）或一些国家的相关条款中关于物种保护状况的信息可以作为有用的部分添加。CITES 的一般性条款和保护名录可从 cites. org/eng 获得。

潜在商业用途也应该记载，并且要涉及木材历史的和目前的商业重要性。由于“商业重要性”的意义有些模糊，在鉴定未知木材树种时此条款不宜使用；但在鉴定如家具等木制品用材时，此条款有助于区分商品材树种与非商品材树种。

6.3　针叶树材的地理分布

1. 欧洲和亚洲温带地区（Brazier and Franklin 地区 74）
2. 欧洲，不包括地中海地区
3. 地中海地区包括非洲北部和中东地区
4. 亚洲温带地区（中国、日本、俄罗斯）
5. 亚洲中南部地区（Brazier and Franklin 地区 75）
    6. 印度、巴基斯坦、斯里兰卡
    7. 缅甸
8. 东南亚和太平洋地区（Brazier and Franklin 地区 76）
    9. 泰国、老挝、越南、柬埔寨（印度支那半岛）
    10. 印度马来地区（印度尼西亚、菲律宾、马来西亚、文莱、新加坡、巴布亚新几内亚和所罗门群岛）
    11. 太平洋群岛（包括新喀里多尼亚、萨摩亚、夏威夷和斐济）
12. 澳大利亚和新西兰（Brazier and Franklin 地区 77）
    13. 澳大利亚
    14. 新西兰
15. 热带非洲大陆及其邻近岛屿（Brazier and Franklin 地区 78）
    16. 热带非洲地区
    17. 马达加斯加、毛里求斯、留尼汪、科摩罗
18. 非洲南部地区（南回归线以南）（Brazier and Franklin 地区 79）
19. 北美地区（墨西哥北部）（Brazier and Franklin 地区 80）

20. 新热带地区和巴西温带地区(Brazier and Franklin 地区 81)

21. 墨西哥和中美洲

22. 加勒比地区

23. 热带南美地区

24. 巴西南部地区

25. 南美的温带地区包括阿根廷、智利、乌拉圭、巴拉圭南部(Brazier and Franklin 地区 82)

注释：上述地理分布划分方法综合政治和生物地理标准，保留了 Brazier 和 Franklin (1961)的主要地理区域，但一些区域被再划分，划分方法与《阔叶树材显微特征一览表》(IAWA 委员会，1989)一致。植物分类地区"巴西南部地区"被粗略确定在 20~30°S 和 44~57°W 的区域，还包括阿根廷北部和巴拉圭东部。

6.4 针叶树材的物理性质

6.4.1 心材颜色

26. 褐色或深褐色

27. 红色或暗红色

28. 黄色或深黄色

29. 浅色(白色、奶油色、灰色)

30. 紫色或暗紫色

31. 其他颜色(详细说明)

注释：由于心材颜色及其深浅和混合色的变化，很难将所有颜色进行分类。针叶树材心材的颜色通常为褐色、红色、黄色和白色或者这些颜色的深浅变化以及混合色。心材为白色或灰色和褐色非常普遍；红色和黄色较少；深橘黄色(黄杉属 *Pseudotsuga*)或暗褐色(日本柳杉 *Cryptomeria japonica*)则很少。心材颜色的分类不只局限于一种颜色，而是多种颜色的混合色。如果可能的话，应尽量对心材颜色进行记载，在鉴定未知木材时可作为识别特征。

生材的心材颜色与气干材不同，在干燥过程中由于低分子量化合物在脱水过程中发生聚合，随后受到光(紫外辐射)和氧化作用的影响，木材颜色会发生变化。因此，木材颜色应在木材干燥后新刨切的纵向表面确定。

有特殊颜色的木材或混合颜色的例子，例如，红豆杉 *Taxus* spp. 为巧克力褐色(红豆杉科 Taxaceae)，北美红杉 *Sequoia sempervirens* 和智利肖柏 *Fitzroya cupressoides*(柏科 Cupressaceae)为深红褐色，弗州刺柏 *Juniperus virginiana* 和北美翠柏 *Calocedrus decurrens*(柏科 Cupressaceae)为紫褐色，黄扁柏 *Xanthocyparis*(*Chamaecyparis*) *noothatensis*、罗汉柏 *Thujopsis dolabrata*(柏科 Cupressaceae)和榧属 *Torreya* spp.(红豆杉科 Taxaceae)为黄色，松属 *Pinus* spp.、为落叶松属 *Larix* spp. 和黄杉属 *Pseudotsuga* spp. 为黄褐色(松科 Pinaceae)，后两者也经常呈橘黄色至深红色。

浅色的木材，其颜色可以按白色(至灰色)与褐色和/或黄色的混合色进行记载，如云杉属 *Picea* spp.、冷杉属 *Abies* spp. 和铁杉属 *Tsuga* spp.(所有松科 Pinaceae)。

提示：一般无法通过心材颜色来帮助识别考古材料或其他经地下掩埋、长时间风化、特殊处理或腐朽后颜色发生变化的木材样品。船的木质残骸与金属接触，经常会发生变色，例如：桶的木条、地板与天花板接触的木板以及其他部分，与金属接触后可能变成深粉红色至紫色。

在利用心材是白色至灰色的特征时要特别注意，因为白色的样品可能来自边材而不是心材。速生人工林木材特别是松属 *Pinus* spp.，在采伐时可能树龄较小，整个树木还未形成心材或心边材还没有明显差异。

湿材(wetwood)经常在冷杉属 *Abies* spp.、铁杉属 *Tsuga* spp. 和南洋杉 *Araucaria cunninghamii* 中可见，湿材颜色深于心材，不可用于判断心材的颜色。有关湿材的更多信息请参考 Ward 和 Pong(1980)的报道。

应压木可以通过树干横切面典型的宽生长轮和异常深红褐色木材颜色来识别。请注意不可将应压木的颜色作为正常的心材颜色来记载。当不确定木样是否为应压木时，可使用显微镜观察；应压木的特征是单根管胞在横切面为圆形，较多的细胞间隙以及次生壁上具有螺旋状沟槽的螺纹裂隙。有关应压木更详细的信息请参考 Timell(1986)的报道。

6.4.2　心材和边材的颜色差异

32. 心材与边材颜色相近

33. 心材与边材颜色差异明显

注释：在大多数针叶树材中，心材与颜色较浅的边材明显不同，如北美红杉 *Sequoia sempervirens* 和智利肖柏 *Fitzroya cupressoides*(柏科)深红褐色；刺柏属 *Juniperus* spp.(柏科)紫褐色；松属 *Pinus* spp.(松科)黄褐色；北美黄杉 *Pseudotsuga menziesii* 橘黄色，红豆杉属 *Taxus* spp.(红豆杉科)巧克力褐色。在少数针叶树材中，如西加云杉 *Picea sitchensis*，心材比边材颜色略深，但还是可明显区分(心材与边材颜色差别明显)。还有一些针叶树材，如冷杉属 *Abies* spp.、云杉属 *Picea* spp.、铁杉属 *Tsuga* spp.(松科)、黄扁柏 *Chamaecyparis noothatensis*(柏科)，心材与边材无法用颜色区分(心材与边材颜色相近)。

6.4.3　心材具彩色条纹

34. 心材具条纹

心材具条纹的特征与心材颜色结合在一起使用。在针叶树材中具有彩色条纹的树种不是很普遍，如深红褐色至橘黄色褐色条纹是桃柘罗汉松 *Podocarpus totara*，莫氏陆均松 *Dacrydium mausoriense*(罗汉松科)；窄叶南洋杉 *Araucaria angustifolia*(南洋杉科 Araucariaceae)等木材具有的特征。

提示：弗州刺柏 *Juniperus virginiana*(柏科)和刺柏 *Juniperus* 等其他树种，通常具有“内含边材”(McGuinnes et al.，1969；Vogel，1994)，即由于没有产生颜色的相关化合物沉积，导致心材部分区域内颜色较浅。注意不能将此种现象称作心材具条纹。

6.4.4　具明显气味

35. 气味明显(详细说明)

木材的特殊气味对木材识别非常有价值。例如，北美黄杉 *Pseudotsuga menziesii*(松科）与落叶松 *Larix* spp. 松科的显微结构相近，但通过气味（略不愉快气味）可以很好区分开来。黄扁柏 *Chamaecyparis nootkatensis* 可以与其他特征十分相近的罗汉柏 *Thujopsis dolabrata* 明显区分。其他具有特殊气味的针叶树材有：崖柏属 *Thuja* spp.、刺柏属 *Juniperus* spp.、柏木属 *Cupressus* spp. 和扁柏属 *Chamaecyparis* spp. 的多数树种、罗汉柏 *Thujopsis dolabrata*、日本柳杉 *Cryptomeria japonica* 和台湾杉木 *Cunninghamia konishii*（柏科）、日本榧 *Torreya nucifera*（红豆杉科）和雪松属 *Cedrus* spp.（松科）。更多具芳香气味的针叶树材例子可参考 Phillips（1948）和 Panshin 和 DeZeeuw（1980）的报道。

方法：干木材试样中决定气味的化学成分可能已从木材表面挥发，因此应先采用砂光木材表面，增加木材湿度，或用水将木材润湿以及加热木材等方法，再闻其气味。

提示：气味是有差异的，并且每个人对气味的感受也不同，因此利用此特征时应谨慎，并且只在具有确定的把握时使用。气味不可用作考古木材的识别特征，特别是从潮湿环境中如沉船和沼泽地出土的样品，这些木材可能会从埋葬的沉积物和/或真菌腐朽过程中产生特殊气味。无气味不作为识别特征。

6.4.5 平均气干密度/基本比重

36. …<g/cm^3 >

定义：气干密度指在大气条件下达到平衡含水率时（温带地区是12%的含水率，热带地区为15%的含水率）的木材单位体积的重量（g/cm^3）。

基本比重：绝干重量和木材饱和吸水膨胀后的体积（即生材体积）的比值（无量纲）。

注释：当创建针叶树材识别数据库时，上述两种指标都可以用来描述这种木材的性质。但在数据库介绍中必须清楚说明树种的记载采用的是两种指标中的哪一种。通过 Miller（1981）的转换表，可以将12%~15%的含水率（和其他含水率）条件下的气干密度与其相应的基本比重相互转换。气干密度=-0.028+1.260×基本密度，或基本密度=（气干密度+0.028）/1.260。

提示：成熟木材主干、幼龄材、枝条和根部木材之间的木材密度具有明显差异。如果没有特殊说明，使用的木材密度数据一般来自成熟主干木材。

6.4.6 平均气干密度（范围）

37. 小于 0.48g/cm^3
38. 0.48~0.60g/cm^3
39. 大于 0.60g/cm^3

平均气干密度小于 0.48g/cm^3 的针叶树材有：水杉 *Metasequoia glyptostroboides*、北美红杉 *Sequoia sempervirens*、巨杉 *Sequoiadendron giganteum*、北美乔柏 *Thuja plicata*（柏科）等。

平均气干密度大于 0.60g/cm^3 的针叶树材有：穗花杉 *Amentotaxus*，红豆杉属 *Taxus* spp.、榧属 *Torreya* spp.、（红豆杉科）、三尖杉 *Cephalotaxus*（三尖杉科），陆均松 *Dacrydium* spp. 和罗汉松属 *Podocarpus* 树种，松属中火炬松组 *Taeda* 树种（松科）等。

大多数针叶树材的密度在中等范围内。

6.5　生长轮

6.5.1　具生长轮界

40. 生长轮界明显

41. 生长轮界不明显或缺乏

定义：生长轮界明显指在生长轮交界处具有明显的结构变化，通常包括管胞胞壁厚度和/或管胞径向直径(图 6-1 中 1、3、4)的变化。肉眼观察可见这种结构变化常伴随着早材(浅色)和晚材(深色)间颜色的明显差异。

生长轮界不明显或缺乏指生长轮交界处的界限不清楚，结构特征具有明显的渐变，或不可见(图 6-1 中 2)。

注释：温带和北方气候带的针叶树种通常具有明显的生长轮界。热带地区的树种生长轮界通常不明显或缺乏，亚热带或热带地区高纬度的树种，或多或少都具有明显的生长轮界(Schweingruber，1990)，如陆均松属 *Dacrydium* 和罗汉松属 *Podocarpus* 树种。此外，在热带地区生长的人工林松属幼树，如加勒比松 *Pinus caribaea* 和苏门答腊松 *Pinus merkusii*(松科)，其生长轮界无论从宏观还是显微结构上都难以辨认。

提示：或多或少明显的非周期、偶发的生长轮界(由于特殊的极端气候和创伤引起)，为所谓的伪生长轮。这些通常不连续的弦向区域不能称为明显生长轮界。

6.5.2　早材至晚材过渡

42. 急变

43. 渐变

定义：同一个生长轮早材至晚材过渡具有明显的结构变化，通常指管胞胞壁厚度和径向直径的变化。早材管胞胞壁薄且胞腔较大，而晚材管胞胞壁厚且径向直径较小。早晚材的过渡形式可分为渐变和急变。

注释：具有急变特征(在同一生长轮内)的树种有：落叶松属 *Larix* spp.，硬木松组树种，黄杉属 *Pseudotsuga* spp.(Core et al.，1979)和铁坚油杉 *Keteleeria davidiana*(均为松科)。而其他大多数具有明显的生长轮界的针叶树种多为渐变方式(图 6-1 中 4)。

提示：本特征作为识别依据具有一定的局限性，因为在同一试样中可能具有渐变和急变两种过渡形式。如云杉属 *Picea* 的树种通常是渐变，但有时在特殊的生长条件下(气候、定期间伐等)也会有急变发生(Krause，Ecksein，1992)。另一方面，落叶松属 *Larix* 和黄杉属 *Pseudotsuga* 树种木材具正常急变过渡，但也可能产生渐变过渡，特别在速生树木的宽生长轮中。过渡形式也受应压木、伪生长轮和水淹木材的影响。

当利用此特征进行分类编码时必须考虑只适用于不包括应压木的成熟木材，同时要在观察多个生长轮的基础上，记载最普遍的状况。

对于因径向生长缓慢形成的极窄生长轮，通常不能用作判断早晚材过渡是渐变还是急变的可靠依据。来自老生长林分的北美红杉 *Sequoia sempervirens*、北美乔柏 *Thuja plicata*(柏科)、异叶铁杉 *Tsuga heterophylla*(松科)和北美黄杉 *Pseudotsuga menziesii*(松科)就很难判断早晚材的过渡形式。

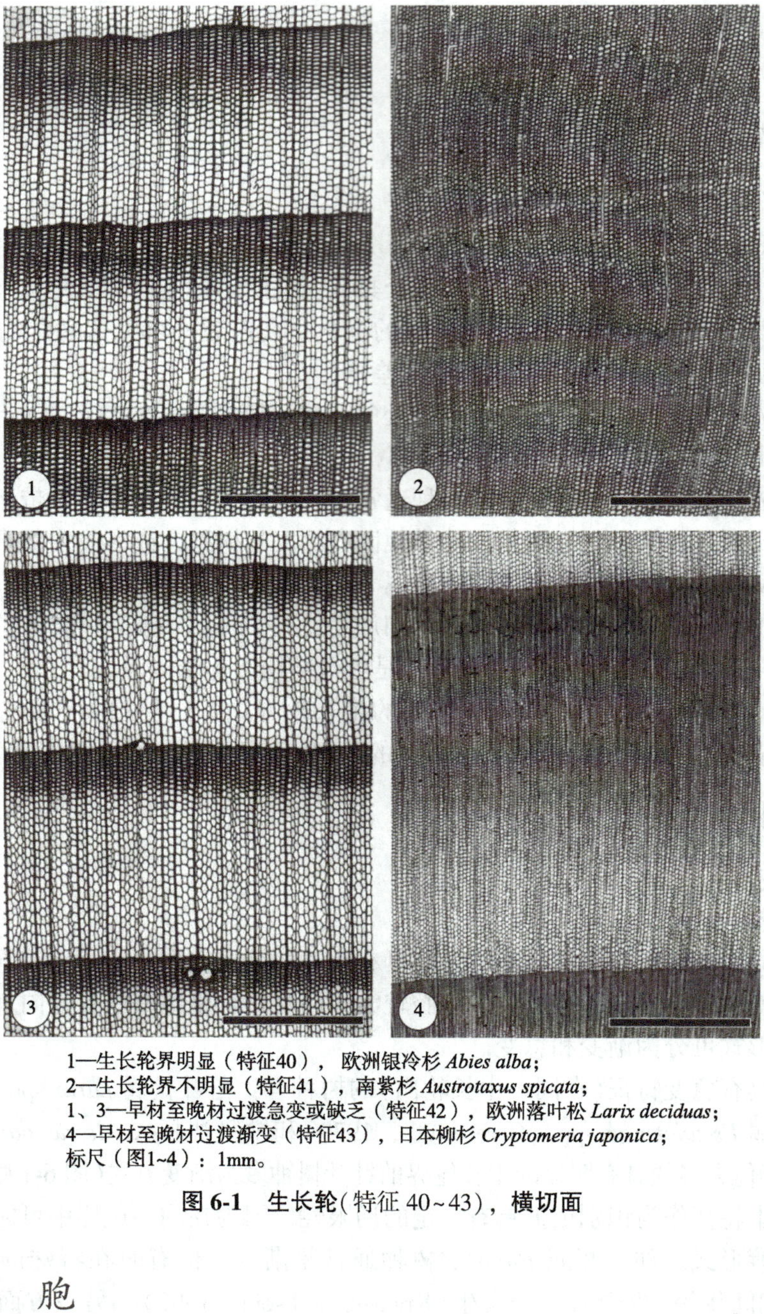

1—生长轮界明显（特征40）， 欧洲银冷杉 *Abies alba*；
2—生长轮界不明显（特征41），南紫杉 *Austrotaxus spicata*；
1、3—早材至晚材过渡急变或缺乏（特征42），欧洲落叶松 *Larix deciduas*；
4—早材至晚材过渡渐变（特征43），日本柳杉 *Cryptomeria japonica*；
标尺（图1~4）：1mm。

图 6-1　生长轮(特征 40~43)，**横切面**

6.6 管　胞

6.6.1 管胞径壁上的纹孔(仅指早材)

44. 主为单列

45. 主为两列或多列

注释：当对径壁上纹孔列数分类编码时，对于“单列”的条件，特别注意考虑整个管胞长度上的特征。当对木材特征编码或鉴定木材样品时，不能记载偶然存在的两列和多列纹孔，并作为识别特征。

在针叶树材中多数管胞径壁上的纹孔为单列(图 6-2 中 1)；落叶松属 *Larix* spp. 早材的纹孔多为两列；典型的三列纹孔(图 6-2 中 2~4)常在北美红杉 *Sequoia sempervirens*、台湾杉 *Taiwania cryptomerioides* 和落羽杉属 *Taxodium* spp.(柏科)(Core et al., 1979)和在南洋杉科的木材管胞中出现。

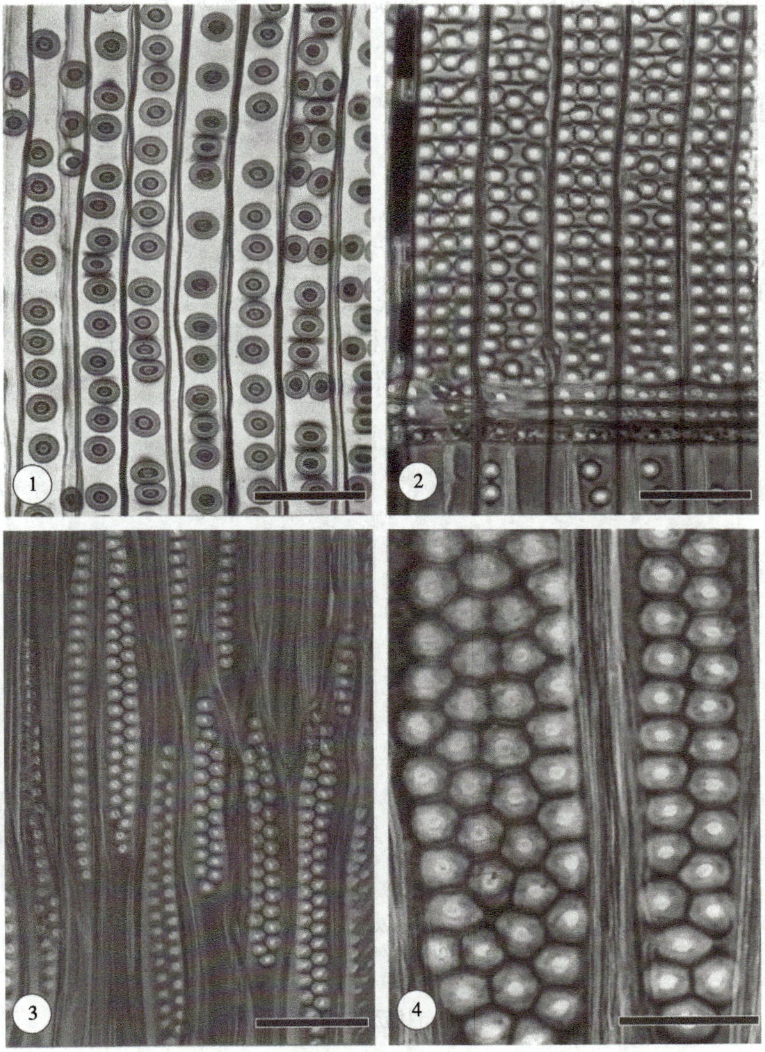

1—管胞纹孔主为单列（特征44），欧洲赤松 *Pinus sylvestris*；
2—管胞纹孔两列或三列（特征45）和纹孔式对列（特征46），落羽杉 *Taxodium distichum*；
3、4—管胞纹孔两列和多列（特征45）和纹孔式互列（特征47），窄叶南洋杉 *Araucaria angustifolia*；
标尺1~3：100 μm，4：50 μm。

图 6-2　管胞径壁上的纹孔(特征 44~47)，径切面

6.6.2　管胞径壁上的纹孔式(两列或多列，仅指早材)

46. 对列

47. 互列

注释：互列纹孔式仅有规律发生在南洋杉科的一些树种，如贝壳杉属 *Agathis*、南洋杉属 *Araucaria*(Phillips, 1948)(图 6-2 中 3、4)和瓦勒迈属 *Wollemia*(Heady et al., 2002)。

松科 Pinaceae 某些属，如雪松属 *Cedrus* spp. 和油杉属 *Keteleeria* spp.，当纹孔密集时可以偶然观察到呈互列趋势，这些树种可以通过圆形纹孔及其较大纹孔尺寸等特征与南洋杉科相区分(Phillips, 1948)。

具多列纹孔管胞的其他针叶树材其纹孔式排列多为对列，如落叶松属 *Larix* spp.（松科）和柏科某些种如北美红杉 *Sequoia sempervirens*、台湾杉 *Taiwania cryptomerioides* 和落羽杉属 *Taxodium*(图 6-2 中 2)。

6.6.3 有机沉积物(心材管胞)

48. 存在

注释：在心材管胞中的沉积物具有不同的名称，如树脂塞(resin plugs)、树脂轴(resin spools)，树脂板(resin plates)，最好在纵向切面观察。

管胞中的树脂塞通常有规律地出现在少数树种中，因此具有一定的树种识别价值(图 6-3)。据报道贝壳杉属 *Agathis* 和南洋杉属 *Araucaria* 都具有这种特征，一般贝壳杉要比南洋杉的沉积物丰富，且常常在射线附近出现。

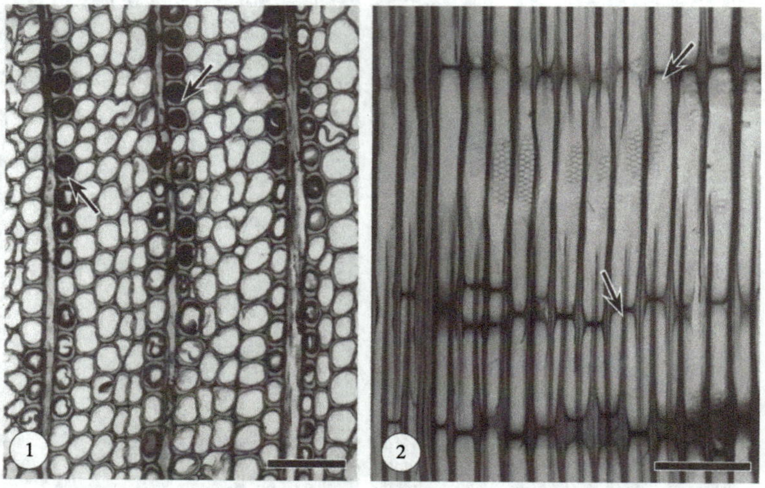

1—新几内亚贝壳杉 *Agathis labillardieri* 横切面（箭头处所示）；
2—新几内亚贝壳杉 *Agathis labillardieri* 径切面（箭头处所示）；
标尺—200μm。

图 6-3 心材管胞有机沉积物(树脂塞)(特征 48)

薄壁组织中具有有机沉积物的树种有：墨累河澳柏 *Callitris glauca*、翠柏属 *Calocedrus* spp.、柏属 *Cupressus* spp.、智利肖柏 *Fitzroya cupressoides*、非洲桧 *Juniperus procera*、弗州刺柏 *Juniperus virginiana*、北美乔柏 *Thuja plicata*、日本香柏 *Thuja standishii*、南非柏 *Widdringtonia* spp.（柏科）；高大陆均松 *Dacrydium elatum*、桃柘罗汉松 *Podocarpus totara*、锈色核果杉 *Prunnopitys ferruginea*、卓杉 *Saxegothaea conspicua*（罗汉松科）(Barefoot, Hankins, 1982)。有关云南榧 *Torreya grandis* var. *yunnannensis* 和西加云杉 *Picea sitchensis* 有机沉积物的细节请分别参考 Kondo et al. (1966)和 Kukachka(1960)的报道。

提示：管胞中很薄的树脂板与阔叶树材的分隔木纤维有些相似。但在偏振光下无双折射现象，表明树脂板是天然树脂组成。

在考古木材中，细胞结构常常被树脂和沉积物填充(如油漆、树脂、焦油、染料、泥炭、淀粉、油、氧化铁)，对木材本身结构来讲，这些外来物质应该忽略。

在铁杉树种中的有机沉积物如“白斑”(floccosoids)在制片和切片漂白过程中可能会被有机溶剂溶解(Krahmer et al., 1970)。

无有机物沉积不是识别特征。

6.6.4 平均管胞长度

49. …<μm >

方法：用成熟主干木材的离析材料，测量至少 25 根管胞长度，确定其范围、平均值和标准差。由于管胞长度对木材质量的研究非常重要，因此开发了各种方法以保证细胞测量的随机性(Dodd，1986；Hart，Swindel，1967)。管胞长度也可在显微切片上测量(Ladell，1959；Wilkins & Bamber，1983)，但此种方法没有用离析方法准确。《针叶树材显微特征一览表》建议管胞长度特征应包括范围和平均值(如 1800~3100~4500μm)、标准差以及测量样本数“*n*”(IAWA，1989)。

注释：管胞长度随着形成层年龄(幼龄材和成熟材)变化而变化，主干部位、枝条和根部木材之间的管胞长度不同。因此管胞长度的数据还应有木材类型和取样方法等附加信息。关于纤维和管胞长度一般的变化趋势可参考其他文献，如 Fujita 等(1987)论述的有关测量技术以及 Dinwoodie(1961)和 Sudo(1968)关于云杉 *Picea* 变异趋势的报道。

6.6.5 平均管胞长度(长度范围)

50. 短(小于 3000μm)

51. 中(3000~5000μm)

52. 长(大于 5000μm)

为了能够利用早期描述以及穿孔检索表中的长度类别即“短、中、长”，增加了管胞长度分类的这个特征。下列管胞长度分类范围是在 Wagenfuhr(1989)的建议下完成的。

短(小于 3000μm)，例如：欧洲红豆杉 *Taxus baccata*(红豆杉科)，1550~1950~2250μm。

中(3000~5000μm)，例如：欧洲落叶松 *Larix decidua*(松科)，2300~3400~4300μm。

长(大于 5000μm)，例如：窄叶南洋杉 *Araucaria angustifolia*(南洋杉科)，5600~7200~9000μm。

然而多数针叶树材管胞长度通常至少跨越(交迭)上述分类范围中的两个。例如：欧洲云杉 *Picea abies*(松科)，1300~2800~4300μm；北美黄杉 *Pseudotsuga menziesii*(松科)，1550~1950~2250μm。

6.6.6 细胞间隙(横切面)

53. 存在

注释：在多数针叶树材中可偶见管胞间存在小的空隙。尽管木材中细胞间隙的有规律出现，或多或少与管胞的圆形轮廓相关，但是仍只有少数树种具有这一特征，如欧洲刺柏 *Juniperus communis*、弗州刺柏 *Juniperus virginiana*、台湾翠柏 *Calocedrus formosana*(柏科)、银杏 *Ginkgo biloba*(银杏科 Ginkgoaceae；Torelli，1999)。这些细胞间隙可以通过其钻石状(四边略往里凹陷)外形进行辨认(图 6-4 中 1)。

提示：应压木中经常伴有细胞间隙，不能作为特征记载(图 6-4 中 2)。应压木最好在纵切面利用其次生壁具有螺旋状沟槽的特征来进行区分。

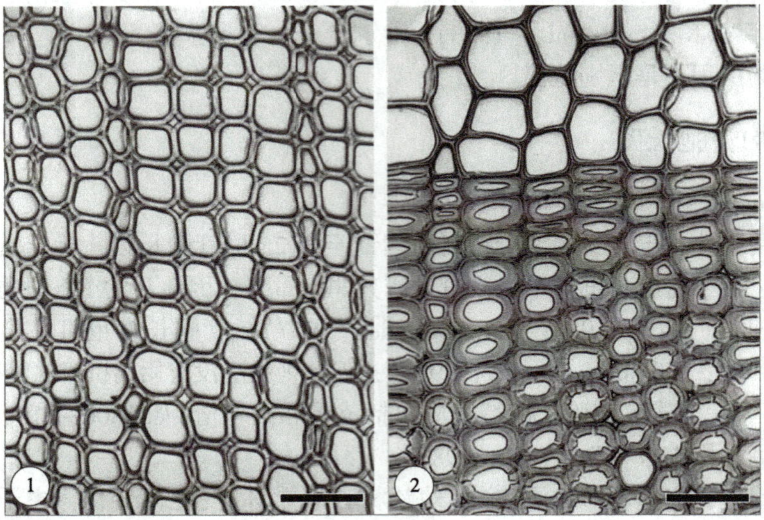

1—管胞间细胞间隙（特征53），弗州刺柏 *Juniperus virginiana*，横切面；
2—应压木中晚材管胞轮廓呈圆形并有细胞间隙，北美黄杉 *Pseudotsuga menziesii*；
标尺—50μm。

图 6-4 细胞间隙

缺少有规律的细胞间隙不是识别特征。

6.6.7 晚材管胞胞壁厚度

54. 薄壁（双倍胞壁厚度小于径向胞腔直径）
55. 厚壁（双倍胞壁厚度大于径向胞腔直径）

定义：作为木材识别特征的晚材管胞胞壁厚度是基于双倍胞壁厚度与径向胞腔直径的比值来表述的。由于晚材管胞通常为径向扁平状，胞腔轮廓呈矩形至椭圆形，在弦向和径向上的比值不同。通常标准是在径向测量双倍壁厚度和胞腔直径。

注释：在数理统计的有效样本条件下测量细胞壁厚度费时且不易准确判断，同时此种特征只有相对较低的识别价值。因此该标准只提供了两个范围（薄壁和厚壁）。例如：薄壁晚材管胞（图 6-5 中 1）是多数软木松组的特征；而厚壁晚材管胞（图 6-5 中 2）是多数南方黄松松属（*Pinus* spp.）、落叶松属 *Larix* 和北美黄杉 *Pseudotsuga menziesii* 的特征。

提示：细胞壁相对厚度应通过测量得出，不能凭借肉眼判断进行特征编码和/或作为识别依据的。

应压木管胞胞壁的相对厚度不能作为特征记载。应压木最好在纵切面利用其次生壁具有螺旋状沟槽的特征来进行区分。

6.6.8 纹孔塞（仅在早材管胞）

56. 存在

定义：纹孔塞是纹孔膜中央加厚的部分（Wilson，White，1986）。从微观结构上观察，针叶树材树种的纹孔塞类型可分为两组：

一组是具符合典型定义的纹孔塞（图 6-5 中 3），即由环形或径向排列的微纤丝沉积而成的纹孔膜致密的中心区域（Harada et al.，1968），经常有无定形物质沉积其中。早材纹孔塞为圆盘状的树种有：冷杉属 *Abies*、雪松属 *Cedrus*、油杉属 *Keteleeria*、落叶松属 *Larix*、

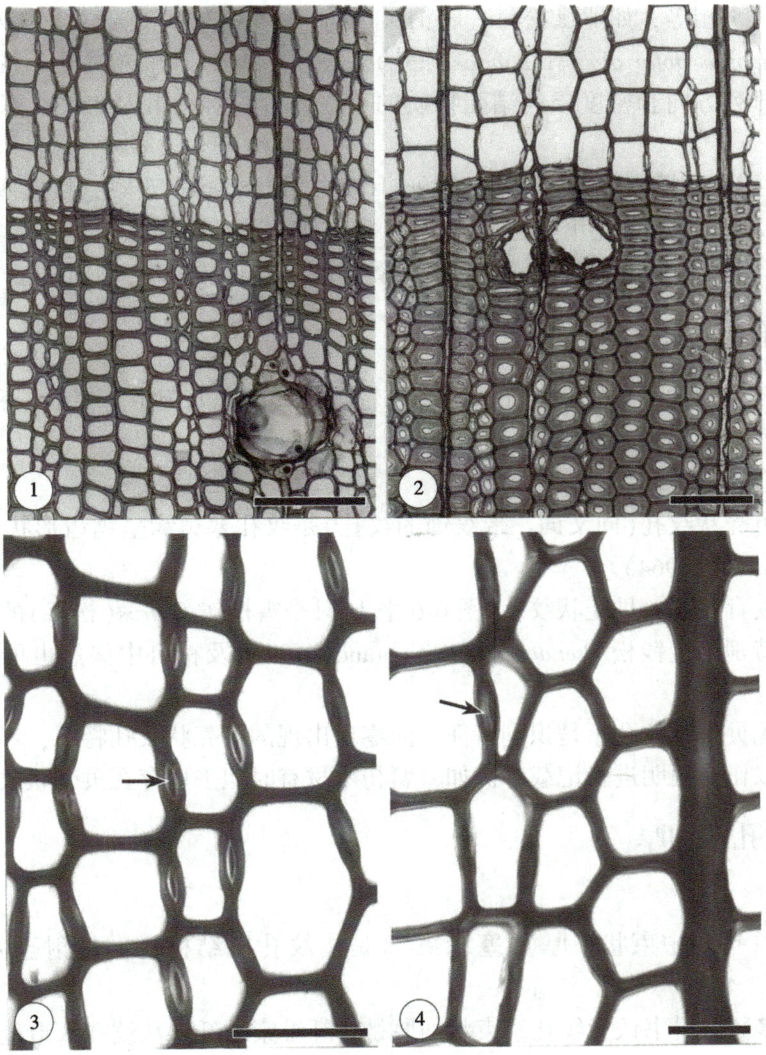

1—晚材管胞薄壁（特征54），北美乔松 *Pinus strobus*，横切面；2—晚材管胞厚壁（特征55），欧洲落叶松 *Larix decidua*，横切面；3—径向细胞壁上具缘纹孔，具有符合典型定义的圆盘状纹孔塞（箭头处所示）（特征56），欧洲赤松*Pinus sylvestris*，横切面；4—具缘纹孔不具有符合典型定义的纹孔塞（箭头处所示），红崖柏 *Thuja plicata*，横切面；标尺—1：200μm，2：100μm，3：50μm，4：20μm。

图 6-5　晚材管胞壁厚度和纹孔塞

云杉属 *Picea*、松属 *Pinus*、金钱松属 *Pseudolarix*、铁杉属 *Tsuga*（松科）；柳杉属 *Cryptomeria*、北美红杉属 *Sequoia*、巨杉属 *Sequoiadendron* 和所有柏科树种（崖柏属和罗汉柏属除外）；罗汉松科的树种（卓杉属 *Saxegothaea* 除外）、日本粗榧 *Cephalotaxus harringtonii*（三尖杉科）；晚材纹孔塞为凸透镜状的，如松属 *Pinus* spp.、北美红杉属 *Sequoia*、巨杉属 *Sequoiadendron*；或从纹孔塞至塞缘（margo）为平缓过渡的树种有贝壳杉属 *Agathis*、南洋杉属 *Araucaria*、密叶杉 *Athrotaxis selaginoides*、杉木 *Cunninghamia lanceolata*、银杏 *Ginkgo biloba*、金松 *Sciadopytis*、台湾杉属 *Taiwania*、罗汉柏 *Thujopsis* 和红豆杉科的所有种，以及崖柏属 *Thuja* 的多数种（Bauch et al.，1972）。

另一组是不具有符合典型定义的纹孔塞(图6-5中4)，即在整个纹孔膜加厚区域纹孔膜的厚度几乎相等，如罗汉松科、崖柏属 *Thuja* 和罗汉柏 *Thujopsis* 多数树种(日本罗汉柏变种 *Thujopsis dolarrata* var. *hondae* 除外)。还可根据扫描和透射电子显微镜下所观察的微纤丝排列方向和密度以及结壳物质的存在与否，对每组内的纹孔塞类型进一步划分。

方法：在新鲜材(横切面、弦切面)的未闭塞纹孔中较容易观察到纹孔塞。如用光学显微镜观察纹孔塞，建议先用聚乙二醇(分子量1500)浸注小木块，然后再制取切片。为了增加反差，切片可用1%星蓝(astrablue)和番红乙醇溶液双重染色(Bauch et al.，1972)。

6.6.9 纹孔塞(如存在)

多数纹孔结构均由有规律的光滑的纹孔轮廓及其纹孔塞组成。只有一种与众不同，具有下列特殊的结构：

57. 贝壳状

定义：贝壳状纹孔(同义词：带纹饰的纹孔)是纹孔塞边缘呈锯齿形状(贝壳状)的具缘纹孔(IAWA，1964)。

注释：发育良好的贝壳状纹孔(图6-6中1)只是雪松属 *Cedrus*(松科)的特征。在其他松科树种特别是金钱松 *Pseudolarix*(Willebrand，1995)及柏科中偶然也可观察到其过渡纹孔类型。

提示：无贝壳状纹孔不是识别特征；而零星出现的贝壳状纹孔特征，不应作为特征编码，但可以作为说明进行记载。例如，腐朽木材有时似乎也存在贝壳状纹孔塞。

6.6.10 纹孔塞加厚

58. 存在

定义：纹孔膜中束状加厚(“塞缘束”)是指纹孔塞结构径向辐射至塞缘的边缘(图6-6中3、4)。

注释：多数教科书认为纹孔塞束状加厚是指纤维素微纤丝从纹孔塞沿径向方向上向塞缘的边缘不断聚合延伸，从而形成的致密的束状结构。利用相差显微镜可在铁杉属 *Tsuga*(松科)、南非柏属 *Widdringtonia*(柏科)和泣松 *Lagarostrobos franklinii*(罗汉松科)中清楚观察到纹孔塞束状加厚。零星出现的树种有：库页冷杉 *Abies sachalinensis*(Sano et al.，1999)、星鳞柏属 *Actinostrobus* spp.、肖柏属 *Fitzroya*、刺柏属 *Juniperus* spp.、智利柏属 *Pilgerodendron*、罗汉柏属 *Thujopsis*(柏科)和冷杉属 *Abies* spp.(松科)(Willebrand，1995)。

提示：只有塞缘束状加厚清晰可见时，方可利用此识别特征(如泣松)；而零星出现的特征，不应作为特征编码，但可以作为单独的说明进行记载。

6.6.11 纹孔缘具缺口的纹孔

59. 存在

描述：“纹孔缘具缺口的纹孔”是指纹孔缘外部具有局部缺口的纹孔(图6-6中2)。可能存在一个或少数几个间隔的缺口，或者有一串连续缺口有规律地分布在纹孔室的边缘。

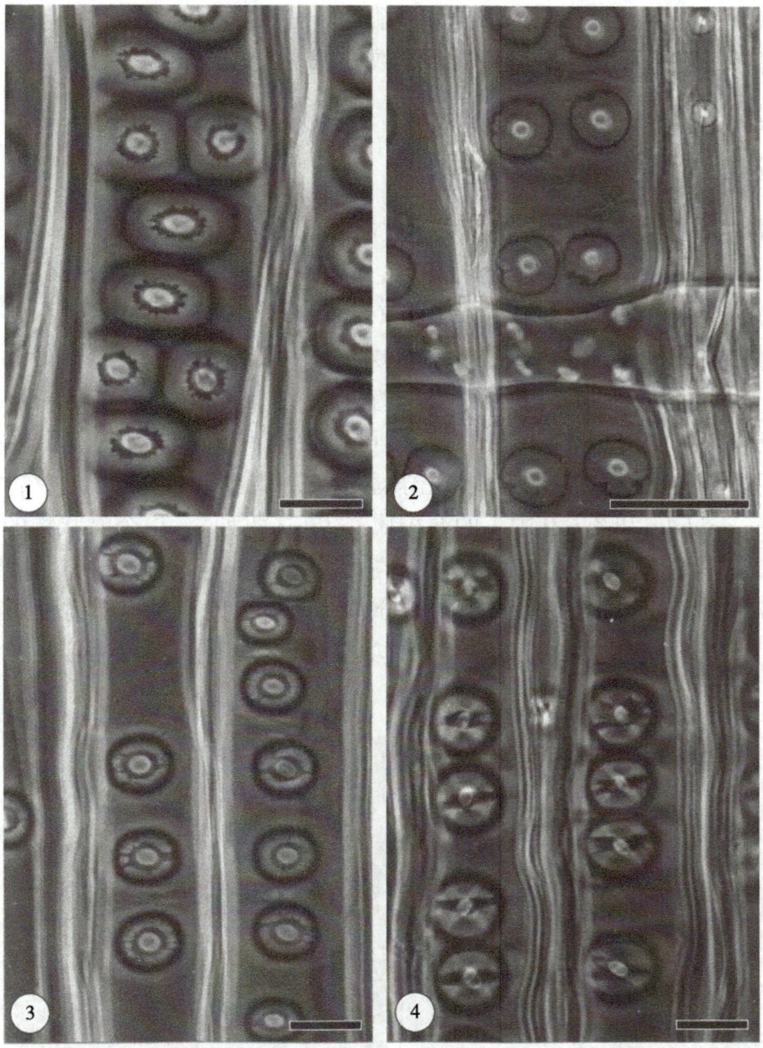

1—管胞纹孔具有贝壳状纹孔塞边缘（特征57），北非雪松 *Cedrus atlantia*，径切面（相差显微镜）；
2—在细胞外壁管胞纹孔的纹孔缘具缺口（特征59），台湾杉 *Taiwania cryptomerioides*，径切面（相差显微镜）；
3—管胞纹孔具典型的纹孔塞棒状加厚（特征58），美国异叶铁杉 *Tsuga heterophylla*，径切面（相差显微镜）；
4—管胞纹孔具典型的纹孔塞棒状加厚（特征58），泣松 *Lagarostrobos* （*Dacrydium*）*franklinii*，径切面（相差显微镜）；
标尺—1、3、4：20μm，2：50μm。

图 6-6　纹孔塞加厚和纹孔缘具缺口的纹孔

注释：只有在少数属的个别种中的纹孔缘可或多或少观察到缺口的存在（Willebrand，1995），如柏状密叶杉 *Athrotaxis cupressoides*、密叶杉 *Athrotaxis selaginoides*、日本花柏 *Chamaecyparis pisifera*、柳杉属 *Cryptomeria*、撒哈拉柏木 *Cupressus dupreziana*、西班牙圆柏 *Juniperus thurifera*、巴布亚柏 *Papuacedrus papuana*、北美红杉属 *Sequoia*、台湾杉属 *Taiwania* 和北美香柏 *Thuja occidentalis*（柏科）和榧属的一些种（加州榧 *Torreya californica*，日本榧 *Torreya nucifera* 和臭榧 *Torreya taxifolia*（红豆杉科）。由于此特征的局限性，可以作为木材识别的重要特征（Willebrand，1995），例如，使用此特征可将其他特征十分相近的北美红杉属 *Sequoia* 和巨杉属 *Sequoiadendron* 区分开。

提示：不要将由于细菌或腐朽菌降解（“腐朽纹孔”，据 Phillips，1948 报道）而造成的纹孔缘缺口与正常形成纹孔缘缺口混淆。酶的分解会影响到整个纹孔包括纹孔缘、纹孔膜和纹孔塞，而正常形成的缺口只局限在纹孔缘。

6.6.12 瘤状层（光学显微镜下观察）

60. 存在

定义：瘤状物是裸子植物管胞（关于瘤状层详细信息参阅 Wardrop，Davis 1962；Cronshaw，1965；Liese，1965；Takiya et al.，1976；Ohtani et al.，1984；Fujii，2000）以及被子植物导管分子、木纤维次生壁内层（S_3 层或第三层壁）上细小不具有分枝的突起物。主要由木质素和半纤维素组成的瘤状物在原生质膜外侧发育，并最终在细胞壁上形成了区别于 S_3 层的最内层结构。因此，真正瘤状结构也可被描述为与 S_3 层相连的具有小突起物或瘤状物的薄层。用电子显微镜可清晰地观察到瘤状物，不过在某些情况下，非常明显的瘤状物粗糙结构也可在光学显微镜下观察到（如图 6-7 中的塔状星鳞柏 *Actinostrobus pyramidalis* 和图 6-9 中 1 的澳柏属 *Callitris* 树种）。单个瘤状物的平均直径通常为 100～500nm，极少数可达 1μm；平均高度为 500nm～1μm（Liese，1957；Ohtani，Fujikawa，1971；Ohtani，1979），瘤状物的分布、大小和频率在不同树种间有明显差异（Liese，1965）。瘤状层的个体发育和可能的功能在许多研究中均有报道（参见 Jansen et al.，1998）。

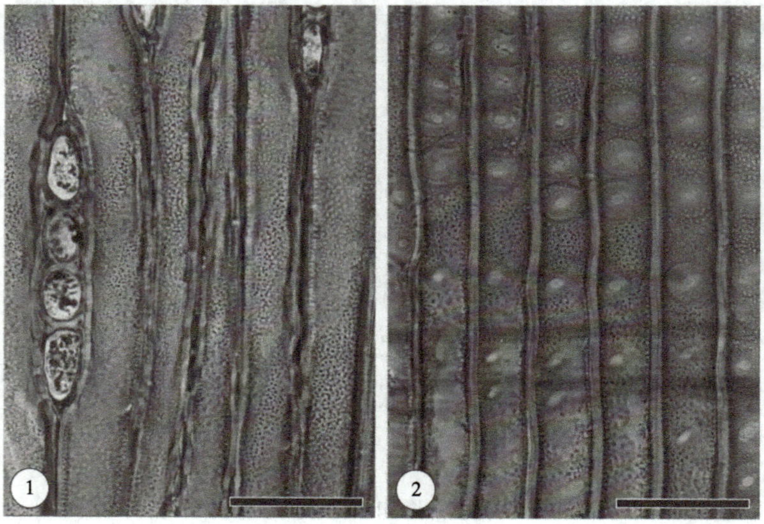

1—弦切面；2—径切面；标尺—50μm。

图 6-7 瘤状层（特征 60）

注释：瘤状层在大多数针叶树材树种中存在（Jansen et al.，1998）。但也有未见瘤状层的报道，如松属（Frey-Wyssling et al.，1955）、东北红豆杉 *Taxus cuspidata*、佛罗里达红豆杉 *Taxus floridana*、日本榧 *Torreya nucifera*（红豆杉科）、日本粗榧 *Cephalotaxus harringtonii*（三尖杉科）、大叶罗汉松 *Podocarpus macrophyllus* 和竹柏 *Nageia nagi*（罗汉松科）（Harada et al.，1968）。瘤状层的存在对木材识别有价值，特别大和致密分布的瘤状物，如澳柏属柱状美丽柏 *Callitris columellaris*（Ilic，1994），可在光学显微镜下容易观察到。小和较少的瘤状物，如雪松属 *Cedrus* 需要用电子显微镜方可清楚观察到。

瘤状层还存在于其他树种，如柏科(密叶杉属 *Athrotaxis*、澳柏属 *Callitris*、扁柏属 *Chamaecyparis*、柳杉属 *Cryptomeria*、柏属 *Cupressus*、肖柏属 *Fitzroya*、刺柏属 *Juniperus*、北美红杉属 *Sequoia*、巨杉属 *Sequoiadendron*、四鳞柏属 *Tetraclinis*、崖柏属 *Thuja*、罗汉柏属 *Thujopsis*、南非柏等 *Widdringtonia*)和松科(冷杉属 *Abies*、雪松属 *Cedrus*、白皮松 *Pinus bungeana* 和马尾松 *Pinus massoniana*)和罗汉松科(罗汉松属 *Podocarpus*)一些树种中。更多的相关信息请参考上述提及文献。

6.7　螺纹加厚和其他类型壁加厚

6.7.1　管胞螺纹加厚

定义：螺纹加厚指管胞内壁上的脊状突起，一般出现在轴向管胞和射线管胞里，通常贯穿于整个细胞(图 6-8)。

注释：不同树种轴向管胞的螺纹加厚在排列方式(单列或多列)、间隔、倾角、厚度、分枝以及与细胞内壁的连接方式上都各不相同(图 6-8 中 1–4)。这些参数有的可被量化，从而能够反映单个特征的状态，另一些则变异性很大和/或难于定量。这种情况应在注释里说明。

对于排列方式(单列或者多列)及间隔(轴向方向上每毫米的螺纹数)的特点在下文分别介绍。

螺纹加厚的倾角和厚度都与间隔有一定的关系，如在黄杉属 *Pseudotsuga*、云杉的一些树种中螺纹加厚相隔较窄，而其螺纹厚度较薄且趋于平缓，与细胞轴向形成较大的倾角(大约 80 °接近于垂直 90 °，图 6-8 中 2)，而穗花杉属 *Amentotaxus*、三尖杉属 *Cephalotaxus*、红豆杉属 *Taxus*、榧属 *Torreya* 的螺纹加厚为宽间隔，则螺纹较厚且陡峭(图 6-8 中 1)。然而这些趋势是很难量化，因为在某一特定样品中螺纹加厚的倾角和厚度通常会在整个螺纹加厚范围内也有变异。

Yoshizawa 等(1985)报道了红豆杉属 *Taxus*、榧属 *Torreya* 及三尖杉属 *Cephalotaxus* 的螺纹加厚，具有基部狭窄且与次生壁内层(S_3)的连接疏松。而黄杉属 *Pseudotsuga* 的螺纹加厚基部较宽，通过紧密排列的微纤丝与 S_3 层牢固结合。

提示：螺纹加厚与应压木管胞的螺纹裂隙应加以区别。螺纹裂隙是在次生壁内开口形成的缺口，并且通常与细胞轴的夹角较大(45 °左右，Onaka，1949)。

还有两种易于与螺纹加厚相混淆的结构(Phillips，1948)：一种是由于木腐菌的酶解作用在胞壁上形成的空腔状螺纹结构；另一种是与在风化木材表面由于化学降解作用形成的螺旋状蚀刻纹理(Feist，1990)。这些类型都可以在考古木材上观察到。

6.7.2　轴向管胞螺纹加厚(存在)

61. 存在

6.7.3　螺纹加厚(在轴向管胞中)

62. 在整个生长轮中存在
63. 仅在早材管胞中明显可见

64. 仅在晚材管胞中明显可见

轴向管胞的螺纹加厚在整个生长轮早晚材中都很明显，如穗花杉属 *Amentotaxus*、红豆杉属 *Taxus*、榧属 *Torreya* 及三尖杉属 *Cephalotaxus*(三尖杉科)。

有的螺纹加厚主要分布在早材管胞，但在晚材管胞中不明显或缺乏，如黄杉属 *Pseudotsuga*(松科)。

有的螺纹加厚主要分布在晚材管胞，但在晚材管胞中不明显或缺乏，如喜马拉雅红杉 *Laris himalaica* 变种和云杉属 *Picea* 的某些树种。

注释：在云杉属 *Picea*、榧属 *Torreya* 和三尖杉属 *Cephalotaxus*，螺纹加厚出现于枝条木材上而主干上缺乏(Yatsenko-Khmelevsky，1954)。对落叶松属 *Larix* spp. 在幼龄主干和枝条的晚材管胞中都可观察到螺纹加厚(Yatsenko-Khmelevsky，1954；Chavchavadze，1979)。

6.7.4 螺纹加厚(在轴向管胞中单列或多列)

65. 单列

66. 多列(2 列或 3 列)

螺纹加厚通常是单列，如红豆杉属 *Taxus*(图 6-8 中 1)和黄杉属 *Pseudotsuga*(图 6-8 中 2)。

螺纹加厚为典型两列的树种如榧属 *Torreya*(图 6-8 中 3)和穗花杉 *Amentotaxus*；榧树中偶尔可见三列的螺纹加厚。

螺纹加厚为单列或为多列，如三尖杉 *Cephalotaxus*。

6.7.5 螺纹加厚(在轴向管胞中间隔，仅指早材管胞)

67. 窄间隔(每毫米的螺纹数多于 120 个)

68. 宽间隔(每毫米的螺纹数少于 120 个)

当轴向方向上每毫米的螺纹数多于 120 个时，螺纹加厚的间隔即认为是窄间隔，如黄杉属 *Pseudotsuga*(120~180 个)(图 6-8 中 2)和长叶云杉 *Picea smithiana*(150~200 个)。当每毫米的螺纹数少于 120 个时，即认为是宽间隔，如榧属 *Torreya*(80~100 个，即 40~50 对)，红豆杉属 *Taxus*(40~80 个)(图 6-8 中 1)。而三尖杉属 *Cephalotaxus*(三尖杉科)(80~140 个)就要依据树种和/或试样来分类。

方法：轴向方向上每 mm 的螺纹数很容易在径切面计数，即管胞弦壁的“光学切片”上测量，而在螺纹加厚与管胞相接的表面上就不容易判断。

6.7.6 射线管胞螺纹加厚

69. 普遍存在

70. 存在但稀少

射线管胞的螺纹加厚普遍存在于成熟主干木材上，如日本黄杉 *Pseudotsuga japonica*(图 6-8 中 4)、落叶松属 *Larix* 的某些树种(喜马拉雅红杉，Suzuki，Noshiro，1988)和云杉属 *Picea*(日本云杉 *Picea polita* = *Picea torano*，Sudo，1968，欧洲云杉 *Picea abies*，图 6-13 中 2)。

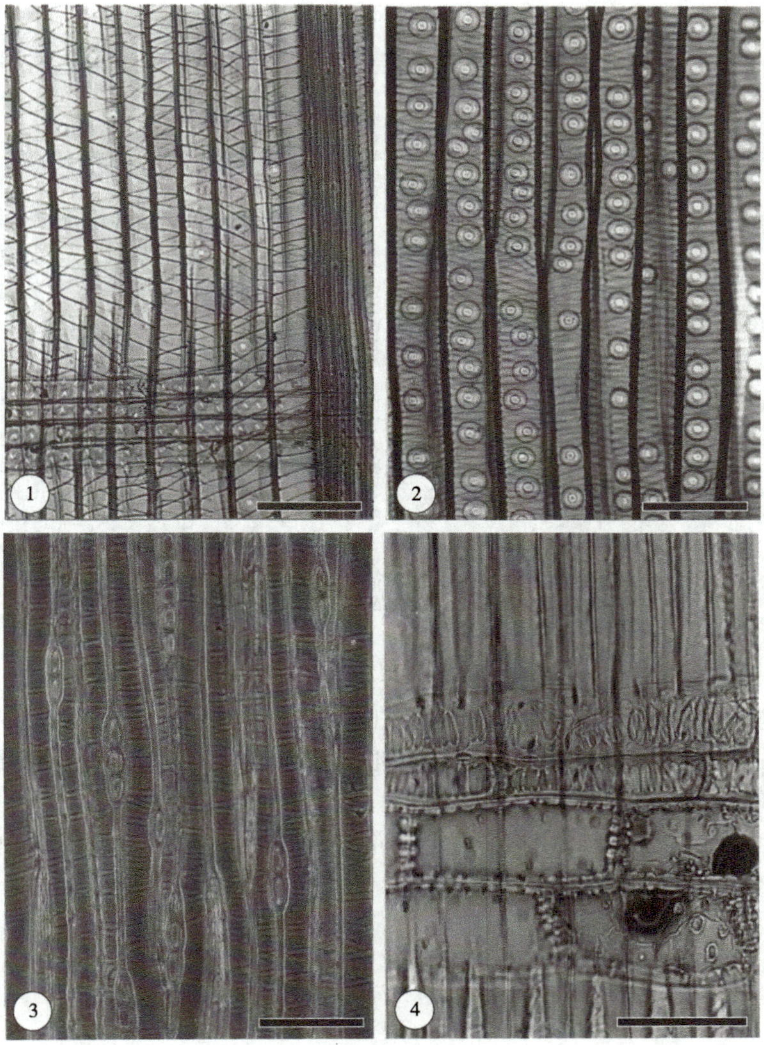

1—单列和宽间隔螺纹加厚（特征65、68），欧洲红豆杉 *Taxus baccata*，径切面；
2—单列和窄间隔螺纹加厚（特征65、67），北美黄杉 *Pseudotsuga menziesii*；
3—成对排列和宽间隔螺纹加厚（特征66、68），加州榧 *Torreya californica*，弦切面（相差显微镜）；
4—射线管胞螺纹加厚（特征69），日本黄杉 *Pseudotsuga japonica*，径切面；
标尺—1~3：100μm，4：50μm。

图 6-8 轴向管胞螺纹加厚(特征 61)

射线管胞的螺纹加厚在成熟主干上存在但少见，如北美黄杉 *Pseudotsuga menziesii* 和日本落叶松 *Larix kaempferi*。

注释：射线管胞的螺纹加厚也偶见于幼龄主干和枝条的晚材部分，如落叶松属 *Larix* spp.（Yatsenko-Khmelevsky，1954；Chavchavadze，1979）。

6.7.7 澳柏型加厚

71. 存在

定义：澳柏型加厚是管胞间具缘纹孔上下成对出现的水平脊状突起(径切面，图 6-9 中 1)。在弦切面上澳柏型加厚呈芒状(像屋顶的拱形结构)(图 6-9 中 2)。同义词有“callitrisoid 加厚”，“芒状纹孔”。

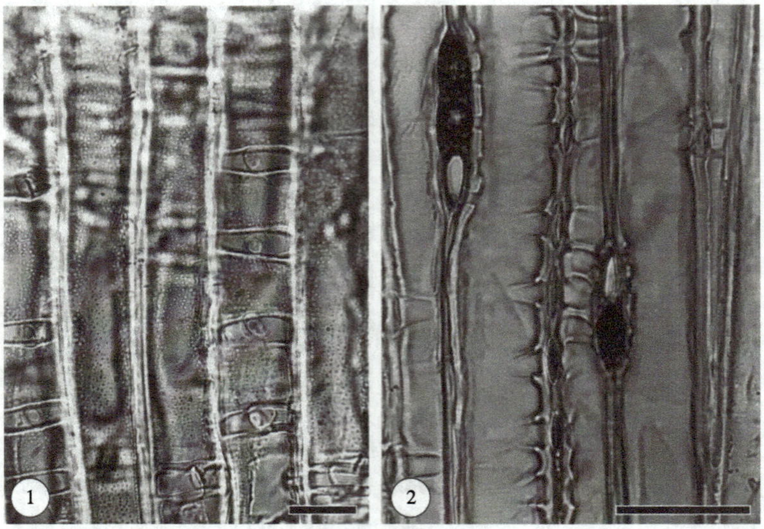

1—管胞同时也具有瘤状层（特征60）南澳柏*Callitris preissii*，径切面；
2—柱状美丽柏*Callitris columellaris*，弦切面；
标尺—1：20μm，2：50μm。

图 6-9　澳柏型加厚(特征 71)

注释：澳柏型加厚主要发生在柏科澳柏属树种中，但棱澳柏(*Callitris macleayana*)除外。Phillips(1948)报道了在渐尖星鳞柏 *Actinostrobus acuminatus* 和黄杉属 *Pseudotsuga* 里发现了少量的澳柏型加厚。

Heady 和 Evans(2000)利用扫描电镜研究澳柏属 *Callitris*，发现澳柏型加厚也可能出现在交叉场纹孔中。

6.8　轴向薄壁组织

6.8.1　轴向薄壁组织(不包括胞间道的泌脂细胞和周边细胞)

72. 存在

定义：薄壁细胞是由木质部母细胞分化的、没有进行顶端插入生长的具有单纹孔的细胞组成，具有贮存代谢物质的功能。

所有的针叶树材都具有射线薄壁组织细胞，但不一定具有轴向薄壁组织，是树种鉴定的重要特征。

注释：针叶树材不像阔叶树材里的轴向薄壁组织普遍存在。当零星存在时，主要分布在晚材带中。轴向薄壁组织在南洋杉科 Araucariaceae、叶状枝科 Phyllocladaceae、金松科 Sciadopityaceae 和红豆杉科 Taxaceae 的树种中缺乏。

轴向薄壁组织在三尖杉科 Cephalotaxaceae、柏科 Cupressaceae 和罗汉松科 Podocarpaceae 多数树种中是常见特征。

利用广视野在横切面上观察轴向薄壁组织的存在和主要排列方式，因为即使在轴向薄壁组织有规律出现的树种中，其在单个年轮内的分布也有可能是稀少或是缺乏的。

纵切面上观察到的轴向薄壁组织是一些短小的有光滑或是不规则加厚端壁的细胞群(纺锤形原始细胞分裂产生的一串轴向薄壁细胞)。

纺锤形薄壁组织(由未进行横向分裂的纺锤形原始细胞分化形成)仅在松科某些属的幼龄主干和枝条中可见，可能对于区分落叶松属 *Larix* 和云杉属 *Picea* 枝条木材时具有鉴定价值(Noshiro 和 Fujii，1994)。

提示：尽管在针叶树材里通常可以依据深色的内含物来辨认轴向薄壁组织，但这些内含物在试样制备过程中可能会消失。同样，在腐朽木或是考古木材(包括木材化石)中，轴向薄壁组织会因为缺少深色内含物而更容易在纵切面上观察到。

6.8.2 轴向薄壁组织排列

73. 星散状(在整个生长轮中均匀分布)
74. 弦向带状
75. 轮界状

定义：星散状轴向薄壁组织是指单个或成对的薄壁细胞束在整个生长轮内的管胞间均匀分布，如落羽杉 *Taxodium distichum*(图 6-10 中 1、4)、三尖杉科 Cephalotaxaceae 和罗汉松科 Podocarpaceae 树种。

弦向带状轴向薄壁组织是指薄壁细胞束聚集形成长短不一并或多或少平行于生长轮边界的弦向(或斜)线，常出现在早晚材过渡区或是晚材，如柏科(Farjon，2001)(图 6-10 中 2、3)。

轮界状薄壁组织是指单个细胞在早材第一行或晚材最后一行，沿着生长轮边界分布。如冷杉属 *Abies*、雪松属 *Cedrus*、油杉属 *Keteleeria*、落叶松属 *Larix*、黄杉属 *Pseudotsuga*、铁杉属 *Tsuga*(松科)和北美红杉属 *Sequoia*(柏科)某些树种的幼龄材和成熟材都有(图 6-10 中 3、4)。幼龄材比成熟材出现的频率要高(Noshiro 和 Fujii，1994)。

注释：星散状或弦向带状的轴向薄壁组织可能单独或同时出现在同一树种中(图 6-10 中 4)。弦向带状轴向薄壁组织更易于在澳柏属 *Callitris*、翠柏属 *Calocedrus*、扁柏属 *Chamaecyparis*、柳杉属 *Cryptomeria*、柏属 *Cupressus*、刺柏属 *Juniperus*、台湾杉属 *Taiwania*、落羽杉属 *Taxodium* 和崖柏属 *Thuja*(柏科)观察到，但在个别样品里也可能没有或是稀少。当细胞里有深色内含物时在横切面上更易于观察。然而，多数是在纵切面上，通过观察细胞横向端壁的特征来鉴别轴向薄壁组织(见下文)。

6.8.3 横向端壁

76. 光滑
77. 不规则加厚
78. 念珠状或节状加厚

轴向薄壁细胞的横向端壁可以在弦切面和径切面上观察到，有光滑的、不规则加厚、念珠状或节状加厚。

具有光滑端壁的树种包括：澳柏属 *Callitris*、黄扁柏 *Chamaecyparis nootkatensis*、香漆柏 *Tetraclinis articulate*、北美香柏 *Thuja occidentalis*、南非柏属 *Widdringtonia* spp.、新西兰陆均松 *Dacrydium cupressinum* 和罗汉松属 *Podocarpus* spp.(图 6-11 中 1)。

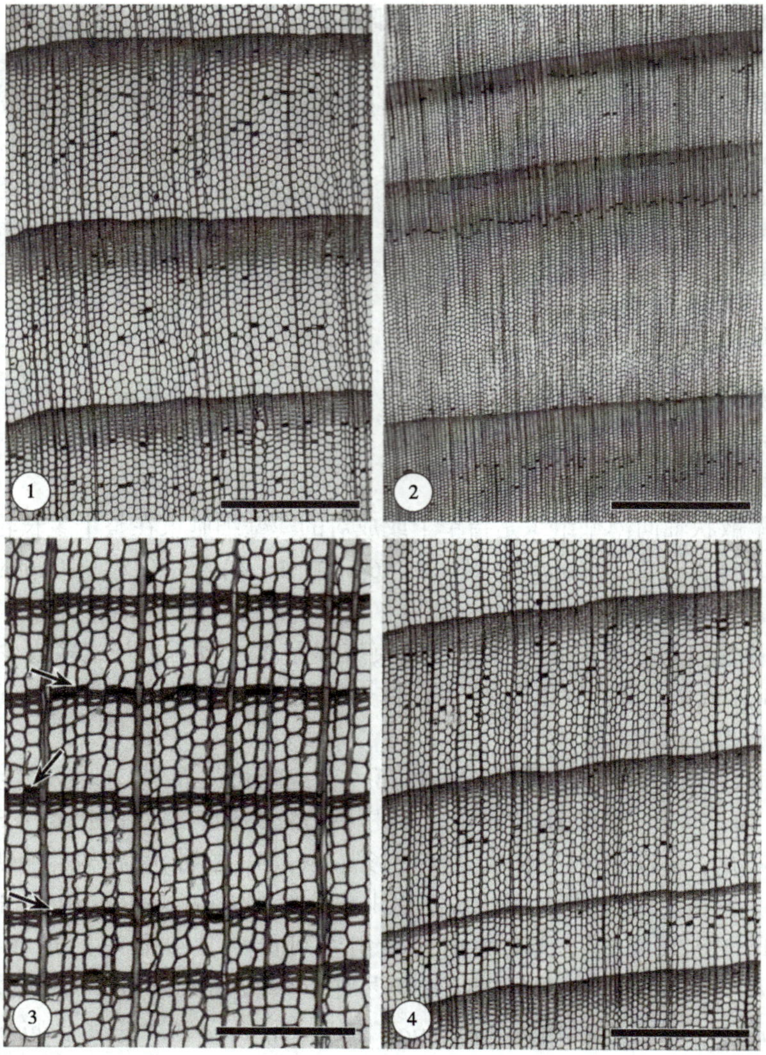

1—星散状排列（特征73），落羽杉 *Taxodium distichum*；
2—弦向带状排列（特征74），日本柳杉 *Cryptomeria japonica*；
3—在生长轮边界的晚材中弦向带状排列（箭头处所示）（特征74、75），北美红杉 *Sequoia sempervirens*；
4—星散状和弦向带状排列（特征73、74），落羽杉 *Taxodium distichum*；
标尺—1mm。

图 6-10　轴向薄壁组织（特征 72）

具不规则加厚的端壁的树种有：美国尖叶扁柏 *Chamaecyparis thyoides* 和日本柳杉 *Cryptomeria japonica*（图 6-11 中 2）。大多数树种的端壁光滑，少数为不规则或不明显的端壁加厚。

念珠状或节状加厚特征显著的树种，如落羽杉 *Taxodium distichum*（图 6-11 中 3、4）、北美翠柏 *Calocedrus decurrens*、台湾翠柏 *Calocedrus formosana*、日本扁柏 *Chamaecyparis obtusa*、日本花柏 *Chamaecyparis pisifera* 以及刺柏属 *Juniperus*、崖柏属 *Thuja*、罗汉柏属 *Thujopsis*、冷杉属 *Abies*、雪松属 *Cedrus*、油杉属 *Keteleeria*、金钱松属 *Pseudolarix*、黄杉属 *Pseudotsuga* 和铁杉属 *Tsuga* 等中的多数树种。

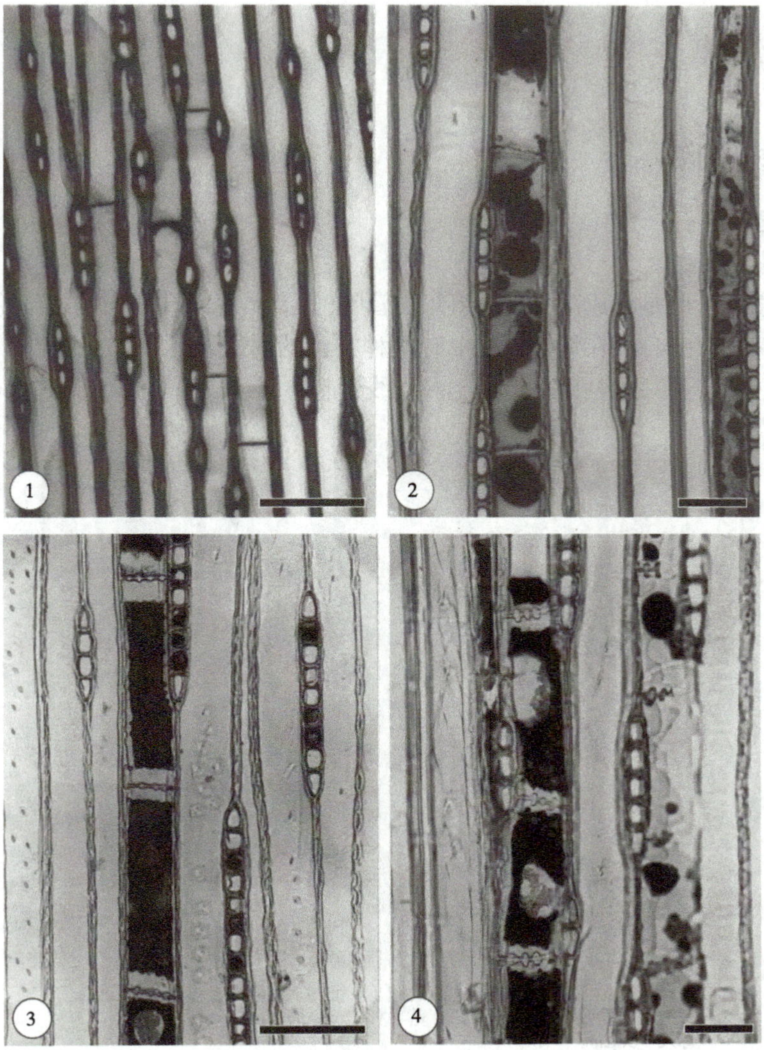

1—端壁光滑（特征76），好望角罗汉松 *Podocarpus elongatus*；
2—端壁不规则加厚（特征77），日本柳杉 *Cryptomeria japonica*；
3、4—端壁念珠状或节状加厚（特征78），落羽杉 *Taxodium distichum*；
标尺—1、3：100μm，2、4：50μm。

图 6-11　轴向薄壁组织细胞的横向端壁，弦切面

柏科的节状加厚是初生壁的局部加厚，并不是严格意义上的纹孔，然而在冷杉 *Abies*、银杉属 *Cathaya*、油杉属 *Keteleeria*、落叶松属 *Larix*、云杉属 *Picea*、黄杉属 *Pseudotsuga*、铁杉 *Tsuga* 中类似的形态特征是由于次生壁上真正的单纹孔形成的(Phillips，1948)。

节状加厚一般在弦切面上更明显，一般在每个端壁上为单个(大果柏 *Cupressus macrocarpa*)，或者两个、多个连续出现。而在径切面上，由于这种局部加厚和纹孔或纹孔场(冷杉属 *Abies*、银杉属 *Cathaya*、油杉属 *Keteleeria*、落叶松属 *Larix*、云杉属 *Picea*、黄杉属 *Pseudotsuga*、铁杉属 *Tsuga*)在端壁上的形态都很规则，在径切面上只可见单节形态(Phillips，1948，Yatsenko-Khmelevsky，1954)。

提示：节状或念珠状加厚经常因为树脂的影响而变得模糊。

落羽杉和其他种类木材，很少并且只在有限区域内(如幼龄材)出现，其端壁是光滑或是近似光滑。

6.9 射线组成

6.9.1 射线管胞

79. 普遍存在

80. 少见或稀少

定义：射线管胞是组成部分射线组织的管胞(具有具缘纹孔通向同类细胞的无穿孔木材细胞)(IAWA，1964)。在针叶树材中有两种类型的射线组织：一是全部由薄壁细胞组成(图 6-12 中 2)，另一种是由薄壁细胞和射线管胞共同组成的射线组织(图 6-12 中 1)。

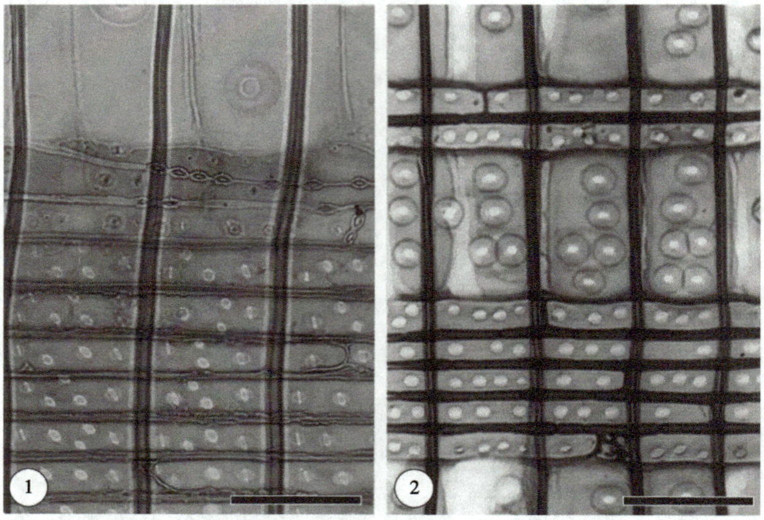

1—沿射线上部排列的三行射线管胞（特征79），欧洲云杉 *Picea abies*；
2—射线管胞缺乏（特征80），落羽杉 *Taxodium distichum*；
标尺—50μm。

图 6-12 射线组成，径切面

注释：可以通过仔细查找具缘纹孔的方法来验证射线管胞的存在，尤其是在两个边缘毗邻和/或边缘接近毗邻的射线细胞共有端壁上查找。

除铁杉属 *Tsuga* 外，射线管胞是所有具有正常胞间树脂道(参阅相应特征)的松科木材常见特征，而黄扁柏 *Xanthocyparis noothatensis*(柏科)中的一些射线组织可能全部由管胞组成，而另一些射线则全部由薄壁细胞组成。

在没有正常树脂道的松科一些属中，射线管胞在雪松和铁杉比较常见，在冷杉和金钱松中非常少见。同样在柏科中，如绿干柏木 *Cupress arizonica*、北美红杉属 *Sequoia*、罗汉柏 *Thujopsis dolabrata* 也很少见(Phillips，1948)。这些树种中仅有个别的射线组织在边缘有射线管胞，并且时常混杂有正常的射线薄壁细胞。

射线管胞通常只有 1 列(如黄杉属 *Pseudotsuga* 和铁杉属 *Tsuga*)，或者 1 列至偶尔 2 列或 3 列(如落叶松 *Larix*、云杉 *Picea*)，或者有位于边缘的几列细胞(如松属木材)。一些射线组织可能只是由管胞组成，例如，在松属的一些树种(属于南方黄松类)具有大量的射线管胞。而在云杉属 *Picea* 和落叶松属 *Larix* 的树种中，射线管胞则非常少见(Yatsenko-

Khmelevsky，1954；Chavchavadze，1979）。在松属的树种中，射线管胞列不仅出现在射线的上下边缘，也出现于射线的中部。

提示：对于考古出土的材料应仔细检查，因为发生的自然降解或细胞壁腐朽可能导致纹孔缘被破坏或难以辨认。

6.9.2　射线管胞细胞壁

81. 光滑

82. 锯齿状

83. 网格状

定义(引自 Rol，1932)：射线管胞壁光滑：细胞壁上无修饰物，通常较薄。如软木松类的木材，包括松属的乔松组 *Strobus*，如瑞士石松 *Pinus cembra*、红松 *Pinus koraiensis*、糖松 *Pinus lambertiana*、加州山松 *Pinus monticola*、北美乔松 *Pinus strobus*(图 6-13 中 1)。

射线管胞壁锯齿状加厚：细胞壁上的厚度变化，齿状突起从细胞壁的上下部分显著向胞腔内突起，且通常在晚材中的数量更多(图 6-13 中 3)。这些锯齿状突起特征在松属赤松组 Sylvestris(如赤松 *Pinus densiflora*、欧洲黑松 *Pinus nigra*、多脂松 *Pinus resiosa*、欧洲赤松 *Pinus sylvestris*)和西黄松组 *Ponderosa*(如扭叶松 *Pinus contorta*、展叶松 *Pinus patula*、海岸松 *Pinus pinaster*、西黄松 *Pinus ponderosa*、辐射松 *Pinus radiata*)中非常显著。而在松属苏拉组 *Sula*(加那利松 *Pinus canariensis*、地中海松 *Pinus halepensis*、欧洲白皮松 *Pinus leucodermis*、长叶松 *Pinus longifolia*)和卡西松组 *Khasya*(卡西松 *Pinus khasya*)中则不明显，并且管胞壁外侧呈波状起伏。在云杉属的个别树种中，也有非常小的齿状突起(Phillips，1948)。

射线管胞壁网状加厚：细胞壁通常较薄，突起物分别从细胞壁上下部分以大量的、狭窄的、尖锐的、朝内的齿状方式分布，并通过横向的脊状突起互相连接，呈现出网格形状。例如在松属火炬松组 *Taeda*(北美短叶松 *Pinus banksiana*、长叶松 *Pinus palustris*、火炬松 *Pinus taeda*)(图 6-13 中 4)。

提示：不要将锯齿状加厚和螺纹状加厚混淆，后者常出现在落叶松属 *Larix*、云杉属 *Picea*(图 6-13 中 2)和黄杉属 *Pseudotsuga* 的一些树种中。

6.9.3　射线管胞纹孔缘多角形或具锯齿状加厚(径切面)①

84. 存在

定义：射线管胞纹孔缘较厚，排列有小而不规则形状的突起，使得纹孔开口像一个很窄的通道(云杉-1 型，图 6-14 中 1)或者在纹孔缘上呈现锯齿状加厚(角状)的特征(云杉-2 型，图 6-14 中 2)(Bartholin，1979)。

注释：如果落叶松属 *Larix* 的典型特征(轴向管胞上纹孔双列、生长轮内早晚材急变、心边材颜色不同)不是十分显著或难以确认，则较难区分云杉属 *Picea* spp. 和落叶松属 *Larix* spp.。据 Bartholin(1979)和 Anagnost 等(1994)的研究，云杉属 *Picea* 射线管胞上具缘纹孔的特定形态特征与落叶松属 *Larix* 相反，后者具有较大而宽的纹孔口(图 6-14 中 3)。

---

① 此特征仅就落叶松属 *Larix* 和云杉属 *Picea* 树种射线管胞壁上的具缘纹孔类型而言。

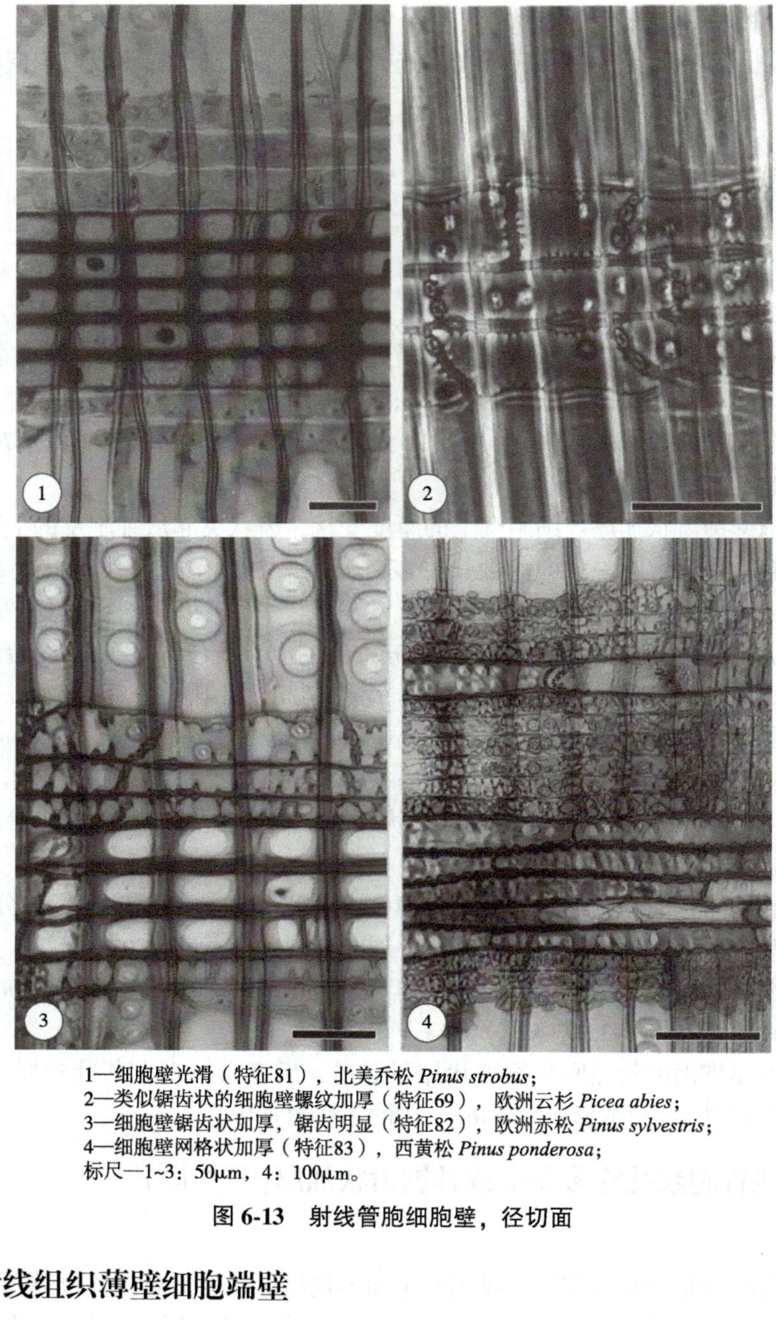

1—细胞壁光滑（特征81），北美乔松 *Pinus strobus*；
2—类似锯齿状的细胞壁螺纹加厚（特征69），欧洲云杉 *Picea abies*；
3—细胞壁锯齿状加厚，锯齿明显（特征82），欧洲赤松 *Pinus sylvestris*；
4—细胞壁网格状加厚（特征83），西黄松 *Pinus ponderosa*；
标尺—1~3：50μm，4：100μm。

图 6-13 射线管胞细胞壁，径切面

6.9.4 射线组织薄壁细胞端壁

85. 光滑(无纹孔)

86. 纹孔明显

注释：端壁光滑(端壁相对较薄且几乎很少或没有纹孔)是多数针叶树材的特征(图 6-15 中 1)。

端壁上纹孔明显(常称为节状)是冷杉属 *Abies*、落叶松属 *Larix*(图 6-15 中 2、3)，云杉属 *Picea*、铁杉属 *Tsuga* 和松科松属 *Pinus* 的乔松组(如瑞士石松 *Pinus cembra*、红松 *Pinus koraiensis*、糖松 *Pinus lambertiana*、加州山松 *Pinus monticola*、北美乔松 *Pinus*

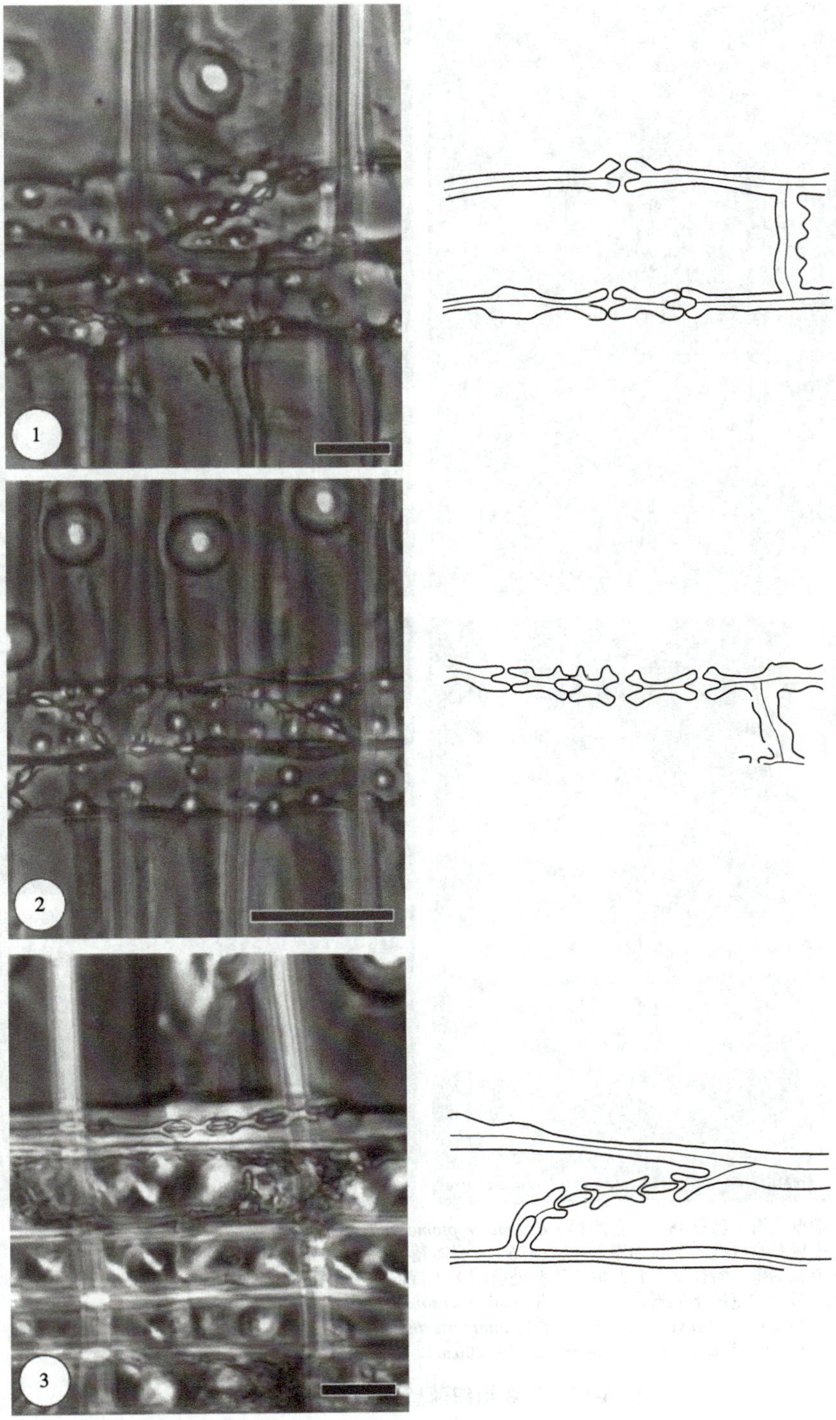

1—纹孔口狭窄，纹孔缘多角形（特征84），欧洲云杉 *Picea abies*；
2—纹孔缘多角形锯齿状加厚（特征84），欧洲云杉 *Picea abies*；
3—纹孔口宽大，纹孔缘圆形，日本落叶松 *Larix kaempferi*；
标尺—1、3：20μm，2：50μm。

图 6-14　云杉属 *Picea* 和落叶松属 *Larix* 射线管胞纹孔缘，径切面（相差显微镜）

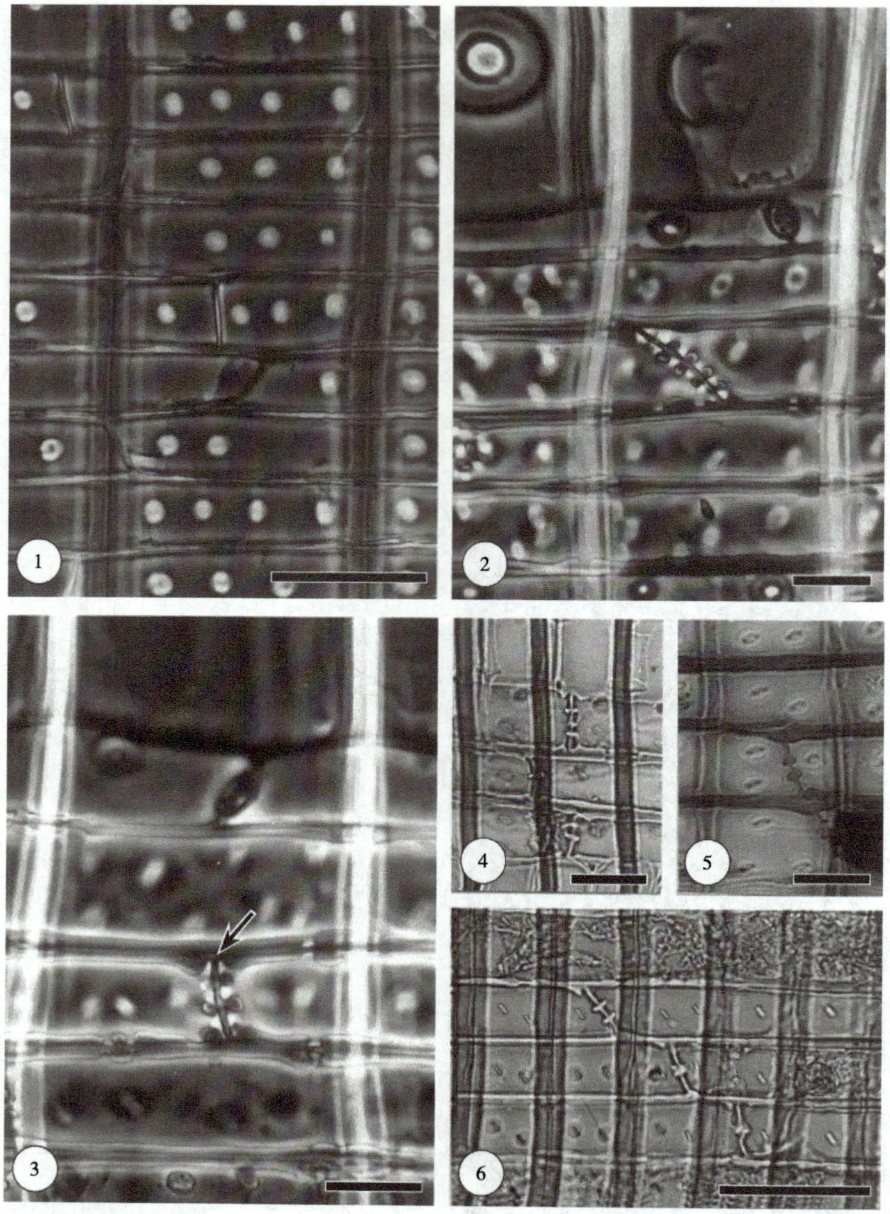

1—端壁光滑（特征85），台湾杉 *Taiwania cryptomerioides*；
2—端壁具有纹孔（节状加厚）（特征86），日本落叶松 *Larix kaempferi*；
3—节状端壁（特征86）和凹痕（箭头处所示）（特征89），日本落叶松 *Larix kaempferi*；
4~6—节状端壁的不同形态：叉子圆柏 *Juniperus sabina*（4），
加州柏 *Cupressus goveniana*（5），香桧 *Juniperus thurifera*（6）；
标尺—1、6：50μm，4、5：25μm，2、3：20μm。

图 6-15　射线组织薄壁细胞端壁，径切面

strobus）木材的特征。尽管在刺柏属的一些树种，如叉子圆柏 *Juniperus sabina*（图 6-15 中 4）以及香桧 *Juniperus thurifera*（图 6-15 中 6）、北美翠柏 *Calocedrus decurrens*、台湾翠柏 *Calocedrus formosana* 和加州柏 *Cupressus goveniana*（图 6-15 中 5）（柏科所有树种）存在着细微的差异（参阅具体的说明），但端壁纹孔明显仍然是一个显著的特征。

提示："纹孔明显"这一特征应被记录并仅用于鉴定发育良好的树种，如冷杉属。

6.9.5　射线组织薄壁细胞水平壁

87. 光滑(无纹孔)

88. 纹孔明显

射线组织薄壁细胞上下侧水平壁可分为光滑(无纹孔)和纹孔明显。水平壁上具有纹孔的射线组织薄壁细胞只限于松科的几个属中，例如，冷杉属 *Abies*(图 6-16 中 2)，银杉属 *Cathaya*、雪松属 *Cedrus*、油杉属 *Keteleeria*、落叶松属 *Larix*、假铁杉属 *Nothotsuga* 和铁杉属 *Tsuga*。其他多数针叶树材的射线组织薄壁细胞水平壁光滑(图 6-16 中 1)。

提示："纹孔明显"这一特征应被记录并仅用于鉴定发育良好的树种，如冷杉属 *Abies* spp.。

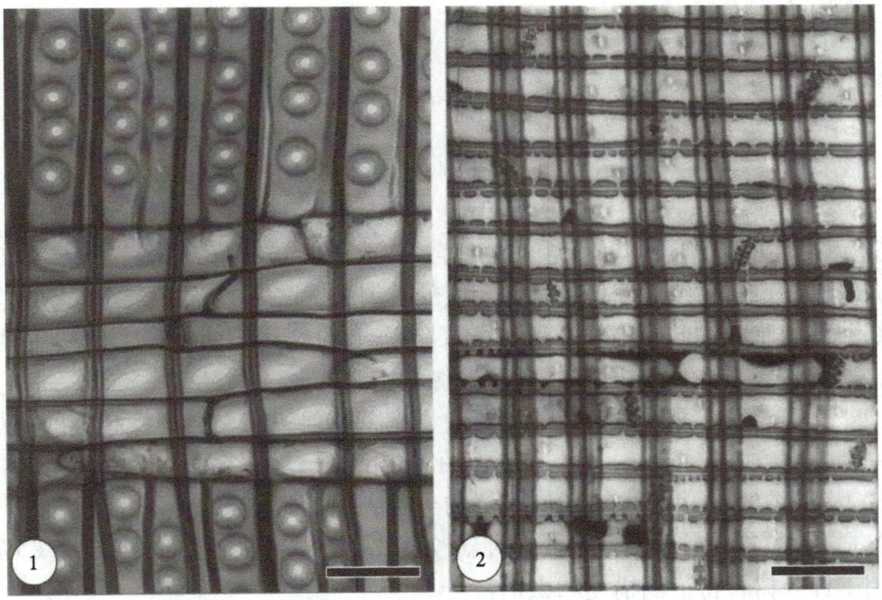

1—水平壁光滑（特征87），端壁光滑（特征85），金松 *Sciadopitys verticillata*；
2—水平壁纹孔明显（特征88），端壁节状加厚（特征86），欧洲银冷杉 *Abies alba*；
标尺—1、2：50μm。

图 6-16　射线薄壁组织细胞水平壁，径切面

6.9.6　凹　痕

89. 存在

定义：凹痕是指在射线细胞水平壁与垂直端壁连接位置上水平壁出现的凹陷，一般在径切面上可观察到(图 6-15 中 3)。凹痕这一术语是由 Peirce(1936)提出的，其形状为类似纹孔的小空洞，存在于与垂直壁相交的水平壁上。除南洋杉外，其他针叶树材中均可观察到凹痕。在罗汉松科中，只有柳状罗汉松 *Podocarpus salignus* 和陆均松属 *Dacrydium* 中存在凹痕特征(Phillips，1948)。根据 Yatsenko-Khmelevsky(1954)报道，雪松属 *Cedrus*、油杉属 *Keteleeria* 和松属 *Pinus*(松科)中，凹痕的发育不完全或不存在，但在柏科(Sensu；Farjon，2001)，如北美乔柏 *Thuja plicata*、北美香柏 *Thuja occidentalis*、刺柏属 *Juniperus*、落羽杉属 *Taxodium* 和日本柳杉 *Cryptomeria japonica* 等树种中凹痕是重要的识别特征(Core et al.，1979)。也有报道称在台湾杉 *Taiwania cryptomerioides* 中凹痕十分明显且数量较多(Peirce，1936)。

提示：为了避免作出错误的鉴定，在应用本特征时应当非常谨慎。在凹痕特征难以确认或十分稀少时，应避免使用。

在显微镜观察时，切片应清除外来杂质，并用适当的用漂白药剂如次氯酸或次氯酸盐溶液进行处理。

6.10 交叉场纹孔式

6.10.1 交叉场纹孔式

90. 窗格型
91. 松木型
92. 云杉型
93. 柏木型
94. 杉木型
95. 南洋杉型

定义(根据Philips于1948年提出的并经Vogel于1995年修订的定义)：交叉场是指单根轴向管胞和单个射线组织薄壁细胞相交处的细胞壁区域。交叉场纹孔式是指出现在射线组织薄壁细胞和轴向管胞相交区域(交叉场)上的纹孔排列方式，只能在早材部分观察到，通常贯穿于整个射线中(主体和边缘细胞)。

类型：交叉场纹孔是针叶树材最重要的识别特征之一。交叉场纹孔式的特征包括：出现频率、排列方式、形状、大小和/或纹孔口相对于纹孔缘的位置。《针叶树材显微特征一览表》采纳的是Phillps(1948)建议的分类，但增加了Barefoot和Hankins已经使用并经Vogel(1995)对其重新定义的一种新纹孔式类型(南洋杉型)。下列交叉场纹孔式类型可用于针叶树材特征的描述和识别：

窗格型：通常具有1~2个或只有一个较大的交叉场单纹孔(图6-17中1)。类似这种几乎占据整个交叉场的呈方形或矩形的大纹孔，可以在松属的赤松组和乔松组(松科)中观察到。Rol(1932)认为卡亚西松 *Pinus kesiya* 和苏门答腊松 *Pinus merkusii* 也应被归为具有窗格型交叉场纹孔式的树种，尽管其交叉场内具有超过2个较大的单纹孔(或与此近似)。Phillps(1948)也将陆均松属 *Dacrydium*、巽他杉 *Sundacarpus amarus*(罗汉松科)、叶状枝属 *Phyllocladus*(叶状枝科Phullocaldaceae)和金松属 *Sciadopitys*(金松科Sciadopityaceae)列为具有窗格型交叉场纹孔式的树种。

松木型：交叉场内有松木型纹孔1~6个，通常是3个或3个以上(图6-17中2)。每个交叉场的纹孔数目以及是单纹孔或略具狭缘的纹孔缘形状，决定这种纹孔的形状大小。与接近矩形的窗格型纹孔不同，松木型纹孔常为不规则形状。松属中除了具有大的窗格型纹孔式的树种外，所有其他树种都具有松木型交叉场纹孔式。

云杉型：交叉场纹孔为云杉型(图6-17中3)。云杉型纹孔的纹孔缘比其窄的外延裂隙状纹孔口要宽得多，常出现在落叶松属 *Larix* spp.、云杉属 *Picea* spp.、黄杉属 *Pseudotsuga* spp.、铁杉属 *Tsuga* spp.(松科)的木材中，雪松属 *Cedrus* spp.(松科)中也能观察到。观察应压木试样时应特别注意(Ilic，1995)。

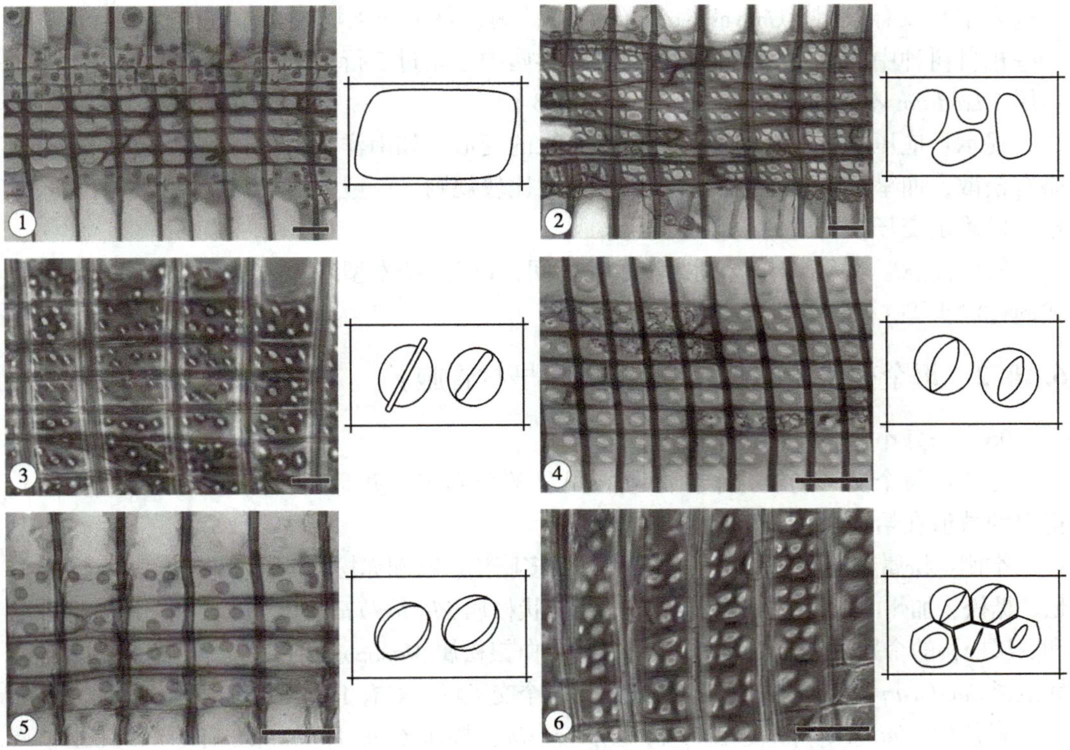

1—窗格型（特征90），欧洲赤松 *Pinus sylvestris*；
2—松木型（特征91），西黄松 *Pinus ponderosa*；
3—云杉型（特征92），欧洲云杉 *Picea abies*（相差显微镜）；
4—柏木型（特征93），欧洲刺柏 *Juniperus communis*；
5—杉木型（特征94），落羽杉 *Taxodium distichum*；
6—南洋杉型（特征95），智利南洋杉 *Araucaria araucana*（相差显微镜）；
标尺—1、2、4~6：50μm，3：20μm。

图 6-17　交叉场纹孔式，径切面

柏木型：交叉场纹孔为柏木型(图 6-17 中 4)。柏木型纹孔的纹孔缘内含椭圆形的纹孔口(与纹孔口常常外延的云杉型纹孔相反)；其纹孔口比纹孔缘窄。纹孔口的长轴位置沿水平到垂直方向变化，甚至会在同一个试样内出现。多数柏科树种(崖柏除外)具有柏木型交叉场纹孔式，在罗汉松科和红豆杉科的一些树种中也可以观察到。

杉木型：交叉场纹孔为杉木型(图 6-17 中 5)。杉木型纹孔具有较大的卵圆形至圆形内含纹孔口；其最宽处超过了纹孔缘的宽度。在多数以前称为杉科(现称为柏科)的树种中，及冷杉属 *Abies*、雪松属 *Cedrus*(松科)、崖柏属 *Thuja*(柏科)树种以及罗汉松科 *Podocarpaceae* 的个别树种中都可以发现杉木型交叉场纹孔式。柏科某些树种尤其是北美红杉属 *Sequoia* 和落羽杉属 *Taxodium*，每个交叉场中通常有 2~3 行(很少超过 5 行)纹孔。

南洋杉型：交叉场纹孔为南洋杉型(Barefoot 和 Hankins 1982，Vogel 1995)(图 59)。个别典型的柏木型(纹孔口内含，椭圆形，并较纹孔缘窄；Ilic，1995))，但它们在交叉场的排列非常特殊。纹孔排列为 3 行或超过 3 行的互列，呈现密集趋势；单个纹孔轮廓呈多角形，与南洋杉的管胞间互列纹孔式相似。南洋杉型交叉场纹孔只存在于南洋杉科树种中(贝壳杉属 *Agathis*、南洋杉属 *Araucaria*、恶来杉属 *Wollemis*)。

注释：曾有报道提出利用某些量化的交叉场纹孔特征，作为树种鉴定依据，但在本一览表中并没有采用。Chavchavadze(1979)认为，每个交叉场纹孔排列的行数可以用作一些柏科树种中的识别特征，如在北美红杉属中不超过5行，水杉属 *Metasequois* 和落羽杉属 *Taxodium* 不超过4行，巨杉属不超过3行。

提示：应压木的纹孔口通常会有相当大的变形：如南洋杉属木材的交叉场纹孔有时略有松散，而呈柏木型，但后者的外形通常比较规则。一般要对早材交叉场进行大量观察，以确定交场纹孔式的最普遍类型。

特别注意“云杉型”和“柏木型”纹孔之间，以及“柏木型”和“杉木型”之间存在纹孔式的过渡类型。

6.10.2 **每个交叉场的纹孔个数**(仅指早材管胞)

96. …<每个交叉场的纹孔个数>

方法：每个交叉场纹孔个数必须在早材部分测定，并且至少测定25个(或更多)，得出的数值在给定的木材中应当具有代表性。

举例：松属赤松组(如赤松、欧洲黑松、多脂松、欧洲赤松)和乔松组(如瑞士石松、红松、糖松、加州山松、北美乔松)，松科及叶状枝属 *Phyllocladus*(叶状枝科 Phyllocladaceae)和罗汉松科的个别属如泣松属 *Lagarostrobos*、白银松属 *Manoao*、小果罗汉松属 *Microstrobos*，巽他杉 *Sundacarpus*(*Podocarpus*) *amarus* 中，每个交叉场一般有1个纹孔。

扁柏属 *Chamaecyparis*、柳杉属 *Cryptomeria*、杉属 *Cunninghamia*(柏科)和红豆杉属 *Taxus*(红豆杉科)的树种中，每个交叉场一般有2个纹孔。

北美红杉属 *Sequoia*、落羽杉属 *Taxodium*(柏科)、榧属 *Torreya*(红豆杉科)、松属西黄松组(如扭叶松 *Pinus contorta*、展松 *Pinus patula*、海岸松 *Pinus pinaster*、西南黄松 *Pinus ponderosa*、辐射松 *Pinus radiata*)和松属苏拉组 *Sula*(加那利松 *Pinus canariensis*、地中海松 *Pinus halepensis*、欧洲白皮松 *Pinus leucodermis*、长叶松 *Pinus longifolia*)(松科)中，每个交叉场通常有3~4个纹孔。

松属火炬松组(包括北美短叶松 *Pinus banksiana*、加勒比松 *Pinus caribaea*、萌芽松 *Pinus echinata*、长叶松 *Pinus palustris*、火炬松 *Pinus taeda*(松科)、贝壳杉属和南洋杉属(南洋杉科)中，每个交叉场通常有4个或以上纹孔。

提示：这些差别均具有渐变特性。因此应当观察尽可能多的交叉场，确保得出的交叉场纹孔个数在所给树种或试样中具有代表性。

6.10.3 **每个交叉场的纹孔数**(仅指早材管胞分类)

97. 1~2个(大窗格型)

98. 1~3个

99. 3~5个

100. 6个或以上

6.11 射线尺寸

注释：除另有规定外，所有关于射线高度和宽度的特征，均指未包含有胞间道的射线(纺锤形射线)。

6.11.1　射线平均高度

101. …<μm >

方法：射线的高度(μm)从弦切面测量。随机选取至少 25 个射线进行测量，计算得出平均值、标准差和范围。

注释：在个别的属如冷杉属 *Abies* spp. 中，常存在大量特别高的射线，通常被归为特定树种的特征(参阅 Greguss，1955)。如果无法用平均值和范围进行充分的描述，其特征需记载为注释。

提示：避免从幼树主干部位选取测点，其值可能偏小。

6.11.2　射线平均高度(细胞数)

102. 很低(少于 5 个细胞)

103. 中等(5~15 个细胞)

104. 高(16~30 个细胞)

105. 很高(多于 30 个细胞)

注释：图 6-18 中 1 和 2 分别显示了很低(特征 102)和很高(特征 105)射线平均高度的例子。

提示：仔细核对来自文献和过去检索表的信息，只能按平均的射线高度归类。

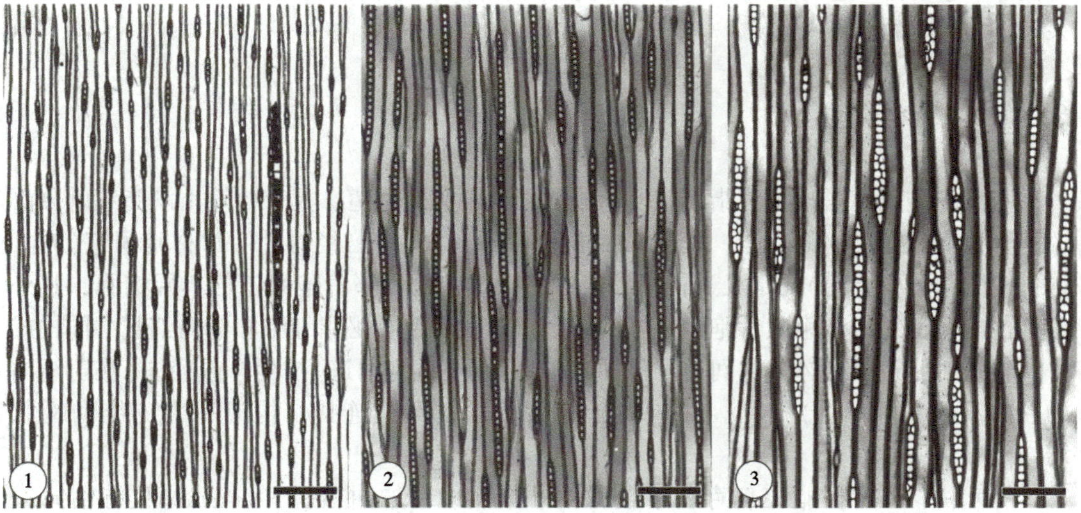

1—射线很低（少于5个细胞）（特征102），美国尖叶扁柏 *Chamaecyparis thyoides*；2—射线很高（多于30个细胞）（特征105），雪松 *Cedrus deodara*；3—射线部分2~3列（特征108），虽然此处只有2列，但在管胞弦壁仍有具缘纹孔，北美红杉 *Sequoia sempervirens*；标尺—200 μm。

图 6-18　射线尺寸，弦切面

6.11.3　纺锤形射线平均高度

106. …<μm >

方法：包含径向胞间道的射线，因其在弦切面的形状呈纺锤形，被称为纺锤形射线。射线的高度(μm)从弦切面测定。随机选取至少 25 个射线进行测量，计算出平均值、标准差和范围。确保对整个射线进行测量，注意应包括射线两端延伸的部分单列射线。

注释：在一些属如松属 *Pinus* spp. 中，尤其是白松（乔松组，如瑞士石松 *Pinus cembra*、红松 *Pinus koraiensis*、糖松 *Pinus lambertiana*、加州山松 *Pinus monticola*、北美乔松 *Pinus strobus*；松科），射线两端延伸的单列部分可能会很高，如果这些特别高的射线不能用平均值和范围描述，应记录特征在相应的注释中。

提示：避免从幼树的主干部位选取测点，其值可能偏小。

6.11.4 射线宽度（细胞）

107. 全部单列

108. 部分 2~3 列

定义：全部单列是指关于一类射线特征的描述（包括非常零星分布的部分 2 列射线）。

部分 2~3 列是指约有 10% 的较大射线，其在整个射线高度方向上至少应有 2 列。

注释：尽管大多数针叶树材射线为单列（也包括非常零星分布的部分 2 列射线），但仍然存在一定数量的 2 列和 3 列射线（同时也有单列射线），例如，北美红杉 *Sequoia sempervirens* 和大果柏 *Cupressus macrocarpa*（柏科）（Phillips，1948）。Peirce（1937）在肖柏、罗汉柏、翠柏（柏科）中也描述了 2 列射线。

注释：像在弦切面观察到的一样，横切面上射线细胞的外形也有很大变化，有些学者（Core et at.，1979；Roig，1992）已经利用这一特征来区分一些非常相似的树种。这一特征并不包括在本建议全文采用的“一览表”中，但是有关细胞形态的信息应当被记录下来，作为相应的注释。

6.12 胞间道

定义：胞间道是指由泌脂细胞所围成的管状细胞间通道，具有传输由泌脂细胞分泌的高等植物代谢产物的功能。Wiedenhoeft 和 Miller（2002）已经对针叶树材胞间道（同义词：树脂管、树脂道）的定义进行了界定。泌脂细胞是毗邻着胞间道的单层细胞，其外侧其他的薄壁组织和束状管胞则是辅助细胞。管状通道、泌脂细胞和辅助细胞共同构成了完整的树脂道复合体。胞间道可呈轴向（轴向或垂直胞间道）排列，或径向（在射线内的径向或水平胞间道）排列。轴向和径向通道通常互相连接，构成一个三维的网状结构。

针叶树材正常树脂道仅存在于松科的几个属中，如油杉属 *Keteleeria*（只有轴向）、落叶松属 *Larix*、云杉属 *Picea*、松属 *Pinus*、黄杉属 *Pseudotsuga*（轴向和径向都有）。创伤树脂道（轴向、径向）则可能出现在这些属中，或松科的其他属中。

6.12.1 轴向胞间（树脂）道

109. 存在

注释：生长于有显著周期性气候变化地区的松科树种，轴向树脂道通常出现于晚材（不是绝对的）。在亚热带和热带的一些属中，轴向树脂道的分布比较均匀，通常是单个（单生），偶尔成对出现（如黄杉 *Pseudotsuga* 和落叶松 *Larix*）或在弦向上成组出现（图 6-19 中 1、3）。

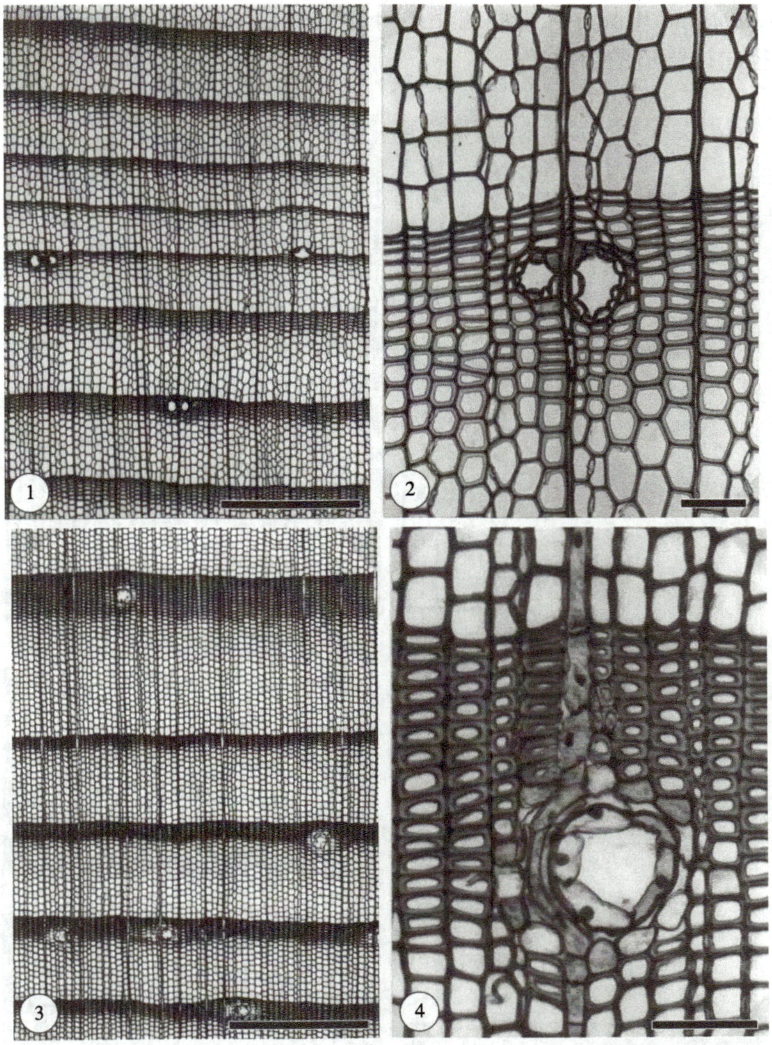

1—轴向胞间道存在（特征109），欧洲落叶松 *Larix decidua*；2—胞间道泌脂细胞壁厚（特征116），欧洲落叶松 *Larix decidua*；3—轴向胞间道存在（特征109），欧洲赤松 *Pinus sylvestris*；4—胞间道泌脂细胞壁薄（特征117），欧洲赤松 *Pinus sylvestris*；标尺—1、3：1mm，2、4：100μm。

图 6-19　轴向胞间(树脂)道，横切面

依据泌脂细胞的形态(参阅相关特征)，可以将胞间道分为两种类型：具有厚壁泌脂细胞的窄胞间道，如黄杉属 *Pseudotsuga*、云杉属 *Picea*、落叶松属 *Larix*；具有薄壁泌脂细胞的宽胞间道，如松属 *Pinus*(Grosser，1977)。

提示：在很多情况下，考古出土材料可能只有牙签大小，这些试样通常只有一个生长轮或部分生长轮，如果树脂道不太普遍，有可能难以观察到。可通过观察弦切面上纺锤形射线内的径向树脂道。如径向树脂道存在，则可暂以“轴向胞间道存在”做记载，以供识别之用。

6.12.2　径向胞间(树脂)道

110. *存在*

径向胞间道只存在于木射线中(图 6-20 中 1)，包含径向树脂道的射线，在弦切面上呈纺锤形，因此称为纺锤形射线。松科的落叶松属 *Larix*、云杉属 *Picea*、松属 *Pinus*

和黄杉属 *Pseudotsuga* 中除存在轴向树脂道外，也有径向树脂道。尚未发现针叶树材树种中只存在径向树脂道的情况。

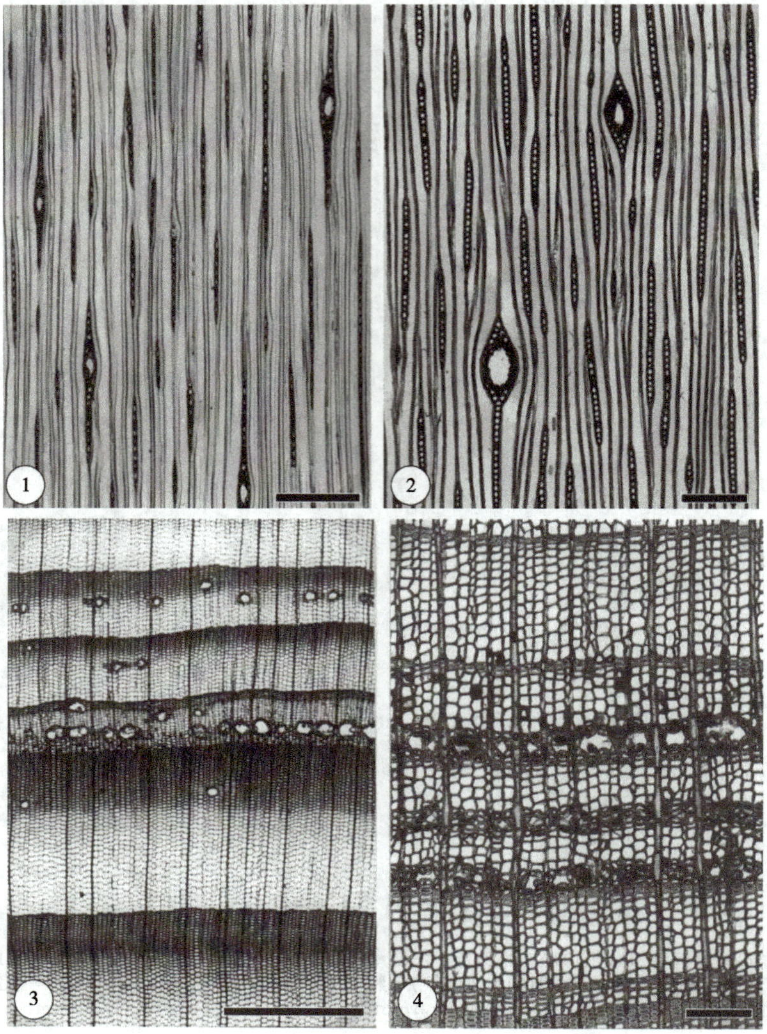

1—正常径向胞间（树脂）道（特征110），欧洲落叶松 *Larix decidua*；2—创伤径向胞间（树脂）道（特征111），黎巴嫩雪松 *Cedrus libani*，弦切面；3—弦向排列的创伤轴向胞间（树脂）道，北美黄杉 *Pseudotsuga menziesii*，横切面；4—三行弦向排列的创伤轴向胞间（树脂）道，黎巴嫩雪松 *Cedrus libani*，横切面；标尺—1、2、4：200μm，3：1.0mm。

图 6-20　创伤胞间(树脂)道

6.12.3　创伤胞间(树脂)道(轴向和径向)

111. 存在

定义：创伤树脂道通常直径较大，形状不规则，常在弦向方向上互相融合。

创伤树脂道不仅在具有正常树脂道的树种中出现，而且还出现在松科以及其他科一般不具有正常树脂道的树种中。

据 Engler(1954)、Phillips(1948)和 Bannan(1936)的报道，松科植物的树脂道可能出现下列类型：落叶松属 *Larix*、云杉属 *Picea*、松木属 *Pinus* 和黄杉属 *Pseudotsuga* 的树

种中具有正常的径向和轴向树脂道，在受到外部创伤时，则会形成创伤轴向（图 6-20 中 3）和径向树脂道。而油杉属 *Keteleeria* 只能形成正常的和创伤的轴向树脂道。雪松属 *Cedrus* 可以形成轴向和径向树脂道，由于其不规则的形状和较大的尺寸（图 6-20 中 2、4），被认为是创伤树脂道（Pearson 和 Brown，1932）。冷杉属 *Abies*、铁杉属 *Tsuga* 不具有正常的树脂道，但偶尔可以形成创伤轴向树脂道。Bailey 和 Faull（1934）曾经报道在北美红杉 *Sequoia*（柏科）中偶尔存在创伤树脂道。

6.12.4　正常轴向胞间道平均直径（树脂道）

112. 弦向直径，用泌脂细胞界定（方法 A）（μm）

113. 整个胞间道的弦向直径（方法 B）（μm）

114. 径向直径，用泌脂细胞界定（方法 C）（μm）

方法：在横切面上测量轴向胞间道的直径，选作测量用的胞间道不应过大或过小。

方法 A：包括泌脂细胞树脂道的弦向直径，通常在开口最大的地方测量。这种方法通常被大多数的参考文献所采用（例如 Greuss，1955；Panshin 和 DeZeeuw，1980）。

方法 B：整个树脂道复合体的弦向直径，常在最宽处测量。这种方法包括了轴向树脂道复合体的所有组成部分，这些组成部分与周围的轴向管胞容易区分开来。

方法 C：包括泌脂细胞的树脂道复合体的径向直径，在最宽处进行测量。

至少应对 10 个（或以上）的树脂道进行测量。推荐采用平均值和范围的方式记载，例如 30～50～75μm。

注释：正常轴向树脂道的直径（3 种测量方法中的任何一种）在种间和种内都有较大的变异，这是由树脂道的类型（厚壁、薄壁泌脂细胞）和生长条件（初始立地条件以及天然林或人工林）综合作用的结果。在多数情况下，带有厚壁泌脂细胞的树种中，轴向胞间道最小（方法 A 测得的直径为 40～100μm），如落叶松属 *Larix*、云杉属 *Picea*、黄杉属 *Pseudotsuga*。中等大小的胞间道（方法 A 测得的直径为 100～170μm），通常存在于松属 *Pinus* 中，如欧洲黑松 *Pinus nigra* 和欧洲赤松 *Pinus sylvestris*。而大的胞间道（方法 A 测得的直径为 170～300μm）是松属 *Pinus* 乔松组（白松包括瑞士石松 *Pinus cembra*、北美乔松 *Pinus strobus*）和火炬松组（南方黄松包括北美短叶松 *Pinus banksiana*、长叶松 *Pinus palustris*、火炬松 *Pinus taeda*）的特征，也出现在辐射松 *Pinus radiata* 人工林、苏门答腊松 *Pinus merkusii* 以及其他树种中。

6.12.5　正常径向胞间道的平均直径

115. …<μm >

注释：纺锤形射线中的胞间道，比相应的轴向树脂道要小。Panshin 和 DeZeeuw（1980）认为径向树脂道的直径可以用来区分木材，并且这一特性包括在针叶树材的主要特征里。例如扭叶松 *Pinus contorta* 的平均直径是 45μm，北美短叶松 *Pinus banksiana* 是 30～35μm，西加云杉 *Picea sitchensis* 小于 35μm，北美黄杉 *Pseudotsuga menziesii* 不到 25μm。

方法：径向胞间道的直径在弦切面上测量。选作测量用的胞间道，应避免过大或过小。胞间道的直径包括泌脂细胞在内，应当在最宽处测量。至少应测量 10 个（或更多）的胞间道。

推荐采用平均值和范围的方式记载，例如，25~35~60μm。

6.12.6 泌脂细胞(胞间道)

116. 厚壁

117. 薄壁

定义：泌脂细胞指围绕在胞间道周围的特殊薄壁组织细胞，通常“泌脂细胞”这一术语只特指位于树脂道的细胞。该术语不能用于围绕胞间道形成部分多层鞘状结构的轴向薄壁组织细胞(Werker 和 Fahn，1969；Kibblewhite 和 Thompson，1973；LaPasha 和 Wheeler，1990)。树脂由泌脂细胞产生，并向胞间道内分泌。

泌脂细胞通常是方形的，有时也呈现出矩形，在胞间道内形成一个连续的内层结构(上皮细胞)。在油杉属 *Keteleeria*、落叶松属 *Larix*(图 6-19 中 2)、云杉属 *Picea* 和黄杉属 *Pseudotsuga*(可能也出现在雪松属 *Cedrus* 中，参阅特征 111，创伤树脂道存在)中，泌脂细胞通常是厚壁的，具有相当的刚性。而在松属的所有树种中都存在典型的薄壁泌脂细胞(图 6-19 中 4)。

注释：松科的个别属常通过水平或径向树脂道中泌脂细胞的数目来进行区分。例如，Bosshard(1974)曾经报道黄杉属 *Pseudotsuga* 的径向树脂道中只有 6 个或更少的泌脂细胞，云杉 *Picea* 具有 7~9 个泌脂细胞，落叶松属 *Larix* 有超过 12 个以上的泌脂细胞(有关泌脂细胞数目的详细信息可参阅 Barefoot(1982)和 Sudo(1968))。在大的创伤树脂道中，泌脂细胞的数量更多，每个树脂道泌脂细胞的数量可达 30~60 个。但这不能作为识别的特征。围绕着径向树脂道的(厚壁)泌脂细胞的数量通常会有很大的变异(例如云杉具有 5~14 个；Sudo，1968)，因此这一特征并没有包括在本一览表中。有关这一特征的所有信息都应当详细记录在相应的说明里。

要清晰地区分出厚壁和薄壁泌脂细胞有时比较困难，因为厚壁泌脂细胞中通常混杂有薄壁的泌脂细胞，例如落叶松属 *Larix* 和云杉属 *Picea*。

6.12.7 拟侵填体

定义：薄壁泌脂细胞增生进入胞间道中；拟侵填体与侵填体的区别在于，前者的沉积不经过纹孔腔(IAWA，1964)。拟侵填体可能出现于所有具有薄壁或相对厚壁泌脂细胞的树种中，例如松属 *Pinus*。这一特征没有明显的识别价值。

6.13 矿物质内含物

6.13.1 晶　体

118. 存在

针叶树材中的草酸钙晶体非常少见，但这些晶体会有规律地出现在冷杉属 *Abies*、云杉属 *Picea*(菱形晶体)、银杏 *Ginkgo biloba*(晶簇)和软叶五针松 *Pinus flexilis*(泌脂细胞中有小柱状晶体)等树种中，因此是一项非常重要的鉴定特征。草酸钙晶体具有双折射特性，在偏光显微镜下很容易观察到。

6.13.2　晶体类型

119. 菱形

120. 晶簇

121. 其他类型(详细说明)

定义：菱形晶体：是由草酸钙组成的单个斜方六面或八面晶体(图 6-21 中 1、2)。

晶簇：草酸钙形成的化合物晶体，形状近似球形，有许多晶体状组成部分从表面突出，使得整个结构呈现出星形外观，例如银杏 *Ginkgo biloba*(银杏科)。同义词为：丛生晶体(图 6-21 中 3、4)。

其他：除了菱形和晶簇之外的所有晶体(详细说明)(图 6-22)。

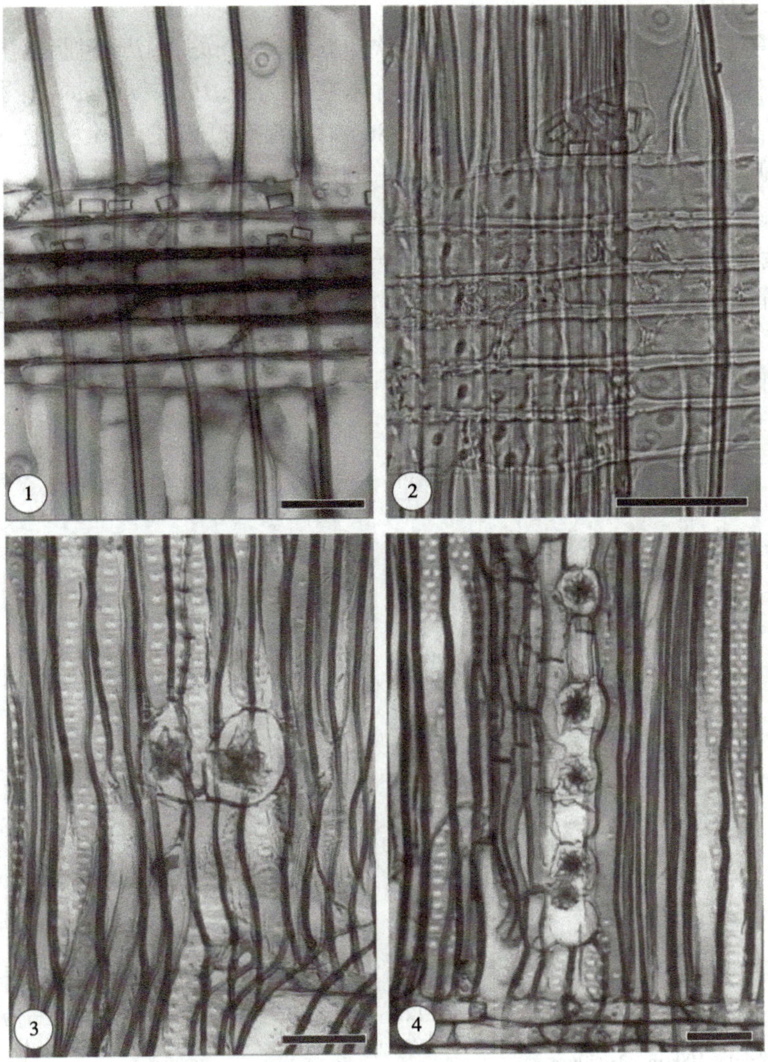

1—射线中的菱形晶体（特征119、122），欧洲银冷杉 *Abies alba*；
2—膨大的射线细胞中的菱形晶体（特征119、122），毛果冷杉 *Abies lasiocarpa*；
3—轴向薄壁组织细胞中的晶簇（特征120、123），银杏 *Ginkgo biloba*；
4—轴向薄壁组织细胞中的晶簇（特征120、123），银杏 *Ginkgo biloba*；
标尺—1、2：50μm，3、4：100μm。

图 6-21　晶体(特征 118)**，径切面**

6.13.3 晶体分布位置

122. 射线

123. 轴向薄壁组织

124. 与胞间道相连的细胞

注释：对于给定的针叶树材树种，晶体只出现在单个细胞类型中。菱形晶体比较普遍存在于冷杉属 *Abies*、雪松属 *Cedrus* 和云杉属 *Picea* 的一些树种(都是松科)中的边缘或接近于边缘的射线细胞内。这些细胞类型不能再进行划分，在任何单个类型的细胞中，都有可能发现一个或多个晶体(图 6-21 中 1、2)。

在银杏 *Ginkgo biloba*(银杏科)的轴向薄壁组织(异细胞 idioblasts)中可以观察到晶簇(图 6-21 中 3、4)。

Kellogg 等(1982)报道，在软木松组的软叶五针松 *Pinus flexilis* 树脂道中曾经观测到小的柱状晶体。非常小的柱状和纺锤形晶体在长寿松 *Pinus longaeva*、狐尾松 *Pinus balfouriana*、刺果松 *Pinus aristata*(Baas，1986)中也曾有过描述。因为这些晶体非常小，通常需要在偏光或光学显微镜下至少放大到 500 倍来进行观察(图 6-22)。

在异叶铁杉 *Tsuga heterophylla*(Krahmer 等，1970)、东澳柏 *Callitris endlicheri*(Ilic，1994)、云南榧 *Torreya yunnanensis*(Kondo 等，1996)的轴向管胞中，曾观察到有机晶体沉积物。尽管是天然有机物，而是非矿物质，但这样的晶体沉积物应当被记载到相应的说明中。

每个细胞中晶体的尺寸和数目也应当被记载下来，并做相应的说明。

提示：无晶体存在不是识别特征。

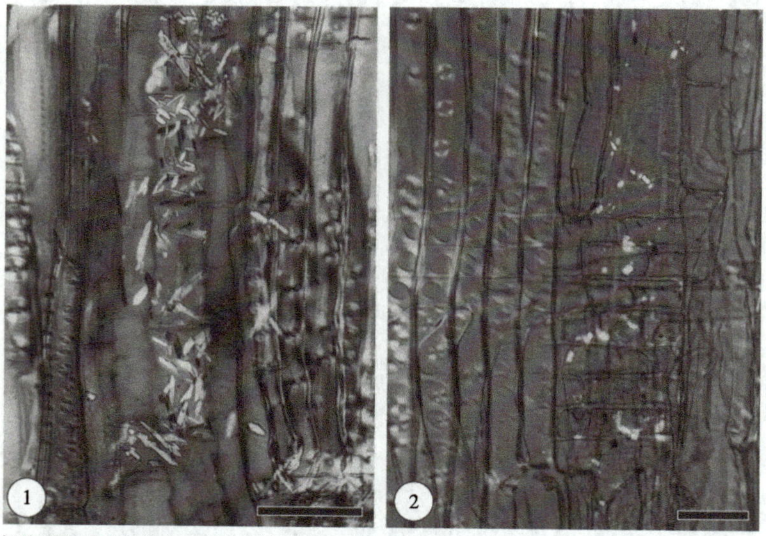

1—树脂道中的小柱状和延长状晶体（特征121、124），海岸松 *Pinus pinaster*（偏光显微镜）；
2—树脂道中的小立方体晶体（特征121、124），软叶五针松 *Pinus flexilis*（偏光显微镜）；
标尺—1：100μm，2：50μm。

图 6-22 晶体(特征 118)，**径切面**

第7章
IAWA 阔叶树材鉴定显微特征解析

国际木材解剖学家协会(IAWA)关于阔叶树材的鉴别共罗列了221个鉴定特征，包含了163个解剖特征，58个其他特征，包括地理分布、物理性质、树木习性、商用材信息和化学特征。由于木材是自然生长的生物质材料，具有生物多样性、变异性、离散性等特点，许多特征要从生物学统计意义上去理解，而不能死板地、“非此即彼”地执行和判定。

本章中识别特征前的序号与国际木材解剖学家协会发布的《阔叶树材显微特征一览表》(*IAWA List of microscopic features for hardwood identification*)特征码相一致。

7.1 生长轮

1. 生长轮界明显
2. 生长轮界不明显或缺失

定义：

生长轮界明显：生长轮间具有木材构造上的突变，通常包括木纤维细胞壁厚度的变化，以及木纤维径向直径的变化(图7-1中1、2)。

生长轮界不明显或缺失：生长轮间构造变化小或模糊，使生长轮不可见或不明显(图7-1中3)。

生长轮界明显与否可以通过以下一个或多个构造变化进行判定：

a. 厚壁且径向扁平的晚材纤维或管胞与薄壁的早材纤维或管胞(图7-1中1)，如毛子盐麸梅 *Weinmannia trichosperma*(合椿梅科)、月桂 *Laurus nobilis*(樟科)。

b. 半环孔材和环孔材的早晚材导管直径显著差异(图7-2)，如胡桃 *Juglans regia*(胡桃科)、英国榆 *Ulmus procera*(榆科)。

c. 轮界状(有轮末型或轮始型)离管型薄壁组织(图7-1中2)，如光亮木瓣木 *Xylopia nitida*(番荔枝科)、劳氏短盖豆 *Brachystegia laurentii*(苏木科)、胡桃 *Juglans regia*(胡桃科)、北美鹅掌楸 *Liriodendron tulipifera*(木兰科)。对于没有呈现纤维直径或壁厚突变的不规则带状或弦向轴向薄壁组织带，不可以判定为生长轮界明显，如微腺旋玉蕊 *Eschweilera subglandulosa*(玉蕊科)、高大假杧果 *Irvingia excelsa*(假杧果科)。

d. 晚材中呈现大量的导管状管胞或小导管分子，或这些细胞成为晚材的基本组织，而在早材中则缺失这些组织，如西洋接骨木 *Sambucus nigra*(荚蒾科)。

e. 靠近晚材的薄壁组织带出现频率降低导致产生明显的木纤维区域，如猴钵树

Lecythis pisonis(玉蕊科)、金叶树 *Donella pruniformis*(山榄科)。

f. 射线宽度出现膨大，如水青冈 *Fagus* spp.(壳斗科)。

g. 其他生长轮界类型以及由以上的多种类型组合而成的生长轮界请参考 Carlquist(1980，1988)。

虽然生长轮界缺失是非常明确的描述方式，但是生长轮界“不明显”和“明显”之间的界限是模糊的，且是有过渡区的(图 7-1 中 4)。生长轮在宏观下观察可能很明显，但在光学显微镜下不明显；生长轮明显度以显微镜下观察为准。生长轮界不明显是热带树种的常见现象(图 7-1 中 3)，如黄槟榔青 *Spondias mombin*(漆树科)、光亮球花豆 *Parkia*

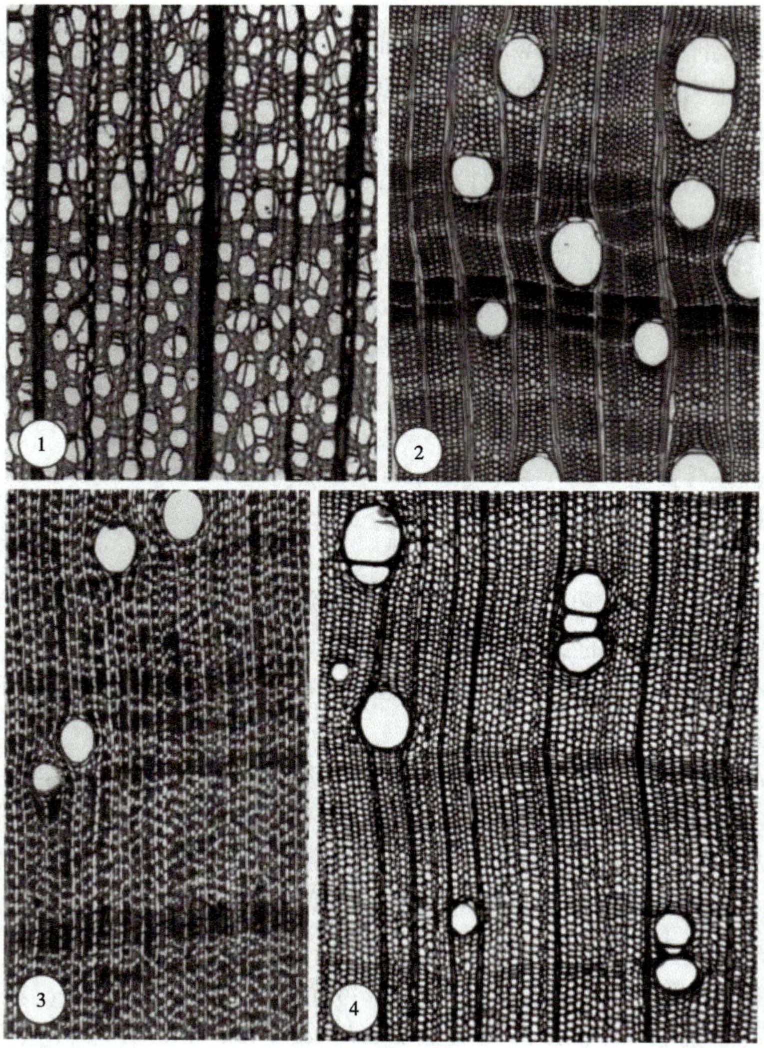

1—界线由壁厚且径向扁平的晚材纤维和导管直径差显示毛子盐麸梅 *Weinmannia trichosperma*，×80；2—界线由厚壁晚材木纤维和轮界状轴向薄壁组织带显示，光亮木瓣木 *Xylopia nitida*，×48；3—生长轮界不明显或缺失(特征 2)，菲律宾黄叶树 *Xanthophyllum philippinense*，×22；4—生长轮界在明显和不明显之间(特征 1 和 2 间可变)，柯比蓝花楹 *Jacaranda copaia*，×48。

图 7-1 生长轮界明显(特征 1)

nitida(豆科)、止血楠 *Coelocaryon preussii*(肉豆蔻科)、菲律宾黄叶树 *Xanthophyllum philippinense*(远志科)。

非周期性零星产生的生长轮界(通常由于不寻常的极端气候或创伤事件引起)应被记录为生长轮界不明显。

7.2 导　管

7.2.1 管孔分布类型

3. 环孔材
4. 半环孔材
5. 散孔材

定义：

环孔材：木材早材导管明显比上一个生长轮以及同一生长轮中的晚材导管大，形成明显环状区域，且在该生长轮中的早晚材急变(图 7-2 中 1)，如夏栎 *Quercus robur*(壳斗科)、欧洲白蜡木 *Fraxinus excelsior*(木樨科)、黄波罗 *Phellodendron amurense*(芸香科)、刺李山榄 *Bumelia lanuginosa*(山榄科)、美国榆 *Ulmus americana*(榆科)。

半环孔材：①木材早材导管明显比上一个生长轮中的晚材导管大，且在同一生长轮中导管直径自早材向晚材方向逐渐变小。②木材早材导管紧密排列，有明显环状结构，但和上一个生长轮或同一生长轮中的晚材导管相比，无明显变大。③介于环孔材与散孔材之间(图 7-2 中 1、2)，如三出破布木 *Cordia trichotoma*(紫草科)、黑核桃 *Juglans nigra*(胡桃科)、多花紫薇 *Lagerstroemia floribunda*(千屈菜科)、香洋椿 *Cedrela odorata*(楝科)、印度紫檀 *Pterocarpus indicus*(豆科)、巴旦杏木 *Prunus amygdalus*(蔷薇科)、毛泡桐 *Paulownia tomentosa*(泡桐科)。

散孔材：导管直径在整个生长轮中变化不大(图 7-2 中 5、6)，如槭木 *Acer* spp.(槭树科)、三叶杜鹃 *Rhododendron wadanum*(杜鹃花科)、连香树 *Cercidiphyllum japonicum*(连香树科)、桃花芯木 *Swietenia* spp.(楝科)、象耳豆 *Enterolobium* spp.(豆科)。热带树种几乎都为散孔材，而大部分的温带树种也为散孔材。

在描述时，环孔材早材区域的管孔特征应当给予表述，即描述早材管孔带在宽度方向(木材径向)上由多少列导管分子组成。如 Sudo(1959)使用了“早材管孔 1 列”和“多列”来描述早材区域管孔带的特征。这些特征有利于树种的区分，如 *Ulmus americana* 早材区主要由 1 列导管组成，而 *Ulmus rubra* 的早材区则由超过 2 列导管组成。

7.2.2 管孔排列类型

6. 弦向排列
7. 斜列至径向排列
8. 树枝状排列

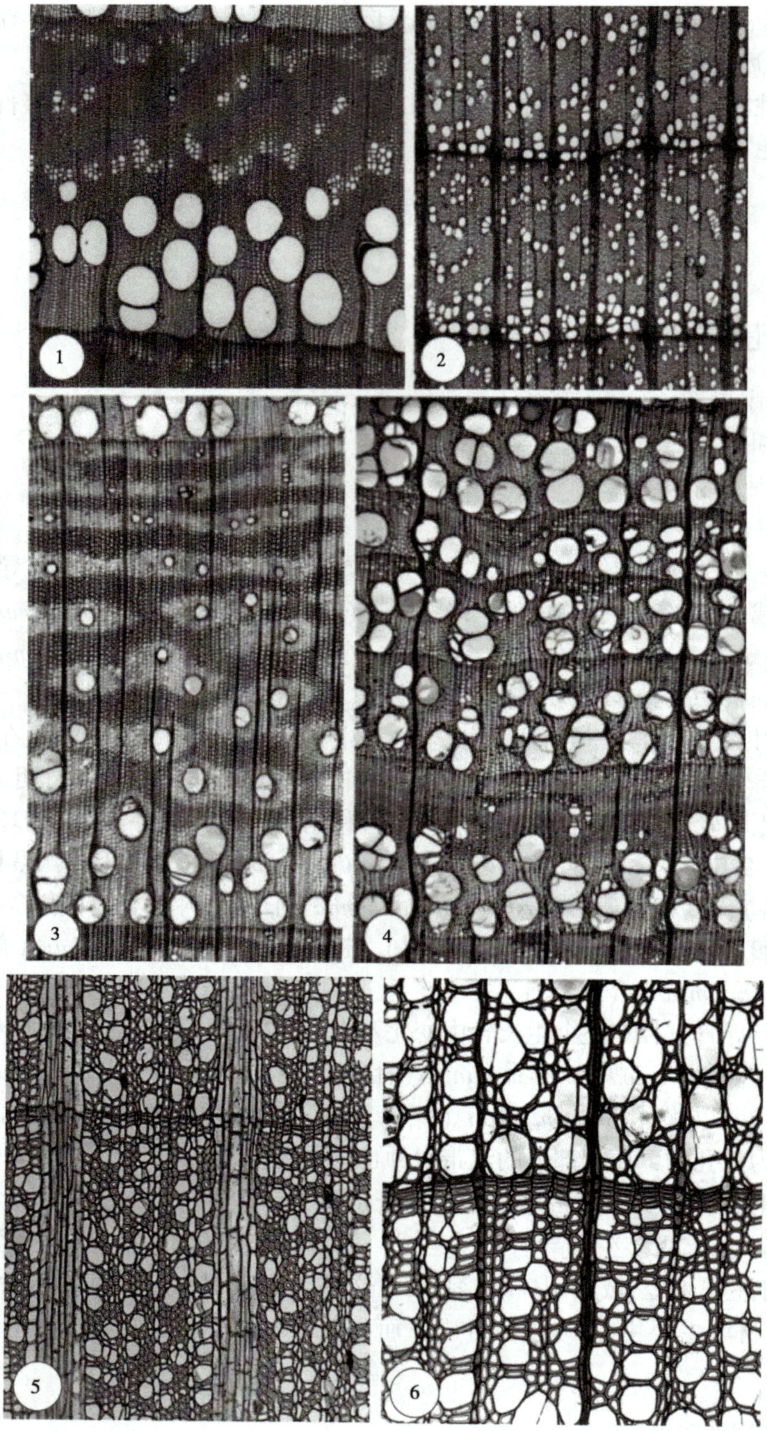

1—环孔材(特征 3), *Phellodendron amurense*, ×28; 2—半环孔材(特征 4), *Prunus* sp., ×25; 3—半环孔(特征 4), *Paulownia tomentosa*, ×18; 4—环孔材(特征 3), 年轮较窄给人散孔材或半环孔材的错觉, *Catalpa bignoniodes*, ×30; 5—散孔材(特征 5), *Rhododendron wadanum*, ×75; 6—散孔材(特征 5), *Cercidiphyllum japonicum*, 尽管最后形成的晚材导管直径与早材导管有明显差异, 仍归为散孔材, ×30。

图 7-2 管孔分布类型

定义：

管孔弦向排列：管孔与射线呈垂直方向排列，形成短或长的弦向带；这些弦向带常为直线或波浪线，也有的呈榆木状或花饰状（图 7-3 中 1~3），如刺楸 *Kalopanax pictus*（五加科）、帕塔厚壳木 *Patagonula americana*（紫草科）、吊钟花 *Enkianthus cornuus*（杜鹃花科）、智利橙桑 *Maclura pomifera*（桑科）、海桐 *Pittosporum tobira*（海桐科）、昆士兰山龙眼 *Cardwellia sublimis*（山龙眼科）。

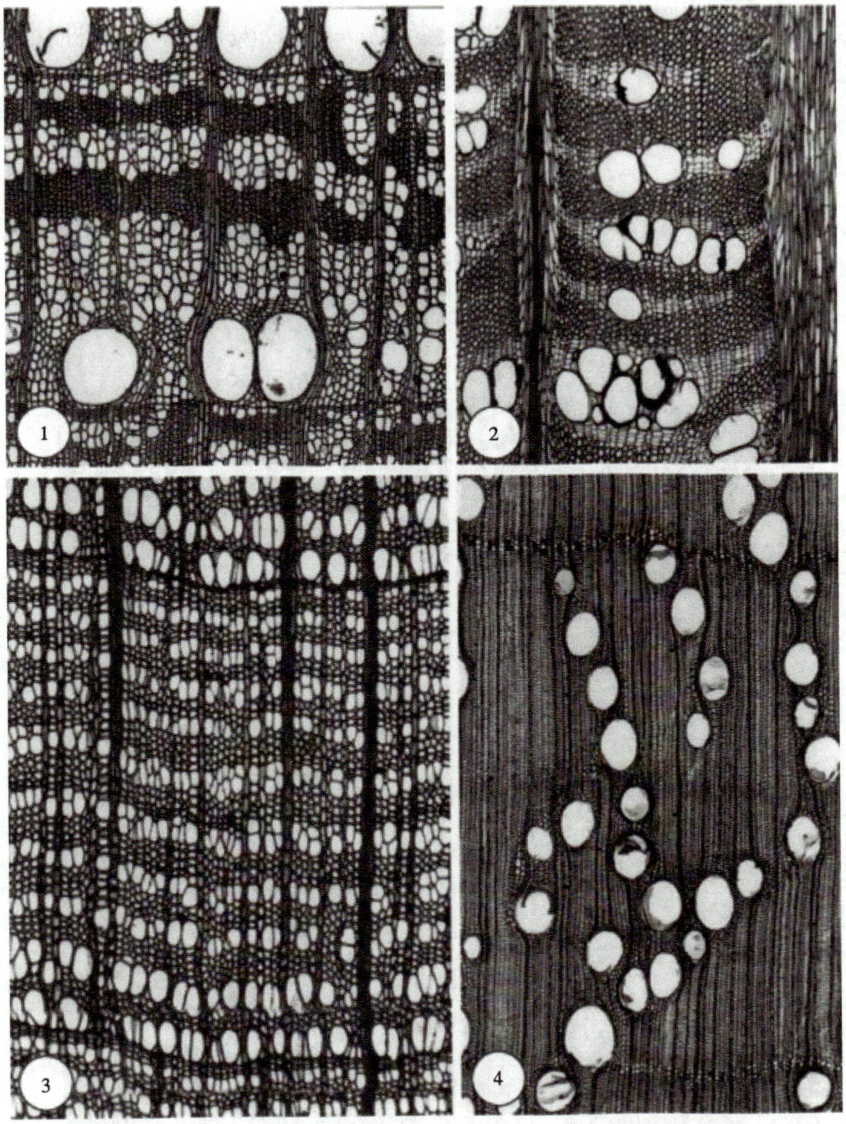

1~3 管孔弦向排列（特征 6）；1—晚材管孔弦向排列（也具有特征 3），*Kalopanax pictus*，×80；2—导管和薄壁细胞花饰状，*Cardwellia sublimis*，×30；3—所有导管管孔弦向排列，*Enkianthuscornuus*，×75；4—管孔斜列（特征 7），*Calophyllum papuanum*，×29。

图 7-3 管孔排列类型（一）

管孔斜列至径向排列：管孔径向或介于径向与弦向之间(即斜向)排列(图7-3中4，图7-4中3，图7-5中2)。如日本石栎 *Lithocarpus edulis*(壳斗科)、巴西红厚壳 *Calophyllum brasiliense*、巴布亚红厚壳 *Calophyllum papuanum*、铁力木 *Mesua ferrea*(红厚壳科)、异色桉 *Eucalyptus diversicolor*、斜叶桉 *Eucalyptus obliqua*(桃金娘科)、火炬木 *Amyris sylvatica*(芸香科)、金叶山榄 *Chloroluma gonocarpa*(山榄科)。

管孔树枝状排列：管孔呈分支状排列，形成明显的神经束状，并由无导管区域隔开(图7-3)，如香盐肤木 *Rhus aromatica*(漆树科)、美洲栗木 *Castanea dentata*(壳斗科)、流苏树 *Chionanthus retusus*(木樨科)、鼠李 *Rhamnus cathartica*(鼠李科)、刺李山榄 *Bumelia lanuginosa*(山榄科)。近义词：火焰状。

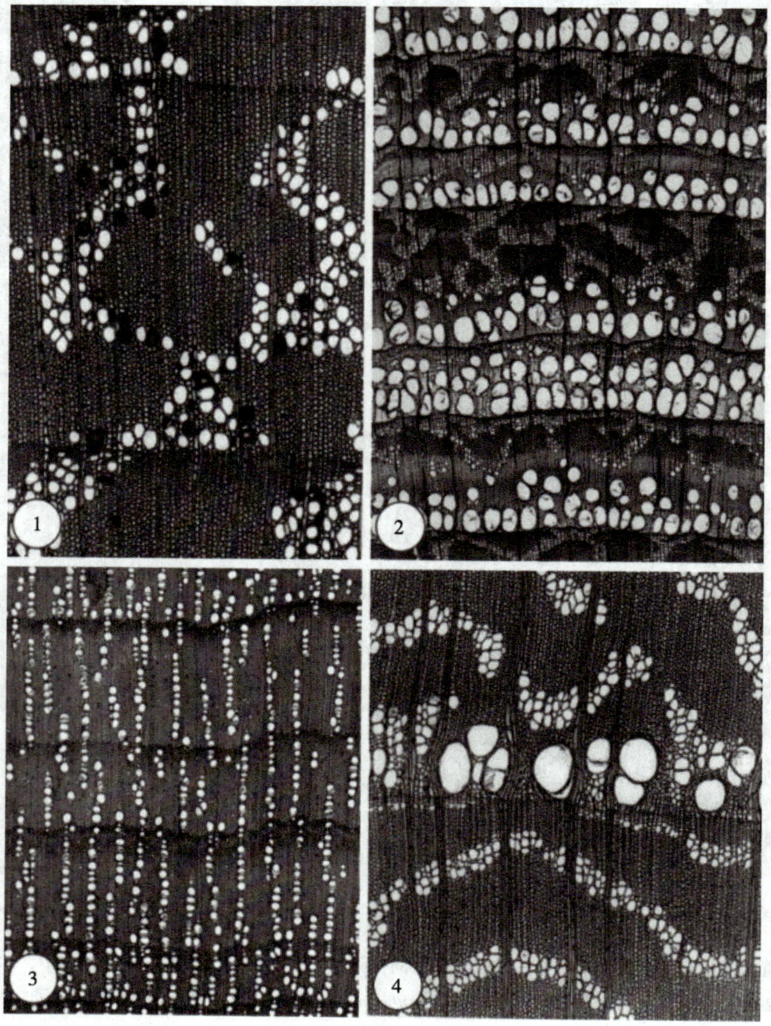

图1、2管孔树枝状排列(特征8)；1—*Rhamnus cathartica*(也具有特征5)，×60；2—*Rhus aromatica*，仅晚材管孔树枝状排列(也具有特征3)，×35；3—管孔径向排列(特征7)，*Amyris sylvatica*，×18；4—窄管孔弦向排列至斜列(特征6和7)，*Kalopanax pictus*(也具有特征3)，×80。

图7-4 管孔排列类型(二)

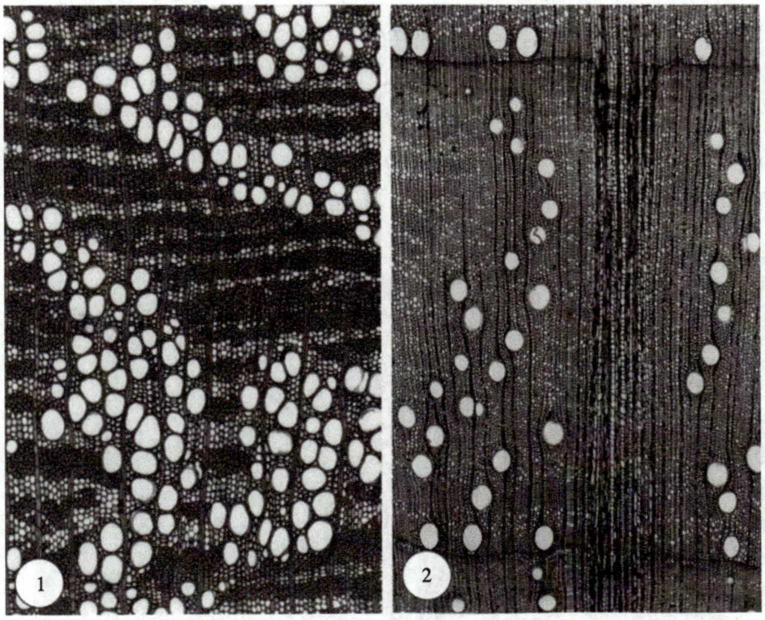

1—管孔斜列至树枝状排列(特征 7 和 8)，*Bumelia obtusifolia*(也具有特征 5)，×45；2—管孔斜列至径向排列(特征 7)，*Lithocarpus edulis*，×29。

图 7-5 管孔排列类型(三)

以上排列类型常会有组合存在。有些树种的管孔排列通常介于弦向排列和斜列之间(图 7-4 中 4)，斜列和树枝状排列之间(图 7-5 中 1)。所有适用的特征都应记录在案。对于温带环孔材，以上特征(6~8)可能仅仅局限于晚材中，而且对这些特征的描述取决于年轮的宽度，当年轮过窄时，这些特征就不明显。

7.2.3 管孔的组合类型

9. 单管孔(90%或以上)

10. 径列复管孔 4 个或以上

11. 管孔团

定义：

单管孔：在横切面上观察，90%及以上的管孔单独存在，即完全被其他组织包围；或者说 90%及以上的导管不与其他导管接触(图 7-6 中 1)，如破斧盾籽木 *Aspidosperma quebracho*(夹竹桃科)、星圣木 *Caraipa* spp.(红厚壳科)、王桉 *Eucalyptus regnans*(桃金娘科)，野苹果 *Malus sylvestris*(蔷薇科)、木荷 *Schima wallichii*(山茶科)。

径列复管孔 4 个或以上：管孔通常以 4 个及以上呈径向复管孔形式呈现于木材横切面(图 7-6 中 2)，如多花海芒果 *Cerbera floribunda*(夹竹桃科)、冬青 *Ilex aquifolium*(冬青科)、短被菊 *Brachylaena hutchinsii*(菊科)、粗毛杜英 *Elaeocarpus hookerianus*(杜英科)、马钱子 *Strychnos nux-vomica*(马钱科)、炬香木 *Amyris balsamifera*(芸香科)、甘比山榄 *Gambeya excelsa*(山榄科)。

管孔团：管孔通常以 3 个或 3 个以上同时在径、弦两个方向紧密相接而聚集在一起，且普遍存在(图 7-6 中 3)，如南洋参 *Polyscias elegans*(五加科)、海桐 *Pittosporum ferrugineum*(海桐科)，以及三刺皂荚 *Gleditsia triacanthos*、北美肥皂荚 *Gymnocladus dioica*(豆科)、桑树 *Morus alba*(桑科)、苦木 *Ailanthus altissima*(苦木科)等的晚材部分。

当遇到以下几种情形，识别时需特别小心，不能识别成复管孔：①单管孔，但由于上下导管分子间端壁倾斜搭接，在横切面观察时给人以两个管孔连接的错觉。如连香树属 *Cercidiphyllum*(连香树科)和八角属 *Illicium*(八角科)的树种。②相邻比较紧密的单管孔，如桉属 *Eucalyptus*(桃金娘科)和红厚壳属 *Calophyllum*(红厚壳科)的树种。

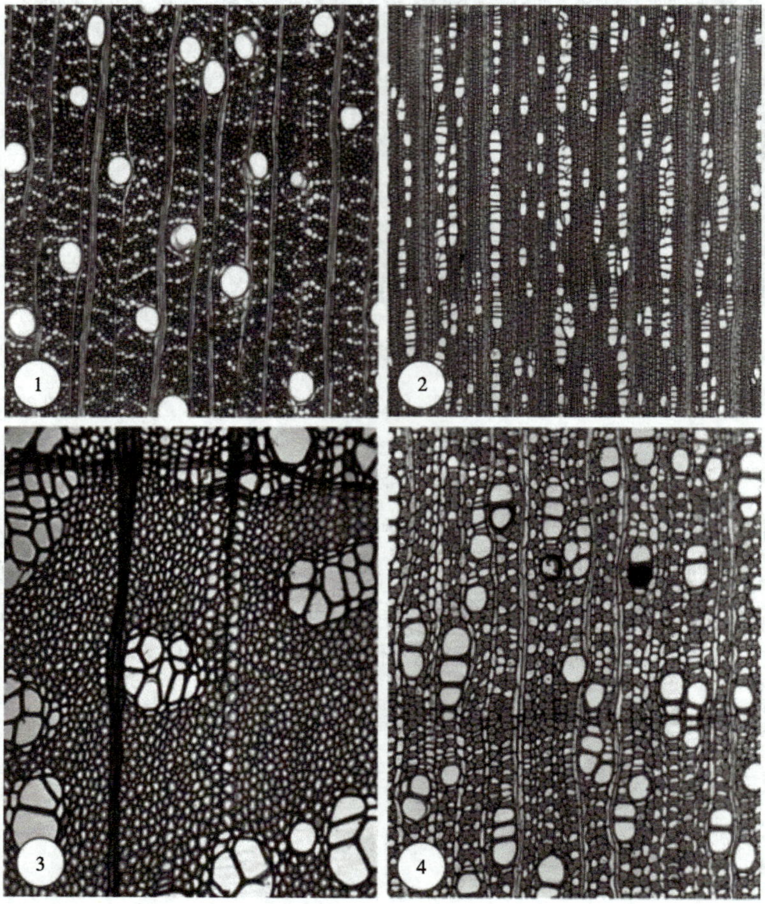

1—只有单管孔(特征 9)，*Aspidosperma quebracho*，×45；2—径列复管孔 4 个或以上普遍(特征 10)，*Elaeocarpus hookerianus*，×29；3—管孔团普遍(特征 11)，*Gymnocladus dioica*，晚材，×29；4—部分单管孔，部分径列复管孔 2~4 个，或小管孔团(特征 9，10 和 11 缺失，不记载)，*Drypetes gerrardii*，×75。

图 7-6 管孔的组合类型

7.2.4 单管孔轮廓

12. 单管孔轮廓多角形

定义：

单管孔轮廓多角形：单管孔横切面轮廓呈多角形(图 7-7 中 1)，如毒戟木 *Aextoxicum punctatum*(鳞枝树科)，连香树 *Cercidiphyllum japonicum*(连香树科)，白栎类晚材导管(如白栎 *Quercus alba*、夏栎 *Quercus robur*，壳斗科)、吕宋粗丝木 *Stemonurus luzoniensis*(粗丝木科)、八角桂 *Hortonia* spp. 和 *Mollinia* spp.(玉盘桂科)。

对于环孔材，仅观察晚材管孔的轮廓；对于化石木或考古木材样本，由于长期的沉积作用，常会产生管孔形态的变化，只有当试样无明显干缩扭曲时方可使用该描述特征。

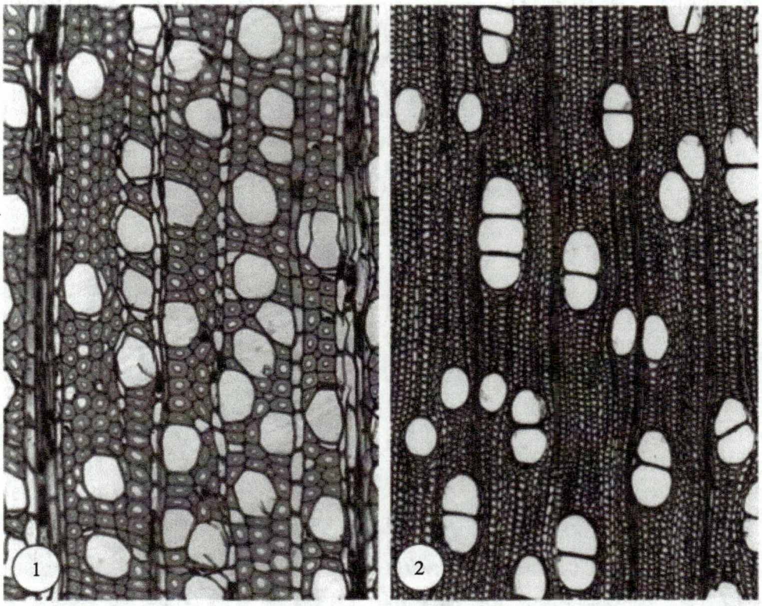

1—单管孔轮廓多角形(特征 12)，*Stemonurus luzoniensis*，×75；2—管孔圆形(特征 12 缺失，不记载)，*Banara regia*，×45。

图 7-7　单管孔轮廓

7.2.5　穿孔板

13. 单穿孔板
14. 梯状穿孔板
15. 梯状穿孔板，横隔 10 条以下
16. 梯状穿孔板，横隔 10~20 条
17. 梯状穿孔板，横隔 20~40 条
18. 梯状穿孔板，横隔 40 条以上
19. 网状穿孔板，筛状穿孔板及其他复穿孔板

定义：

单穿孔板：只有一个圆形或椭圆形开口的穿孔板(图 7-8 中 1)，如七叶树 *Aesculus hipp ocastanum*(无患子科)、非洲楝 *Entandrophragma* spp.(楝科)、紫檀 *Pterocarpus* spp.(豆科)，榉树 *Zelkova* spp.(榆科)。

梯状穿孔板：具有一个或多个细长平行开口的穿孔板，即开口间由一个或多个横隔开(图 7-8 中 3)。

梯状穿孔板，横隔 10 条以下：代表树种有欧榛 *Corylus avellana*(桦木科)、尾瓣桂 *Goupia* spp.(尾瓣桂科)、北美鹅掌楸 *Liriodendron tulipifera*(木兰科)、柯拉铁青树 *Coula edulis*(铁青科)、美洲红树 *Rhizophora mangle*(红树科)。

梯状穿孔板，横隔 10~20 条：代表树种有垂枝桦 *Betula pendula*(桦木科)、大蕈木

Altingia excelsa、北美枫香 *Liquidambar styraciflua*（金缕梅科）、加蓬襄舌木 *Sacoglottis gabonensis*（假弹树科）、木荷 *Schima wallichii*（山茶科）。

梯状穿孔板、横隔 20～40 条（图 7-8 中 3）：代表树种有连香树 *Cercidiphyllum japonicum*（连香树科）、李榄梅 *Dicoryphe stipulacea*（金缕梅科）、高山紫树 *Nyssa ogeche*（蓝果树科）、欧洲省沽油 *Staphylea pinnata*（省沽油科）。

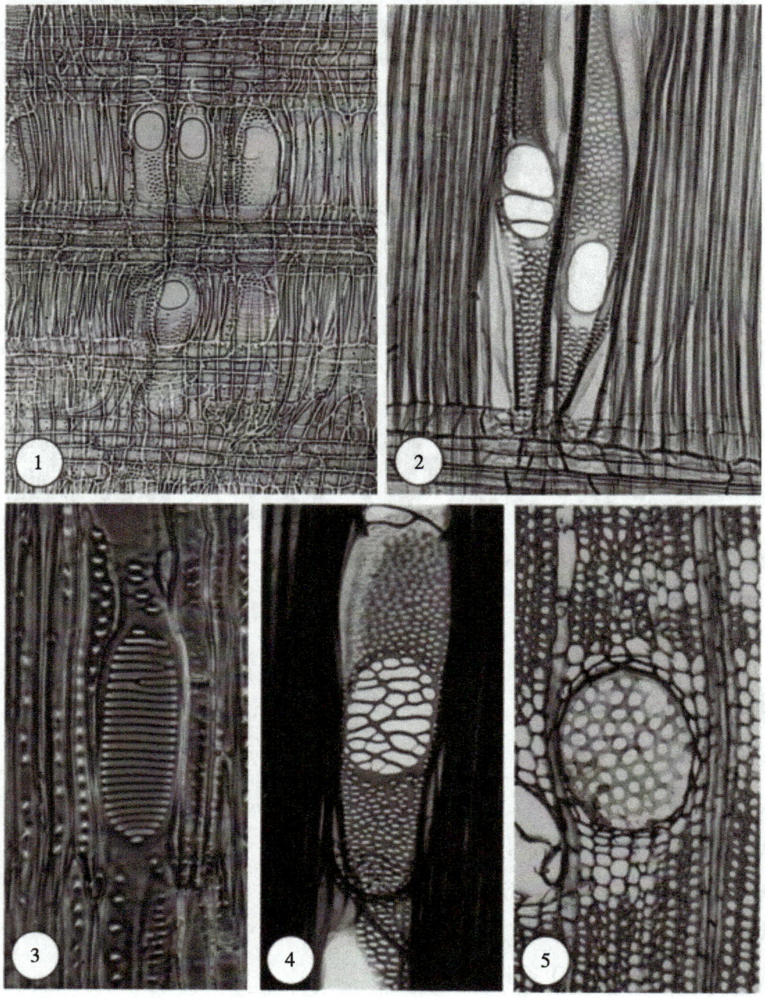

1—单穿孔板（特征 13），*Aesculus hippocastanum*，×105；2—单穿孔及梯状穿孔板，横隔 2 条（特征 13～15），*Didymopanax morototoni*，×115；3—梯状穿孔板，横隔 20~40 条（特征 14 和 17），*Staphylea pinnata*，×220；4—网状穿孔板（特征 19），*Didymopanax morototoni*，×115；5—筛状穿孔板（特征 19），*Oroxylum indicum*，×115。

图 7-8 穿孔板（一）

梯状穿孔板横隔 40 条以上：代表树种有毒戟木 *Aextoxicum punctatum*（鳞枝树科）、雪香兰 *Hedyosmum* spp.（金粟兰科）、五桠果 *Dillenia triquetra*（五桠果科）。

网状穿孔板：穿孔板中的孔口紧密相连，并由比孔口间距更窄的壁隔开，或具有丰富的不规则分枝状壁，形成网状外观（图 7-8 中 4），代表树种有 *Didymopanax morototoni*（五加科）、*Iryanthera juruensis*（肉豆蔻科）。

筛状穿孔板：穿孔板具有圆形或椭圆形孔口，如筛状，壁部分可比网状穿孔中的壁部分要厚（图 7-8 中 5），代表树种有木蝴蝶 *Oroxylum indicum*（紫葳科）。

其他类型穿孔板：如复合形式穿孔板或辐射状穿孔板，见以下说明和图 7-9。

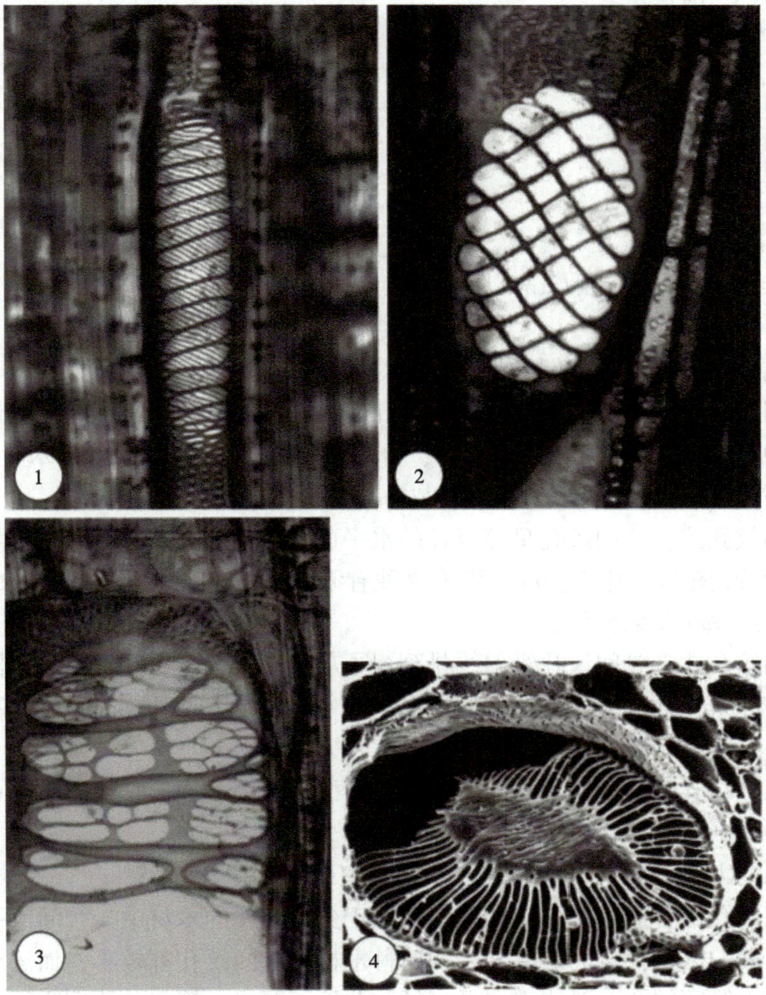

1—复合型梯状穿孔板（特征 14 和 19），*Iryanthera paraensis*，×209；2—网状穿孔板（特征 19，常与特征 14 并存），*Iryanthera juruensis*，×290；3—梯状与网状复合穿孔板（特征 14 和 19），*Iryanthera elliptica*，×290；4—辐射状穿孔板（特征 19），*Cytharexylum myrianthum*，×300（扫描电镜拍摄）。

图 7-9 穿孔板（二）

单穿孔板是最常见的类型，存在于超过 80%的木材中（Wheeler et al.，1986）。大部分木材仅有单穿孔板，部分木材同时具有单穿孔板和梯状穿孔板或其他类型穿孔板，另有部分木材仅有梯状穿孔板。当超过一种穿孔板类型存在时（图 7-8 中 2），应记录所有类型。

7.2.6 管间纹孔式类型和形态

管间纹孔式的类型如下：

20. 梯状管间纹孔式

21. 对列管间纹孔式

22. 互列管间纹孔式

管间纹孔式形态如下：

23. 互列管间纹孔多角形

管间纹孔的大小(仅针对互列纹孔式和对列纹孔式)如下：

24. 微小：4μm 以下

25. 小：4~7μm

26. 中：7~10μm

27. 大：10μm 以上

28. 管间纹孔大小的范围(μm)

定义：

管间纹孔式：相邻导管之间的具缘纹孔对的形式。

梯状管间纹孔式：细长或直线状管间纹孔像梯子状排列(图 7-9 中 1)，代表树种有网脉五桠果 *Dillenia reticulata*(五桠果科)、台湾含笑 *Michelia compressa*(木兰科)、智利月桂檫 *Laurelia* spp.(香皮檫科)、红树 *Rhizophora* spp.(红树科)。

对列管间纹孔式：管间纹孔呈短至长的水平成行排列，即纹孔沿横向定向排列，且贯穿于整个导管(图 7-10 中 2、9)，代表树种有鹅掌楸 *Liriodendron* spp.(木兰科)，高山紫树 *Nyssa ogeche*(蓝果树科)。

互列管间纹孔式：管间纹孔沿斜线排列(图 7-10 中 4、5、7、8)，代表树种有槭树科、马比木 *Mappia racemosa*(茶茱萸科)、豆科、楝科、柳树 *Salix* spp.(杨柳科)、无患子科。

多角形互列纹孔式：管间纹孔外形，如纵切面所示，多边形且超过 4 边(图 7-10 中 5)，代表树种有杨柳科及大部分豆科。

管间纹孔的大小(对列及互列纹孔)：纹孔室最大水平直径。

互列管间纹孔最普遍，对列及梯状仅存在于少数科属的木材中。管间纹孔的大小有助于在科内属间的区别及科间的区别，如楝科木材的管间纹孔都较小，而漆树科木材管间纹孔都较大，管间纹孔一般测定水平直径。此外不要将导管与环管管胞间的纹孔也误认为是管间纹孔。

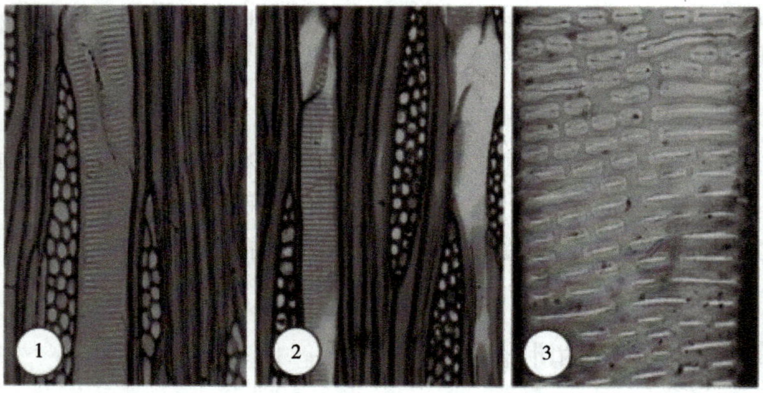

1—梯状管间纹孔式(特征 20)，*Michelia compressa*，×115；2—对列管间纹孔式(特征 21)，*Liriodendron tulipifera*，×115；3—梯状至对列管间纹孔式(特征 20 和 21)，*Ilex laurina*，×350；

图 7-10

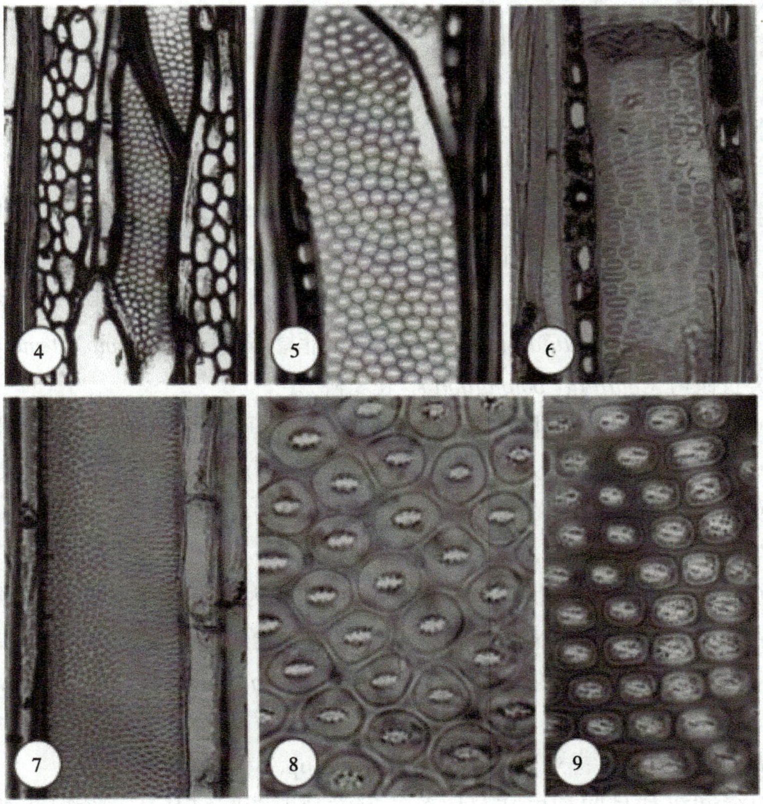

4—互列管间纹孔式(特征 22), *Mappia racemosa*, ×112; 5—多角形互列纹孔式(特征 23), *Salix* spp., 也具有特征 22, 26 和 27; ×290; 6—管间纹孔圆形至椭圆形(特征 23 缺失), 纹孔对列(特征 21), *Nothofagus moorei*, ×300; 7—管间纹孔尺寸微小, 小于 4μm(特征 24), *Polyalthia oblongifolia*, 纹孔互列(特征 22), ×300; 8—附物纹孔(特征 29), *Terminalia* sp., ×825; 9—类似附物纹孔, 由于可溶性沉积物的存在(特征 29 缺失), 对列纹孔(特征 21), *Ilex cymosa*, ×800。

图 7-10　管间纹孔式类型

7.2.7　附物纹孔

29. 附物纹孔

定义:

附物纹孔: 由于次生壁突出生长而在纹孔腔和/或纹孔口的部分或全部被突起物所填充的纹孔(图 7-10 中 8), 代表树种有使君子科、千屈菜科、桃金娘科和茜草科, 以及大部分豆科。

附物纹孔是整个科或科内某几组木材的特征, 附物纹孔的数目、大小、分布变化很大, 这些特征具有识别价值。附物纹孔可存在于管间纹孔、导管-射线间纹孔、导管与轴向薄壁细胞间纹孔、管胞间纹孔或木纤维间纹孔。对于附物纹孔的判定宜在油镜或扫描电镜下观察。

7.2.8　导管与射线间纹孔式

30. 同管间纹孔式

31. 单纹孔或略具狭缘, 大圆形或方形

32. 单纹孔或略具狭缘，刻痕状
33. 导管与射线间纹孔具两种尺寸及形态
34. 单侧复纹孔式
35. 导管与射线间纹孔仅限于射线边缘细胞

定义：

导管与射线间纹孔式：射线细胞与导管分子之间的半具缘纹孔对的形式。

同管间纹孔式：导管与射线间纹孔为明显的具缘纹孔，大小及形状类似管间纹孔（在整个射线细胞内）（图 7-11 中 1、2）。代表树种有槭树科、豆科、楝科、冬青 *Ilex aquifolium*（冬青科）、桦木 *Betula* spp.（桦木科）、菲律宾弯蕊木 *Camptostemon philippinense*（锦葵科）、类长圆叶 *Couratari oblongifolia*（玉蕊科）。

单纹孔或略具狭缘，大圆形或方形：导管与射线间纹孔为明显的单纹孔，或单纹孔具甚狭的缘，形状为圆形或方形（图 7-11 中 3、4）。代表树种有杜英 *Elaeocarpus calomala*（杜英科）、弯药土楠 *Clinostemon* spp.（樟科）、桉树 *Eucalyptus* spp.（桃金娘科）、杨木 *Populus* spp.、柳树 *Salix* spp.（杨柳科）。

单纹孔或略具狭缘，刻痕状：导管与射线间纹孔为明显的单纹孔，或单纹孔具甚狭的缘，形状为长椭圆形，呈水平梯状或裂口状至垂直栅栏状排列（图 7-11 中 5、6）。如图 49 和 50，代表树种有三棱栎 *Trigonobalanus verticillata*、栎木 *Quercus* spp.（壳斗科）、塔斯马尼亚檫木 *Atherosperma moschata*、智利月桂檫 *Laurelia aromatica*（香皮檫科）、*Horsfieldia subglobosa*（肉豆蔻科），蒲桃 *Syzygium* spp.（桃金娘科）。

导管与射线间纹孔具两种尺寸及形态：导管与射线间纹孔在一个射线细胞内具两种尺寸或不同类型的纹孔式（图 7-11 中 7、8）。代表树种有古柯属 *Erythroxylum* 部分树种（古柯科），迦楼果 *Anacolosa* spp.、草帽果 *Chaunochiton* spp.（铁青树科）、檀香 *Santalum* spp.（檀香科）、山榄 *Planchonella* spp.（山榄科）。

单侧复纹孔式：导管与射线细胞间两侧的纹孔大小和数量不等的纹孔构成纹孔对，即一侧单个与另一侧 2 个或多个纹孔相连组成，单个的大纹孔大于 10μm（图 7-11 中 9）。代表树种有含笑 *Michelia champaca*（木兰科）、角果木 *Ceriops* spp.、秋茄树 *Kandelia* spp.、红树 *Rhizophora* spp.（红树科）。

导管与射线间纹孔仅限于射线边缘细胞：导管与射线间纹孔仅存在于射线边缘的 1~数排细胞，而中间部位的射线细胞与导管间不产生纹孔。如图 47，代表树种有桦叶鹅耳枥 *Carpinus betulus*（桦木科）、欧洲七叶树 *Aesculus hippocastanum*（七叶树科）、杨树 *Populus* spp.、柳树 *Salix* spp.（杨柳科）。

以上特征可能以组合的形式存在，均应详细记载。因为导管-射线中部细胞间的纹孔式与导管-射线边缘细胞间的纹孔式可能不同。

如果木材以单管孔为主，导管射线间纹孔式无法与管间纹孔式比较。当导管与射线薄壁细胞间纹孔在大小及形态上一致且具纹孔缘，则按特征 30 记载，如果不是，则可能为特征 31~35 中的任一个特征。

导管-轴向薄壁细胞间的纹孔式一般与导管-射线薄壁细胞间纹孔式类似。

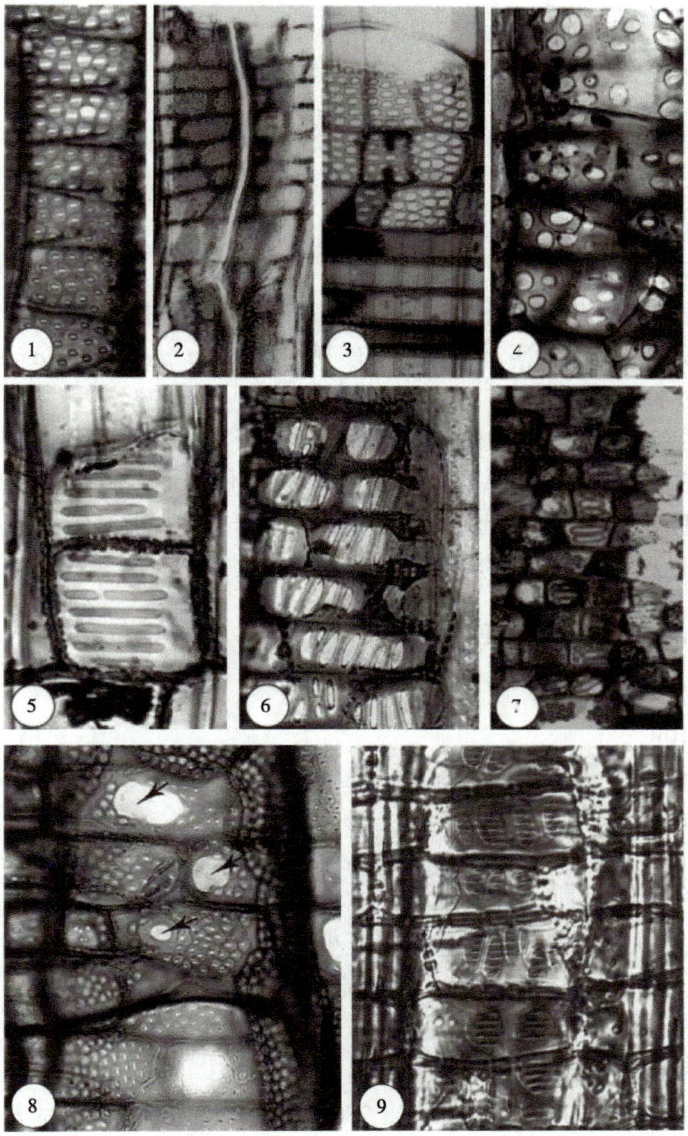

1、2—导管与射线间纹孔式同管间纹孔式(特征 30); 1 为 *Couratari* cf. *oblongifolia*, ×290; 2 为 *Camptostemon philippinense*, ×75; 3、4—导管与射线间纹孔式为单纹孔或具狭缘, 纹孔圆形(特征 31); 3 为 *Salix* spp. (杨柳科), 也具有特征 35; ×290; 4 为 *Elaeocarpus calomala*, ×290; 5、6—导管与射线间纹孔式为单纹孔或具狭缘, 纹孔刻痕状(特征 32); 5 为纹孔水平, *Atherosperma moschata*, ×450; 6—纹孔垂直, *Trigonobalanus verticillata*, ×290; 7—部分导管与射线间纹孔式为单纹孔或具狭缘, 部分导管与射线间纹孔在一个射线细胞内具明显不同的两种尺寸(特征 32 和 33), *Horsfieldia subglobosa*, ×115; 8—导管与射线间纹孔式在一个射线细胞内具两种尺寸及类型 (特征 33); 大纹孔(如箭头所指)类似穿孔, *Chaunochiton breviflorum*, ×290; 9—导管与射线间纹孔式为单侧复纹孔式(特征 34), *Ceriops tagal*, ×450。

图 7-11 导管与射线间纹孔式

7.2.9 螺纹加厚

36. 导管具螺纹加厚
37. 螺纹加厚存在于整个导管中
38. 螺纹加厚仅限于导管尾部

39. 螺纹加厚仅限于小导管

定义：

导管具螺纹加厚：导管分子内壁上有脊状突起，呈螺旋形排列。

螺纹加厚存在于整个导管中(图 7-11 中 1、2)：代表树种有槭树 *Acer* spp.（槭树科)、七叶树 *Aesculus* spp.（七叶树科)、金雀儿 *Cytisus scoparius*(豆科)、刺李 *Prunus spinosa*(蔷薇科)、椴树 *Tilia* spp.(锦葵科)。

螺纹加厚仅限于导管尾部(图 7-11 中 3、4)：代表树种有连香树 *Cercidiphyllum japonicum*(连香树科)、北美枫香 *Liquidambar styraciflua*(蕈树科)。

螺纹加厚仅限于小导管：代表树种有刺槐 *Robinia pseudoacacia*(豆科)，美国榆 *Ulmus americana*(榆科)。

螺纹加厚的变化较多，如粗细、倾斜程度、是否具分枝、螺距等，推荐在木材观察时描述上述特征。描述螺纹加厚时，特征 36 应与其他特征(特征 37、38 或 39)一并记录。螺纹加厚可出现在导管状管胞、环管管胞或木纤维等细胞上(特征 64)，但很少出现在轴向薄壁细胞中。此外不要将合生纹孔口与螺纹加厚混淆。

7.2.10 导管腔弦向平均直径

40. 50μm 以下

41. 50~100μm

42. 100~200μm

43. 200μm 以上

44. 平均，标准差，范围，样本数($n=x$)

导管腔弦径在横切面上测定，选取时不能刻意选较大或较小的导管。导管腔弦径须测量导管开口的最大距离，不包含壁厚。至少测定 25 个导管，对环孔材(特征 3)及具 2 种径级的非环孔材(特征 45)的导管，仅测定并记录较大的尺寸，但小导管的尺寸也是有用的。对半环孔材在一个年轮内测定，推荐测定超过 25 个导管；对于这类木材，导管腔弦径预期标准差会较大。

树种中平均弦径在 100~200μm 的比 200μm 以上及 50μm 以下的普遍，在灌木中，弦向平均直径 50μm 以下的较普遍。

45. 导管直径差异显著但非环孔材

定义：

导管直径差异显著但非环孔材：木材导管具显著差异的两种径级，即导管腔弦径呈双峰分布，但又不是环孔材(图 7-12 中 1)，代表树种有猕猴桃 *Actinidia* spp.（猕猴桃科)、马龙山柑 *Capparis maroniensis*(山柑科)、亮叶鱼藤 *Derris hylobia*(豆科)、*erjania subdentata*(无患子科)、苞藤 *Congea tomentosa*(唇形科)。

7.2.11 每平方毫米管孔数

46. 5 个以下

47. 5~20 个

48. 20~40 个

49. 40~100 个

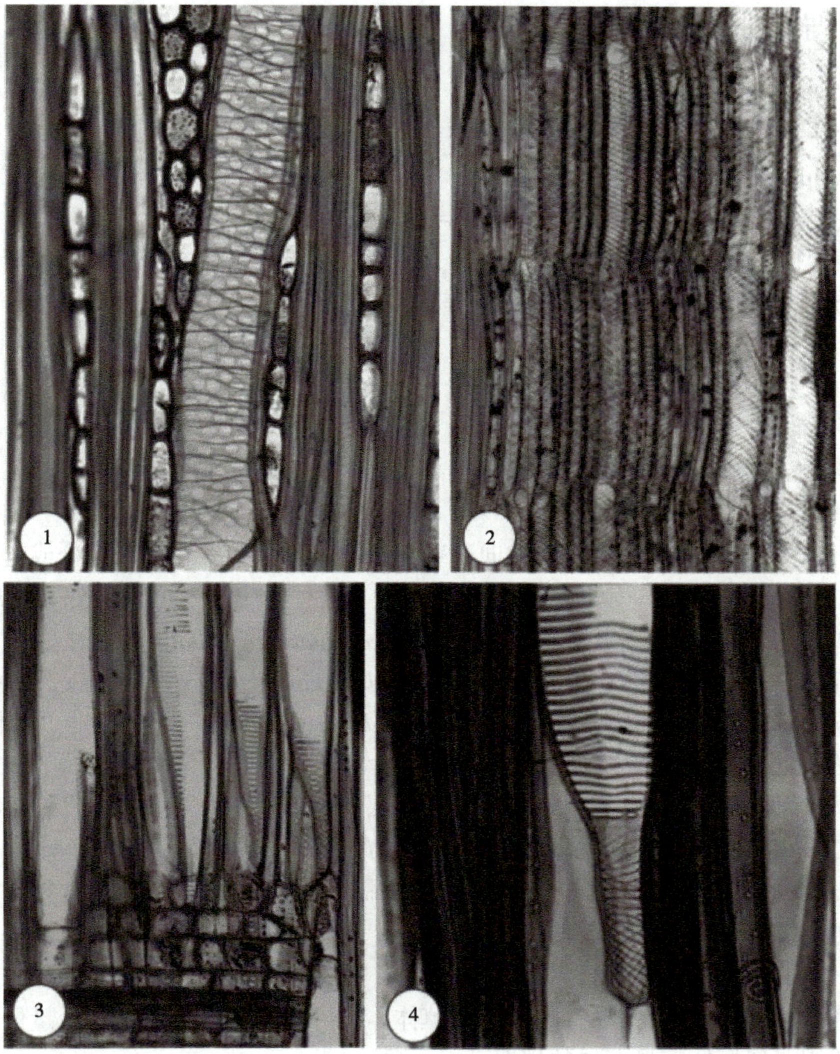

1、2—螺纹加厚在整个导管中(特征 36 和 37)，1 为 *Prunus spinosa*，×290；2 为 *Cytisus scoparius*，×220；3、4—螺纹加厚仅限于导管尾部(特征 36 和 38)，*Cercidiphyllum japonicum* 3：×150，4：×240。

图 7-12　螺纹加厚

50. 100 个以上

51. 平均，标准差，范围，样本数($n=x$)

所有导管每个都计数，比如由 4 个管孔构成的一组径列复管孔计为 4 个管孔(Wheeler，1986)，至少在 5(最好为 10)个区域内测定，这与管孔直径及分布有关，对导管较小的用 1mm×1mm 或更小的区域，对导管大且分散的木材，可在低放大倍数(如物镜为 4 倍)的整个显微镜视野内测定，对部分在视野内的导管，以 50%计，如果导管数很少，推荐测定 100 个导管。

对于环孔材、导管与导管状管胞及导管与环管管胞相混生的木材一般不计测单位面积的导管数。如树枝状排列的鼠李 *Rhamnus cathartica*(鼠李科)，或弦向带状排列的榆木属 *Ulmus*(榆科)。

7.2.12 导管分子平均长度

52. 350μm 以下
53. 350~800μm
54. 800μm 以上
55. 平均，标准差，范围，样本数($n=x$)

测定整个导管的长度，从导管尾部到另一端尾部，最好在离析材料中测定。至少测定 25 个导管的长度，以得出平均值和范围。

7.2.13 导管中的侵填体及沉积物

56. 侵填体
57. 硬化侵填体

定义：

侵填体：由导管周围的射线或轴向薄壁细胞通过导管壁纹孔进入部分或全部堵塞导管腔形成，也称为薄壁侵填体或普通侵填体，是木材(边材外部除外)中常见特征(图 7-13 中 2、3)，代表树种有腰果木 *Anacardium occidentalis*(漆树科)、刺人参 *Acanthopanax* spp.(五加科)、连香树 *Cercidiphyllum japonicum*(连香树科)、白桃花心桉 *Eucalyptus acmenioides*(桃金娘科)、润肺木 *Strombosia pustulata*(铁青树科)、刺槐 *Robinia pseudoacacia*(豆科)。

硬化侵填体：侵填体具有很厚的木质化多层壁(图 7-13 中 4、5)，代表树种有毛果大戟木 *Chaetocarpus schomburgkianus*、巴桐 *Micrandra spruceana*(大戟科)、*Cantleya corniculata*(茶茱萸科)、坤甸铁樟 *Eusideroxylon zwageri*(樟科)、圭亚那饱食桑 *Brosimum guianense*(桑科)。

侵填体的观察最好在心材，如果是环孔材，则选择早材导管。不同树种的木材侵填体丰富程度不一，可以所有导管均充满侵填体，也可能少量导管中存在少量侵填体。特征 56 不适用于侵填体零星存在的情况。

具硬化侵填体的木材通常也具有薄壁侵填体，可同时存在特征 56 和 57。有些木材同时含侵填体和树胶沉积物(特征 58)，可同时存在特征 56 和 58。可能为普通侵填体或硬化侵填体，可具纹孔，可有淀粉、晶体、树脂、树胶等。这些信息应被记载。

58. 心材导管内含树胶及其他沉积物

从横切面观察，沉积物完全填满一些导管腔(特征 63)；从纵切面观察，沉积物经常出现在导管分子末端。沉积物在放大镜下观察通常较为明显，而切片和固定时可能会去除木材中的部分沉积物。

树胶和其他沉积物常包含多种化学物质，可呈现多种颜色(白色、黄色、红色、褐色、黑色)。在描述此特征时建议标明丰富程度和颜色。

7.2.14 不具导管的阔叶树材

59. 木材不具导管

定义：

木材不具导管：阔叶树材中无导管分子，仅由无穿孔的管胞和薄壁细胞组成(图 7-

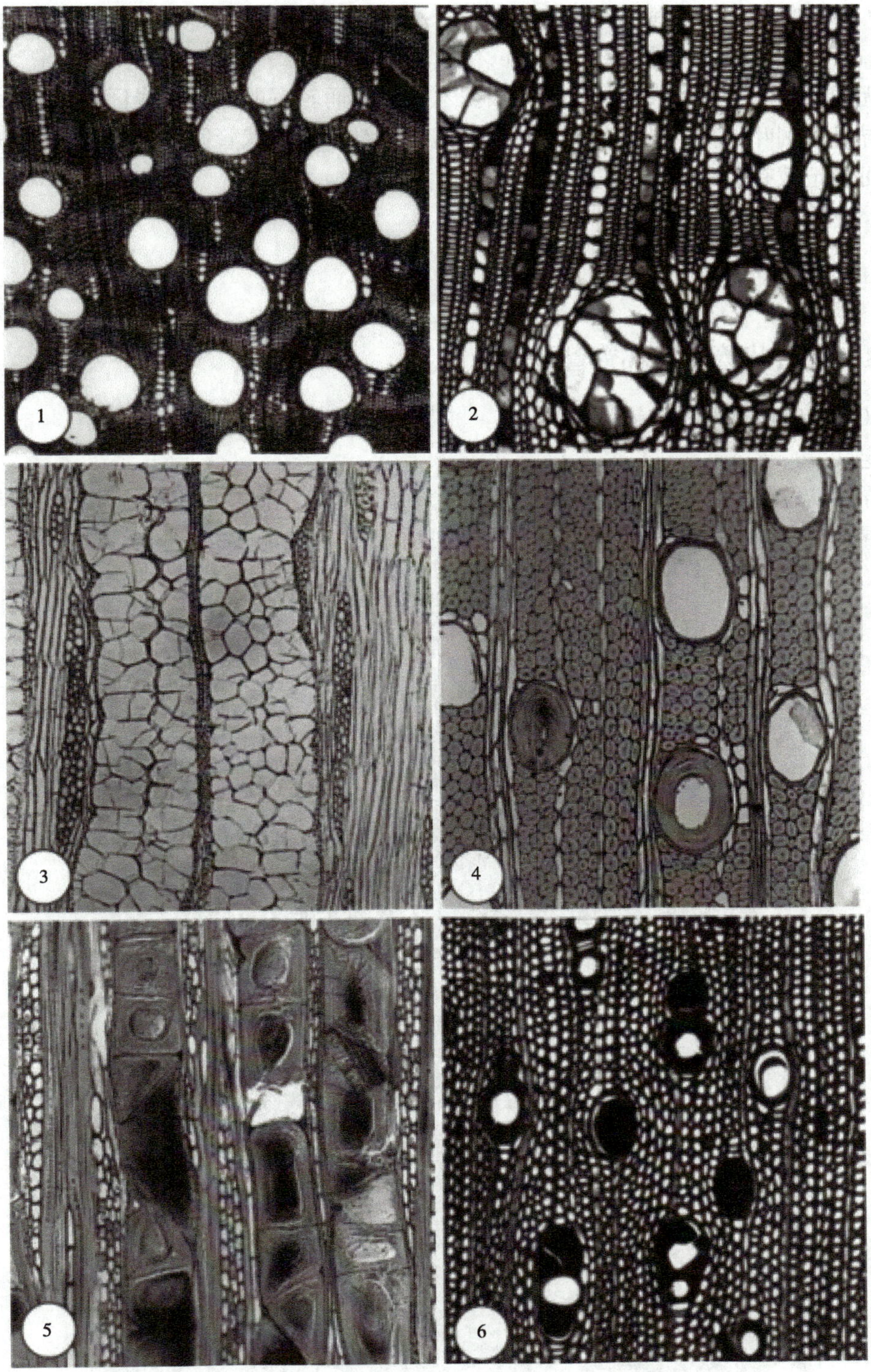

1—导管具两种径级但非环孔材(特征 45)，*Serjania subdentata*，×35；2、3—薄壁侵填体(特征 56)；2 为横切面，*Anacardium occidentale*，×220；3 为弦切面，*Robinia pseudoacacia*，×140；4、5—硬化侵填体（特征 56 和 57），*Cantleya corniculata*，4 为横切面，×75，5 为弦切面，×75；6—心材导管中具树胶或沉积物(特征 58)，*Physocalymma scaberrimum*，×75。

图 7-13　导管中的侵填体及沉积物

14 中 1、2)，无油樟科 Amborellaceae、水青树科 Tetracentraceae、昆栏树科 Trochodendraceae 和林仙科 Winteraceae 木材。

无导管的阔叶树材较少见，可以根据木材具高而较宽的多列射线区别于针叶树材。不具导管的阔叶树材不必记载无穿孔的管胞、纤维、导管状管胞、环管状管胞的类型，更不可能记载有关导管分子的特征。

7.3 管胞和木纤维

7.3.1 导管状管胞和环管管胞

60. 导管状管胞和环管管胞

定义：

导管状管胞：大小、形状、纹孔及壁上特征与导管相似，但不具穿孔，且常与小导管相混杂(图 7-14 中 3、4)，代表树种有西洋接骨木 *Sambucus nigra*(芙蒾科)、槐树

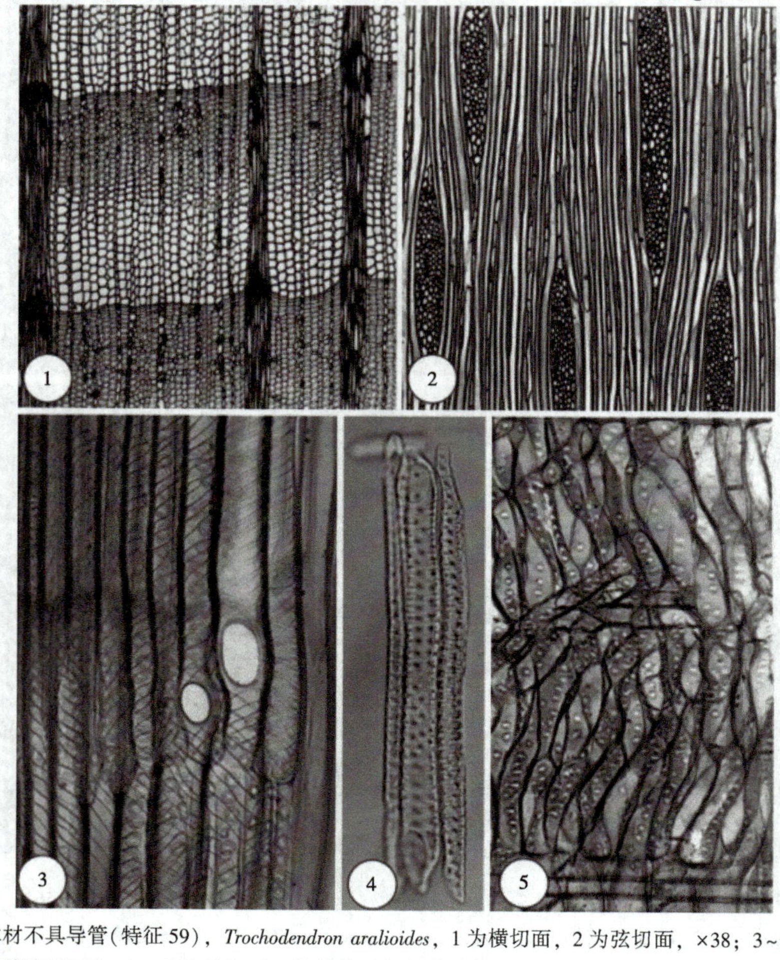

1、2—木材不具导管(特征 59)，*Trochodendron aralioides*，1 为横切面，2 为弦切面，×38；3~5—导管状管胞或环管管胞(特征 60)，3 为径切面，导管分子与导管状管胞混杂(导管分子具螺纹加厚，特征 36 和 37)，*Phellodendron amurense*，×290，4 为离析材料，导管分子两侧与导管状管胞相连，*Celtis occidentalis*，×300，5 为径切面，环管管胞，*Castanea sativa*，×170。

图 7-14 导管状管胞和环管管胞

Sophora arizonica（豆科）、黄波罗 *Phellodendron amurense*（芸香科）、枸杞 *Lycium europaeum*（茄科）、美洲朴 *Celtis occidentalis*（大麻科）。

环管管胞：存在于导管周围，与木纤维区别明显，外形经常不规则，在其径壁和弦壁上具明显的具缘纹孔（图 7-14 中 5），代表树种有栗木 *Castanea* spp.、栎木 *Quercus* spp.（壳斗科）、娑罗双属 *Shorea*（龙脑香科）和桉属 *Eucalyptus*（桃金娘科）等很多树种。

导管状管胞常与径列复管孔及管团孔联系在一起，尤其在晚材中更甚。经解离后清晰可见。然而，在木材鉴定时仅当导管状管胞普遍存在时方可确定这一特征。

7.3.2 基本组织-木纤维

61. 具单纹孔或单纹孔略具狭缘的木纤维（韧型纤维）

62. 具典型具缘纹孔的木纤维（纤维状管胞）

63. 木纤维径面、弦面壁纹孔均明显

定义：

具单纹孔或单纹孔略具狭缘的木纤维（韧型纤维）：木纤维壁上的纹孔为单纹孔或略具狭缘（纹孔室直径小于 3μm），这类木纤维通常称韧型纤维（图 7-15 中 3、4），代表树种有桃花心木 *Swietenia* spp.（楝科）、印茄 *Intsia* spp.（豆科）、白蜡木 *Fraxinus* spp.（木樨科）、杨木 *Populus* spp.（杨柳科）。

具典型具缘纹孔的木纤维（纤维状管胞）：木纤维壁上的纹孔为典型的具缘纹孔（纹孔室直径大于 3μm），这类木纤维通常称纤维管状管胞（图 7-15 中 1、2），代表树种有冬青 *Ilex* spp.（冬青科）、五桠果 *Dillenia* spp.（五桠果科），八角 *Illicium* spp.（八角科）、黄叶树 *Xanthophyllum* spp.（远志科）、山茶花 *Camellia* spp.（山茶科）。

木纤维径面、弦面壁纹孔均明显：木纤维纹孔可以是具缘纹孔或单纹孔，但在径面壁和弦切壁上均普遍存在。代表树种有冬青 *Ilex* spp.（冬青科）、五桠果 *Dillenia* spp.（五桠果科）、八角 *Illicium* spp.（八角科）、黄叶树 *Xanthophyllum* spp.（远志科）、葡萄叶铁线莲 *Clematis vitalba*（毛茛科）、山茶花 *Camellia* spp.（山茶科）。

通常韧型纤维的单纹孔或具狭缘纹孔常仅局限于径面壁。而纤维状管胞常会在径面、弦面壁存在明显的具缘纹孔，即木纤维具典型的具缘纹孔（特征 62）与木纤维径面、弦面壁纹孔均明显（特征 63）常同时存在。但也有例外，如木纤维壁为单纹孔或具狭缘（特征 61），但木纤维径面、弦面壁纹孔均普遍存在（特征 63）。代表树种有刺山柑 *Capparis spinosa*（山柑科）、夜花茉莉 *Nyctanthes arbor-tristis*（木樨科）、葡萄 *Vitis vinifera*（葡萄科）。

一个树种中，韧型纤维和纤维管状管胞可能同时存在（特征 61 和 62），如杜鹃花科越橘属 *Vaccinium* 的一些树种。

64. 木纤维具螺纹加厚

定义：

木纤维具螺纹加厚根据特征描述参见螺纹加厚（特征 36）（图 7-15 中 5、6），代表树种有欧洲卫矛 *Euonymus europaeus*（卫矛科）、日本金缕梅 *Hamamelis japonica*（金缕梅科）、卷叶山红木 *Cercocarpus ledifolius*（蔷薇科）、冬青属 *Ilex*（冬青科）和丁香属 *Syringa*（木樨科）。

通常木纤维中存在螺纹加厚，则导管中也一定存在螺纹加厚，但反之不一定成立，

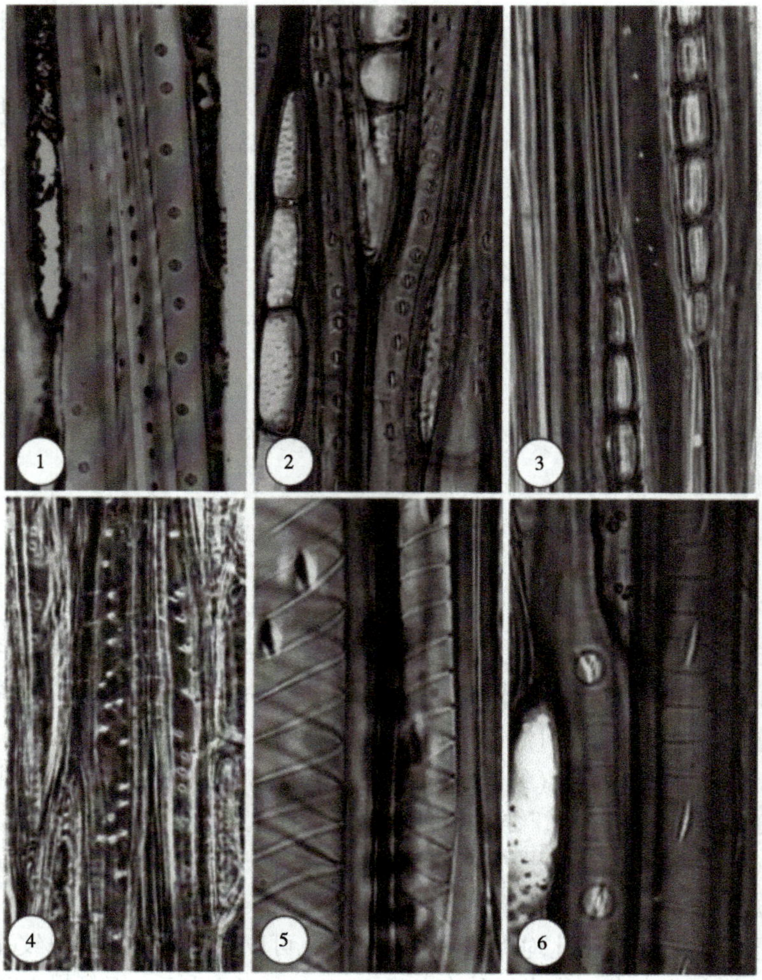

1、2—木纤维具缘纹孔明显(特征 62)，径面、弦面纹孔均明显(特征 63)，弦切面，1 为 *Illicium cambodianum*，×230，2 为 *Xanthophyllum lanceatum*，×230；3—木纤维具单纹孔至窄缘纹孔(特征 61)，弦切面(相差显微术)，*Populus* sp.(杨柳科)，弦向壁纹孔很少(特征 63 缺失)；×410。4—木纤维具单纹孔至窄缘纹孔(特征 61)，且在径面和弦面均普遍存在(特征 63)。弦切面(相差显微术)，*Clematis vitalba*，×410。5、6—基本组织木纤维具螺纹加厚(特征 64)。

图 7-15 基本组织—木纤维

即很多导管中存在螺纹加厚的树种，其木纤维中并无螺纹加厚。纤维状管胞出现螺纹加厚远比韧型纤维普遍，温带材比热带材更普遍。

7.3.3 分隔木纤维和薄壁纤维带

65. 具分隔木纤维

66. 不具分隔木纤维

67. 类似轴向薄壁组织的纤维带与正常木纤维层状交互排列

定义：

具分隔木纤维：一种具无纹孔的横向隔膜(比侧壁更薄的横向壁)的木纤维(图 7-16 中 1~4)，代表树种有黄槟榔青 *Spondias mombin*(漆树科)、奥克榄 *Aucoumea klaineana*(橄榄科)、头状黄砂君子 *Buchenavia capitata*(使君子科)、杜英 *Elaeocarpus* spp.(杜英科）、米仔兰 *Aglaia* spp.（楝科）、奥里诺科牡荆 *Vitex orinocensis*（唇形科）。

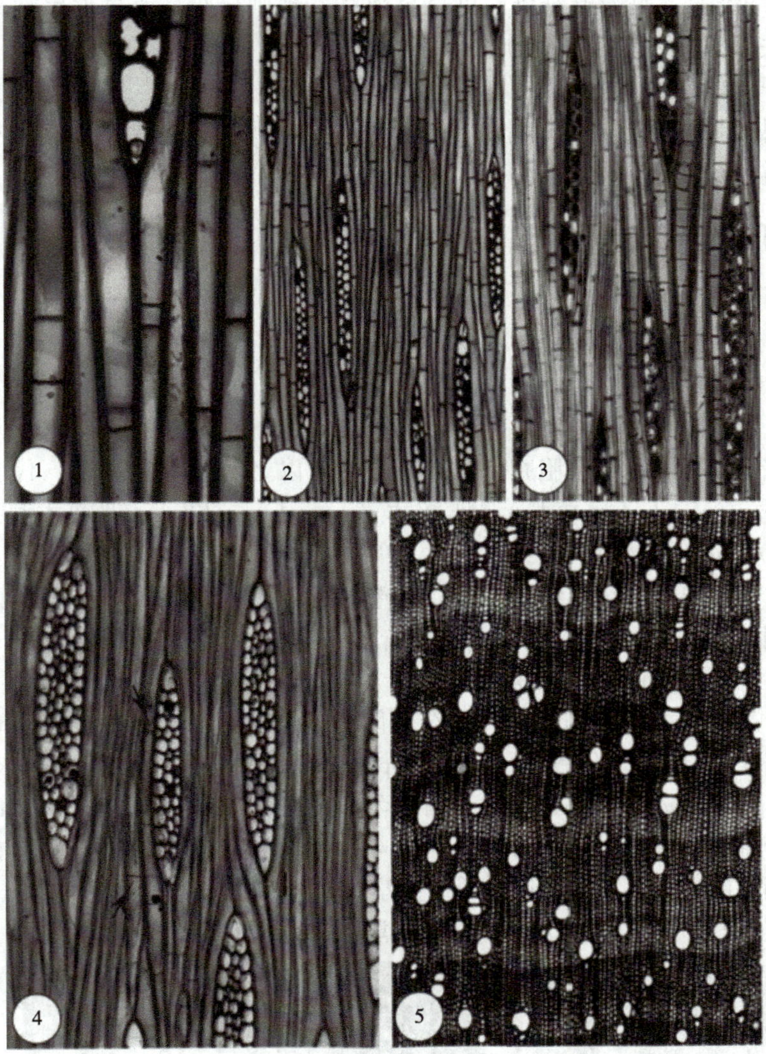

1～3—分隔木纤维存在（特征 65），1、2 为所有纤维均具隔膜，每个纤维含几个隔膜，*Aucoumea klaineana*，1：×290，2：×75，3 为每个纤维含多个隔膜，*Aglaia littoralis*，×150；4—试样同时具有分隔木纤维和非分隔木纤维（特征 65 和 66），*Swietenia macrophylla*，×115；5—类似轴向薄壁组织的纤维带（特征 67），*Physocalymna scaberrimum*，×45。

图 7-16　分隔木纤维和薄壁纤维带

不具分隔木纤维：木纤维无隔膜。

类似轴向薄壁组织的纤维带与正常木纤维层状交互排列：弦向带状薄壁纤维带与正常厚壁纤维带层状交互排列（图 7-16 中 5），代表树种有金榄 *Cassine* spp.、钝叶美登木 *Maytenus obtusifolia*（卫矛科）、轮菊 *Dubautia* spp.（菊科）、绒毛紫薇 *Lagerstroemia tomentosa*、樱薇 *Physocalymma* spp.（千屈菜科），美洲野蜜莓 *Cupania americana*（无患子科）。

有的树种所有木纤维均为分隔木纤维（特征 65 存在，特征 66 缺失）（图 7-16 中 2），代表树种有韦氏厚皮木 *Lannea welwitschii*、黄槟榔青 *Spondias mombin*（漆树科）、非洲橄榄 *Canarium schweinfurthii*（橄榄科）。另一些木材同时具有分隔木纤维和非分隔木纤维（特征 65 和 66 同时存在）（图 7-16 中 4），代表树种有头状黄砂君子 *Buchenavia capitata*

(使君子科)、杜英 *Elaeocarpus* spp.(杜英科)、大叶桃花心木 *Swietenia macrophylla*(楝科)。分隔木纤维通常是薄壁纤维，可呈星散状不规则分布，或靠近导管和射线组织(特征 67 缺失)，也可呈弦向带状排列(特征 67 存在)。

每个木纤维具有的隔膜数量范围可从 1 个到多个不等。该数量因树种而异，因此在描述某一类树种时应说明该类树种的平均隔膜数量。此外，不要选用应拉木为观察对象，因为胶质木纤维不具隔膜。

7.3.4 木纤维细胞壁厚度

68. 木纤维壁甚薄

69. 木纤维壁薄至厚

70. 木纤维壁甚厚

定义：

木纤维壁甚薄：木纤维细胞腔是双壁厚的 3 倍以上(图 7-17 中 1)，代表树种有苦木裂榄 *Bursera simaruba*(橄榄科)、四数木 *Tetrameles nudiflora*(四数木科)、牛伯尔 *Neubergia corynocarpa*(马钱科)、日本椴树 *Tilia japonica*(锦葵科)。

木纤维壁薄至厚：木纤维细胞腔是双倍壁厚的 3 倍以下(图 7-17 中 2)，且细胞腔明显可见(图 7-17 中 2)，代表树种有冬青 *Ilex* spp.(冬青科)、台湾含笑 *Michelia compressa*(木兰科)、白柳 *Salix alba*(杨柳科)。

木纤维壁甚厚：木纤维细胞腔几乎全为闭合(图 7-17 中 3)，代表树种有光毛药树 *Goupia glabra*(尾瓣桂科)、红铁木 *Lophira* spp.(金莲木科)，润肺木 *Strombosia pustulata*(铁青树科)、铅木 *Krugiodendron ferreum*(鼠李科)、美洲红树 *Rhizophora mangle*(红树科)。

判定木纤维壁厚时，对于生长轮明显的树种，木纤维壁厚沿生长轮方向会有变化，在生长轮末端可能会很厚，在描述木纤维壁厚时，不要考虑这些晚材木纤维。也不要描述胶质木纤维(应拉木纤维)，因为其胶质层常含有非木质化的厚壁。

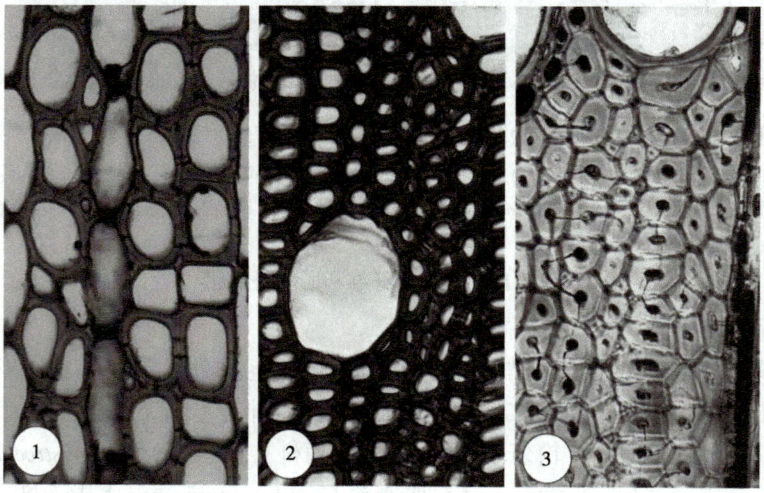

1—木纤维壁甚薄(特征 68)，*Neuburgia corynocarpa*，×290；2—木纤维壁薄至厚(特征 69)，*Michelia compressa*，×290；3—木纤维壁甚厚(特征 70)，*Rhizophora mangle*，×290。

图 7-17 木纤维细胞壁厚度

7.3.5 木纤维平均长度

71. 900μm 以下
72. 900~1600μm
73. 1600μm 以上
74. 平均，标准差，范围，样本数($n=x$)

对成熟树干木材进行解析，至少测量 25 个木纤维，得到平均值、范围及标准差。对于生长轮明显的木材，在生长轮中部取样。

7.4 轴向薄壁组织

当鉴定未知树种，确定轴向薄壁组织类型时，首先用最显著的薄壁组织类型，然后才是较为明显的类型。在横切面上判定主要薄壁组织排列类型时一定要观察比较大的范围。木材的薄壁组织排列类型可能具有三大类(离管型、傍管状、带状)中的多种组合。

7.4.1 轴向薄壁组织缺乏或稀少

75. 轴向薄壁组织缺乏或极稀少

定义：

轴向薄壁组织缺乏或极稀少(图 7-18 中 1)：代表树种有小檗科 Berberidaceae、石榴科 Punicaceae、堇菜科 Violaceae、烈味天料木 *Homalium foetidum*(杨柳科)、革叶斯科大风子 *Scottellia coriacea*(青钟麻科)，海桑 *Sonneratia* spp.(千屈菜科)。

为了确认轴向薄壁组织缺乏或极稀少，要同时观察横切面和纵切面，确实很难发现，或每个纵切面仅有几束轴向薄壁细胞。如果轴向薄壁细胞束很稀疏，但分布很明显时，该特征常与轴向薄壁组织稀疏环管状(特征 78)和/或轴向薄壁组织星散状(特征 76)共存。

7.4.2 离管型轴向薄壁组织

76. 星散状
77. 星散-聚合状

定义：

离管型轴向薄壁组织：轴向薄壁组织与导管不相连。

星散状：单束或数束薄壁细胞不规则分布在木纤维之间(图 7-18 中 2)，代表树种有红盾籽木 *Aspidosperma polyneuron*(夹竹桃科)、欧洲桤木 *Alnus glutinosa*(桦木科)、光毛药树 *Goupia glabra*(尾瓣桂科)、欧洲山茱萸 *Cornus mas*(山茱萸科)、柴龙树 *Apodytes dimidiata*(茶茱萸科)、山楂树 *Crataegus* spp.(蔷薇科)、檀香 *Santalum album*(檀香科)。

星散-聚合状：轴向薄壁细胞组合成短的、不连续的弦切线或斜线(图 7-18 中 3)，代表树种有榴莲 *Durio* spp.(锦葵科)、响盒子 *Hura crepitans*(大戟科)、赤非铁青树 *Ongokea gore*、润肺木 *Strombosia pustulata*(铁青树科)、巴西西柚木 *Agonandra brasiliensis*(山柚子科)、伯利兹黄檀 *Dalbergia stevensonii*(豆科)、翻白叶 *Pterospermum* spp.(锦葵科)、椴树 *Tilia* spp.(锦葵科)。

由于轴向薄壁组织从极稀少、星散状、星散-聚合状，到细带状(特征 86)或梯状(特征 88)是一个连续的范围，因此对于某些木材而言，有必要记录超过一种离管型轴向薄壁组织类型。星散状和星散-聚合状经常同时存在。

尽管根据定义，离管型薄壁组织不与导管相连，但是对于含有丰富的星散状和星散-聚合状薄壁组织的木材而言，可能有少数薄壁细胞会和导管接触，但这些随机的接触不能记录为环管状薄壁组织。

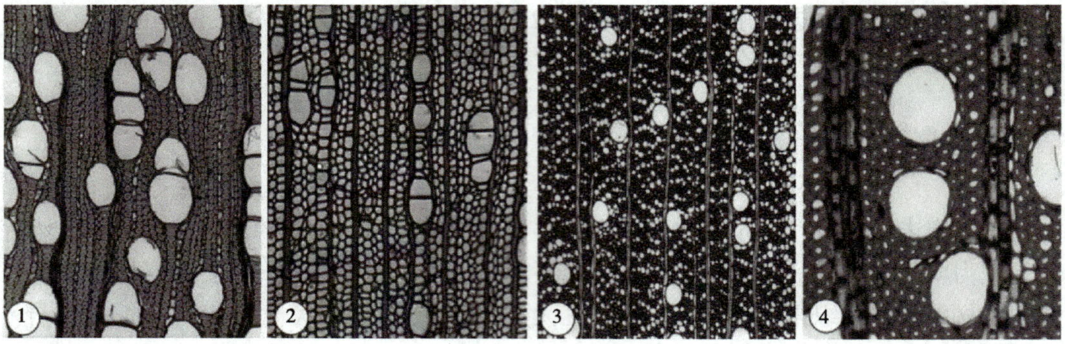

1—轴向薄壁组织缺乏或极稀少(特征 75)，*Homalium foetidum*，×75；2—轴向薄壁组织星散状(特征 76)，*Alnus glutinosa*，×115；3—轴向薄壁组织星散-聚合状(特征 77)，*Agonandra brasiliensis*，×45；4—轴向薄壁组织稀疏环管状（特征 78)，稀疏星散状(特征 76)，*Dillenia pulcherrima*，×115。

图 7-18 轴向薄壁组织(一)

7.4.3 傍管型轴向薄壁组织

78. 稀疏环管状
79. 环管状
80. 翼状
    81. 菱形翼状
    82. 长翼状
83. 聚翼状
84. 单侧傍管状

定义：

傍管型轴向薄壁组织：轴向薄壁组织与导管或导管状管胞相连，包括稀疏环管状、环管状、翼状(含菱形翼状，长翼状)、聚翼状和单侧傍管状。

稀疏环管状：轴向薄壁组织偶尔与导管相连，或绕在导管周围的轴向薄壁细胞不形成完整的鞘(图 7-18 中 4)，代表树种有阿月浑子 *Pistacia vera*(漆树科)、硬瓣苏木 *Sclerolobium* spp.(豆科)、五桠果 *Dillenia pulcherrima*(五桠果科)、曼氏古柯 *Erythroxylum mannii*(古柯科)、月桂 *Laurus nobilis*(樟科)。

环管状：薄壁细胞在单个管孔或复管孔周围形成完整圆形或椭圆形鞘状(图 7-19 中 1、2)，代表树种有塔奇苏木 *Tachigali myrmecophylla*(豆科)、四数木 *Octomeles sumatrana*(四数木科)、巴西楠木 *Phoebe porosa*(樟科)、大叶仙伽树 *Khaya grandifoliola*(楝科)、柯拉豆 *Anadenanthera* spp.、象耳豆 *Enterolobium cyclocarpum*、腺瘤豆 *Piptadeniastrum africanum*(豆科)、木樨榄 *Olea europaea*(木樨科)。

翼状：轴向薄壁组织在导管周围向左右两侧弦向延伸，包括以下两种子类型。①菱

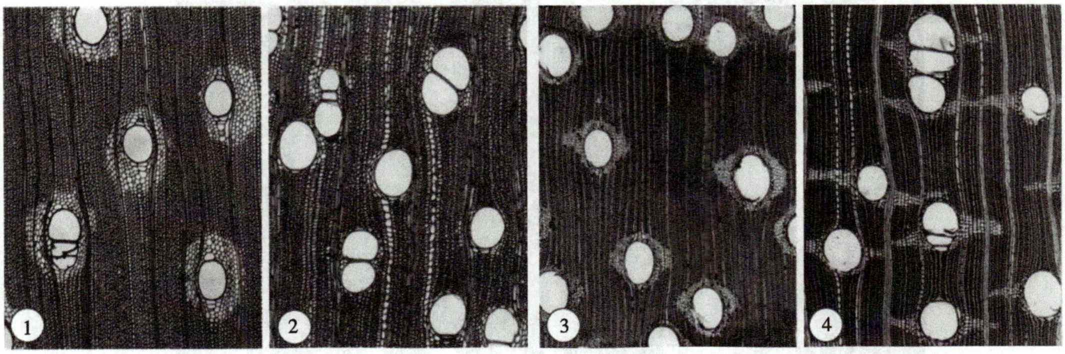

1、2—轴向薄壁组织环管状(特征 79)，1 为轴向薄壁组织具厚鞘的环管状，*Piptadeniastrum africanum*，×26，2 为轴向薄壁组织具窄鞘的环管状，*Khaya grandifoliola*，×45；3—轴向薄壁组织菱形翼状(特征 80 和 81)，*Microberlinia brazzavillensis*，×29；4—轴向薄壁组织长翼状(特征 80 和 82)，*Brosimum rubescens*，×45。

图 7-19 轴向薄壁组织(二)

形翼状：轴向薄壁组织在导管周围向左右两侧延伸，形成菱形轮廓(图 7-19 中 3)，代表树种有大叶合欢 *Albizia lebbek*、大果球花豆 *Parkia gigantocarpa*(豆科)、野树波罗 *Artocarpus chaplasha*(桑科)、小鞋木豆 *Microberlinia brazzavillensis*、红豆树 *Ormosia flava*、瓦泰豆 *Atairea* spp.(豆科)、玫瑰上位独蕊 *Qualea rosea*(萼囊花科)。②长翼状：轴向薄壁组织在导管周围向左右两侧延伸，形成细长窄带型轮廓(图 7-19 中 4)，代表树种有柯比蓝花楹 *Jacaranda copaia*(紫葳科)、艳丽榄仁 *Terminalia superba*(使君子科)、饱食桑 *Brosimum* spp.(桑科)、夸斯苦木 *Quassia amara*(苦木科)、棱柱木 *Gonystylus* spp.(瑞香科)。

聚翼状：两个或两个以上管孔周围的环管状或翼状轴向薄壁组织聚合并向弦向两侧延伸，呈不规则带状(图 7-20 中 1、2)，代表树种有吊瓜树 *Kigelia africana*(紫葳科)、铁架木 *Caesalpinia ferrea*、密花紫心苏木 *Peltogyne confertiflora*(豆科)、大理石豆木 *Marmaroxylon racemosum*、悬垂球花豆 *Parkia pendula*(含羞草科)、染料绿柄桑 *Maclura tinctoria*(桑科)、光鲍迪豆 *Bowdichia nitida*、圭亚那瓦泰豆 *Vatairea guianensis*(豆科)。

单侧傍管状：傍管状轴向薄壁组织在管孔一侧形成半圆形帽状结构，且呈弦向或斜向延伸，形成翼状、聚翼状或带状(图 7-20 中 3)，代表树种有束花盾籽木 *Aspidosperma desmanthum*(红厚壳科)、大花星圣木 *Caraipa grandiflora*(红厚壳科)、密花紫心苏木 *Peltogyne confertiflora*(豆科)、黄果木 *Mammea bongo*(红厚壳科)、麂角木 *Dilobeia thouarsii*(山龙眼科)。

有些木材同时具有环管状、翼状和聚翼状轴向薄壁组织。聚翼状常与带状共存，可能与带状薄壁组织宽度(特征 85 和 86)一同记录。特征 80“翼状”是一个大致类型，可用来描述那些具有翼状轴向薄壁组织，但很难区分是菱形翼状还是长翼状的薄壁组织形态；允许文献中不区分这两种翼状类型的信息记载。特征 81 和 82 常与特征 80 组合使用。

当单侧轴向薄壁组织沿侧向或斜向延伸时，特征 84“单侧傍管状”和翼状或聚翼状组合使用。单侧包含远轴和近轴两种，对于小木样则可能无法区分这两种情形。

注意：环管管胞、导管状管胞细胞壁比木纤维薄，在横切面可能与轴向薄壁组织混淆。检查纵切面是否是环管管胞、导管状管胞或者是轴向薄壁组织环绕导管。

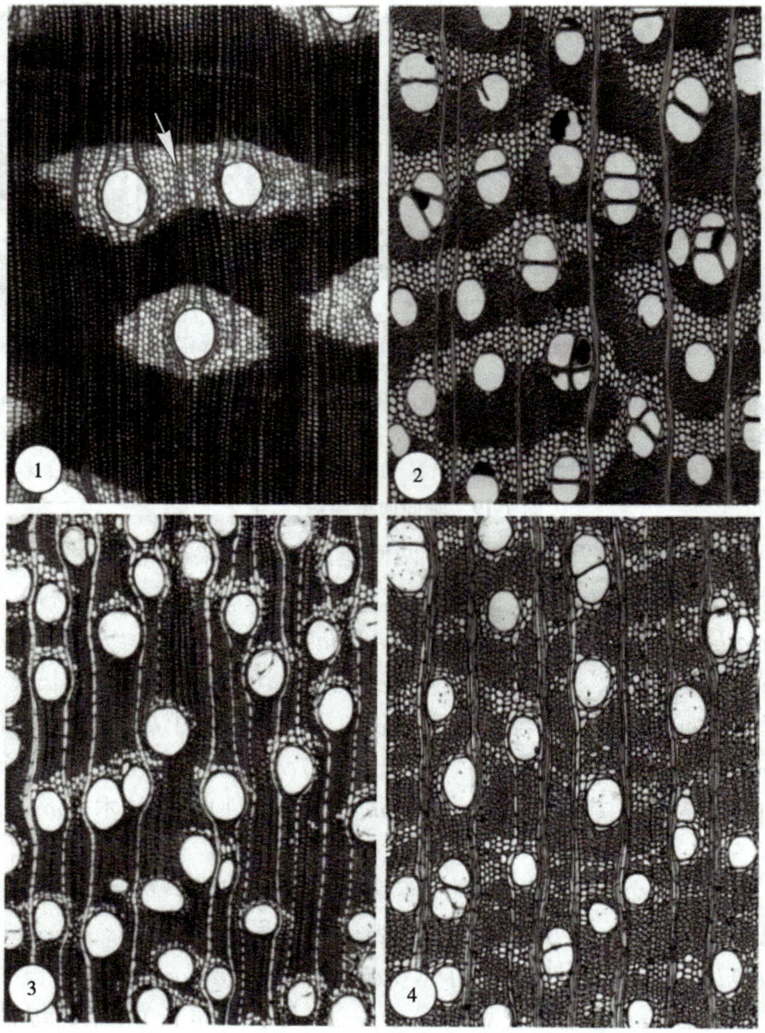

1、2—轴向薄壁组织聚翼状（特征 83），1 为 *Parkia pendula*（如箭头所指，同时具有特征 80 和 81，×36，2 为 *Peltogyne confertiflora*（同时具有特征 84），×45；3—轴向薄壁组织单侧傍管状（特征 84），*Caraipa grandiflora*，×45；4—轴向薄壁组织主要为傍管状，*Garcinia latissima*（同时具有特征 80 和特征 83），×45。

图 7-20 轴向薄壁组织（三）

7.4.4 带状薄壁组织

85. 宽带状（带宽 3 个细胞以上）
86. 细带状或细线状（带宽 3 个细胞以下）
87. 网状
88. 梯状
89. 轮界状或略呈轮界状

定义：

宽带状（带宽 3 个细胞以上）（图 7-21 中 1）：代表树种有帕拉州双柱苏木 *Dicorynia paraensis*（豆科）、大非洲楝 *Entandrophragma candollei*（楝科）、榕树 *Ficus retusa*（桑科）、翼红铁木 *Lophira alata*（金莲木科）、巴西翅苹婆 *Pterygota brasiliensis*（锦葵科）、轴独蕊

Erisma uncinatum(萼囊花科)。

细带状或细线状(带宽 3 个细胞以下)(图 7-21 中 2、图 7-22 中 2)：代表树种有圭亚那摘亚木 *Dialium guiaensis*(豆科)、印马黄桐 *Endospermum malaccensis*(大戟科)、巴西栗 *Bertholletia excelsa*(玉蕊科)、澳大利亚樫木 *Dysoxylum fraseranum*(楝科)、奥特山榄 *Autranella congolensis*(山榄科)、哈诺苦木 *Hannoa klaineana*(苦木科)。

网状：轴向薄壁组织连续切线状，薄壁组织带间的距离与射线间的距离相近，薄壁组织带与射线有规律的间隔形成网格(图 7-22 中 1)，代表树种有闭鳞番荔枝 *Cleistopholis* spp.(番荔枝科)、菲岛柿 *Diospyros philippinensis*(柿科)、巴西栗 *Bertholletia excelsa*、卡林玉蕊木 *Cariniana* spp.、圭亚那纤皮玉蕊 *Couratari guianensis*、*Eschweilera* spp.(玉蕊科)。

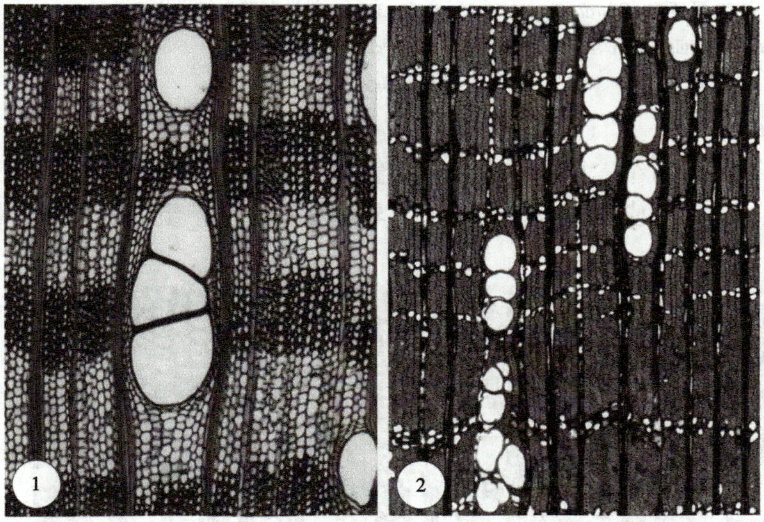

1—宽带状轴向薄壁组织(带宽 3 个细胞以上)(特征 85)，*Ficus retusa*，×45；2—细带状轴向薄壁组织(带宽 3 个细胞以下)(特征 86)，*Autranella congolensis*，×45。

图 7-21　轴向薄壁组织(四)

梯状：轴向薄壁组织呈很规则间隔的带状或细线状，弦向排列或弧状排列，薄壁组织带间的距离明显小于射线间的距离(图 7-22 中 3、4)，代表树种有异叶木 *Anisophyllea* spp.(异叶木科)、爪瓣木 *Onychopetalum* spp. 和其他番荔枝科大部分树种、北银桦 *Cardwellia sublimis*、智利火焰树 *Embothrium mucronatum*(山龙眼科)、龙眼茶 *Rhopalocarpus* spp.(龙眼茶科)以及番荔枝科大部分树种。

轮界状或略呈轮界状：轴向薄壁组织带在生长轮边界形成不同宽度的连续层或不规则带状结构(图 7-23)，代表树种有印茄 *Intsia bijuga*(豆科)、核桃木 *Juglans regia*(核桃科)、麝香厚壳桂 *Cryptocarya moschata*(樟科)、北美鹅掌楸 *Liriodendron tulipifera*、台湾含笑 *Michelia compressa*(木兰科)、洋椿 *Cedrela* spp.、桃花心木 *Swietenia* spp.(楝科)、风吹楠 *Horsfieldia subglobosa*(肉豆蔻科)。

轴向薄壁组织带可能独立于管孔而存在(离管型)，也可能与管孔相连(傍管型)，或两者皆有。轴向薄壁组织带可呈波浪状、斜线状、直线状、连续或不连续(后者常与聚翼状相关联)。对于网状、梯状或轮界状轴向薄壁组织类型，最好还要记录带宽程度

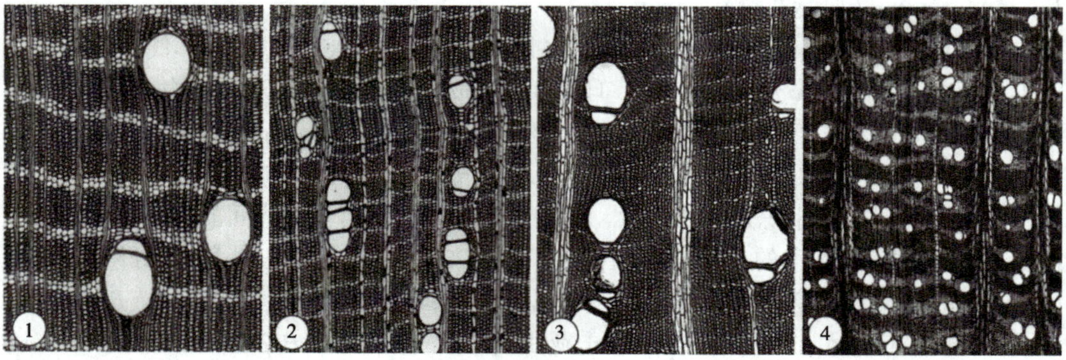

1—轴向薄壁组织网状(特征 87), *Bertholletia excelsa*(同时具特征 86), ×45; 2—轴向薄壁组织介于网格状和梯状之间(特征 87 和 88 可变), *Couratari guianensis*, ×45; 3、4—轴向薄壁组织梯状(特征 88), 3 为 *Onychoptalum* spp., ×45, 4 为带状轴向薄壁组织(也称花饰状), *Cardwellia sublimis*, ×15。

图 7-22 轴向薄壁组织(五)

(特征 85 或 86)。

有时轮界状薄壁组织常与轴向胞间道相连。一些温带木材轮界处具有不连续的带状轴向薄壁组织,此时也应记录为"轮界状"。轮界状轴向薄壁组织包含轮始状和轮末状两种。

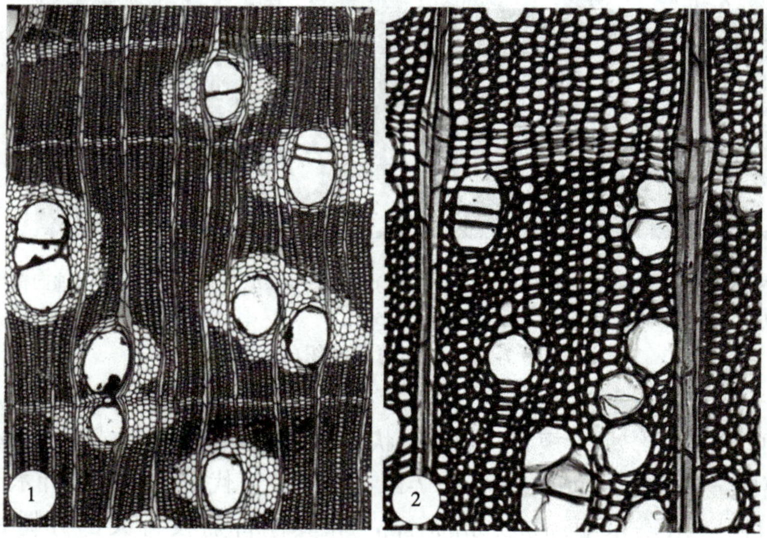

1、2—轴向薄壁组织轮界状或略呈轮界状(特征 89), 1 为 *Intsia bijuga*, 同时具有特征 80、81、83 和 86, ×29, 2 为 *Michelia compressa*, ×45。

图 7-23 轴向薄壁组织(六)

7.4.5 轴向薄壁细胞类型和束长

90. 纺锤形轴向薄壁细胞
91. 薄壁细胞束由 2 个细胞组成
92. 薄壁细胞束由 3~4 个细胞组成
93. 薄壁细胞束由 5~8 个细胞组成
94. 薄壁细胞束由 8 个细胞以上组成

定义：

纺锤形轴向薄壁细胞：轴向薄壁组织由纺锤形形成层原始细胞分生，之后无二次分生或顶端生长，外形与短纤维相似(图 7-24 中 1)，代表树种有山柑 *Capparis* spp.（山柑科）、尼罗河合萌 *Aeschynomene elaphroxylon*、刺桐 *Erythrina* spp.、醉鱼藤 *Lonchocarpus* spp.（豆科）、白梧桐 *Triplochiton scleroxylon*（锦葵科）、维腊木 *Bulnesia* spp.、愈疮木 *Guiacum* spp.、驼蹄瓣 *Zygophyllum* spp.（蒺藜科）。

束状轴向薄壁细胞是由单个纺锤形形成层原始细胞横向分裂而形成的一串轴向薄壁细胞。

薄壁细胞束由 2 个细胞组成(图 7-24 中 1、2)：代表树种有黄檀 *Dalbergia* spp.、醉鱼藤 *Lonchocarpus* spp.、紫檀 *Pterocarpus* spp.（豆科）。

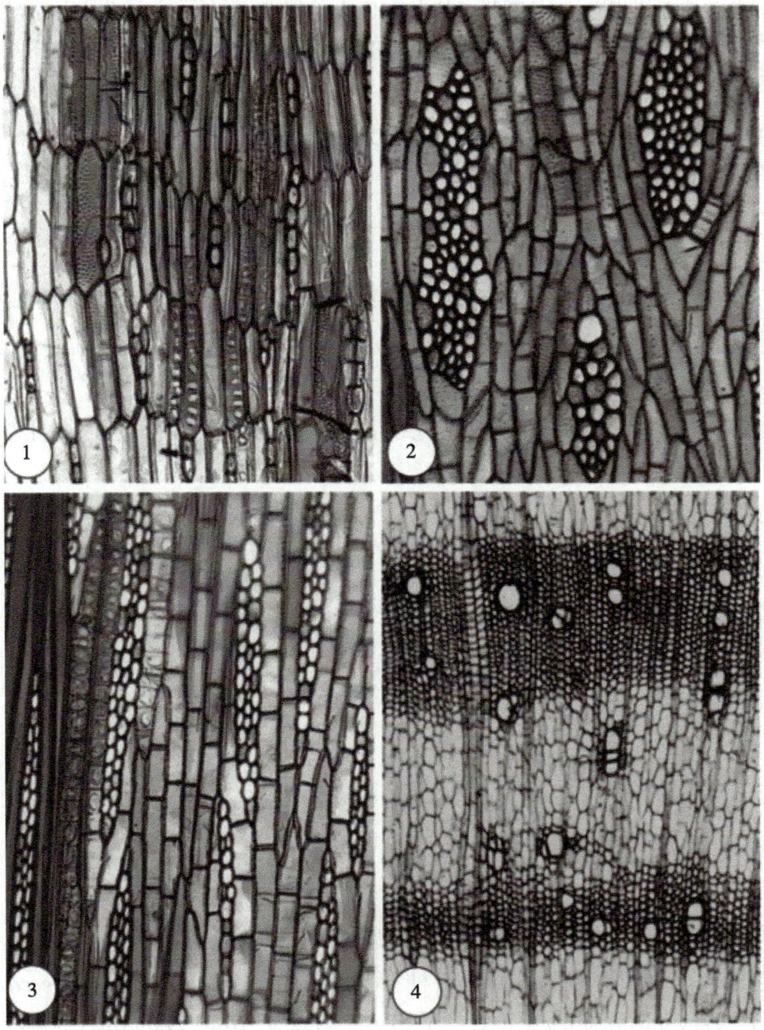

1—纺锤形轴向薄壁细胞(特征 90，左和右)，以及轴向薄壁细胞束由 2 个细胞组成(特征 91，左中)，同时具有特征 120 和 142，*Aeschynomene elaphroxylon*，×115；2—轴向薄壁细胞束由 2~4 个细胞组成(特征 91 和 92)，*Cordia abyssinica*，×115；3—轴向薄壁细胞束由 8 及以上细胞组成(特征 93 和 94)，*Bertholletia excelsa*，×115；4—未木质化的轴向薄壁细胞(特征 95)，*Entelea arborescens*，×45。

图 7-24 轴向薄壁组织类型和束长

薄壁细胞束由 3~4 个细胞组成(图 7-24 中 2)，代表树种有榄仁 *Terminalia* spp.（使君子科）、女贞 *Ligustrum* spp.、丁香 *Syringa* spp.（木樨科）、尼索桐 *Nesogordonia* spp.（锦葵科）。

薄壁细胞束由 5~8 个细胞组成(图 7-24 中 3)，代表树种有夹竹桃 *Nerium oleander*（夹竹桃科）、血桐 *Macaranga* spp.（大戟科）、白蜡木 *Fraxinus* spp.（木樨科）。

薄壁细胞束由 8 个细胞以上组成，代表树种有膝柄木 *Bhesa* spp.（卫矛科）、红铁木 *Lophira* spp.（金莲木科）、乳檀榛 *Minquartia* spp.、野桂榄 *Tetrastylidium* spp.（铁青树科）。

轴向薄壁细胞类型(纺锤形或束状)是在弦切面上确定的。纺锤形薄壁细胞相对少见，一般出现在具叠生构造或纵向细胞较短的木材中。一些树种同时具有以上几种特征组合，如“纺锤形细胞”和“轴向薄壁细胞束由 2 个细胞组成”，或“轴向薄壁细胞束由 2 个细胞组成”和“轴向薄壁细胞束由 3~4 个细胞组成”。

同一生长轮中早材和晚材的束长可能不一样，或与管孔相连和不相连的轴向薄壁组织之间束长可能不一样。不要将单列射线或分隔木纤维与束状轴向薄壁细胞相混淆。也不要用分室含晶轴向薄壁细胞去确定束长。

95. 未木质化的轴向薄壁细胞

定义：

未木质化的轴向薄壁细胞：顾名思义，轴向薄壁细胞未木质化(图 7-24 中 4)，代表树种有海胆果 *Apeiba* spp.、乔椥替利 *Entelea arborescens*、*Heliocarpus* spp.（锦葵科）、海南大麻树 *Laportea stimulans*(荨麻科)。

未木质化的轴向薄壁细胞常出现在宽带状的薄壁组织中，而且仅限于个别树种。

7.5 木射线

7.5.1 木射线宽度

96. 木射线单列

97. 木射线宽 1~3 列细胞

98. 宽木射线通常 4~10 列

99. 宽木射线通常 10 列以上

100. 木射线多列部分与单列部分等宽

定义：

木射线宽度的计量以弦切面射线最宽处射线细胞的数量计算。

木射线单列(图 7-25 中 1)：代表树种有贝卡冠瓣木 *Lophopetalum beccarianum*(卫矛科)、艳丽榄仁 *Terminalia superba*(使君子科)、响盒子 *Hura crepitans*(大戟科)、欧洲栗 *Castanea sativa*(壳斗科)、杨树 *Populus* spp.（杨柳科）。

木射线宽 1~3 细胞(图 7-25 中 2)：代表树种有奥克榄 *Aucoumea klaineana*(橄榄科)、圭亚那双柱苏木 *Dialium guianense*(豆科)、海岸木姜子 *Litsea costalis*(樟科)、雨树 *Albizia saman*(豆科)、苹果 *Malus communis*(蔷薇科)。

宽木射线通常 4~10 列(图 7-25 中 3)：代表树种有糖槭 *Acer saccharum*(槭树科)、

黄槟榔青 *Spondias mombin*（漆树科）、平滑异翅香木 *Anisoperta laevis*（龙脑香科）、白卡雅楝 *Khaya anthotheca*（楝科）、朴树 *Celtis sinensis*（大麻科）。

宽木射线通常 10 列以上（图 7-25 中 4）：代表树种有栎木 *Quercus* spp.（壳斗科）、*Poraqueiba guianensis*（茶茱萸科）、密花树 *Rapanea* spp.（紫金牛科）、悬铃木 *Platanus* spp.（悬铃木科）、北银桦 *Cardwellia sublimis*，银桦 *Grevillea robusta*（山龙眼科）、无叶柽柳 *Tamarix aphylla*（柽柳科）、卷叶钟萝桐 *Jacquinia revoluta*（报春花科）。

木射线多列部分与单列部分等宽（图 7-25 中 5）：代表树种有亚马孙佐灵木 *Anthodiscus amazonicus*、油桃木 *Caryocar costaricense*（油桃木科）、润肺木 *Strombosia pustulata*（铁青树科）、心叶水团花 *Adina cordifolia*（茜草科）以及夹竹桃科、山榄科和大戟科。

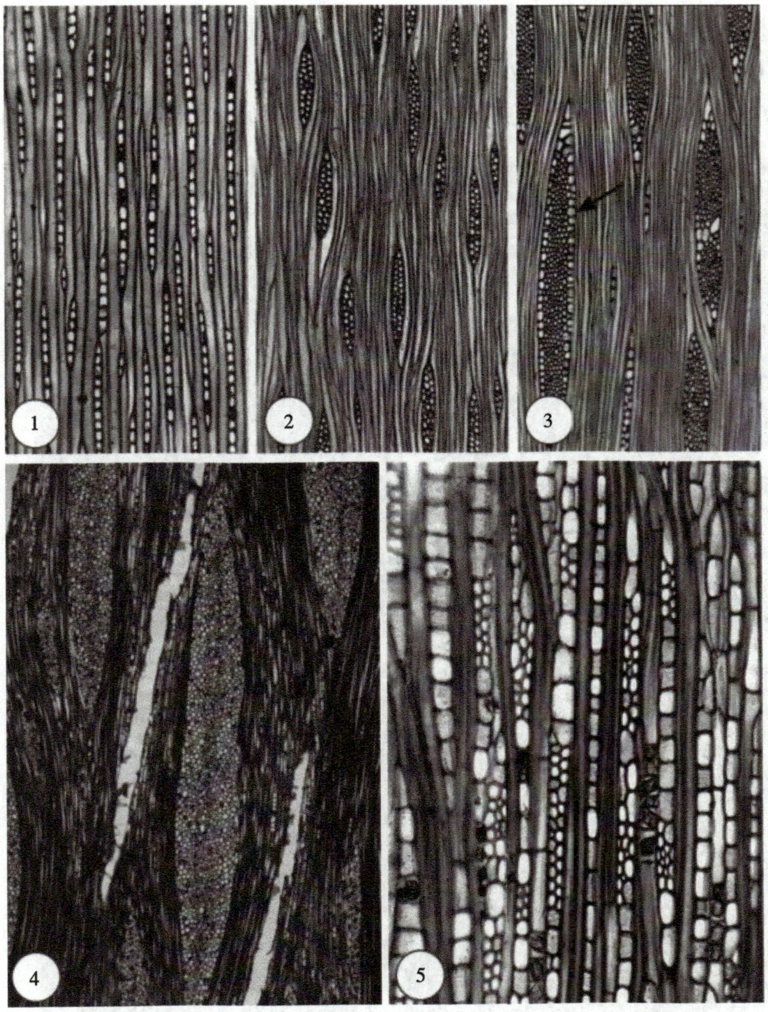

1—木射线单列（特征 96），*Lophopetalum beccarianum*，×75；2—木射线宽 1～3 列细胞（特征 97），*Albizia* (*Samanea*) *saman*，×29；3—宽木射线通常 4～10 列（特征 98），同时具鞘状细胞（特征 110），*Celtis sinensis*，×29；4—宽木射线通常 10 列以上（特征 99），*Cardwellia sublimis*，×19；5—木射线多列部分与单列部分等宽（特征 100），*Caryocar costaricense*，×115。

图 7-25 木射线宽度

在弦切面上测量射线宽度，数射线最宽处垂直于射线高度方向的细胞个数。当射线具两类尺寸时(特征 103)，在数据库中记录较宽尺寸。

“木射线单列”和“宽木射线通常 10 列以上”这两种特征都属于极少数。当射线存在径向树胶道(特征 130)或聚合射线(特征 101)时，这些射线宽度特征就不适用。因此，当木材只有单列射线时，记录特征 96；射线具径向树胶道时，记录特征 130。

7.5.2 聚合木射线

101. 聚合木射线

定义：

聚合木射线：多根单独的射线相互紧靠，宏观下似乎成一根大射线。单独的射线相互间被轴向细胞分割开来。如桤木属 *Alnus* 的多数种、鹅耳枥属 *Carpinus*、榛木属 *Corylus*(桦木科)、木麻黄属 *Casuarina*(木麻黄科)、阿氏尖药桐 *Necepsia afzelii*(大戟科)、锥木属 Castanopsis、石栎属 *Lithocarpus*、栎木属 *Quercus*-常绿的种(壳斗科)、圆瓣团烛木 *Emmotum orbiculatum*(茶茱萸科)、丛花厚壳桂 *Cryptocarya densiflora*(樟科)。

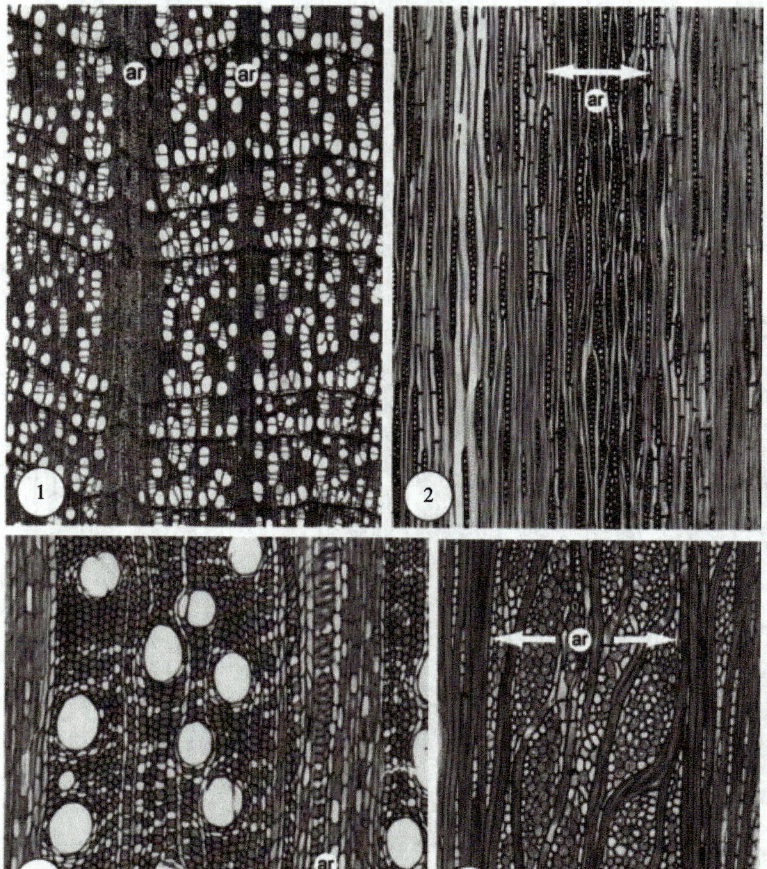

1、2—聚合射线由窄射线组成，*Carpinus betulus*，1 为横切面，×20，2 为弦切面，×52；3、4—聚合射线由多列射线组成，*Emmotum orbiculatum*，×45，3 为横切面，4 为弦切面。

图 7-26 聚合木射线(特征 101)

组成聚合射线的单独射线尺寸上变异很大，有些树种的聚合射线是由窄射线组合而成的(图 7-26 中 1、2，如桦木科的鹅耳枥 *Carpinus* spp.)，而有些树种的木材是由宽射线组成的(图 7-26 中 3、4，如茶茱萸科圆瓣团烛木 *Emmotum orbiculatum*)。聚合射线仅出现在少数科属的树种中。

7.5.3　木射线高度

102. 木射线高度大于 1mm

定义：

木射线高度大于 1mm：较大的射线高度超过 1mm，如索木 *Guatteria schomburgkiana*(番荔枝科)、平滑异翅香 *Anisoptera laevis*(龙脑香科)、*Uapaca guineensis*(大戟科)、革叶斯科大风子 *Scottellia coriacea*(青钟麻科)、滨玉蕊 *Barringtonia asiatica*(玉蕊科)、一球悬铃木 *Platanus occidentalis*(悬铃木科)、圭亚那管蕊堇 *Paypayrola guianensis*(堇菜科)。

在弦切面上确定射线的纵向高度。

7.5.4　具两类尺寸的木射线

103. 具两类尺寸的木射线

定义：

具两类尺寸的木射线：在弦切面上观察，木射线明显的有宽、窄两类，且较普遍，而在两者中间的射线可能不存在或很稀少，通常射线高度也有这种差异(图 7-27)。代表树种有糖槭 *Acer saccharum*(槭树科)、夷梾果 *Poga oleosa*(异叶木科)、欧洲枸骨 *Ilex aquifolium*(冬青科)、小花五桠果 *Dillenia pentagyna*(五桠果科)、栎木 *Quercus* spp.(壳斗科)、玻利维亚麻龙树 *Dendrobangia boliviana*(茶茱萸科)、胖大海 *Scaphium wallichii*(锦葵科)、厚皮香 *Ternstroemia* spp.(山茶科)。

对两类木射线的尺寸的级别没有限制，窄的射线可以是 1~3 列，宽的也可能在 5 列以下。如某树种常有很宽的射线和很多的窄射线，而中等尺寸的射线也有一些时

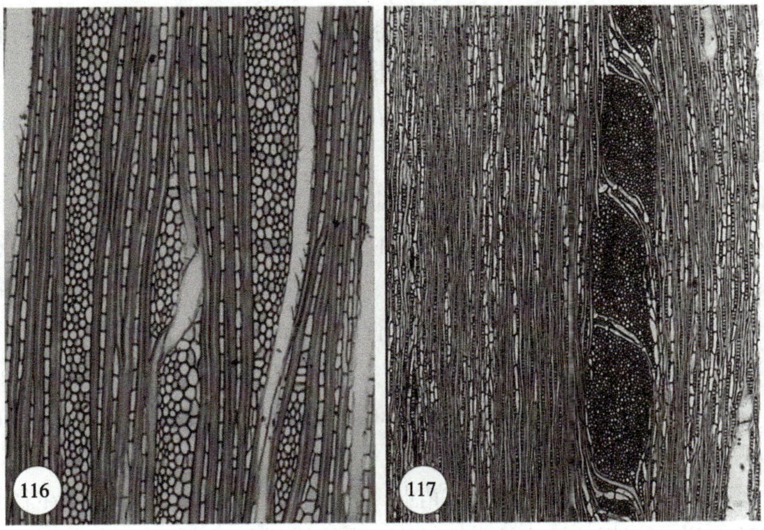

1—*Ternstroemia* spp.，×45；2—*Quercus gilva*，×29。

图 7-27　木射线具两类尺寸(特征 103)

(如：水青冈属 *Fagus*)

是否具两类木射线不能从横切面上观察，因为多列射线的单列尾部可能被误认为窄射线。聚合射线不能认为是分开的射线，只有那些聚合射线是由许多宽射线组成，而不是由小射线组成的树种，特征 103 才适用，如木麻黄属 *Casuarina*(木麻黄科)及栎属 *Quercus*(壳斗科)的一些树种。

7.5.5 木射线细胞的组成

104. 全由横卧细胞组成
105. 全由直立和/或方形细胞组成
106. 由横卧细胞及 1 排直立和/或方形边缘细胞组成
107. 由横卧细胞及 2~4 排直立和/或方形边缘细胞组成
108. 由横卧细胞及 4 排以上直立和/或方形边缘细胞组成
109. 由横卧、方形和直立细胞混合组成

定义：

横卧细胞在径切面观察，射线细胞的长轴方向为径向。

方形细胞在径切面观察，射线细胞大致为方形。

直立细胞在径切面观察，射线细胞的长轴方向为轴向(纵向)。

全由横卧细胞组成(图 7-28 中 1)代表树种有槭树 *Acer* spp.(槭树科)、粉铃木 *Tabebuia* spp.(紫葳科)、合欢 *Albizia* spp.(豆科)、哈诺苦木 *Hannoa klaineana*(苦木科)。

全由直立或方形细胞组成(图 7-28 中 2)：代表树种有粗糙雪香兰 *Hedyosmum scabrum*(金粟兰科)、青木 *Aucuba japonica*(丝缨花科)。

由横卧细胞及 1 排直立或方形边缘细胞组成(图 7-28 中 3)：代表树种有刺楸 *Kalopanax pictus*(五加科)、奥克榄 *Aucoumea klaineana*(橄榄科)、假洋椿 *Pseudocedrela kotschyi*(楝科)。

由横卧细胞及 2~4 排直立或方形边缘细胞组成(图 7-28 中 4)：代表树种有北美枫香 *Liquidambar styraciflua*(金缕梅科)、圭亚那苦油楝 *Carapa guianensis*(楝科)、非洲面包树 *Treculia africana*(桑科)、秘鲁热美茜 *Alseis peruviana*(茜草科)、野鸦椿 *Euscaphis* spp.(省沽油科)。

由横卧细胞及 4 排以上直立或方形边缘细胞组成(图 7-28 中 5)：代表树种有盐麸梅 *Weinmannia descendens*(合椿梅科)、负鼠木 *Quintinia* spp.(岙被花科)、烈味天料木 *Homalium foetidum*(杨柳科)、香膏木 *Humiria* spp.(香膏木科)、玫烛木 *Ottoschulzia* spp.(茶茱萸科)、咖啡 *Coffea* spp.(茜草科)、山香圆 *Turpinia* spp.(省沽油科)。

由横卧、方形和直立细胞混合组成(图 7-28 中 6)：代表树种有索木 *Guatteria* spp.(番荔枝科)、黄叶树 *Xanthophyllum lanceatum*(远志科)、番龙眼 *Pometia pinnata*(无患子科)、光芒果 *Heliocarpus* spp.(锦葵科)。

在径切面上确定射线的细胞组成，横卧、直立、方形细胞是按细胞在径切面上的形态定义的，一般来说，如果直立细胞、方形细胞与横卧细胞结合存在，则直立细胞或方形细胞位于射线边缘，即射线的上下边缘。横卧细胞处于射线中间。

木材中通常有单列和多列射线，讨论射线细胞组成(射线类型)仅限于多列射线，

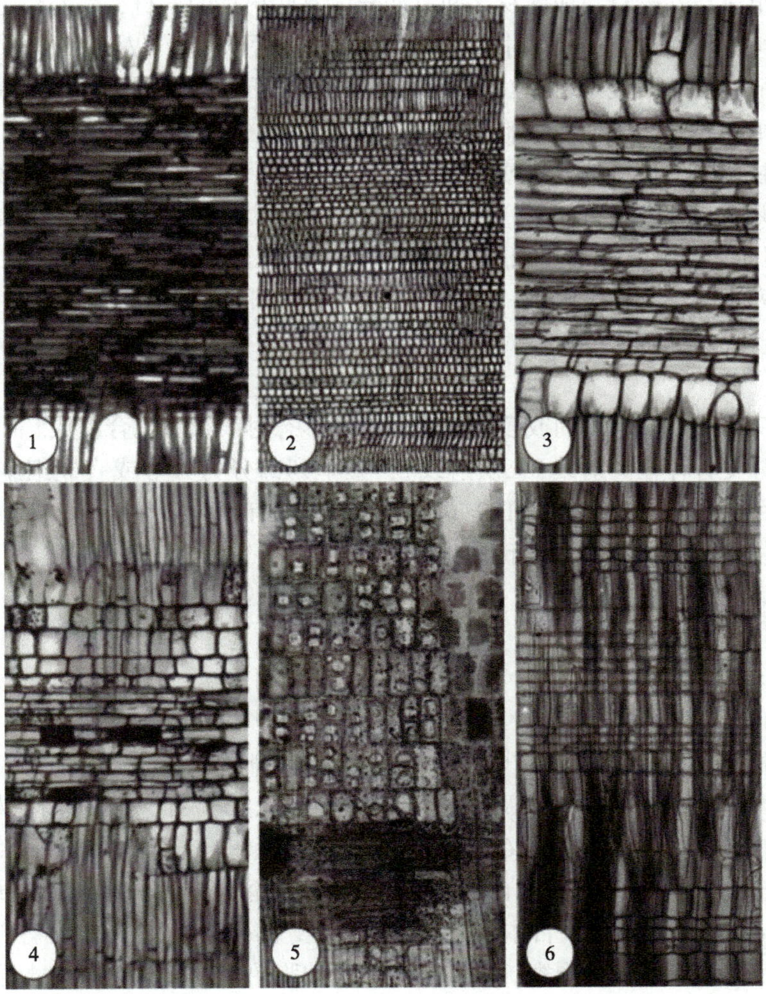

1—全由横卧细胞组成(特征 104), *Acer campestre*, ×115; 2—全由直立和/或方形细胞组成(特征 105), *Aucuba japonica*, ×19; 3—横卧细胞及 1 排直立和/或方形边缘细胞组成(特征 106), *Pseudocedrela kotschyi*, ×115; 4—由横卧细胞及 2-4 排直立和/或方形边缘细胞组成(特征 107), *Carapa guianensis*, ×114; 5—由横卧细胞及 4 排以上直立和/或方形边缘细胞组成(特征 108), *Homalium foetidum*, ×115; 6—由横卧、方形和直立细胞混合组成(特征 109), *Xanthophyllum lanceatum*, ×90。

图 7-28 木射线细胞组成

有些树种的木射线常有多种类型，一般记录相对常见的类型。

同一木材的单列射线与多列射线的细胞组成并不一样．有些木材的单列射线只有直立细胞，而多列射线则有横卧及直立细胞组成。

同形射线是指只有横卧细胞组成的射线，异形射线则由两类或多类细胞组成。

术语同形射线及异形射线是用来描述某个树种整体射线组成，对于描述木材构造特征，Kribs 的射线分类(Kribs，1968)是有用的，但在本特征表中未采用。总的来说，Kribs 的同形射线与特征 104 一致(所有射线细胞均由横卧细胞组成)；异形Ⅲ型与特征 106 一致(由 1 排直立或方形边缘细胞)，异形Ⅱ型与特征 107 一致(由 2~4 排直立或方形边缘细胞)，异形Ⅰ型与特征 108 一致(由 4 排以上直立或方形边缘细胞)。但是，如果射线很高时，特征 108 也许与 Kribs 的异形Ⅱ型部分重复。

射线的组成在幼龄材与成熟材之间有变异，有些树种的木材，髓心附近的射线可全由直立细胞组成，而远离髓心的木射线则大部分为横卧细胞，仅几行直立或方形细胞。所以描述特征时要观察成熟材。对于灌木来说，仅树干的最粗端可用。如果未知木材取自细枝时，则不要观察木射线细胞类型这一特征。

虽然在弦切面上边缘的直立或方形细胞常呈现多个单列细胞，但存在多个单列细胞的射线尾部并不是木射线异形的一个可靠特征。有些木材，如核桃科的山核桃(*Carya* spp.)在弦切面上可见多个单列细胞的尾部，且显得比多列部分的细胞大，但在径切面上观察，单列尾部仍为横卧细胞，与多列部分的横卧细胞一样。

在确定射线的细胞组成时，对于存在鞘状细胞(特征 110)或瓦状细胞(特征 111)时不予考虑。

特征 109 适用于整个单列或多列射线中不同形态射线细胞混合组成。而对于射线单列和多列部分交替存在的射线(二次射线)，如单列部分为方形或直立细胞组成，多列部分则为横卧细胞组成时，特征 109 不适用。木材仅有鞘状细胞(特征 110)或瓦状细胞(特征 111)存在时，特征 109 仍不适用。

7.5.6 鞘状细胞

110. 鞘状细胞

定义：

鞘状细胞：弦切面上多列射线边缘的一些比中间细胞大的直立或方形细胞(这些细胞一般高度大于宽度，方形细胞极少见)(图 7-29 中 1、2)，代表树种有五雄吉贝 *Ceiba pentandra*(锦葵科)、蒜味破布木 *Cordia alliodora*(紫草科)、接骨木 *Sambucus nigra*(忍冬科)、龙脑香 *Dipterocarpus lowii*(龙脑香科)、吕宋毛蕊木 *Stemonurus luzoniensis*(茶茱萸科)、臭椿 *Ailanthus altissima*(苦木科)、长圆黄苹婆 *Sterculia oblonga*(锦葵科)。

鞘状细胞需在弦切面上观察，不同树种鞘状细胞的多少和明显度有差异。在有些树种中，大部分多列射线含有鞘状细胞，也有的树种中鞘状细胞并不是很多(或略大于附近的射线细胞)。在鉴定未知树种时，只有这个特征很明确才予以考虑。

另外，不要将鞘状细胞与瓦状细胞(特征 111)相混，瓦状细胞在射线内部及边缘都可见，且在径切面及弦切面上均可见。

7.5.7 瓦状细胞

111. 瓦状细胞

定义：

瓦状细胞：是一类很特殊的直立射线细胞，很少呈方形，常出现在射线中间，径切面呈水平排列，与横卧细胞相间隔(图 7-29 中 3~6)，代表树种有榴莲 *Durio* spp.、毛榴莲 *Neesia altissima*、瘤果麻 *Guazuma* spp.、鹧鸪麻 *Kleinhovia hospita*、翻白叶 *Pterospermum* spp.、染络麻 *Desplatsia* spp.、玉羽木 *Mollia* spp.，以及扁担杆属 *Grewia* (锦葵科)一些树种。

瓦状细胞常分为两类：一是榴莲型，即高度与横卧细胞等高；二是翅子型，即瓦状细胞比横卧细胞高。但这种区分有点模糊，还有一类中间型，如瘤果麻属 *Guazuma*(梧桐科)和扁担杆属 *Grewia*(锦葵科)。瓦状细胞目前仅限于锦葵目 Malvales。瓦状细胞不出现在单列木射线中。

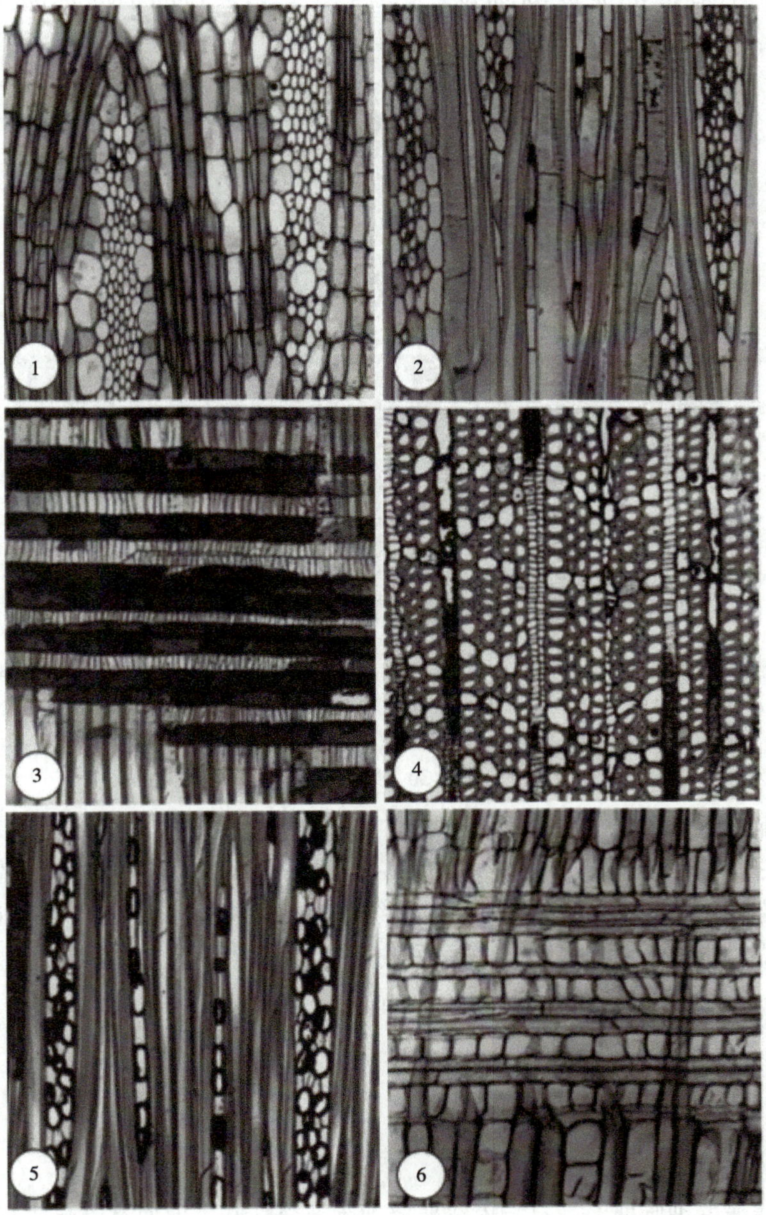

1、2—鞘状细胞(特征 110)，1 为 *Ceiba pentandra*，×75，2 为 *Stemonurus luzoniensis*，×75；3~6—瓦状细胞(特征 111)，3~5 为榴莲型，*Neesia altissima*，径切面、横切面和弦切面，×115，6 为翅子型，*Pterospermum grewiaefolium*，径切面，×120。

图 7-29　鞘状细胞和瓦状细胞

7.5.8　具穿孔射线细胞

112. 具穿孔射线细胞

定义：

具穿孔射线细胞：射线细胞与周围细胞大小一样或较大，但具穿孔，这个穿孔常连接射线两侧的两个导管(图 7-30 中 1~3)，代表树种有风车子 *Combretum leptostachium*

（使君子科）、怀春茶 *Richeria racemosa*（大戟科）、草帽果 *Chaunochiton breviflorum*（铁青树科）。

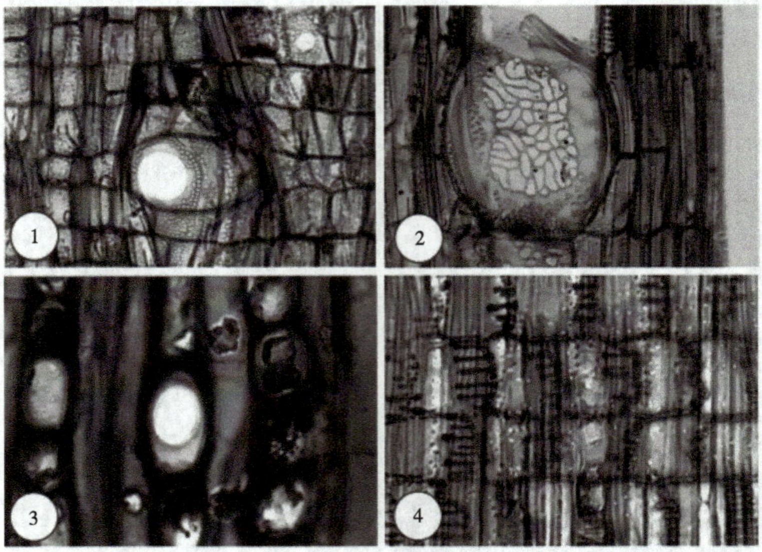

1~3—穿孔射线细胞（特征 112），1 为径向壁单穿孔，*Chaunochiton breviflorum*，×115，2 为径向壁网格状穿孔，*Richeria racemosa*，×115，3 为弦向壁单穿孔；2—*Combretum leptostachium*，×290；2—离接射线薄壁细胞壁（特征 113），*Malpighia incana*，×290。

图 7-30 射线细胞

射线细胞的穿孔可以分为单穿孔、梯状穿孔、网状穿孔或岛屿状穿孔，并不一定与导管间的穿孔同时存在。如猴欢喜 *Sloanea monosperma*（杜英科）和怀春茶 *Richeria racemosa*（大戟科）的导管为单穿孔，而射线细胞为梯状穿孔，存在于坛罐花属 *Siparuna*（坛罐花科）的木材中，射线细胞有一系列的复穿孔，但导管上的穿孔因种间差异有单穿孔和/或梯状穿孔。具该特征的树种较少见。

7.5.9 离接射线薄壁细胞壁

113. 离接射线薄壁细胞壁

定义：

离接射线薄壁细胞壁：就是指射线薄壁细胞部分断开，但通过管状或复杂的端壁维持连接（图 7-30 中 4），代表树种有非洲丝胶树 *Funtumia africana*（夹竹桃科）、锦熟黄杨 *Buxus sempervirens*（黄杨科）、少蕊巴豆 *Croton oligandrus*、亚马孙甜桐 *Glycydendron amazonicum*、月桂白树 *Suregada laurina*（大戟科）、金虎尾 *Malpighia incana*（金虎尾科）、皇家栀子 *Gardenia imperialis*、多刺蓝茜树 *Randia armata*（茜草科）。

7.5.10 木射线数量

114. 少于 4 条

115. 4~12 条

116. 12 条以上

定义：

单位弦向长度上射线的分布数。

每毫米少于 4 条的代表树种有苏姆索木 *Guatteria schomburgkiana*(番荔枝科)、章鱼甘蓝树 *Cussonia arborea*(五加科)。

每毫米 4~12 条的代表树种有红花槭 *Acer rubrum*(槭树科)、相思树 *Acacia* spp.(豆科)。

每毫米 12 条以上的代表树种有西非乌木 *Diospyros mespiliformis*(柿树科)、多刺蓝茜树 *Randia armata*(茜草科)。

每毫米射线数最好在弦切面上沿一条垂直于射线高度的直线测定，也可在横切面测，测 10 次取平均值来确定范围。

射线在 4~12 条的比 4 条以下或 12 条以上的更普遍(Metcalfe 和 Chalk，1950)。当木材含有聚合射线、很宽的射线或两种宽度的射线(如栎木 *Quercus* spp.)时，每毫米射线数不容易测定。

7.5.11　不具射线的木材

117. 不具射线

定义：

不具射线木材只有轴向组织(图 7-31)，代表树种有盐角木 *Arthrocnemum macrostachyum*(藜科)、南鸟胶树 *Heimerliodendron brunonianum*(紫茉莉科)、柳叶长阶花 *Hebe salicifolia*，特氏婆婆纳 *Veronica traversii*(玄参科)。

仅有少数科木材不具射线(Carlquist，1988)。通常不具射线的木材中包含韧皮部(如藜科一些树种)，通过薄壁组织连接 2 个以上韧皮带，达到径向延伸，发挥射线功能。

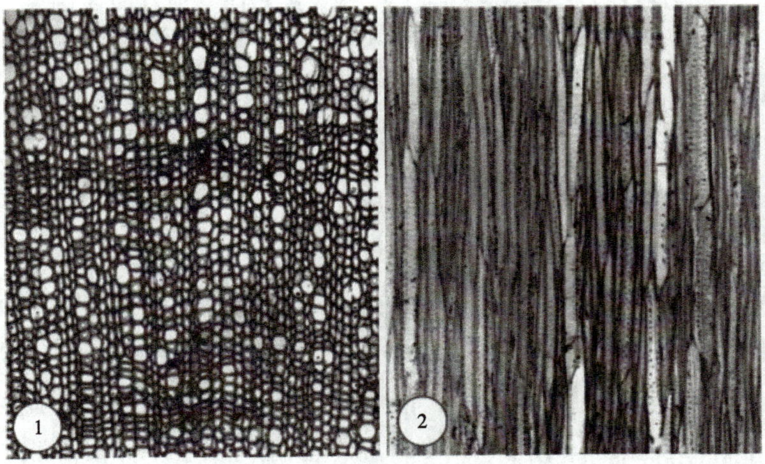

1—横切面；2—弦切面。

图 7-31　木材不具射线(特征 117，*Veronica traversii*，×115)

7.6　叠生构造

118. 所有射线叠生

119. 矮射线叠生，高射线非叠生

120. 轴向薄壁细胞和/或导管分子叠生

121. 木纤维叠生

122. 射线和/或轴向分子不规则叠生

123. 纵向每毫米射线数

定义：

叠生构造：在弦切面观察，细胞呈层状排列(水平等高)。

所有射线叠生(图 7-32 中 1、3)：代表树种有巴里黄檀 *Dalbergia bariensis*、檀香紫檀 *Pterocarpus santalinoides*(豆科)、夸斯苦木 *Quassia amara*(苦木科)。

矮射线叠生，高射线非叠生(图 7-32 中 2)：代表树种有胖大海 *Scaphium* spp.、白梧桐 *Triplochiton scleroxylon*(锦葵科)、加拿大紫荆 *Cercis canadensis*(豆科)。

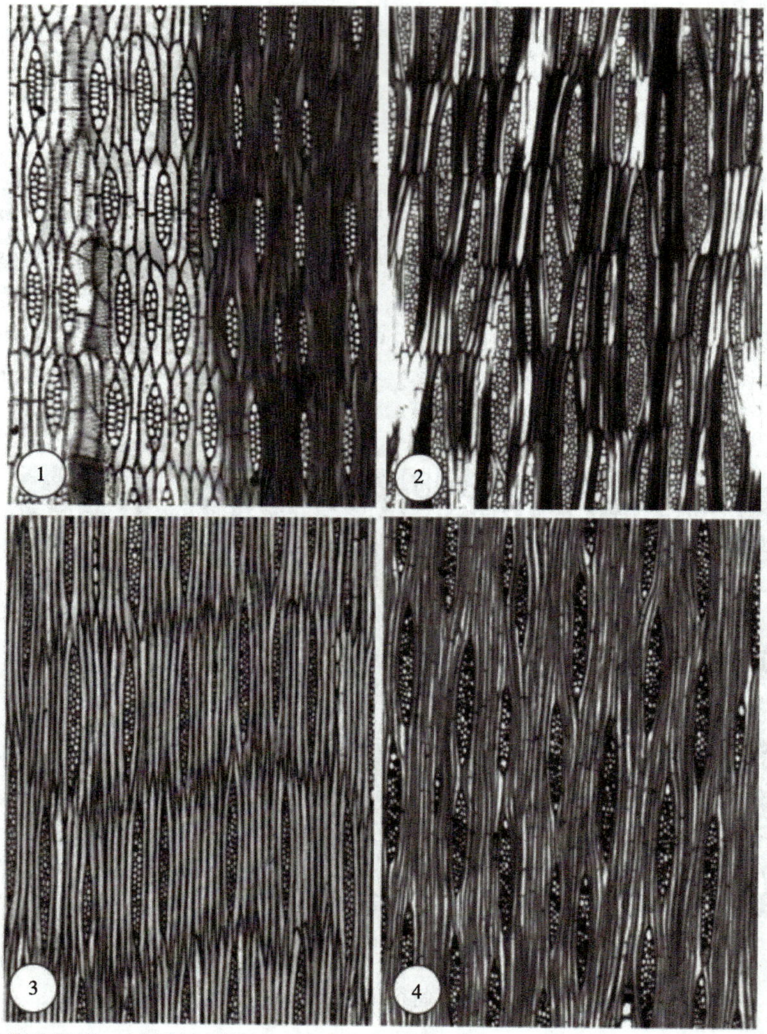

1—所有射线叠生(特征 118)以及轴向薄壁细胞或导管分子叠生(特征 120)，*Dalbergia bariensis*，×75；2—矮射线叠生，高射线非叠生(特征 119)，*Triplochiton scleroxylon*，同时存在特征 120 和 121，×45；3—木纤维叠生(特征 121)，*Quassia amara*，×45；4—不规则叠生构造(特征 122，此处呈现射线梯状叠生)，*Entandrophragma cylindricum*，×45。

图 7-32 叠生构造

轴向薄壁细胞或导管分子叠生（图 7-32 中 1）：代表树种有卤刺树 *Balanites aegyptiaca*（蒺藜科）、巴里黄檀 *Dalbergia bariensis*，鹰爪豆 *Spartium junceum*（豆科）、柽柳 *Tamarix* spp.（柽柳科）。

木纤维叠生（图 7-32 中 3）：代表树种有夸斯苦木 *Quassia amara*（苦木科）、八果木 *Octomeles sumatrana*（四数木科），丛枝霸王 *Zygophyllum dumosum*（蒺藜科）。

射线或轴向分子不规则叠生：射线或轴向分子非水平或直线整齐排列，而是呈波浪形或斜线叠生（近义词：梯形叠生）（图 7-32 中 4），代表树种有豆科某些树种（如单瓣豆属 *Monopetalanthus*，塔布四鞋木属 *Tetraberlinia*）、筒状非洲楝 *Entandrophragma cylindricum*（楝科）、美国白蜡树 *Fraxinus americana*（木樨科）、猴子果 *Tieghemella* spp.（山榄科）。

叠生构造应在弦切面观察，而非径切面。有些树种所有分子均叠生（如锦葵科的黄槿 *Hibiscus tiliaceus*，豆科的帕州刺片豆 *Centrolobium paraense* 和 *Afrormosia elata*），另一些树种很多分子组合叠生。总体而言，如果薄壁组织叠生，则导管分子也叠生。特征 122“射线或轴向分子不规则叠生”适当时与其他特征组合使用。不同树种和样本之间有一些差异，如楝科桃花心木属 *Swietenia* 一些样本的射线明显叠生，而有的样本则为不规则叠生，还有非叠生的。

纵向射线数量（叠生层的高度）在低倍镜、肉眼或手持放大镜下均可见，在弦切面上呈细小水平条纹或波痕，豆科木材中该特征尤其明显，因为豆科很多树种具有射线叠生构造，每毫米射线数量（特征 123）对于区分属和种很有用。缺少叠生构造（特征 118~123）也有鉴定价值。

注意：导管细胞叠生可能模糊，因为细胞发育较大，所以最好检查小导管细胞来确定导管细胞是否叠生。

7.7　分泌细胞及形成层变异

7.7.1　油细胞及黏液细胞

124. 油细胞和/或黏液细胞与射线薄壁细胞相连
125. 油细胞和/或黏液细胞与轴向薄壁细胞相连
126. 油细胞和/或黏液细胞与木纤维相连

定义：

油细胞：异形薄壁组细胞充满油脂；细胞外形常增大或近圆形，有时往轴向显著延伸（图 7-33 中 1、2），代表树种有樟科的大红蕊樟 *Rhodostemonodaphne grandis*、*Ocotea glaucinia*、娇嫩甜樟 *Ocotea tenella*、巴西楠木 *Phoebe porosa*，以及樟科很多树种，盖裂木 *Talauma* spp.（木兰科）。

黏液细胞：异形薄壁细胞充满黏液；细胞外形显明增大或近圆形，有时往轴向显著延伸（类似木纤维）（图 7-33 中 3、4），樟科锥钩樟属 *Endlicheria* 中一些树种的轴向薄壁细胞含有黏液细胞，樟科鳄梨属 *Persea* 的一些树种的射线薄壁细胞含有黏液细胞。

油细胞或黏液细胞通常与射线或轴向薄壁细胞相连，也可能发生在木纤维中。这些细胞仅局限于少数阔叶树材，且油细胞和黏液细胞相似，通常很难从外观上区分油细胞和黏液细胞，因此他们常被合列到一起。

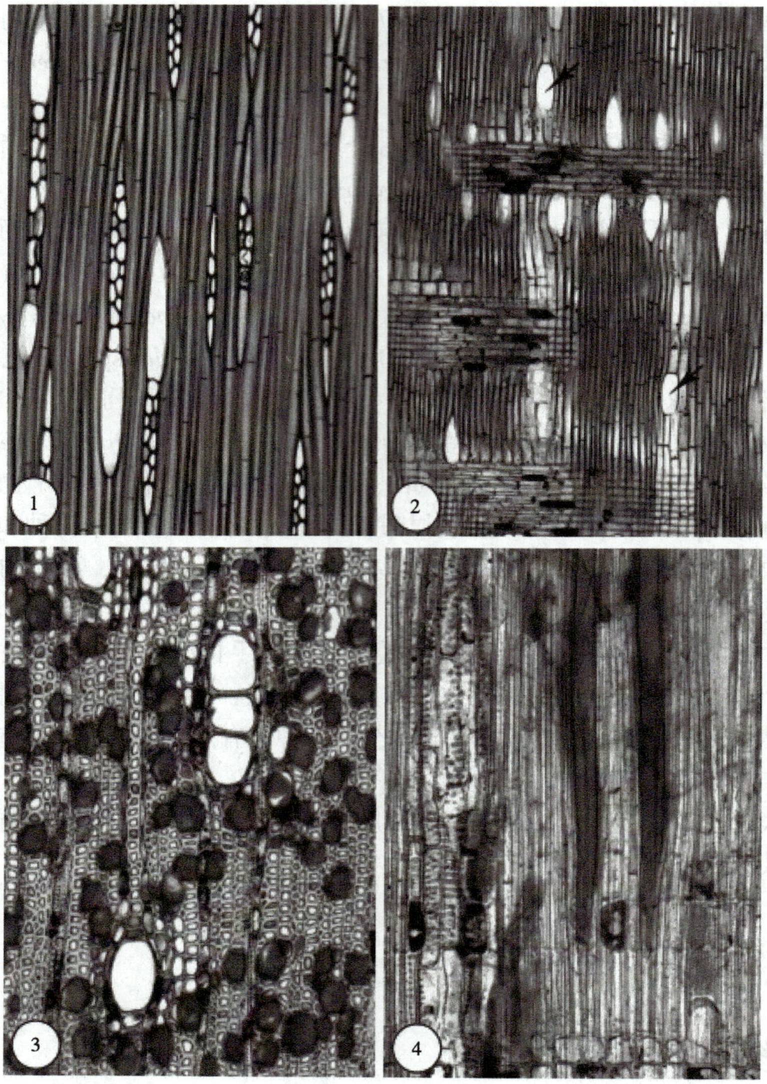

1—油细胞或黏液细胞与射线薄壁细胞相连(特征 124)，*Ocotea glaucinia*，×115；2—油细胞或黏液细胞与轴向薄壁细胞相连(特征 125，如箭头所示)，*Ocotea glaucinia*，同时存在特征 124，×45；3、4—油细胞或黏液细胞与木纤维相连（特征 126)，*Ocotea tenella*(细长型黏液细胞)，×115，3 为横切面，4 为径切面。

图 7-33　分泌细胞及形成层变异

7.8　胞间道

127. 轴向胞间道长弦列状
128. 轴向胞间道短弦列状
129. 轴向胞间道星散状
130. 具径向胞间道
131. 具创伤胞间道

定义：

胞间道：由泌脂细胞围成的细胞之间的一个管状输送通道。通常包含由泌脂细胞分泌产生的植物副产物，胞间道可沿轴向或径向排列(图 7-34、图 7-35)。同义词：树胶道、树脂道。

轴向胞间道长弦列状：多于 5 个胞间道呈弦向线状排列(图 7-34 中 2)，代表树种有香脂苏木 *Copaifera* spp.、油楠 *Sindora* spp.（豆科）、冰片香 *Dryobalanops* spp.、坡垒 *Hopea* spp.、新棒果香 *Neobalanocarpus* spp.、赛罗双 *Parashorea* spp.、五齿香 *Pentacme* spp.、娑罗双 *Shorea* spp.（龙脑香科）。同义词：同心圆状轴向胞间道。

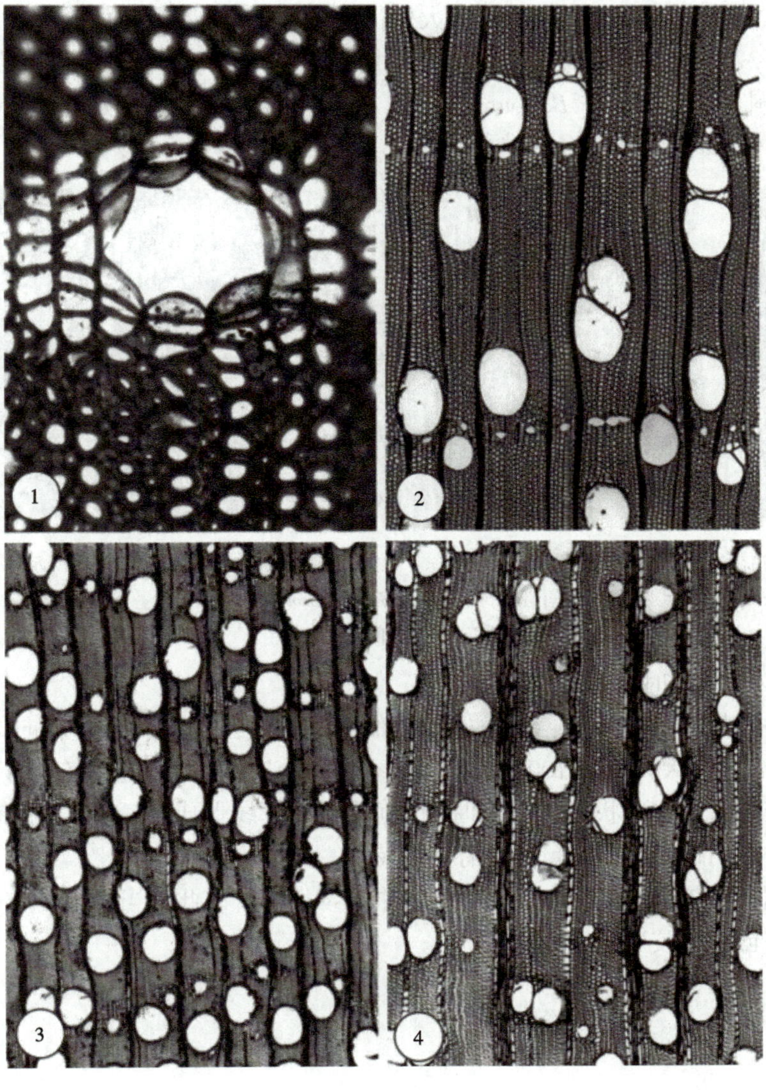

1—轴向胞间道，*Parashorea smythiesii*，×290；2—轴向胞间道长弦列状(特征 127)，*Shorea parvifolia*，×29；3—轴向胞间道短弦列状(特征 128)，*Dipterocarpus grandiflorus*，×20；4—轴向胞间道星散状(特征 129)，*Vateria macrocarpa*，×29。

图 7-34 胞间道(一)

轴向胞间道短弦列状：2~5 个胞间道呈弦向短线状排列(图 7-34 中 3)，代表树种有龙脑香 *Dipterocarpus* spp.(龙脑香科)。

轴向胞间道星散状：胞间道随机单个分布(图 7-34 中 4)，代表树种有脂苏木 *Prioria copaifera*(苏木科)、异翅香 *Anisoptera* spp.、杯裂香 *Cotylelobium* spp.、婆罗洲香

Upuna spp.、瓦蒂香 *Vateria macrocarpa*、青皮 *Vatica* spp.（龙脑香科）。

径向胞间道胞间道存在于木射线中（图 7-35 中 1～3），代表树种有黄连木 *Pistacia* spp.、塔皮漆 *Tapirira guianensis*（漆树科）、裂榄 *Bursera gummifera*（橄榄科）、黄娑罗双组 *Shorea section richetia*（龙脑香科），以及漆树科和橄榄科其他很多属。同义词：横向胞间道。

创伤胞间道胞间道是由于创伤响应而产生的，呈弦向带状排列，外形总体不规则且紧密相连（图 7-35 中 4），代表树种有高大榄仁 *Terminalia procera*（使君子科）、北美枫香 *Liquidambar styraciflua*（金缕梅科）、大苦油楝 *Carapa procera*（楝科）、黑樱桃 *Prunus serotina*（蔷薇科）、巴福芸香 *Balfourodendron riedelianum*、九里香 *Murraya exotica*（芸香科）、夸斯苦木 *Quassia amara*（苦木科）。

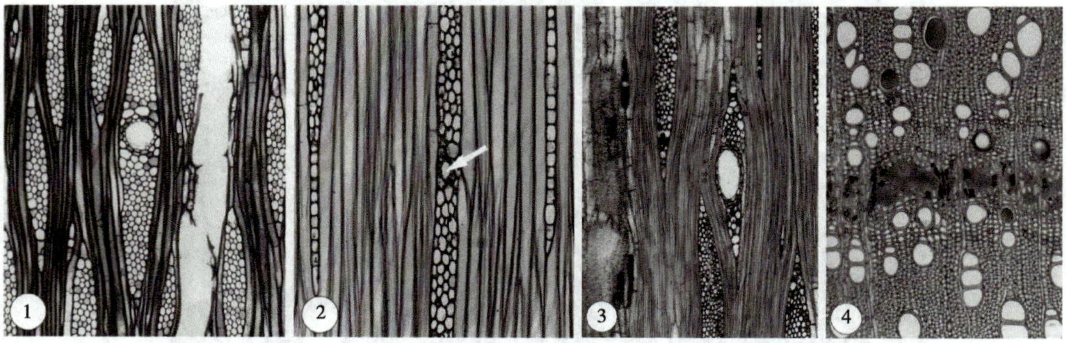

1～3—径向胞间道（特征 130），1 为 *Bursera gummifera*，×70，2 为 *Shorea hopeifolia*（如箭头所示），×140，3 为 *Parashorea smythiesii*，×75；4—创伤胞间道（特征 131），*Murraya exotica*，×115。

图 7-35 胞间道（二）

一种木材可能同时含有以上几种特征。

在龙脑香科的一些树种中，轴向树胶道的大小用于区分物种，即轴向树胶道是小（直径<100μm）还是大（直径>100μm）。龙脑香科树胶道中树脂的颜色有助于鉴定。

径向树胶道对射线形状的影响（即树胶道是否使射线形成纺锤形），径向树胶道的大小和每条射线内树胶道的数量也是有用的特征。

注意：创伤树胶道可能不会在一个树种中持续发生，因此，当确定一个未知的树种时，不要使用创伤树胶道的缺如。

7.9 乳汁管或单宁管

132. 乳汁管或单宁管

定义：

乳汁管或单宁管：长度不确定的一类细胞，沿径向（在木射线中）或轴向延伸（在木纤维间）；根据具体的内含物可分为乳汁管和单宁管两种类型。

乳汁管：含有乳胶的管道，且乳胶无色或浅黄褐色；乳汁管可沿径向（夹竹桃科、萝藦科、桔梗科、番木瓜科、大戟科以及桑科一些属）或轴向延伸（分散在木纤维间，目前已知仅存在于桑科）（图 7-36 中 1～4）。同义词：乳胶管，乳胶道。

单宁管：含有单宁的管道，呈红褐色，存在于射线中（目前已知仅存在于肉豆蔻

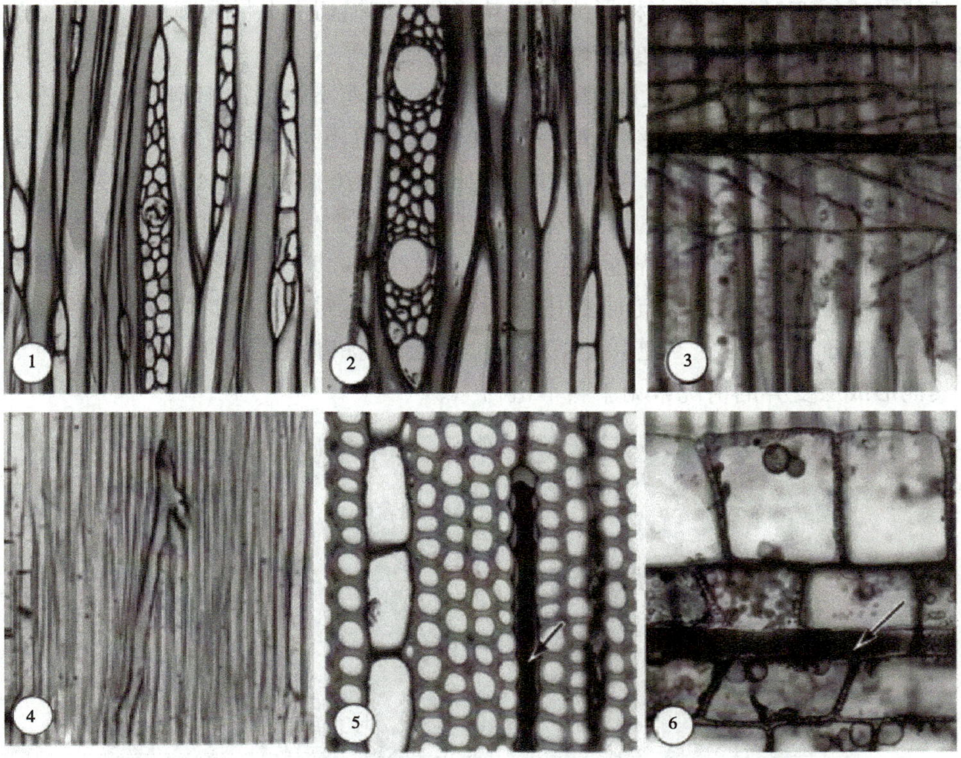

1—乳汁管，*Alstonia scholaris*，×140；2—宽乳汁管，*Dyera costulata*，×180；3—具深色物质的乳汁管，*Croton panamensis*，×290；4—轴向乳汁管，*Artocarpus communis*，×75；5、6—单宁管，*Horsfieldia subglobosa*，横切面和径切面(如箭头所示)，×290。

图 7-36　乳汁管(乳胶管)或单宁管(特征 132)

科)(图 7-36 中 5~6)。

尽管乳胶通常为浅色，单宁为深色，但是颜色不是一个可靠的区分特征，而且需要对单宁进行化学测试以确认管道中的物质成分。乳汁管和单宁管间的结构差异很小(Fujii，1988)。因此，这两个特征合二为一。单宁管通常在径切面上判定，其细胞长度要远大于射线细胞。而弦切面上单宁管通常很难识别，其形态可能与射线细胞相似。

7.10　形成层变异

133. 同心圆状内含韧皮部
134. 星散状内含韧皮部
135. 其他形成层变异

定义：

同心圆状内含韧皮部：韧皮束呈弦向带状，与木质部或其他连接组织交替排列(图 7-37 中 1)，代表树种有海榄雌 *Avicennia* spp.(爵床科)，南滨碱蓬 *Suaeda monoica*(苋科)。

星散状内含韧皮部：韧皮束呈星散、独立分布。韧皮束可被薄壁组织或非导管状分子包围(图 7-37 中 2)，代表树种有马钱子 *Strychnos nuxvomica*(马钱科)。同义词：内含韧皮，多孔型或岛屿型。

其他形成层变异：包括多种形成层变异类型，如横切面上呈椭圆形、扁平型及沟痕型的轴向复合型、分裂型、绳索型以及分裂型木质部等。

内含韧皮类型是根据木材上呈现的外形而分的，而不是依据细胞发育来区分(即不是根据是否存在单独永久或连续形成层而定义的)，也不是根据是否由木质部或连接组织包围韧皮束而定义的。根据 Mikesell 和 Popham(1976)以及 Carlquist(1988)的观点，只有当韧皮组织由内部单个形成层产生时，才可定义为木质部间韧皮部。

同心圆状内含韧皮部的类型通常会过渡到星散状内含韧皮部类型(如藜科很多树种)；如果不确定是哪种类型时，可同时使用这两种特征表达。具同心圆状内含韧皮部的树种，韧皮带可产生分支呈网状，当连接薄壁组织时，会形成和射线类似的径向延伸。

其他形成层变异的情况常见于藤本植物中。

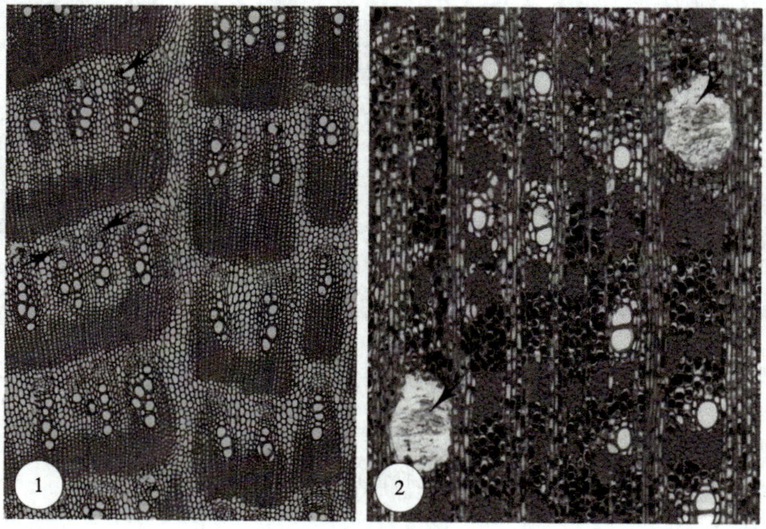

1—同心圆状内含韧皮(特征 133，如箭头所示)，*Suaeda monoica*，同时存在连接薄壁组织径向延伸(特征 117，木材不具射线，可变)，×38；2—星散状内含韧皮(特征 134，如箭头所示)，*Strychnos nux-vomica*，×45。

图 7-37 形成层变异

7.11 无机内含物

7.11.1 菱形晶体

136. 具菱形晶体
137. 菱形晶体在直立或方形射线细胞内
138. 菱形晶体在横卧射线细胞内
139. 菱形晶体在横卧射线细胞内，呈径列
140. 菱形晶体在分室直立或方形射线细胞内
141. 菱形晶体在非分室轴向薄壁细胞内
142. 菱形晶体在分室轴向薄壁细胞内
143. 菱形晶体在木纤维细胞内

定义：

菱形晶体：单个菱形或八面体形草酸钙结晶，在偏正光下具双折射性(图 7-38 中 1)。同义词：斜方结晶。

分室细胞：轴向薄壁细胞束或射线薄壁细胞被隔膜或由薄至厚的细胞壁分隔开。

特征 137~143，举例如下：

菱形晶体在直立或方形射线细胞内(图 7-38 中 2)：代表树种有斑纹漆 *Astronium* spp.（漆树科）、橄榄 *Bursera* spp.（橄榄科）、白卡雅楝 *Khaya anthotheca*(楝科)、金球桑 *Helicostylis* spp.（桑科）。

菱形晶体在横卧射线细胞内(图 7-38 中 3)：代表树种有阔叶榆绿木 *Anogeissus latifolia*(使君子科)，鹅耳枥 *Carpinus* spp.（桦木科）。

菱形晶体在横卧射线细胞内，呈径列(图 7-38 中 3)：代表树种有破斧盾籽木 *Aspidosperma quebracho-blanco*(夹竹桃科)、阔叶榆绿木 *Anogeissus latifolia*、黑橄榄木 *Bucida buceras*(使君子科)、佩林缺斧木 *Securinega perrieri*(大戟科)、苏里南番金莲木 *Ouratea surinamensis*(金莲木科)、棱柱木 *Gonystylus* spp.（瑞香科）。

菱形晶体在分室直立或方形射线细胞内(图 7-38 中 4)：代表树种有杜英 *Elaeocarpus calomala*(杜英科)、亚马孙甜桐 *Glycydendron amazonicum*(大戟科)、光亮白茬柞 *Banara nitida*(杨柳科)、平滑金匙木 *Byrsonima laevigata*(金虎尾科)、西印度缎木 *Zanthoxylum flavum*（芸香科）。

菱形晶体在非分室轴向薄壁细胞内(图 7-38 中 5)：代表树种有吉贝 *Ceiba* spp.、轻木 *Ochroma* spp.(锦葵科)、吉氏核果木 *Drypetes gerrardii*(核果木科)、榕树 *Ficus* spp.(桑科)。

菱形结晶在分室轴向薄壁细胞内(图 7-38 中 6~8)：代表树种有普氏大瓣苏木 *Gilbertiodendron preusii*(豆科)、五齿香 *Pentacme contorta*(龙脑香科)、可食柯 *Lithocarpus edulis*(壳斗科)、黑胡桃 *Juglans nigra*(胡桃科)、纤皮玉蕊 *Couratari* spp.(玉蕊科)、金虎尾 *Malpighia incana*(金虎尾科)、悬垂球花豆 *Parkia penaula*(豆科)、花椒 *Zanthoxylum hygrophila*(芸香科)、铁线子 *Manilkara* spp.（山榄科）。

菱形晶体在木纤维细胞内(图 7-38 中 9)：代表树种有切氏闭裘李 *Hemandradenia chevalieri*(牛栓藤科)、白茬柞 *Banara regia*(杨柳科)、蓼树 *Triplaris americana*(蓼科)、石榴 *Punica granatum*(千屈菜科)、凤目栾 *Majidea zanguebarica*(无患子科)。

菱形晶体是木材中最常见的结晶体类型(Chattaway，1955，1956)。菱形晶体的丰富程度在不同树种间存在差异。同一树种某些样本中可能存在菱形晶体，而另一些样本则无菱形晶体。在某些树种中，仅存在一种类型，也有的同时存在多种类型，此时应记录所有适用特征。

有些文献中经常不列出晶体所在细胞具体信息。因此，特征 136“具菱形晶体”对于从已知信息中建立数据库是有用的。特征 136 经常和其他适用特征(特征 137~143)应一起记录。

某些树种，晶体在整个射线(对于异形射线，特征 137 和 138 同时存在)中存在。有的异形射线树种，晶体局限在射线边缘的直立和(或)方形细胞中，或存在于射线主体中的直立和/或方形细胞、鞘状细胞中(特征 137 存在，特征 138 缺失)。还有一些树种，晶体局限在横卧射线细胞中(特征 137 缺失，特征 138 存在)，这种情形并不常见，如有，则通常为径列排列(特征 139)，这种情况对分室射线细胞和非分室射线细胞均适用。

特征 140“菱形晶体在分室直立或方形细胞内”和特征 142“菱形晶体在分室轴向薄

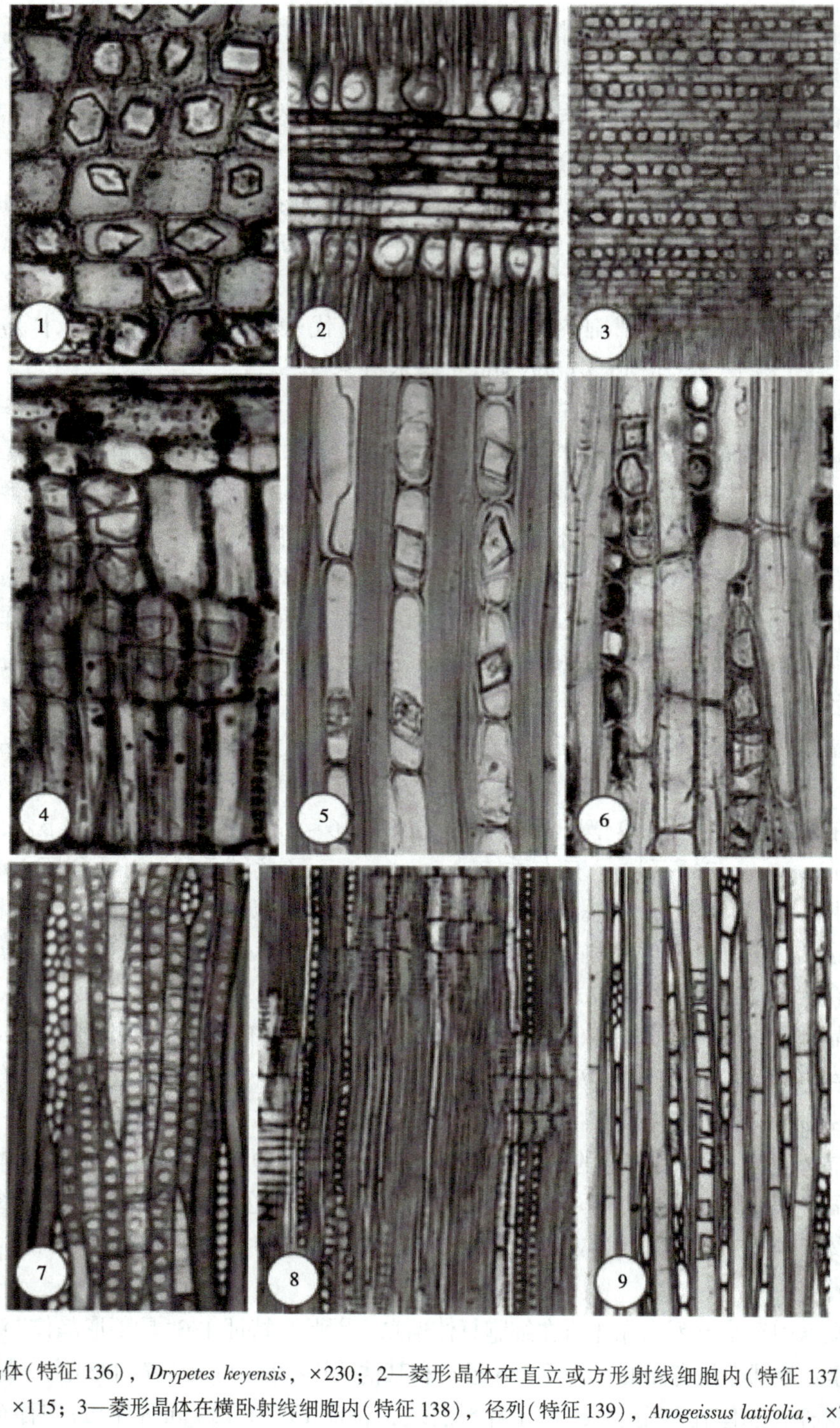

1—菱形晶体(特征 136)，*Drypetes keyensis*，×230；2—菱形晶体在直立或方形射线细胞内(特征 137)，*Astronium graveolens*，×115；3—菱形晶体在横卧射线细胞内(特征 138)，径列(特征 139)，*Anogeissus latifolia*，×75；4—菱形晶体在分室直立或方形射线细胞内(特征 140)，*Elaeocarpus calomala*，×290；5—菱形晶体在非分室轴向薄壁细胞内(特征 141)，*Drypetes gerrardii*，×290；6~8—菱形晶体在分室轴向薄壁细胞内(特征 142)，6 为分室含晶呈短链状，*Lithocarpus edulis*，×290，7 为分室含晶呈长链状，弦切面，*Parkia pendula*，×115，8 为分室含晶呈长链状，径切面，*Parkia pendula*，×115；9—木纤维中具菱形晶体(特征 143)，*Banara regia*，×115。

图 7-38 无机内含物

壁细胞内”包含了多种分室类型或可细分，尤其对于轴向薄壁细胞，含晶体的分室链长度差异很大，某些树种几个分室，而有的则呈含长链状。这些信息应当记录在案。

很多属的木材中，菱形结晶有规则的存在(如龙脑香科龙脑香属 *Dipterocarpus* spp.、桦木科桦木属 *Betula* spp.、木兰科鹅掌楸属 *Liriodendron* spp. 以及锦葵科椴属 *Tilia* spp.)。但是，当鉴定未知树种时，不建议使用结晶缺失这一特征，因为在其他分类群中结晶是零星存在的(如槭树科槭属 *Acer* spp.，壳斗科栎属 *Quercus* spp. 以及榆科榆属 *Ulmus*)。注意不要将分隔木纤维中的结晶与分室轴向薄壁细胞中的结晶相混。

7.11.2 晶簇

144. 具晶簇
145. 晶簇在射线薄壁细胞内
146. 晶簇在轴向薄壁细胞内
147. 晶簇在纤维细胞中
148. 晶簇在分室细胞内

定义：

晶簇：结晶混合物，基本为球形，且很多结晶在表面突起，呈星锥状(图 7-39 中 1~3)，代表树种有黄槿 *Hibiscus tiliaceus*(锦葵科)。同义词：簇晶。

特征 145~148，举例如下：

晶簇在射线薄壁细胞内(图 7-39 中 1)：代表树种有美国皂荚 *Gleditsia triacanthos*(豆科)、巴氏血桐 *Macaranga barteri*(大戟科)、大海蛇藤 *Colubrina arborescens*(鼠李科)、扁桃 *Prunus dulcis*(蔷薇科)、圆锥花朴 *Celtis paniculata*(大麻科)。

晶簇在轴向薄壁细胞内(图 7-39 中 2)：代表树种有梨榄 *Pachylobus edulis*(橄榄科)、榄仁 *Terminalia catappa*(使君子科)。

晶簇在纤维细胞中：代表树种有橙焰风车子 *Combretum fruticosum*(使君子科)。

晶簇在分室细胞内(图 7-39 中 3)：代表树种有巴氏血桐 *Macaranga barteri*、西方血桐 *M. occidentalis*(大戟科)，白茬柞 *Banara regia*(大风子科)。

大多现有文献资料均不提及晶簇位置信息。因此，一般用特征“具晶簇”表示。已知树种中，晶簇可能存在于一种或多种类型细胞，细胞还可能被膨大(特征 156)。

7.11.3 其他晶体类型

149. 束晶
150. 针晶
151. 柱晶、细长结晶
152. 其他形态结晶(通常很小)
153. 砂晶

定义：

束晶：一束长针状晶体(图 7-39 中 4)，代表树种有网脉五桠果 *Dillenia reticulata*、玻利维亚锡叶藤 *Tetracera boliviana*(五桠果科)、避霜花 *Pisonia* spp.(紫茉莉科)、哈氏嘉沛木 *Palicourea hazenii*(茜草科)、厚叶四籽树 *Tetramerista crassifolia*(四籽树科)、葡萄 *Vitis vinifera*(葡萄科)。

针晶：针状晶体，不呈束(图 7-39 中 5)，代表树种有黄钟花 *Tecoma stans*(紫葳科)、灰厚壳桂 *Cryptocarya glaucescens*(樟科)、以及云南石梓 *Gmelina arborea*(唇形科)。

柱晶：大晶体，长度至少是宽度的4 倍，具尖状或方形末端(图7-39 中6)，代表树种有钝叶美登木 *Maytenus obtusifolia*(卫矛科)、亚马孙榄仁 *Terminalia amazonica*(使君子科)、常绿钩吻藤 *Gelsemium sempervirens*(钩吻科)、薄叶桂谷木 *Warneckea membranifolia* (野牡丹科)、全叶蒜味珊瑚 *Gallesia integrifolia*(商陆科)、棱柱木 *Gonystylus bancanus*(瑞香科)。

细长结晶：晶体长度是宽度的 2~4 倍，具尖状末端(图 7-39 中 7)，代表树种有下垂木瓜桐 *Siphonodon pendulum*(卫矛科)、欧洲女贞 *Ligustrum vulgare*(木樨科)、光叶牡荆 *Vitex glabrata*(唇形科)。

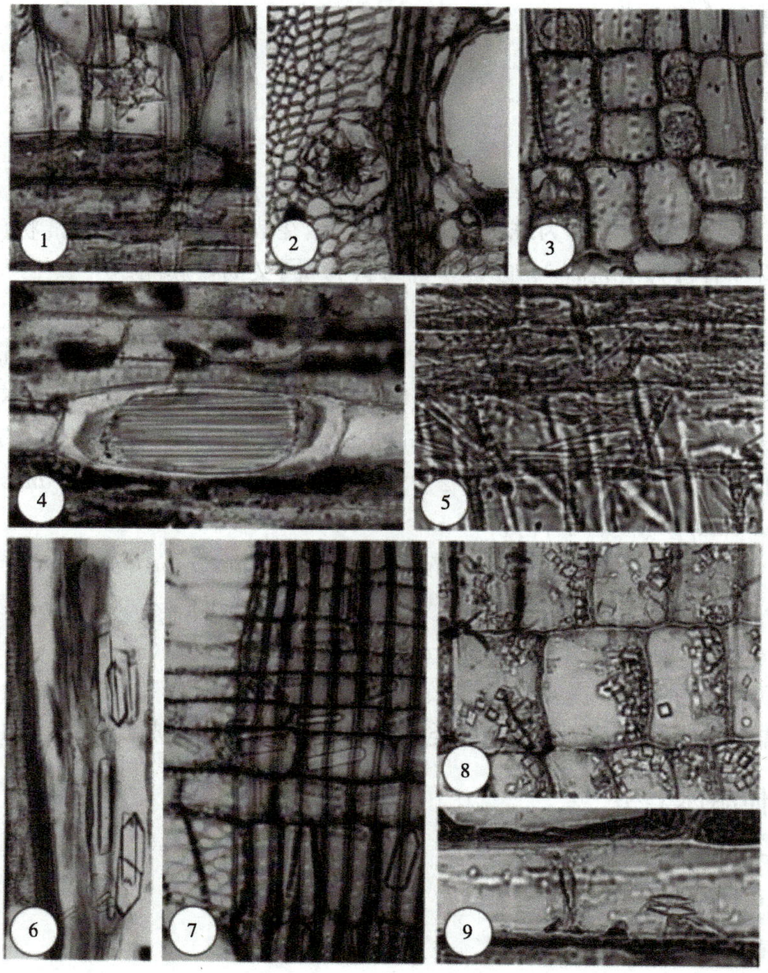

1—晶簇(特征 144)在射线薄壁细胞中(特征 145)，*Hibiscus tiliaceus*，×145；2—晶簇在轴向薄壁细胞中(特征 144 和 146)，*Terminalia catappa*，×170；3—晶簇在分室射线细胞中(特征 144、145 和 148)，*Banara regia*，×290；4—束晶(特征 149)在横卧射线细胞中，*Vitis vinifera*，×290；5—针晶 (特征 150)，*Gmelina arborea*，×675；6—柱晶(特征 151)，*Memecylon membranifolium*(在内含韧皮部中)，×95；7—细长结晶(特征 151)，*Ligustrum vulgare*，×220；8—小立方晶体(特征 152)，*Aporusa villosa*(在射线细胞中)，×290；9—小船状结晶(特征 152)，*Litsea reticulata*，×675。

图 7-39 晶簇及其他晶体类型

其他形态结晶(通常很小)：包括其他所有结晶形态(图 7-39 中 8、9)，如立方体形(大戟科的毛银柴 *Aporosa villosa*，船状(樟科的网脉木姜子 *Litsea reticulata*)，梭状(樟科的莲桂 *Dehaasia* spp.)，金字塔形(樟科的檬果樟 *Caryodaphnopsis tonkinensis*)，扁平形(樟科的樟 *Aniba* spp.)，锯齿状(木樨科的佛罗里达泽蜡树 *Forestiera segregata*)，孪晶形(木樨科的岛蜡树 *Nestegis* spp.)等

砂晶：由非常小的结晶颗粒组成(图 7-40 中 1)，代表树种有橙花破布木 *Cordia subcordata*(紫草科)、胡氏黄肉楠 *Actinodaphne hookeri*(樟科)、钝叶刺李山榄 *Bumelia obtusifolia*(山榄科)、以及心叶烟草 *Nicotiana cordifolia*(茄科)。同义词：微晶。

备注：

结晶，尤其是小的结晶，应该在偏光镜下判定。这些结晶不常见，即使存在也可能是星散状分布，因此，这些特征仅当很确定时方可使用。束晶和柱晶常存在于膨大细胞中(特征 156)。

7.11.4 晶体的其他识别特征

154. 每个细胞或分室内具 2 个以上的同大小的晶体
155. 每个细胞或分室内具 2 个不同大小的晶体
156. 晶体在膨大细胞内
157. 晶体在侵填体中
158. 钟乳体

特征 154~158 举例如下：

每个细胞或分室内具 2 个以上的同大小的晶体(图 7-40 中 2、4、5)代表树种有士打树 *Bouea oppositifolia*(漆树科)、巨藤黄 *Garcinia latissima*(藤黄科)、玫瑰安尼樟 *Aniba rosodora* (樟科)、欧洲女贞 *Ligustrum vulgare*(木樨科)、云南石梓 *Gmelina arborea*、叉状牡荆 *Vitex divaricata*(唇形科)。

每细胞或分室内具 2 个不同大小的结晶(图 7-40 中 4)：代表树种有硕杧果 *Mangifera altissima*(漆树科)、班塔破布木 *Cordia bantamensis*(紫草科)、五齿香 *Pentacme contorta*(龙脑香科)、花椒 *Zanthoxylum juniperinum*(芸香科)、久榄 *Sideroxylon horridum*(山榄科)、邦卡长棱柱木 *Gonystylus bancanus*(瑞香科)。

晶体在膨大细胞内(异形细胞)(图 7-40 中 6)：代表树种有美洲鹅耳枥 *Carpinus carolinianum*(桦木科)、黑胡桃 *Juglans nigra*(胡桃科)、西洋梨 *Pyrus communis*(蔷薇科)、酸橙 *Citrus*×*aurantium*(芸香科)、山茶 *Camellia japonica*(山茶科)、榉树 *Zelkova serrata*(榆科)。

晶体在侵填体中(图 7-40 中 7)：代表树种有烈味斑纹漆 *Astronium graveolens*(漆树科)、中国破布木 *Cordia sinensis* (紫草科)、蚌壳木 *Pera bumeliaefolia*(蚌壳木科)、染料绿柄桑 *Maclura tinctoria*、樱桃双球桑 *Pseudolmedia spuria*(桑科)、星苹果 *Chrysophyllum auratum*(山榄科)。

钟乳体：由碳酸钙浸渍的纤维素组成，由细胞壁内向外蔓延，外形不规则，有时将细胞腔全部填充(图 7-40 中 8)，代表树种有瓮君木 *Trichanthera* spp.(爵床科)一些树种，九节桂 *Sparattanthelium* spp.(莲叶桐科)以及山柚子科。

特征 156“晶体在膨大细胞内(异形细胞)”，此膨大细胞可以是射线或轴向薄壁细

胞，或两种细胞同时存在（很少见）。膨大细胞内的晶体可能是菱形晶体、晶簇、束晶或其他形态的晶体。目前所知，钟乳体仅存在于上述所列树种中。束晶是结晶束，整个束是一个单元体，所以特征154“每细胞或分室内具2个以上的同大小的晶体”对束晶不适用。同样，特征154对砂晶也不适用。

7.11.5 硅石

159. 具硅石
160. 射线细胞含硅石
161. 轴向薄壁细胞含硅石
162. 木纤维含硅石
163. 玻璃态硅石

定义：

硅石：由二氧化硅组成的球状或不规则形态颗粒。同义词：二氧化硅颗粒，石英包裹体。

特征160~162举例如下：

射线细胞含硅石（图7-41中1）：代表树种有囊状油脂榄 *Trattinnickia burserifolia*、德梅拉雷油脂榄 *Trattinnickia demerarae*（橄榄科）、细穗桂樱李 *Licania leptostachya*（可可李科）、薄皮娑罗双 *Shorea lamellata*（龙脑香科）、亚马孙热美樟 *Mezilaurus itauba*（樟科）、扁平牡荆 *Vitex compressa*（唇形科）。

轴向薄壁细胞含硅石（图7-41中2），代表树种有脉叶瓜栗 *Pachira nervosa*（锦葵科）、双蕊苏木 *Distemonanthus* spp.、平滑果铁苏木 *Apuleia leiocarpa*、圭亚那摘亚木 *Dialium guianense*（豆科）。

木纤维含硅石（图7-41中3）：代表树种有硬毛橄榄 *Canarium hirsutum*、薄叶马蹄果 *Protium tenuifolium*、囊状油脂榄 *Trattinickia burserifolia*（橄榄科）、短毛绿心樟 *Ocotea puberula*（樟科）。

玻璃态硅石：硅包裹在细胞壁上或完全填满细胞腔（图7-41中4），代表树种有类龟羽叶楸 *Stereospermum chelonoides*（紫葳科）、细大风子 *Hydnocarpus gracilis*（青钟麻科）、弗里波罗蜜 *Artocarpus vriesianus*（桑科）以及谷红树 *Gynotroches axillaris*（红树科）。

硅石可以在光学显微镜下观察，通常以永久或临时切片的径切面或离析细胞为佳。如果存在大量抽提物，在切片上很难看到硅，则需用家用漂白剂进行漂白、水洗，然后在苯酚中加热，用丁香油固定或用解离液解离小木片以去除大部分抽提物和木质素，硅石会被保留。在低倍镜下，硅表现为细小、黑色、不具双折射性的颗粒，在高倍镜下硅则像玻璃一样光亮透明。

玻璃态硅石的观察方法：将小木片或碎片完全解离，将木片留在解离液中直到其变成白色。将解离液倒出，加水冲洗，再将清洗液倒出，如此重复，直到清洗液无色透明。将一定量的离析木材放在载玻片上，用加热板加热载玻片直到离析木材变干，冷却载玻片，然后加入2~3滴浓硫酸以溶解纤维素。盖上盖玻片，在低倍光学显微镜下观察细胞。玻璃态硅石呈透明的导管分子状和木纤维状。为了区分不溶细胞和玻璃态硅石，可使用偏正光。不溶细胞具双折射性，而玻璃态硅石不具该特性。经漂白过的切片中也很容易观察玻璃态硅石，因为其像玻璃一样光亮透明。

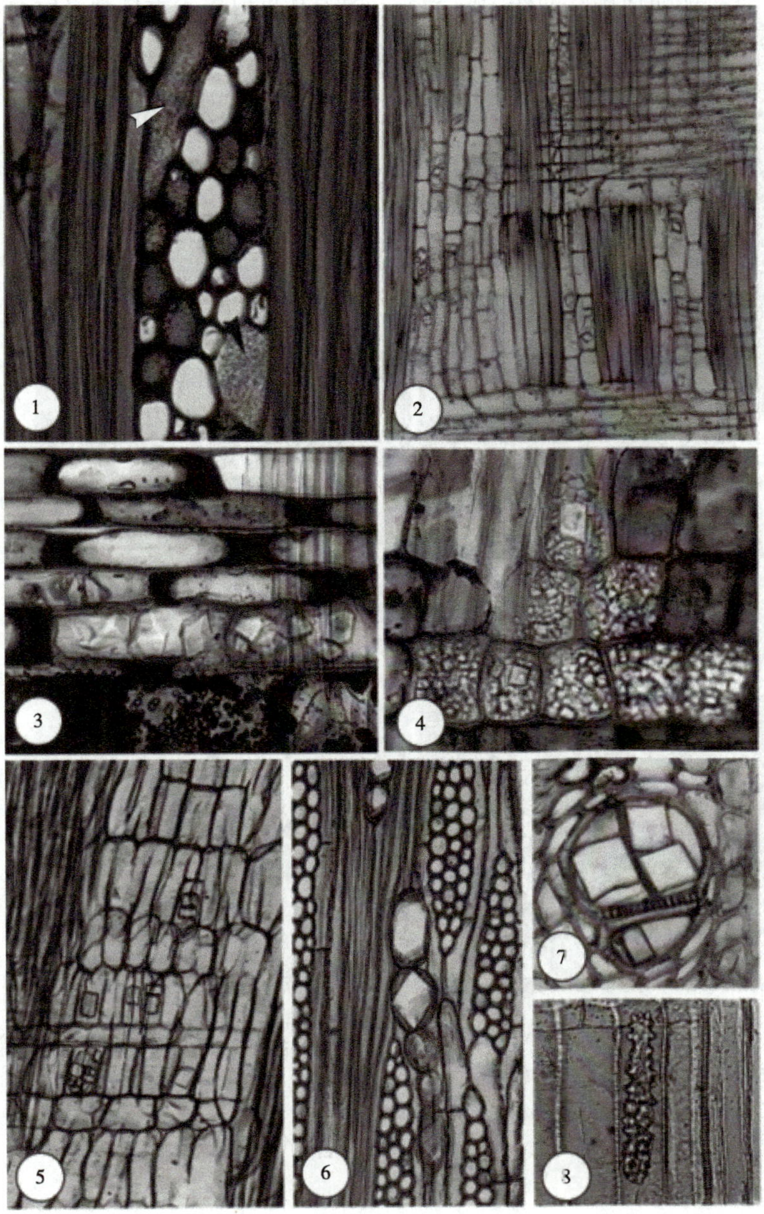

1—砂晶(特征 153，如箭头所示)，*Cordia subcordata*(射线细胞内)，×290；2、3—每细胞或分室内具 2 个以上的同大小的晶体(特征 154)，2 在轴向薄壁细胞内，*Garcinia latissima*，×75；3 在射线细胞内，*Bouea oppositifolia*，×290；4—每细胞或分室内具 2 个不同大小的晶体(特征 155)，*Cordia bantamensis*(射线细胞内)，×290；5—某些射线细胞内结晶尺寸在不同等级过渡(特征 155 可变)，但另一些射线每个细胞中有超过 1 种同样尺寸的晶体(特征 154 存在)，*Cordia abyssinica*，×115；6—晶体在膨大细胞内(特征 156)，*Citrus aurantium*，×135；7—晶体侵填体中（特征 157)，*Cordia gharcf*，×140；8—钟乳体(特征 158)，*Trichanthera gigantea*，×220。

图 7-40　晶体识别特征

硅石通常局限于射线细胞中，尤其在边缘或直立细胞中。有时也存在于轴向薄壁细胞中；有时两种细胞内都含硅石。木纤维中很少含硅，若存在，则为分隔木纤维。

观察硅石时，请勿使用甘油作为固定剂，因为其折射率会干扰观察硅石。用于软化木材的氢氟酸具有溶解硅石的能力。

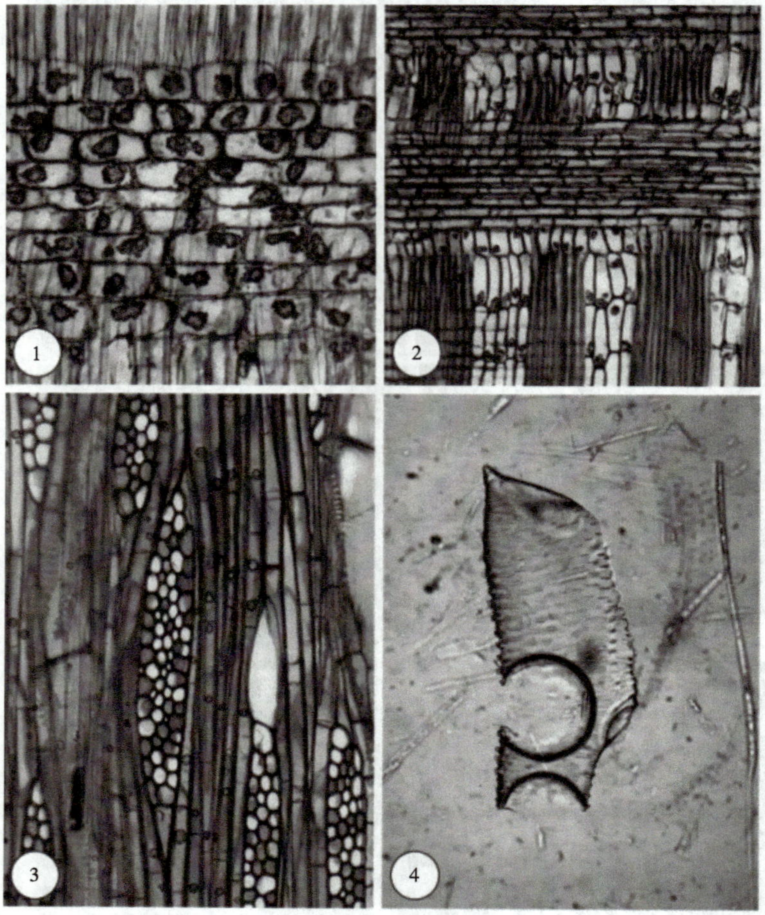

1—射线细胞(特征 160)含硅(特征 159)，*Shorea lamellata*，×150；2—边际射线细胞和轴向薄壁细胞含硅(特征 159~161)，*Apuleia leiocarpa*，×75；3—木纤维含硅(特征 159 和 162)，*Ocotea* cf. *puberula*，×115；4—玻璃态硅石(特征 163)，*Hydnocarpus gracilis*，×150。

图 7-41 硅 石

第8章
木材鉴定相关标准概述

8.1 木材鉴定标准

8.1.1 标准的定义及分类

GB/T 20000. 1—2014《标准化工作指南 第1部分：标准化和相关活动的通用术语》对“标准”进行了定义：“标准是通过标准化活动，按照规定的程序经协商一致制定，为各种活动或其结果提供规则、指南或特性，供共同使用和重复使用的文件。”

在我国根据不同的分类依据，标准有不同的分类方法。根据标准制定主体，可分为国家标准、行业标准、地方标准、企业标准；根据标准实施约束力，可分为强制性标准和推荐性标准；根据标准内容的载体，可分为文件标准和实物标准；根据标准的功能，可分为术语标准、符号标准、分类标准、试验标准、规范标准、规程标准；根据标准的对象，可分为产品标准、过程标准、服务标准。需要强调的是，如果根据标准功能分类，这些类别相互间并不排斥。例如：一个特定的产品标准，不仅规定了对该产品特性的技术要求，还规定了用于判定该要求是否得到满足的证实方法，那也可视为规范标准。

8.1.2 木材鉴定标准定义及分类

在本教材中“木材鉴定标准”是指与木材鉴定有关的、通过标准化组织审定批准的(或虽未经过标准化组织审定批准，但在本领域内所共同认可的)标准。按各标准在木材鉴定过程中的功能将其归纳为以下几类：基础标准、分类标准、试验标准、产品标准、术语标准。

基础标准在木材鉴定过程中可以直接用来指导确定木材名称。该类标准是为了规范木材及实木制品命名而制定。木材名称的编制以树木分类为基础，将外观特征相似、材性相近、用途相同的不同树种归为一类木材，然后根据属的学名和木材特征给木材命名。基础标准主要包括：GB/T 16734—1997《中国主要木材名称》、GB/T 18513—2022《中国主要进口木材名称》和WB/T 1038—2008《中国主要木材流通商品名称》。

分类标准通过将目标鉴定木材与标准的文字和图片进行对照鉴定。该类标准的内容通常包括木材识别特征文字描述及图片，尤其是木材微观构造图片；或者直接配有木材实物样本。分类标准主要包括：GB/T 18107—2017《红木》、GB/T 32768—2016《拉丁美洲热带木材树种鉴定图谱》、GB/T 32769—2016《非洲热带木材树种鉴定图谱》、SNT

2026—2007《进境世界主要用材树种鉴定标准》、GSB 16-2141—2007《进口木材国家标准样照》和 GSB 16-2142—2007《进口木材国家标准样品》。

试验标准主要是对木材鉴定的手段、过程以及所依据的识别特征进行规定。试验标准对于规范木材鉴定流程、提高木材鉴定的准确性都具有重要意义。试验标准主要包括：GB/T 29894—2013《木材鉴别方法通则》。

产品标准主要涉及红木和深色名贵硬木制造的家具及工艺品等实木制品。这类木材经济价值较高，材种是决定其产品经济价值的主要因素之一。因此，在标准中通常会对其产品的用材规范进行明确的要求。如 QB/T 2385—2018《深色名贵硬木家具》规定了深色名贵硬木的定义及适用木材。产品标准主要还包括：GB/T 28010—2011《红木家具通用技术条件》。

除上述标准之外，还有一类文件《阔叶树材显微特征一览表》《针叶树材显微特征一览表》，虽然没有标准化组织审定，但其为木材解剖构造的描述提供了统一的标准，是从事木材科学及其相关学科人员所共同认可的、事实上的标准。上述两个一览表全面、详细陈述了木材的各个识别特征，可视为术语标准。另外，GB/T 33023—2016《木材构造术语》也属于术语标准。

木材鉴定相关标准及其分类参见表 8-1。

表 8-1 木材鉴定标准及分类

分 类	名 称
基础标准	GB/T 16734—1997《中国主要木材名称》 GB/T 18513—2022《中国主要进口木材名称》 WB/T 1038—2008《中国主要木材流通商品名称》
分类标准	GB/T 18107—2017《红木》 GB/T 32768—2016《拉丁美洲热带木材树种鉴定图谱》 GB/T 32769—2016《非洲热带木材树种鉴定图谱》 SN/T 2026—2007《进境世界主要用材树种鉴定标准》 GSB 16-2141—2007《进口木材国家标准样照》 GSB 16-2142—2007《进口木材国家标准样品》
试验标准	GB/T 29894—2013《木材鉴别方法通则》
产品标准	GB/T 28010—2011《红木家具通用技术条件》 QB/T 2385—2018《深色名贵硬木家具》
术语标准	《阔叶树材显微特征一览表》 《针叶树材显微特征一览表》 GB/T 33023—2016《木材构造术语》

8.2 木材鉴定标准分类介绍

8.2.1 基础标准

8.2.1.1 GB/T 16734—1997《中国主要木材名称》

GB/T 16734—1997《中国主要木材名称》共收载 380 类国产木材名称(中文名、英文名)及其下所辖的 907 个树种名称(包括中文名、别名、学名)，隶属 347 属(针叶树材 33 属，阔叶树材 314 属)，99 科(针叶树材 8 科，阔叶树材 91 科)。该标准还列举了每个树种的主要产地及管制信息。为了方便使用者查找，标准附有附录 A“中文名索引”和附录 B“学名索引”。

8.2.1.2 GB/T 18513—2022《中国主要进口木材名称》

GB/T 18513—2022《中国主要进口木材名称》共收载了世界各地 423 类木材名称(包括木材中文名和木材国外商品材名称)及其所辖的 1010 个树种名称(包括树种中文名和学名)，隶属 366 属(针叶树材 19 属，阔叶树材 347 属)，84 科(针叶树材 4 科，阔叶树材 80 科)。该标准还列举了各类木材的材色、密度及主要产地。需要说明的是 GB/T 18513—2001 与 GB/T 18107—2017 在木材名称的界定上有不一致的地方。如按 GB/T 18107—2017，非洲崖豆(*Millettia laurentii*)和白花崖豆木(*Millettia leucantha*)的木材名称应为“鸡翅木”；按 GB/T 18513—2022，上述树种的木材名称应为“崖豆木”。因此，使用者依据不同的标准对木材进行检验，有可能会得出不同的结论。为了方便使用者查找，标准中附有附录 A“树种中文名索引”、附录 B“树种学名索引”、附录 C“国外商品材名称索引”。

上述两个标准是我国主要国产及进口木材名称最重要、最基础的标准。其材种归类原则都是以树木学(或植物学)的属为基础，在同一属内把材性和用途相近的树种名称定为一个木材名称，以方便木材的加工和利用。木材名称的排列均是按木材科、属、种的学名首字母顺序排列。少数情况下也将不同属归为一类木材。

8.2.1.3 WB/T 1038—2008《中国主要木材流通商品名称》

WB/T 1038—2008《中国主要木材流通商品名称》共收集了目前中国市场上流通的主要国内外商品材 416 个树种。根据树木科、属系统归纳成 340 类，包括：木材名称、树种中文名、树种学名、商品名(国际木材市场常用的英文商品名)、流通商品名(国内木材市场常用的中文商品名)。同时介绍了科别、材色、密度和产地。该标准分进口针叶树材、进口阔叶树材、国产针叶树材、国产阔叶树材四个部分。为了方便使用者查找，该标准中附有附录 A“木材名称及树种中文名索引”、附录 B“树种学名索引”、附录 C“流通商品名索引”。

WB/T 1038—2008 可以作为 GB/T 16734—1995 和 GB/T 18513—2022 的补充，WB/T 1038—2008 与上述两个木材名称标准大部分重叠。在选择和使用标准时，应首选国家标准。

8.2.2 分类标准

8.2.2.1 GB/T 18107—2017《红木》

为了规范红木及红木制品用材树种名称混乱现象，国家标准 GB/T 18107—2000《红木》于 2000 年发布实施，并于 2017 年修订形成新文本 GB/T 18107—2017《红木》。该标准对行业发展起到了显著的规范与促进作用。下面主要针对最新版标准 GB/T 18107—2017《红木》进行介绍。

GB/T 18107—2017《红木》规定了红木的术语和定义、分类、要求、试验方法、判定及其他。

(1)定义

该标准对红木的定义："紫檀属、黄檀属、柿属、崖豆属及决明属树种的心材，其构造特征、密度和材色(大气中变深的材色)符合本标准规定要求的木材。"关于红木定义在此需要强调2点：

①能够提供红木的树种其心边材不仅材色区别明显，而且在硬度、耐腐、耐磨性等方面心材均优于边材。因此红木仅指其对应树种的心材部分，不包含边材。

②标准中资料性附录B"红木类别一览表"共列举了29种红木，但根据定义符合红木标准的树种不限于此29种。

(2)分类

根据定义，该标准将红木分为八大类：紫檀木、花梨木、香枝木、红酸枝木、黑酸枝木、乌木、条纹乌木、鸡翅木。每一类下又包括若干树种。标准中红木树种确定的依据为：

①从木材解剖学的角度(即植物分类角度)，依据木材的解剖特征。

②从历史文化沿袭角度，参照明清家具文物残片的木材特征。

③根据目前沿用的红木家具用料。

④根据国内外正确定名的木材标本和资料。

(3)要求

对于每一类红木应符合的主要特征要求，该标准从以下几个方面做了详细规定(详见GB/T 18107—2017附录A)：

①木材构造特征。附录A中列举的构造特征是指某一类红木下不同树种所具有的共性构造特征。如"散孔材至半环孔材"涵盖了所有花梨木类的生长轮类型。附录C至附录J列举了29种红木树种木材的宏观构造特征和微观构造特征。

②心材材色。红木心材暴露于空气后，在紫外线、空气、水蒸气等因素作用下，颜色会发生变化，通常是颜色变深。因此，红木的材色是指心材在大气中暴露一段时间后的颜色。

③气味。红木新切面气味相对明显。因此，如无特殊强调，红木气味是指陈放一段时间后的气味。

④心材气干密度(含水率12%)。木材的气干密度随着含水率的不同而变化。在该标准中统一指木材含水率12%时的气干密度。

(4)判定

判定是指"根据上述各类红木特征要求，给出所要鉴定木材的材种结论"。该标准的判定依据为"检验结果符合本标准规定的要求，判定为红木，并确定红木类别"。即如果木材构造特征、心材材色、气味、心材气干密度4项指标都满足某一类红木，可将该木材判定到某一类红木。在此需要强调根据GB/T 18107—2017，只能判定到"类"而不能判定到"种"。

8.2.2.2 木材鉴定图谱标准

GB/T 32768—2016《拉丁美洲热带木材树种鉴定图谱》和GB/T 32769—2016《非洲热带木材树种鉴定图谱》为同一系列的木材鉴定图谱标准，两个标准的内容在形式编排上是一致的。两个标准分别用于非洲热带常见商品材和拉丁美洲热带常见商品材的树种鉴定。两个标准分别列举了 30 个树种(其中部分属于 QB/T 2385—2018《深色名贵硬木家具》中的树种)，详细陈述了每个材种的常见树种中文名及学名，所属科、属，材种中文名；并详细描述了每个树种木材的宏观构造特征、微观构造特征以及气干密度，并配有该树种的宏观解剖构造图(放大 12 倍的横切面)、微观解剖构造图(横切面、径切面、弦切面)和实木纵切面图。使用者可以根据标准中的描述鉴定出木材的“材种名称”或“树种名称”。

8.2.2.3　SN/T 2026—2007《进境世界主要用材树种鉴定标准》

SN/T 2026—2007《进境世界主要用材树种鉴定标准》规定了 63 种进境世界用材树种的宏观和微观鉴定特征。这些树种分别来自非洲、东南亚、北美洲和南美洲等地区。该标准详细陈述了每个树种的中文名、学名、国外商品材名称、木材宏观构造特征、木材微观构造特征、气干密度，并配有木材微观构造图片(横切面、径切面、弦切面)。使用者可以根据标准中的描述鉴定出木材的“树种名称”。

8.2.2.4　木材鉴定实物标准

GSB 16-2141—2007《进口木材国家标准样照》(以下简称《样照》)和 GSB 16-2142—2007《进口木材国家标准样品》(以下简称《样品》)由张家港出入境检验检疫局研制，是我国木材材种鉴别方面的实物标准。该套标准共收集进口木材 80 种，分别隶属 36 科，70 属；来源于东南亚、非洲、南美洲等地区。其中《样品》为实物样品，单个实物样品的规格为：11.0cm×5.8cm×0.7cm，上面印有该实物样品的木材中文名(或树种中文名)、学名、产地等信息。《样照》为与其对应的文字描述。标准中提供了每种木材的树种名称、木材名称、产地、宏观构造要点、微观构造要点、木材用途、横切面宏观构造图(统一放大 12 倍)、弦切面微观构造图(统一放大 100 倍)、样板图(径切面或弦切面，倍数实物大小)等信息。其中树种名称包括树种中文名和学名。部分树种只能确定到属，则用属的中文名表示树种中文名，学名用属名加“spp.”表示。《样照》中构造特征的文字描述以对应的《样品》中的实物样品构造特征为依据。

8.2.3　方法标准

GB/T 29894—2013《木材鉴别方法通则》规定了木材鉴别的术语和定义、取样方法、制片方法、构造照片拍摄、木材鉴别特征、木材密度测定、木材树种判定和鉴别报告。

标准中木材鉴别的“术语和定义”主要指与木材宏观构造及微观解剖构造相关的术语和定义，如生长轮、交叉场纹孔等。“取样方法”涉及以下几类产品：①原木或锯材。②胶合板、细木工板、实木地板、实木复合地板。③木质家具。④木质工艺品。每类产品的取样部位及注意事项各不相同。如 QB/T 2385—2018《深色名贵硬木家具》规定，以件为单位的产品抽样数为 2 件，1 件封存，1 件送检；以套为单位的产品抽样数为 2 套，1 套封存，1 套送检(若成套产品中多件相同的单件，则相同单件送 1 件，其余的也封存)。“制片方法”根据需要可以制作永久切片，也可制作临时切片。“构造照片拍摄”规定了横切面宏观照片、横切面微观照片、径切面微观照片和弦切面微观照片的放大倍数及拍摄设备。

该标准规定了木材树种的判定，根据鉴定木材样品的宏观特征、微观构造特征及木材密度，参考相关标准或正式出版的木材识别文献，与正确定名的标本进行对比，若特征相符，则可确定其树种名称或木材名称。

该标准规定了鉴定报告应包含样品描述、木材主要特征、样品照片及木材构造照片和鉴别结果，“木材鉴别特征”分别详细列举了针叶树材宏观特征、针叶树材微观构造特征和阔叶树材宏观特征、阔叶树材微观构造特征相关的鉴别项目。“木材树种判定”根据鉴别木材样品的宏观特征、微观构造特征及木材密度(针对红木)，参考相关标准或正式出版的识别文献，与已经正式定名的木材标本进行对比，若特征相符，则可确定其树种名称或木材名称。正式出版的木材识别文献可参考《中国木材志》《东南亚热带木材》《非洲热带木材》《拉丁美洲热带木材》《中国热带及亚热带木材》等。

根据上述 IAWA《针叶树材显微特征一览表》(参见第 6 章)和《阔叶树材显微特征一览表》(参见第 7 章)的木材识别特征。结合 GB/T 29894—2013《木材鉴别方法通则》第 9 条的规定，结合实际工作的总结，本教材编制了《针叶树材鉴别规范性记录表》(表 8-2)和《阔叶树材鉴别规范性记录表》(表 8-3)，供读者参考应用，以期实现国内木材鉴定方法标准与国际标准紧密接轨。

表 8-2　针叶树材鉴别规范性记录表

鉴别项目		鉴别结果	备注
样品状态	包装、尺寸	无包装/塑料样品袋包装/纸质样品袋包装；尺寸满足切片要求	如腐朽需注明及是否需要包埋处理
轴向管胞	1. 细胞形状 2. 具缘纹孔 3. 螺纹加厚	1. 早材呈多角形/六角形；晚材呈四边形/多边形；横切面细胞间隙可见/未见；晚材薄壁/厚壁； 2. 早材管胞径壁上的纹孔主为单列/主为两列或多列；早材管胞径壁上的纹孔式对列/互列；早材管胞纹孔塞可见/未见；贝壳状纹孔塞可见/未见；纹孔塞棒状加厚可见/未见；纹孔缘具缺口的纹孔可见/未见；澳柏型加厚可见/未见；眉条可见/未见； 3. 螺纹加厚在整个生长轮中的管胞均明显/仅在早材管胞中明显/仅在晚材管胞中明显；管胞的螺纹加厚是单列环绕/多列(2 列或 3 列)环绕；早材轴向管胞螺纹加厚为窄间隔/宽间隔；澳柏型加厚可见	可见/未见通常选择其一
轴向薄壁组织	1. 存在和排列 2. 横向端壁 3. 内含物	1. 轴向薄壁组织可见/未见；轴向薄壁组织排列星散状/切线状/轮界状； 2. 轴向薄壁组织横向端壁光滑/不规则加厚/念珠状或节状加厚； 3. 晶体可见/未见，晶体的类型为棱形/晶簇/其他形状(详细说明)	可见/未见通常选择其一
木射线	1. 宽度 2. 高度 3. 射线薄壁组织 4. 射线管胞 5. 交叉场纹孔 6. 内含物	1. 木射线单列/局部 2~3 列； 2. 射线平均高度很低(小于 5 个细胞)/中等(5~15 个细胞)/高(16~30 个细胞)/很高(大于 30 个细胞)； 3. 射线组织薄壁细胞端壁光滑(无纹孔)/纹孔明显；射线薄壁细胞水平壁光滑(无纹孔)/纹孔明显；凹痕可见/未见； 4. 射线管胞常见/可见但极少见；射线管胞螺纹加厚普遍存在/存在但少见；射线管胞细胞壁平滑/锯齿状/网格状/云杉-1 型/云杉-2 型； 5. 窗格型/松木型/云杉型/柏木型/杉木型/南洋杉型；纹孔个数 1~2 个/1~3 个/3~5 个/6 个以上； 6. 晶体可见/未见，晶体的类型为棱形/晶簇/其他形状(详细说明)	可见/未见通常选择其一
胞间道		轴向胞间道道可见/未见；径向胞间道可见/未见；创伤胞间道可见/未见	可见/未见通常选择其一

（续）

鉴别项目		鉴别结果	备注
宏观特征	1. 生长轮 2. 心边材 3. 材色 4. 气味 5. 纹理 6. 结构 7. 木材密度	1. 生长轮界明显/不明显或缺乏、早材至晚材急变/渐变； 2. 心材与边材区别明显/不明显；未见边材/未见心材； 3. 心材褐色或深褐色/红色或暗红色/黄色或深黄色/浅色/紫色或暗紫色/其他颜色(详细说明)； 4. 鼻嗅闻并描述具体气味(详细说明)； 5. 纹理直/斜； 6. 结构很细/细/中/粗/很粗； 7. 气干密度(g/cm^3)，精确到 $0.001g/cm^3$	可见/未见通常选择其一；结构以管胞弦向的直径为标准
	其他特征	索状管胞可见/未见；树脂管胞可见/未见；拟侵填体可见/未见；径列条可见/未见	可见/未见通常选择其一
照片		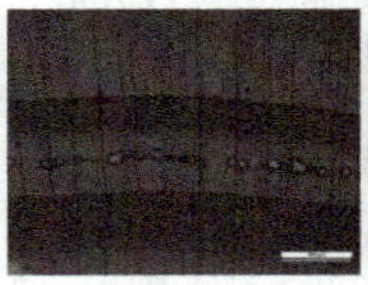 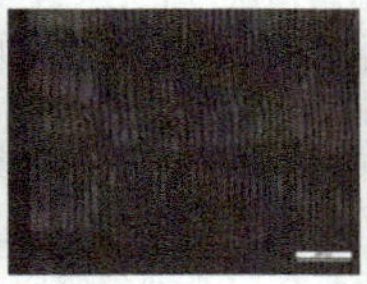 	
鉴别结果	中文名称： 学名称： 科属名称：		

表 8-3　阔叶树材鉴别规范性记录表

鉴别项目		鉴别结果	备注
样品状态	包装、尺寸	无包装/塑料样品袋包装/纸质样品袋包装；样品正常/腐朽；无须包埋处理/须包埋处理/尺寸满足/不满足切片要求	
导管与管孔	1. 管孔类型 2. 管孔排列 3. 管孔组合 4. 穿孔板 5. 管间纹孔式 6. 导管－射线间纹孔 7. 螺纹加厚 8. 导管内含物	1. 管孔类型为环孔材/半环孔材/散孔材； 2. 管孔排列为弦列带状/径列和/或斜列管孔/树枝状； 3. 单管孔占 90%及以上/径列复管孔 2~4 个/径列管孔链 4 个或以上/管孔团；单管孔圆形至椭圆形/具几何轮廓； 4. 穿孔板为单穿孔/梯状穿孔≤10 个，10~20 个、20~40 个，≥40 个/网状、筛状和/或其他类型； 5. 导管间纹孔式为梯状/对列/互列/具多边形的互列；附物纹孔未见/可见； 6. 与管间纹孔式相同状/圆形或具角度/梯状(刻痕状)/栅栏状/具两种明显不同尺寸/单侧复纹孔圆肾状/仅限于射线边缘细胞； 7. 导管分子全部具螺纹加厚/仅导管分子尾部具螺纹加厚/仅细导管分子具螺纹加厚； 8. 具普通侵填体/硬化侵填体；导管内含物未见/心材导管具树胶和其他填充物	可见/未见通常选择其一；存在多种情况则多选；如选单管孔占 90% 及以上，则不存在复管孔情况；如叠生则在其他特征中记载
轴向薄壁组织	1. 缺如或极少 2. 离管型 3. 傍管型 4. 带状 5. 细胞组成 6. 内含物 7. 油细胞	1. 不存在此种情况/缺如或极少； 2. 轴向薄壁组织为星散状/星散聚合状； 3. 轴向薄壁组织为稀疏环管状/环管状/翼状(菱形、翅形)/聚翼状/单侧帽状； 4. 超过 3 个细胞宽/窄带状或 3 个细胞宽以下/网格状/梯状/轮界带状或类轮界状； 5. 纺锤形/2 个细胞一束/3~4 个细胞一束/5~8 个细胞一束/超过 8 个； 6. 内含物未见/可见树胶/晶体/硅石/其他不定形沉积物； 7. 未见油细胞/可见油细胞和/或黏液细胞；油细胞和/或黏液细胞与射线薄壁细胞关联/油细胞和/或黏液细胞与薄壁细胞关联/油细胞和/或黏液细胞存在于木纤维中	如叠生则在其他特征中记载；存在多种情况则多选；网格状定义：与木射线等宽；可见/未见通常选择其一

（续）

鉴别项目		鉴别结果	备注
木纤维	1. 木纤维类型 2. 特殊细胞 3. 细胞厚度 4. 胞壁纹孔	1. 木纤维具单纹孔到有细小纹孔缘可见/未见；木纤维具明显具缘纹孔可见/未见；木纤维径面和弦面均具纹孔情况可见/未见；木纤维具螺纹加厚可见/未见； 2. 导管状管胞可见/未见；环管管胞可见/未见；分隔木纤维可见/未见；薄壁组织状木纤维带可见/未见； 3. 木纤维细胞壁非常薄/薄至厚/非常厚； 4. 单纹孔到具细小纹孔缘/具缘纹孔	如叠生则在其他特征中记载
木射线	1. 射线种类 2. 射线组成 3. 射线排列 4. 射线高度 5. 特殊细胞 6. 射线内含物	1. 多数单列/木射线宽 1~3 列/通常 4~10 列/大于 10 列/多列部分与单列等宽；聚合木射线可见/未见；具 2 种粗细明显不同木射线可见/未见(细木射线 1 列、2 列、3 列，粗 5 列以上)； 2. 所有木射线细胞横卧/所有木射线细胞直立或方形。木射线细胞平卧其中一行直立和/或是方形的边缘细胞；木射线细胞横卧其中 2~4 行直立和/或方形的边缘细胞；木射线细胞横卧其中大于 4 行直立和/或方形的边缘细胞；木射线横卧、方形和直立射线细胞混生； 3. 木射线非叠生；所有木射线叠生/短木射线叠生，高木射线非叠生/木射线不规则叠生(斜叠生)； 4. 弦切面数高度方向细胞个数，即低-高的数目； 5. 特殊细胞未见/可见；具鞘状细胞/具瓦状细胞/具穿孔的木射线细胞/具联接木射线/木材无射线； 6. 射线内含物未见/可见；含树胶/含晶体/含硅石/含其他不定形沉积物	可见/未见通常选择其一；连接木射线：Disjunctive ray parenchyma cell walls
胞间道	1. 轴向胞间道 2. 径向胞间道 3. 创伤胞间道	1. 轴向胞间道未见/可见；轴向胞间道长弦列/短弦列/散生； 2. 径向树胶道未见/可见； 3. 创伤胞间道未见/可见	
其他特征	1. 内含韧皮部 2. 叠生构造	1. 内含韧皮部未见/可见；内含韧皮部同心圆型/岛屿型； 2. 其他细胞叠生构造未见/可见；轴向薄壁细胞和/或导管分子叠生/木纤维叠生	主要指轴向薄壁细胞和/或导管/木纤维
宏观特征	1. 生长轮 2. 心边材 3. 材色 4. 气味 5. 纹理 6. 结构 7. 其他 8. 木材密度	1. 生长轮界明显/生长轮界不明显或缺乏； 2. 区别明显/不明显/未见边材/未见心材/无法区分心边材； 3. 肉眼观察木材颜色并描述； 4. 鼻嗅闻并描述实际气味； 5. 纹理直/斜(螺旋、交错、波浪)； 6. 结构很细、细、中、粗、很粗 5 级； 7. 描述波痕是否可见、荧光反应等； 8. 精确到 0.001g/cm^3	肉眼或手持放大镜下观察；可见/未见通常选择其一
照片	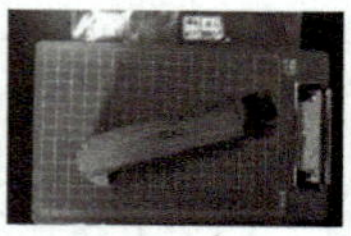	  	
鉴别结果	中文名称： 学名称： 科属名称：		

8.2.4 产品标准

8.2.4.1 GB/T 28010—2011《红木家具通用技术条件》

红木家具在各类木家具产品中是使用耐久性最长、最具代表性的中国传统家具。根据 GB/T 28010—2011《红木家具通用技术条件》规定，每一套在市场流通的红木家具产品都应配有“红木家具产品质量明示卡”。该质量明示卡明示的内容至少包括：产品执行标准；产品分类；产品名称；产品型号、规格；生产日期；产品适用范围；产品主要用材；产品涂饰工艺；产品装饰工艺；安全提示；产品保修；产品交付方信息(生产企业或经销商信息)。通常木材的树种或材种是决定红木家具经济价值最主要的因素。因此，在此介绍 GB/T 28010—2011 对于红木家具产品主要用材明示的要求。

GB/T 28010—2011 要求，红木家具用材明示应根据其产品用材的树种名称或材种名称和用材比例。主要分为以下 4 种情况：

①单一树种用材的家具应明示为“全×××”，并加注(单一树种用材)。

例如：本产品用材为全黑黄檀(单一树种用材)，树种名称：黑黄檀 *Dalbergia fusca*

②单一木材名称用材的家具应明示为“全□□□”，并加注(单一木材名称用材)。

例如：本产品用材为全黑酸枝木(单一木材名称用材)，木材名称：黑酸枝木 *Dalbergia* spp.

③非单一树种或木材名称用材的家具应明示为“×××或□□□”，并加注(非单一树种用材或非单一木材名称用材)，还应明示辅助用材名称、用料部位。示例见表 8-4。

④×××或□□□包覆用材的应明示包覆材和被包覆基材的树种名称或木材名称。示例见表 8-5。

表 8-4　非单一树种或木材名称用材的家具命名示例

序号	产品主要用材	树种及其他
1	本产品主要用材为刀状黑黄檀(非单一树种用材)	树种名称：刀状黑黄檀 *Dalbergia cultrata*
	本产品辅助用材为大果紫檀	用材树种名称：大果紫檀 *Pterocarpus macrocarpus* 辅助用材部位：穿档、抽屉内材
2	本产品主要用材为黑酸枝木(非单一木材名称用材)	树种名称：黑酸枝木 *Dalbergia* spp.
	本产品辅助用材为花梨木	材种名称：花梨木 *Pterocarpus* spp. 辅助用材部位：穿档、抽屉内材
3	本产品主要用材为刀状黑黄檀(非单一树种用材)	树种名称：刀状黑黄檀 *Dalbergia cultrata*
	本产品辅助用材为花梨木	材种名称：花梨木 *Pterocarpus* spp. 辅助用材部位：穿档、抽屉内材
4	本产品主要用材为黑酸枝木(非单一木材名称用材)	树种名称：黑酸枝木 *Dalbergia* spp.
	本产品辅助用材为大果紫檀	树种名称：大果紫檀 *Pterocarpus macrocarpus* 辅助用材部位：穿档、抽屉内材

表 8-5　包覆用材的家具命名示例

序号	产品主要用材	树种及其他
1	本产品采用刀状黑黄檀为包覆材	树种名称：刀状黑黄檀 *Dalbergia cultrata* 包覆层厚度：6mm
	本产品采用大果紫檀为基材	树种名称：大果紫檀 *Pterocarpus macrocarpus*

（续）

序号	产品主要用材	树种及其他
2	本产品采用刀状黑黄檀为包覆材	树种名称：刀状黑黄檀 *Dalbergia cultrata* 包覆层厚度：6mm
	本产品辅助用材为花梨木	材种名称：花梨木 *Pterocarpus* spp.
3	本产品采用全黑酸枝木为包覆材	材种名称：黑酸枝木 *Dalbergia* spp. 包覆层厚度：6mm
	本产品采用大果紫檀为基材	树种名称：大果紫檀 *Pterocarpus macrocarpus*
4	本产品采用全黑酸枝木为包覆材	材种名称： 黑酸枝木 *Dalbergia* spp. 包覆层厚度：6mm
	本产品辅助用材为花梨木	本产品辅助用材为花梨木

8.2.4.2 QB/T 2385—2018《深色名贵硬木家具》

根据 QB/T 2385—2018《深色名贵硬木家具》定义，“深色名贵硬木家具”是指注重传统工艺和结构，采用深色名贵硬木锯材加工制成的一类实木工艺家具的商品统称。标准对所谓深色名贵硬木进行了定义，即产于热带及亚热带地区、心边材区别明显、心材为散孔材或半环孔材，其花纹美丽、颜色较深、耐腐抗蛀、材质硬、密度大的一类商品材的统称。附录中所列的适用商品材及树种名称取自相关国家标准、木材学专著等文献资料，仅用以规范和明示深色名贵硬木家具生产、销售企业家具产品用材的树种名称和标识。有关所列树种的材性，可从引用标准和木材学有关专著中获取，有关商品材的材质和树种的辨析，应以质量监督检验部门鉴定结论为依据。

该标准在附录 A 中列举了 101 种深色名贵硬木主要适用商品材的树种名称，但需要注意的是，深色名贵硬木不限于该表所列树种。随着人们对森林资源的开发，不断有新的商品材树种被认知，凡是能够符合上述定义的树种，都属于深色名贵硬木。上述 101 个树种可被分为 3 个系列：

系列 A1 包含表 8-6 所列的 43 个树种名称，其中有 29 个取自 GB/T 18107—2000《红木》，它们大多属于珍贵稀缺树种，也包括自明清以来传统家具所沿用的部分树种。

表 8-6 深色名贵硬木家具主要适用商品材示例（传统家具用材）

序号	木材名称	树种名称		商品名	科别
		中文名	学名		
1	紫檀木	檀香紫檀	*Pterocarpus santalinus*	Red sanders	蝶形花科 Fabaceae
2	香枝木	降香黄檀	*Dalbergia odorifera*	Scented rosewood	
3	黑酸枝木	刀状黑黄檀	*Dalbergia cultrata*	Burma blackwood	
4		黑黄檀	*Dalbergia fusca*	Black rosewood	
5		阔叶黄檀	*Dalbergia latifolia*	Indian rosewood	

（续）

序号	木材名称	树种名称		商品名	科别
		中文名	学名		
6	黑酸枝木	卢氏黑黄檀	*Dalbergia louvelii*	Bois de rose	蝶形花科 Fabaceae
7		东非黑黄檀	*Dalbergia melanoxylon*	African blackwood	
8		巴西黑黄檀	*Dalbergia nigra*	Brazilian rosewood	
9		亚马孙黄檀	*Dalbergia spruceana*	Neang nuon	
10		伯利兹黄檀	*Dalbergia stevensonii*	Honduras rosewood	
11	红酸枝木	巴里黄檀	*Dalbergia bariensis*	Neang nuon	
12		赛州黄檀	*Dalbergia cearensis*	Kingwood	
13		交趾黄檀	*Dalbergia cochinchinensis*	Siam rosewood	
14		绒毛黄檀	*Dalbergia frutescens* var. *Tomentosa*	Brazilian tulipwood	
15		中美洲黄檀	*Dalbergia granadillo*	Cocobolo	
16		奥氏黄檀	*Dalbergia oliveri*	Brazilian tulipwood	
17		微凹黄檀	*Dalbergia retusa*	Cocobolo	
18		印度黄檀	*Dalbergia sissoo*	Sissoo	
19		马达加斯加黄檀	*Dalbergia greveana*	Madagascar rosewood	
20	乌木	乌木	*Diospyros ebenum*	Ceylon ebony	柿树科 Ebenaceae
21		厚瓣乌木	*Diospyros crassiflora*	Ceylon ebony	
22		毛药乌木	*Diospyros pilosanthera*	Bolong-eta	
23		蓬塞乌木	*Diospyros poncei*	Ponce Kamagon	
24		印度乌木	*Diospyros melanoxylon*	Indian ebony	
25		铁乌木	*Diospyros ferrea*	Ebene	
26		曼氏乌木	*Diospyros mannii*	Demi-deuil	
27	条纹乌木	苏拉威西乌木	*Diospyros celehica*	Macassar ebony	蝶形花科 Fabaceae
28		菲律宾乌木	*Diospyros philippensis*	Kamagong ebony	
29	鸡翅木	非洲崖豆木	*Millettia laurentii*	Wenge	
30		白花崖豆木	*Millettia leucantha*	Thinwin	
31		斯图崖豆木	*Millettia stuhlmannii*	Panga-panga	
32		铁刀木	*Senna siamea*	Siamese senna	苏木科 Caesalpiniaceae
33	花梨木	越柬紫檀	*Pterocarpus cambodianus*	Vietnam padauk Thonong	蝶形花科 Fabaceae
34		安达曼紫檀	*Pterocarpus dalbergioides*	Andaman padauk	
35		刺猬紫檀	*Pterocarpus erinaceus*	Ambila	
36		印度紫檀	*Pterocarpus indicus*	Amboyna	
37		大果紫檀	*Pterocarpus macarocarpus*	Burma padauk	
38		囊状紫檀	*Pterocarpus marsupium*	Bijasal	
39		鸟足紫檀	*Pterocarpus pedatus*	Maidu	

（续）

序号	木材名称	树种名称		商品名	科别
		中文名	学名		
40	亚花梨	安部拉紫檀	*Pterocarpus angolensis*	Muninga	蝶形花科 Fabaceae
41		变色紫檀	*Pterocarpus tinctorius* var. *chrysothris*	Nkula	
42		非洲紫檀	*Pterocarpus soyauxii*	Barrwood	
43		安氏紫檀	*Pterocarpus antunesii*	Chiviri	

注：①降香黄檀、巴西黑黄檀已被列入(CLTES 国际贸易公约附录)限制进出Ⅱ的濒危树种；
②降香黄檀、黑黄檀、印度紫檀被列入国家一级重点保护的野生植物。

系列 A2 包含表 8-7 所列 36 个树种名称，主要取自 GB/T 18513—2001《中国主要进口木材名称》，多数为名贵或优质进口木材，是目前传统家具行业已经大量使用并具有相对资源保障的树种。

表 8-7 深色名贵硬木家具主要适用商品材木材示例(进口木材)

序号	木材名称	树种名称		商品名	科别
		中文名	学名		
1	格木	非洲格木	*Erythrophleum africanum*	Tali	苏木科 Caesalpiniaceae
2	缅茄木	缅茄	*Afzelia xylocarpa*	Lingue	
3		非洲缅茄	*Afzelia africana*	Doussie	
4	摘亚木	越南摘亚木	*Dialium cochinchinense*	Nyamut	
5		印度摘亚木	*Dialium indum*	Dialium	
6		阔萼摘亚木	*Dialium platysepalum*	Mpepete	
7	古夷苏木	阿诺古夷苏木	*Guibourtia arnoldiana*	Benge	
8		爱里古夷苏木	*Guibourtia ehie*	Ovengkol	
9		德米古夷苏木	*Guibourtia demeusef*	Bubinga	
10		佩莱古夷苏木	*Guibourtia pellegriniana*	Ebaria	
11		特氏古夷苏木	*Guibourtia tessmannii*	Waka	
12	印茄木	印茄	*Intsia bijuga*	Merbau	
13		帕利印茄	*Intsia palembanica*	Mirabov	
14		微凹印茄	*Intsia relusa*	Komu	
15	酸豆木	酸豆	*Tamarindus indica*	lamarind	
16	伯克苏木	伯克苏木	*Burkea africana*	Makarati	
17	军刀豆木	硬木军刀豆	*Vlachaerium scleroxylon*	Caviuna	
18		毛军刀豆	*Machaerium villosum*	Jacaranda	
19	美木豆	大美木豆	*Pericopsis data*	Obang	
20	黑铁木豆木	班尼铁木豆	*Swartzia banna*	Guyana ebony	
21		平萼铁木豆	*Swartzia leiocalycina*	Wamara	
22		葱叶状铁木豆	*Swartzia fismlddes*	Dina	
23	红铁木豆	马达加斯加铁木豆	*Swartzia madagascariensis*	Kasanda	
24		铁木豆	*Swartzia benthamiana*	Saboarana	
25		黄瓣铁木豆	*Swartzia xanthopetala*	Saboarana	
26	可乐豆木	可乐豆	*Colophospermum mopane*	Mopaani	

（续）

序号	木材名称	树种名称		商品名	科别
		中文名	学名		
27	香脂木豆	香脂木豆	*Myroxylon balsarmum*	Balsamo	苏木科 Caesalpiniaceae
28	木荚豆	木荚豆	*Syria xylocarpa*	Sokram	含羞草科 Mimosaceae
29	蛇桑木	圭亚那蛇桑	*Piratinera guianensis*	Letterhout	桑科 Moraceae
30	蒺藜木	乔状蒺藜木	*Bulnesia arborea*	Bourra courra	蒺藜科 Zygophyllaceae
31		萨米蒺藜木	*Bulnesia sarmienti*	Palo santo	
32	风车木	风车木	*Combremm imberbe*	Monzo	使君子科 Combretaceae
33	铁樟木	坤甸铁樟木	*Eusideroxylon zwageri*	Belian	樟科 Lauraceae
34	柚木	柚木	*Tectona grandis*	Teak	马鞭草科 Verbenaceae
35	铁线子	圭亚那铁线子	*Manilkara huberi*	Macaranduba	山榄科 Sapotaceae
36		苏里南铁线子	*Manilkara surinamens*	Kating	

系列 A3 包含表 8-8 所列 22 个树种名称，主要取自 GB/T 16734—1997《中国主要木材名称》(含有隐心材)。可供企业需要国内阔叶树材和深色名贵硬木家具装饰用材选用。

表 8-8　深色名贵硬木家具主要适用商品材示例(国产木材)

序号	木材名称	树种名称		商品名	科别
		中文名	学名		
1	紫油木	紫油木	*Pistacia weinmannifolia*	Yannan pistache	漆树科 Anacardiaceae
2	黄杨木	黄杨	*Buxus sinica*	Boxwood	黄杨科 Buxaceae
3	苏木	苏木	*Caesalpinia sappan*	Sappan caesalpinia	苏木科 Caesalpiniaceae
4	格木	格木	*Erythrophleum fordii*	Shiyan	
5	坡垒	坡垒	*Hopea hainanensia*	Hainan hopea	龙脑香科 Dipterocarpaceae
6	红椆	红椆	*Lithocarpus fenzelianus*	Tanoak	壳斗科 Fagaceae
7	金丝李	金丝李	*Garcinia paucinervis*	Fewnerve garcinia	藤黄科 Guttiferae
8	铁力木	铁力木	*Mesua ferrea*	Mesua	
9	核桃木	核桃	*Juglans regia*	Royal walnut	核桃科 Juglandaceae
10	香樟	香樟	*Cinnamomum camphora*	Camphor tree	樟科 Lauraceae
11	楠木	桢楠	*Phoebe zhennan*	Zhennan	
12	相思木	相思树	*Acada confuse*	Rich acacia	豆科 Fabaceae
13	南方红豆	花榈木	*Ormosia henryi*	Henry onnosia	
14	红心红豆	小叶红豆	*Ormosia microphylla*	Microphylla ormosia	
15	石斑木	石楠	*Photinia serrulata*	Photinia	蔷薇科 Rosaceae
16	母生	母生	*Homalium hainanensis*	Hainan homalium	天料木科 Samydaceae
17	子京	海南子京	*Madhuca hainanensis*	Masang	山榄科 Sapotaceae
18	蚬木	蚬木	*Burretiodendron hsienmu*	Hisenmu	椴树科 Tiliaceae
19	榔榆	榔榆	*Ulmus parvifolia*	Elm	榆科 Ulmaceae

（续）

序号	木材名称	树种名称		商品名	科别
		中文名	学名		
20	榉木	榉树	*Zelkova schneideriana*	Zelkova	
21	龙眼	龙眼	*Euphoria longan*	Longan	无患子科 Sapindaceae
22	荔枝	荔枝	*Litchi chinensis*	Litchi	

注：①国家一级重点保护野生植物：坡垒；

②国家二级重点保护野生植物：格木、香樟、侦楠、花榈木、海南子京、蚬木、榉树。

8.2.5 术语标准

国际木材解剖家协会(International association of wood anatomists，IAWA)是木材科学领域重要的国际学术组织，长期致力于全球木材解剖学及木材科学与技术的发展与进步。在 1989 年发布了《阔叶树材显微特征一览表》，在 2004 年发布了《针叶树材显微特征一览表》。

IAWA《阔叶树材显微特征一览表》(IAWA *list of microscopic features for hardwood identification*)，该表包括了阔叶树材主要解剖构造特征(生长轮、导管、管胞和木纤维、轴向薄壁组织、木射线、叠生构造、泌脂细胞和形成层变异、晶细胞)163 条和非解剖特征(地理分布、植物形态、基本密度、心材颜色、气味、心材荧光反应、泡沫测试、铬天青测试、燃烧灰烬测试)58 条。

IAWA《针叶树材显微特征一览表》(IAWA *list of microscopic features for softwood identification*)，该表包括了针叶树材主要识别特征(地理分布、物理性质、生长轮、管胞、螺纹和其他壁加厚、轴向薄壁细胞、射线组成、交叉场纹孔式、射线大小、胞间道、矿物质内含物) 124 条。

上述 IAWA 木材识别特征每条均有详细的定义、注释、提示和测量方法。不仅为世界各国从事木材科学相关人员进行木材识别提供了统一的标准，也为描述和研究木材的结构、性质、编制木材数据库制定统一编码、木材分类、树木进化和亲缘关系等提供了参考。

因此，上述针叶树材和阔叶树材显微特征一览表虽然在形式上没有通过标准化组织审定，但在木材解剖领域，已经成为了世界各国公认的、事实上的标准。目前，在我国相关教材、标准等文本中涉及的木材识别特征与上述两个一览表有少部分不完全一致。如国内多数教材中，根据“射线的组成”将木射线分为以下几类：同形射线(同形单列、同形单列及多列)和异形射线(异形单列、异形多列、异形Ⅰ型、异形Ⅱ型、异形Ⅲ型)。而阔叶树材显微特征一览表中对“木射线的组成”则是分为 5 种情况直接对其进行描述。

8.3 木材标本

8.3.1 木材标本在木材鉴定中的价值

木材标本，是指从树木主干或枝条部位采集的，以木质部为主的包含完整树木分类学及采集信息的植物样本，具有很高的科学价值、应用价值和科普价值。木材标本蕴含着树木木质部解剖学、遗传学和化学等重要信息资源，是开展木材分类、木材性质、林木培育和树木进化研究的重要生物资源基础。木材标本的收藏规模和质量是衡量国家木材科学发展与木材鉴定水平的重要标志。

木材标本是对木材进行分类、比较与鉴定的重要科学依据。通过木材标本进一步制备木材标本切片，可用于木材微观构造研究分析，是木材研究的基础和木材识别的根据，是木材研究与利用的重要资料，为我国木材科学的发展起到了重要作用，也为许多科研课题提供了宝贵的基础资料。

8.3.2　木材标本的采集

木材标本的采集应选取已生长成熟、干形通直的树木。在胸高 1.3m 以上截取 1~2m 木段一个。每个树种选取 2~3 棵植株。每个木段应完整地包含：树皮、心边材及与之相同的腊叶标本，以校正或鉴定使用。

采集的木段要在端面注明树种（中文名、学名）、采集地点、采集时间、采集人，并统一编号。在运输过程中要采取必要的措施防止端部开裂和树皮破损。

为了防止开裂变形，木材标本须采取自然干燥的方式。将木段放置在通风干燥的环境内，通常要经过 1~2 年，才可用来加工制作木材标本。

第9章 计算机检索系统的应用

1989年，国际木材解剖学家协会(IAWA)发布了阔叶树材显微特征编码，诸多国家在此基础上开发了适合微机检索阔叶树材的计算机程序，具有代表性的有：基于牛津大学木材穿孔卡的GUESS程序、CSIROID程序、WAIS木材解剖信息系统、InsideWood阔叶树材在线检索系统等。这些程序或软件系统极大地提高了阔叶树材的检索效率。目前，国际上使用最广泛的InsideWood(http://insidewood.lib.ncsu.edu/)木材检索系统，由Elisabeth A及其团队开发并维护，根据IAWA阔叶树材的显微特征，通过互联网快速检索阔叶树材，其数据库现有近1万个木材特征描述和近5万幅木材构造图像。

国内也有不少木材检索系统，如东南亚阔叶树材数据库查询系统、木材综合信息数据库查询系统的研究、中国和东南亚1000种木材图象计算机查询系统、拉丁美洲热带木材树种数据库查询系统、红木识别鉴定平台的设计与实现、基于Web的世界主要商用木材信息查询系统的研究、基于Visual Basic的木材识别系统等查询检索系统。这些系统在小范围内使用具有高效、实用等优点，但未采用IAWA标准建立木材标本特征码，不利于被广泛使用。

9.1 针叶树材计算机检索系统的应用

由西南林业大学、中国林业科学研究院木材工业研究所和美国林产品实验室三方紧密合作，自主研发了在线“针叶树材检索系统”。该系统基于IAWA在2004年发布的IAWA《针叶树材显微特征一览表》，采用B/S(浏览器/服务器)模式，以Microsoft Visual Studio 2010为开发工具，运用ASP.NET技术，并以SQL Server 2017为支撑数据库，可实现对针叶树材的快速、准确检索。

网站http://woodlab.swfu.edu.cn/srs/，提供了按木材名称、按木材特征码和按微观图像智能检索3种检索方式，如图9-1所示。该网站将适时进行更新。

按木材名称检索功能，在用户给定木材树种学名、英文名、中文名、科名、属名等信息之后，检索出已收录的相关木材解剖信息，示例如图9-2所示。

按木材特征码检索功能，根据用户给定的针叶树材显微特征码进行检索，检索流程如图9-3所示。在检索过程中，用户对存在性存疑的特征，暂时不要在特征给定时进行选择或输入，可在特征优化时做选择或输入。从流程可知，用户只需要给定部分特征，通过检索结果的其他特征在显微图上进行人工验证。

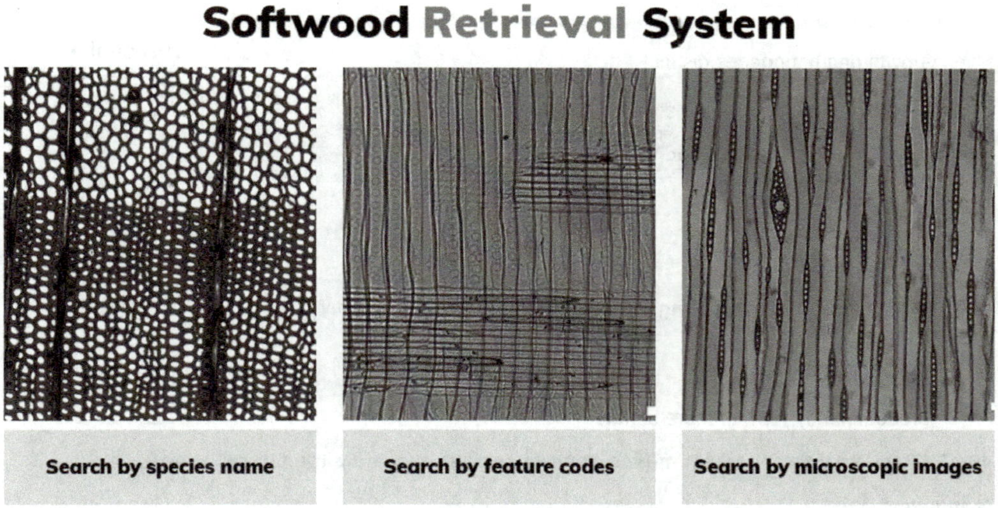

图 9-1　针叶树材检索系统功能入口

	ID	Species(LatinName)	EnglishName	ChineseName	Family	Genus	Memo	Detail
☐	7728	Thuja standishii (Gord.) Carr.	Japanese Arbowitae	日本香柏	Cupressaceae Bartling, Ord. Nat. Pl.	Thuja Linn.		
☐	7727	Thuja plicata Donn ex D. Don	Western Red Cedar	北美乔柏	Cupressaceae Bartling, Ord. Nat. Pl.	Thuja Linn.		
☐	7726	Thuja occidentalis Linn.	Northern White-Cedar	北美香柏	Cupressaceae Bartling, Ord. Nat. Pl.	Thuja Linn.		

Totals 3 ,Page 1/1 [1]

图 9-2　按木材名称检索示例

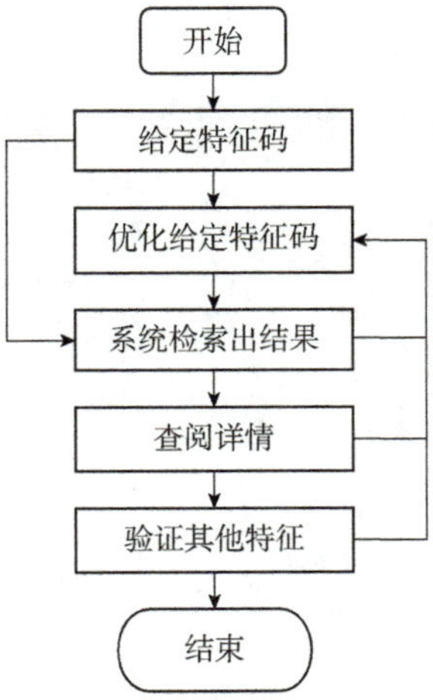

图 9-3　按木材特征码检索树种流程图

操作步骤如下：

①给定特征码，如图 9-4 所示，首先，用户可在右侧下拉框选择“Present”或“Absent”，分别代表“存在”和“缺如”，系统将根据用户选择的情况在底部自动生成检索特征码及其存在情况，用户亦可手动输入特征码及其存在情况；然后单击“Search”得到检索结果。

40	Growth ring boundaries distinct	Present ▼
41	Growth ring boundaries indistinct or absent	▼
42-43:Transition from earlywood to latewood		
42	Abrupt	▼
43	Gradual	▼
44-45:[Tracheids]Tracheid pitting in radial walls (in earlywood only)		
44	(predominantly) Uniseriate	▼
45	(predominantly)Two or more seriate	▼
46-47:[Tracheids]Arrangement of (two or more seriate) tracheid pitting in radial walls (earlywood only)		
46	Opposite	Present ▼
47	Alternate	▼

Hide Features **Clear selections** Search Criteria :

40p 46p Search

图 9-4　给定特征码

②查看检索结果，上一步可得到如图 9-5 所示的检索结果，包含符合给定特征的所有标本显微特征记录所对应树种。

Refine 40p 46p

Totals 7 ,Page 1/1 [1]

ID	Species(Chinese)	FeatureCode	RecordDate	Country	Organization	Slide and featureCode made by	Photo made by	Detail
134	Chamaecyparis formosensis Matsumura(红桧)	4 19 26 33 35 37 40 43 45 46 51 72 73 74 78 80 85 87 93 98 103 107	2018-02-15	Qizhao Lin	China	CRIWI	Beijing, CAFw	
132	Taxodium distichum (Linn.) Rich.(落羽杉)	4 38 31 33 37 40 42 44 45 46 51 73 74 80 85 87 93 94 99 104 107	2018-02-14	Qizhao Lin	China	CRIWI	Beijing, CAFw	
130	Sequoia sempervirens (Lamb.) Endl.(北美红杉)	4 28 31 33 37 40 42 44 45 46 51 73 74 80 85 87 94 99 104 107	2018-02-14	Qizhao Lin	China	CRIWI	Beijing, CAFw	

图 9-5　检索结果概况

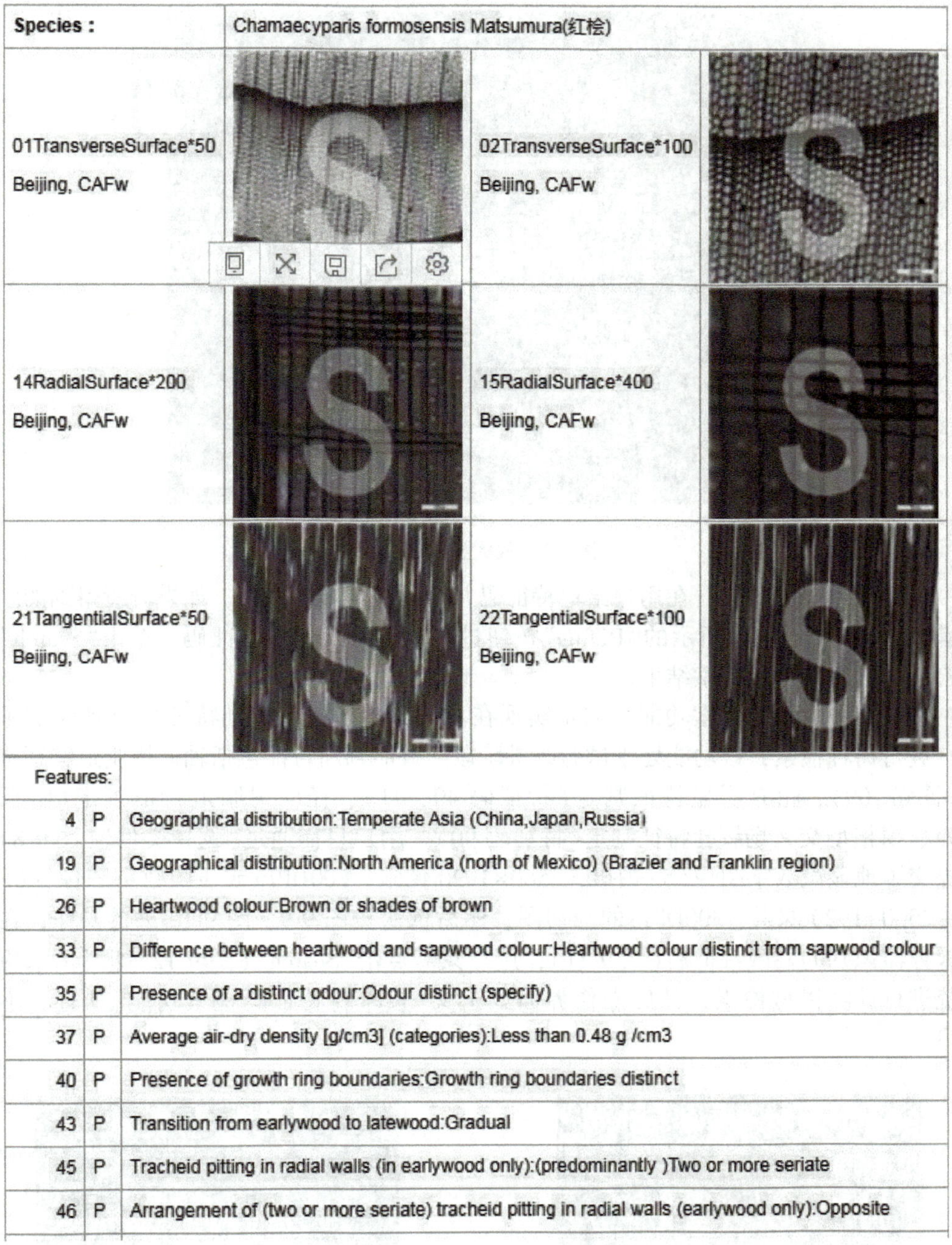

Species :	Chamaecyparis formosensis Matsumura(红桧)		
01TransverseSurface*50 Beijing, CAFw		02TransverseSurface*100 Beijing, CAFw	
14RadialSurface*200 Beijing, CAFw		15RadialSurface*400 Beijing, CAFw	
21TangentialSurface*50 Beijing, CAFw		22TangentialSurface*100 Beijing, CAFw	

Features:		
4	P	Geographical distribution:Temperate Asia (China,Japan,Russia)
19	P	Geographical distribution:North America (north of Mexico) (Brazier and Franklin region)
26	P	Heartwood colour:Brown or shades of brown
33	P	Difference between heartwood and sapwood colour:Heartwood colour distinct from sapwood colour
35	P	Presence of a distinct odour:Odour distinct (specify)
37	P	Average air-dry density [g/cm3] (categories):Less than 0.48 g /cm3
40	P	Presence of growth ring boundaries:Growth ring boundaries distinct
43	P	Transition from earlywood to latewood:Gradual
45	P	Tracheid pitting in radial walls (in earlywood only):(predominantly)Two or more seriate
46	P	Arrangement of (two or more seriate) tracheid pitting in radial walls (earlywood only):Opposite

图 9-6　标本记录详情

③查阅详情，在图 9-5 中点击“Detail”下方的图标，可得到图 9-6 所示的标本记录详情，包括显微数字图像和显微特征的特征码。

用户可单击显微图像，查看放大效果的显微图像，如图 9-7 所示。用户可通过使用图 9-7 右上角的简易图像操作功能对图像进行放大、缩小等操作。

④验证其他特征，对系统给出的其他解剖特征进行人工验证，如图 9-5 所示，除了展示用户给定的 40、60 解剖特征码，还罗列了 43、45、51、72、73、74 等特征码，用户应进一步验证手中的样品中是否存在这些特征。

图 9-7 放大显微图效果

⑤优化给定特征码，在用户给定特征码并得到检索结果之后，如果对所得到的结果不满意，可单击图 9-5 所示的“Refine”按钮进一步调整给定的特征码，单击“Search”再次检索，可得到新的检索结果。

按显观图像智能检索功能，初步实现在对部分针叶树材解剖特征智能判断的基础上，进行树种检索，该功能处于试验改进阶段，智能判断特征包括轴向树脂道特征判定(特征码 109)、轮界明显特征判定(特征码 40、41)、径向树脂道特征判定(特征码 110)、窗格型交叉场纹孔特征判定(特征码 90)。用户只需通过“选择文件”(图 9-8)按钮提交本地显微数字图像(5×拍摄，2560×1920 像素、300DPI)或显微数字图像(40×拍摄，2560×1920 像素、300DPI)的裁切图，然后依次按图 9-9、图 9-10 进行操作，在得到服务器识别的显微特征后(图 9-11)，用户只需点击“Search”(图 9-12)即可请求检索系统进行针叶树材检索，其后操作界面如上文“按木材特征码检索功能”所述，不再赘述。

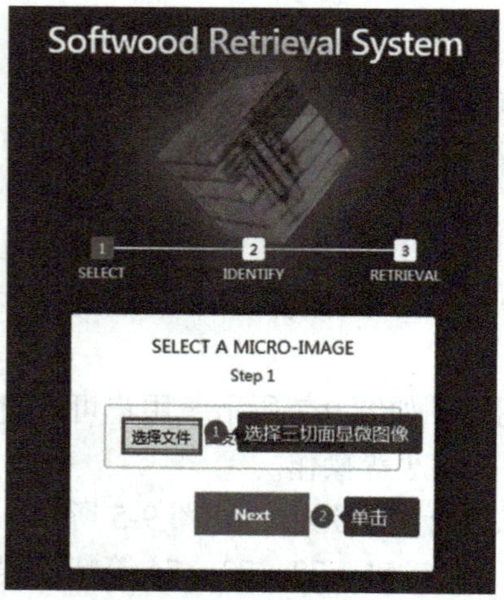

图 9-8 用户选择显微图像文件

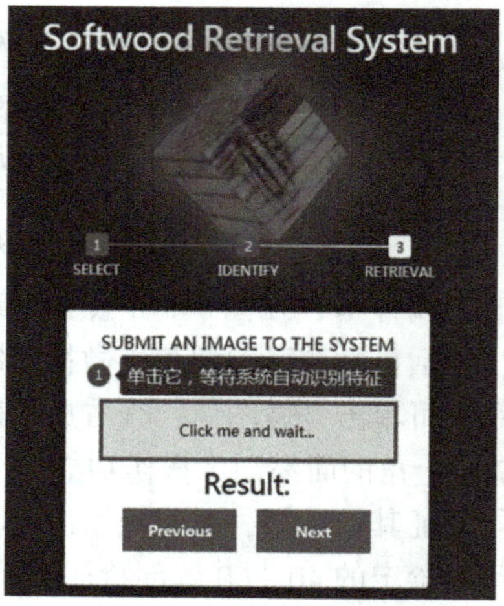

图 9-9 等待系统自动识别特征

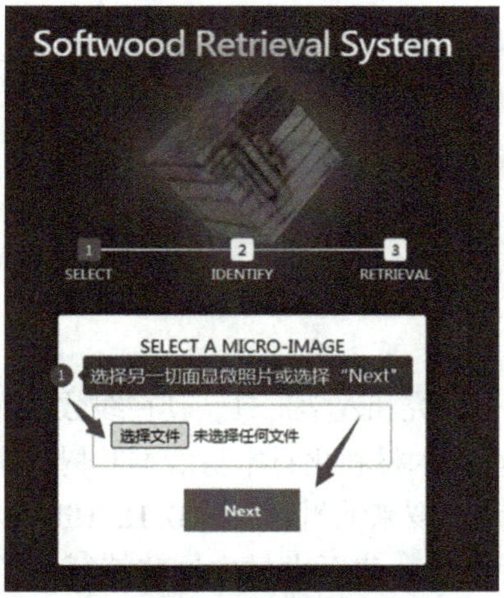

图 9-10　用户选择另一切面显微照片

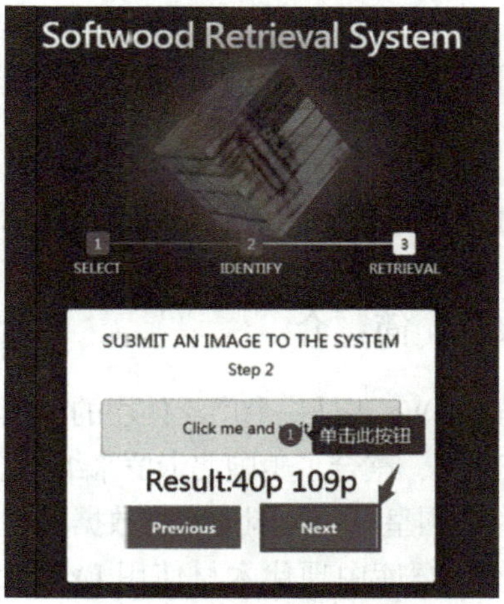

图 9-11　自动识别特征后用户选择“Next”

QueryResult

Refine　40p 109p

Totals 82 ,Page 1/3 [1] [2] [3] [Next] [Last]

ID	Species(Chinese)	FeatureCode	RecordDate	Country	Organization	Slide and featureCode made by	Photo made by	Detail
197	Pinus kwangtungensis Chun ex Tsiang(华南五针松)	4 26 33 38 40 42 44 50 79 82 85 91 99 103 107 109 110 117	2020-10-30	Qizhao Lin	China	SWFU	Kunming, SWFUw	
191	Pinus thunbergii Parl.(黑松)	4 26 33 38 40 43 44 79 82 90 97 103 107 109 110 117	2020-10-30	Qizhao Lin	China	SWFU	Kunming, SWFUw	
190	Pseudolarix amabilis (Nelson) Rehd.(金钱松)	4 26 33 38 40 42 45 51 80 86 88 89 94 99 105 107 109 118 121 122	2020-10-30	Qizhao Lin	China	SWFU	Kunming, SWFUw	
189	Pinus tabulaeformis Carr.(油松)	4 26 33 38 40 42 44 51 79 82 83 90 97 103 107 109 110 117	2020-10-30	Qizhao Lin	China	SWFU	Kunming, SWFUw	

图 9-12　用户单击“Search”提交检索请求及结果

9.2 阔叶树材计算机检索系统的应用

9.2.1 美国 InsideWood 数据库

9.2.1.1 简 介

InsideWood 是一个广泛使用的在线木材解剖参考、研究和教学工具。其在线数据库始建于 2004 年，整合了美国北卡罗来纳州立大学汇编的现代木材和化石木材的阔叶树材解剖数据库和英国皇家植物园的木材数据库，服务器托管于北卡罗来纳州立大学 D. H. Hill 图书馆。

该数据库中现代木材使用 IAWA 解剖特征进行描述，化石木材由这些特征的子集构成，截至 2004 年 5 月，收录了 5800 份现代木材和超过 1200 份化石木材的记录。

InsideWood 是一个开放的木材解剖数据库，自建成以来，不断吸收加入世界各国优秀的木材解剖数据及图像，截至 2020 年 8 月，数据库中已包含有 9632 个木材鉴定样本的 50 092 张图像，收录有 7511 份现代木材鉴定样本的 46 905 张图像，以及 2121 份化石木材鉴定样本的 3187 张图像。目前是全球最大的公开在线木材解剖数据库。

网站提供了简单明了的界面来搜索数据库，可根据多个 IAWA 特征编号、关键字进行交互式检索。也可通过科、属直接浏览。网站还是木材显微照片的图像库，特别是包含许多未发表的图像。

InsideWood 在全球木材鉴定、木本植物内部结构教学、科普科研等方面发挥着巨大的作用。

根据网站声明，InsideWood 的数据和图片可以在非盈利目的条件下，供个人或组织使用，例如用于教学或科学研究项目。但在任何情况下，都需要注明数据和图像的来源。

如果任何人受益于 InsideWood，都可以在网站上捐款支持北卡罗来纳州立大学图书馆。若想帮助 InsideWood 改善网站和数据库。可通过以下 3 种方式参与 InsideWood 项目：

①提交数据。欢迎对 InsideWood 中尚未出现的物种提交木材解剖描述。可邮寄刊物影印本，或通过 Excel 表格提交。如果出版物提供内部木材描述的额外数据（例如，细胞形状、纤维长度或晶体位置），也可将资料一并提交。

②勘误更正。如果发现解剖描述或名称中的错误，可提供文件参考资料及文件给作者，方便其勘误更正。

③贡献图像。如果有未出版的或已出版的微观图像（数字或胶片均可），无论其是现代木材或化石木材标本，可联系作者提交。作者会扫描各种图片加入数据库中，并在查询页面标注其原始作者及版权。

9.2.1.2 Pare 编码系统

为方便进行准确检索，InsideWood 结合 IAWA 阔叶树材和针叶树材显微特征一览表（IAWA Committee 1989，2004）创新设立了 pare 编码系统，对观察到的木材解剖特征的存在性、变异性、缺失等情况综合考虑，对检索范式进行标准化，有利于全球木材解剖学家共同参与。其中，“p”表示存在（present），“a”表示不存在（absent），“r”表示一定存在（required present），“e”表示一定不存在（required absent）。

(1)p(存在)=IAWA 特征号可以是存在的，也可以是未知的（?）或变异的（v）

使用编码为“p”(存在）的特征进行搜索，将返回数据库中的木材列表，这些木材的描述中列出了 IAWA 特征，或编码为变异（v）或未知（?）。例如，如果搜索“分隔木纤维”(65p)，这将返回有 65(分隔木纤维明显存在）或 65v(分隔木纤维有时存在或罕见，可能被忽略）或 65?（不知道该木材是否有分隔木纤维，化石木材常见）。

(2)a(不存在)=IAWA 特征号可以不存在或未知（?）或变异的（v）

使用编码为“a”(不存在）的特征进行搜索，将返回数据库中没有在描述中列出该 IAWA 特征的木材列表，或者将其编码为变异（v）或未知（?）。例如，如果搜索“纺锤状薄壁细胞”(90a)，这将返回不包括 90 或有 90v(纺锤状薄壁细胞有时存在，有时不存在，或罕见，可能被忽略）或 90?（不知道木材是否有纺锤状薄壁细胞，文献中没有给出纺锤状薄壁细胞的信息）的描述。

(3)r(一定存在)=IAWA 特征号必须存在

IAWA 特征号必须出现在结果集中。数据库中特征编码为“?”或“v”的木材将不会在可能的匹配列表中。

(4)e(一定不存在)=IAWA 特征编号必须不存在

在可能的匹配列表中，此 IAWA 特征必须不存在。所有数据库中特征编码为“?”或“v”的木材不会出现在可能的匹配列表中。

9.2.1.3 Pare 编码使用技巧

(1)慎用“r”或“e”

在搜索中要小心使用“r”或“e”，特别是对于化石木材。在化石中很难确定的特征可能在已发表的描述中没有提及，而这些特征在数据库中以“?”跟随。例如，许多化石木没有导管射线间纹孔，在数据库中特征被编码为“?”。所以，如果用 30r(导管射线间纹孔，至少有一部分要和导管射线间纹孔类似)，那么将查询不到带有 30? 或 30v 的描述。

(2)定量特征互斥

特别是对于定量特征(导管直径，单位面积导管数，射线宽度等)，当试图识别一个未知树种时，如果在一组相关特征(多状态特征)中的一个特征编码存在，不要把相邻的特征设置为不存在。例如，有些树种部分样本明显是木射线单列(特征 96)，但也有其他样本明显有 1~2 列木射线(特征 97)。这些树种的数据库描述将有“96 97”。因此，如果检索代码设置为 96p(单列木射线存在)和 97a(木射线 1~3 个细胞不存在)，树种将无法被查询到。

对于这种类型的变异性，最好的描述是包括两个特征存在(96 97)，而不是代码 96v 97v，因为如果编码为 96r 或 96e，树种将查询不出来。2009 年 5 月 4 日，作者检查了 96v 97v 类型的描述，以确定如何最好地设置描述以避免“r”或“e”无法检索的问题。

(3) 可设置非匹配项

木材有明显的变异性，数据库中的许多记录只基于 1 个或几个木材样品。因此，某木材即使它可能属于数据库中的某个物种，也可能与数据库中的描述有一定的差异。此外，木材解剖学家对木材特征的解释也各不相同。因此，在描述一个未知的木材时，允许不匹配是有用的。如果对数据库的第一次搜索没有结果，那么建议使用不匹配再次尝试搜索。

使用 0 个不匹配(默认)的结果是一个包含搜索条件中使用的所有描述项的木材列表。使用 1 个不匹配，查询结果将是包含使用的所有编码的木材列表，以及不包含某 1 个编码的木材列表。允许 2 个不匹配，查询结果将是包含所有描述项都有的木材，或不包含 1 个或 2 个特征项的木材列表。其他以此类推，系统最大提供 5 个不匹配的选择。

当描述一个未知的木材时，经常会观察到某些重要的特征，并可确信这些特征存在或不存在，网站搜索结果能列出与这些特定特征编号相匹配的树种。例如，如果确定一种现代木材具有单穿孔板(IAWA 特征 13)，并且没有横卧射线细胞(IAWA 特征 104)，那么对该木材的编码描述可以是这样的：1p 5p 13r 104e 136p 142p。

9.2.1.4 InsideWood 检索系统的使用

(1) 主页

InsideWood 主页访问网址为 http://insidewood.lib.ncsu.edu(图 9-13)。

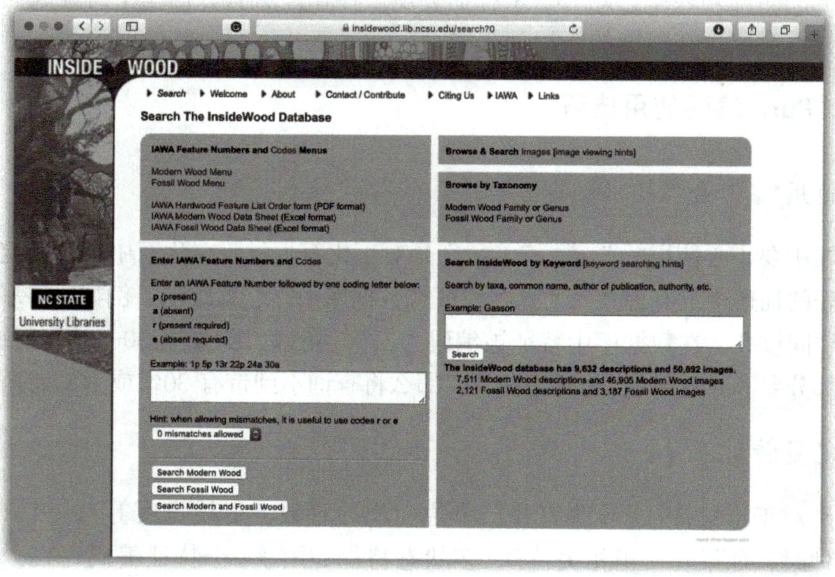

图 9-13 InsideWood 主页

在主页中，提供了“现代木材”菜单、“化石木材”菜单以及国际木材解剖学家协会会员申请表单和带有 IAWA 解剖特征的电子表格数据列表。

在主页左下方，提供了快速输入查询代码的表单，可直接输入进行现代木材、化石木材及单独及联合查询。

主页右上方，提供了浏览图片快捷入口；按科、属的解剖分类快速浏览入口；主页右下方，提供了按名称进行快捷搜索的入口。

(2)现代木材检索

在现代木材检索页面里，可以通过对每个 IAWA 特征进行选择(pare 编码)的方式进行检索(图 9-14)。

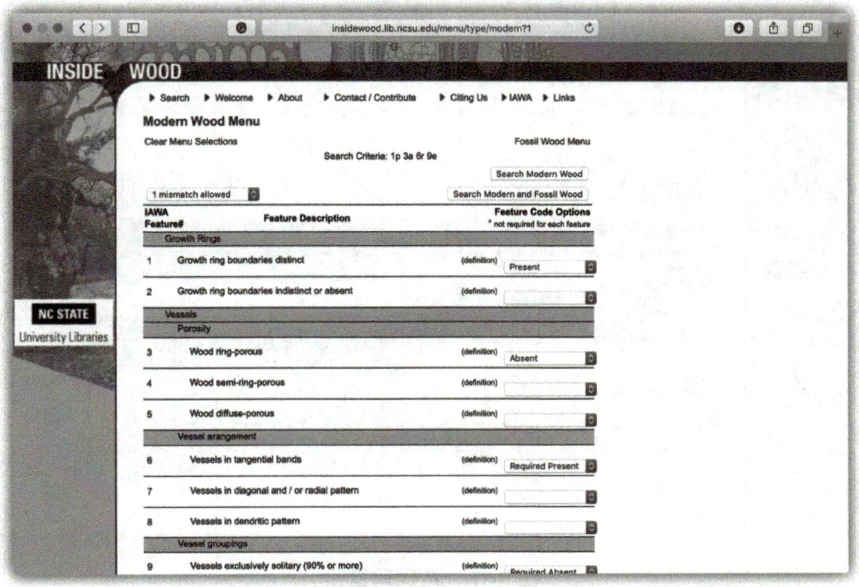

图 9-14　现代木材检索页面

(3)化石木材检索

与现代木材检索类似，通过首页"Fossil Wood Menu"链接可直接打开化石木材检索页面(图 9-15)。然后通过系统列出的每个 IAWA 特征右侧的下拉选项中，选择"pare"编码进行检索。

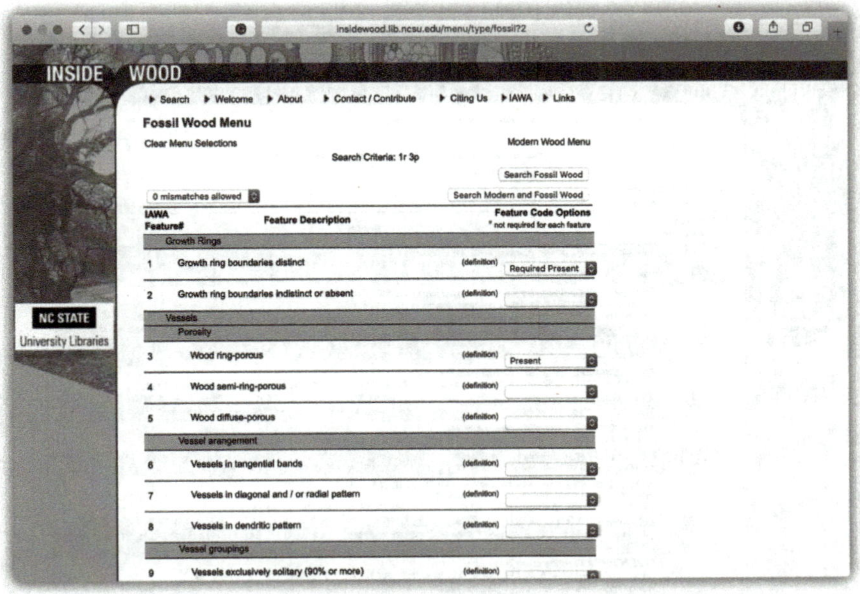

图 9-15　化石木材检索页面

(4)按代码检索

在首页输入检索代码，点击下方检索按钮，可根据代码进行检索(图 9-16)。

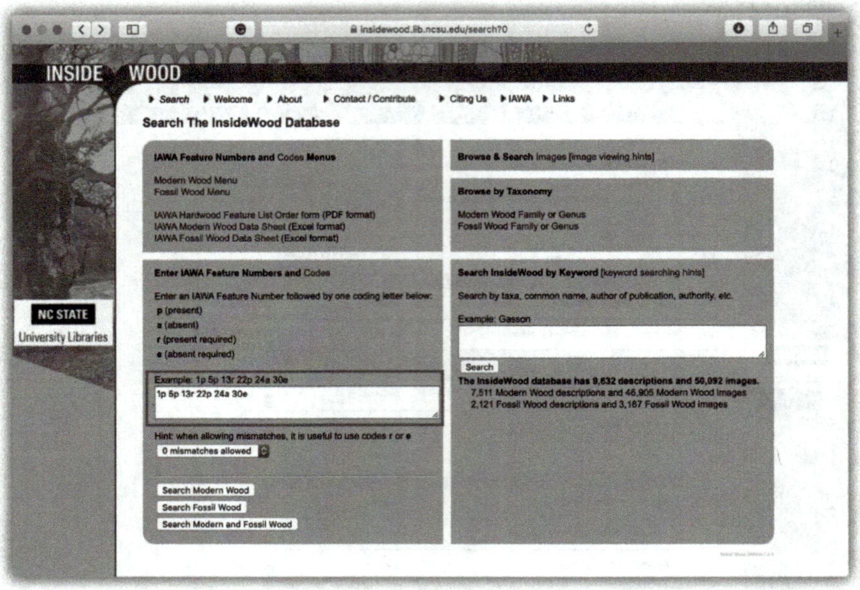

图 9-16　按代码检索

检索结果会以列表方式进行展示(图 9-17)。顶部显示此次查询所用的代码组合，若要在本次查询的基础上再次查询，可点击右边的“Refine Search”。在查询结果列表项中，最左侧显示“M”，表示现代(Modern)木材，若显示为“F”，则表示化石(Fossil)木材；紧接之后的，若出现相机图标，则表示此树种带有图片。右上角的数量表示图片数量；再右侧显示为此树种的学名，下方则列出了此树种在 InsideWood 数据库中的相应特征编码。

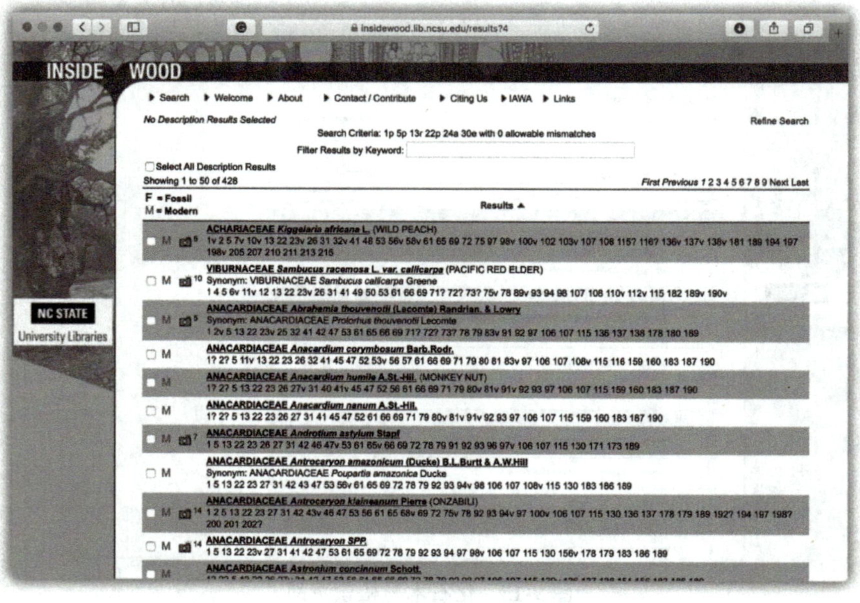

图 9-17　检索结果

点击“Select All Description Results” 进行全选检索结果，上方会出现”View/Export” 按钮，可对查询结果进行导出(图 9-18)。

导出结果可以邮件方式发送到指定邮箱(图 9-19)。

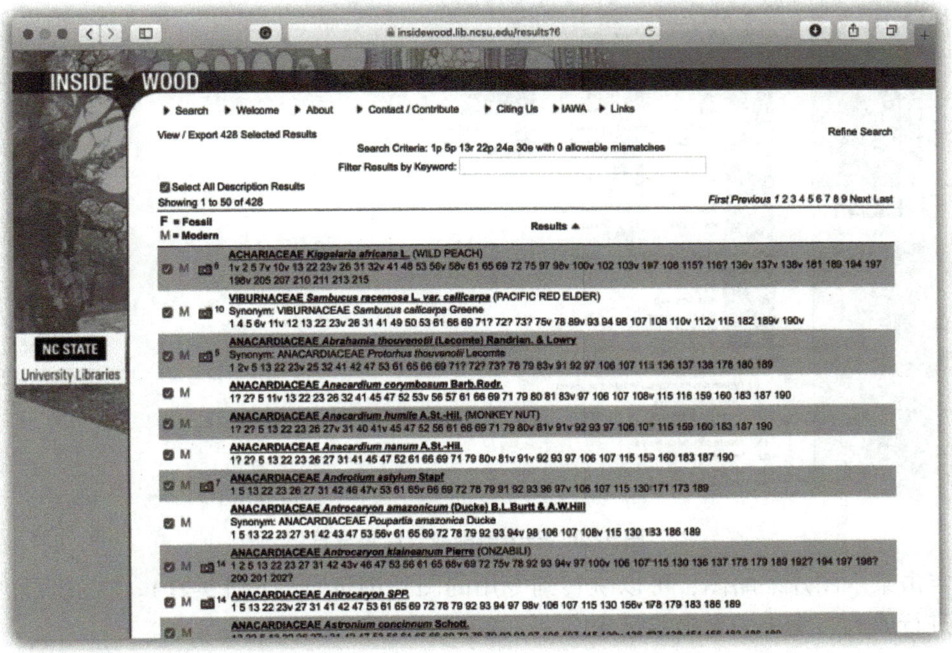

图 9-18　检索结果导出

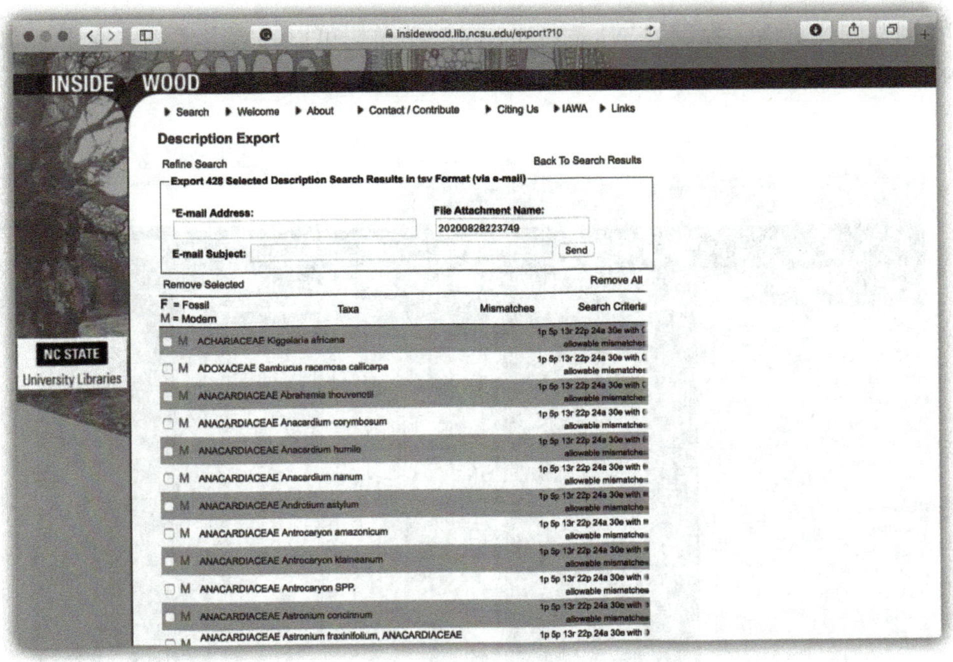

图 9-19　导出结果发送邮件

点击结果的一项，会跳转到此树种的总览页面(图 9-20)。页面上半部分会列出图片缩略图。下半部分会列出此树种的详细解剖特征。

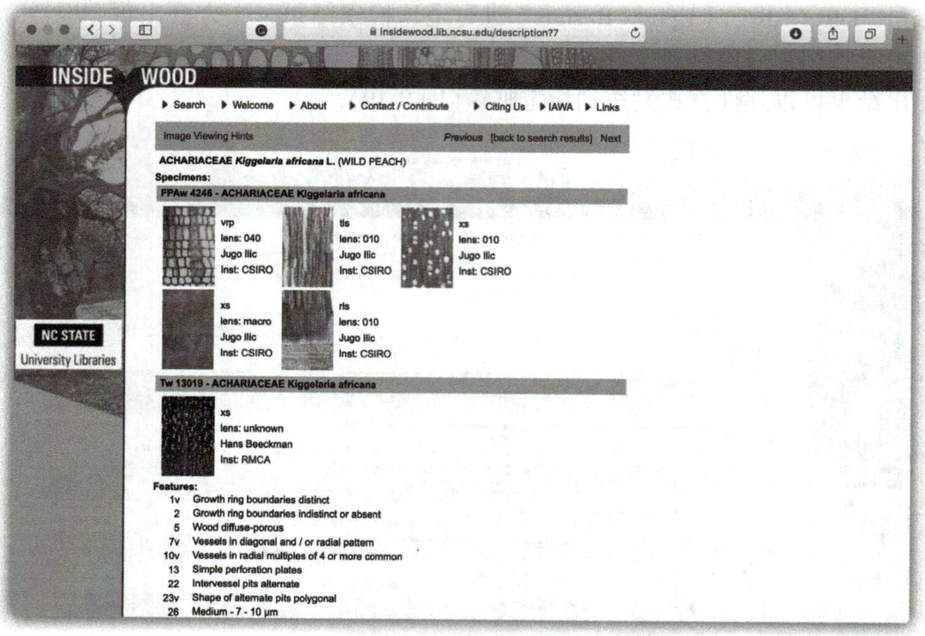

图 9-20　一个树种检索结果总览

点击某一图片缩略图，可以跳转到专用的图片浏览页面(图 9-21)。在此页面可对图片进行放大、缩小、导出等操作。

(5)浏览所有图片

在浏览图片页面，提供了"View Collection"菜单，可以列表方式浏览库中所有图片(图 9-22)。

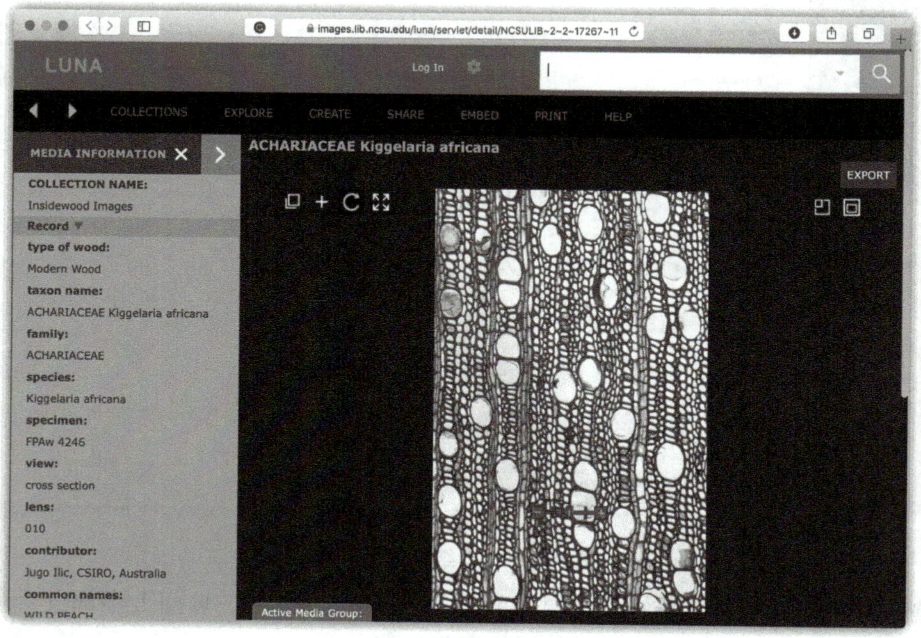

图 9-21　图片浏览

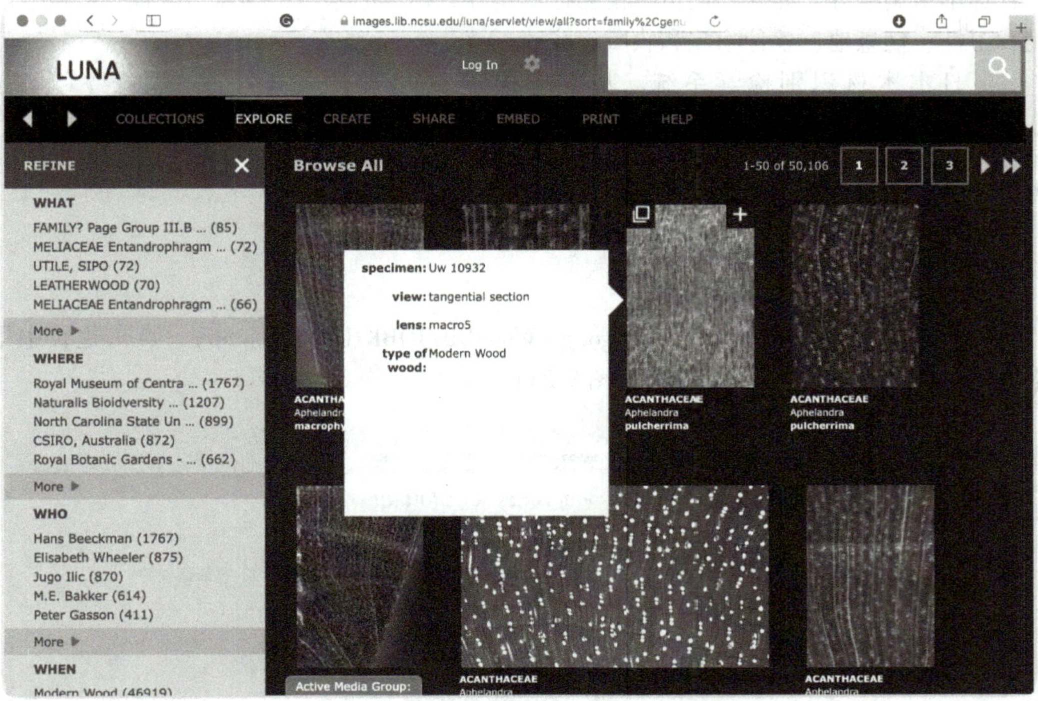

图 9-22　浏览图片集

9.2.2　日本 FFPRI 木材数据库

9.2.2.1　简　介

Forestry and Forest Products Research Institute(FFPRI)最早为日本农业和商业省林业局的森林实验单位，后经过重组成为法人行政机构，2017 年更名为林业科研管理机构林业和林产品研究所。在其成立超过 110 年的历史中，FFPRI 一直在森林、林业、木材工业和树木育种进行跨学科的研究，在面对全球环境的恶化和工业化社会所依赖的化石燃料和金属资源枯竭方面的研究，为社会可持续发展发挥了重要作用。其木材研究包括：木材性能及加工、木材工程、木材材料、木材改性、森林资源化学等方面。

经过多年建设，目前 FFPRI 已公开木材数据库、东南亚木材属性数据库、森林信息和基因组等 10 个数据库。其互联网访问网址为 http://www.ffpri.affrc.go.jp/en/database.html。

FFPRI 的木材数据库包括：

①日本木材数据库。保存在日本林业和林产品研究所标本馆内的日本木材标本的图像数据库，收藏了 12 800 个木材标本，包括 120 科 900 个树种。该数据库主要显示木材标本的表面宏观图像、光学显微图像和标本的凭证图像。除了这些图像外，对于部分标本还展示了电子显微镜和双目图像以及采集时新鲜树枝和木材的图像。

②木材标本数据库。收藏于标本馆内的 29 000 个木材标本的数据库，可显示标本编号、标本名称和其他详细内容，包括：样品编号、科、属、种、收藏日期、收藏者、

植物标本室编号等。此外，还包括植物标本室存放标本的来源、国家、海拔、纬度、经度、习性、栖息地、各种附注和收藏附注。

③日本木材识别检索系统。基于 IAWA《阔叶树材显微特征一览表》(IAWA Committee 1989)的日本木材在线识别检索系统。

9.2.2.2 日本木材识别检索系统的使用

(1)主页

打开主页(http://db.ffpri.affrc.go.jp/WoodDB/IDBK-E/home.php)，点击主页中下部的图片链接，即可进入检索页面(图 9-23)。

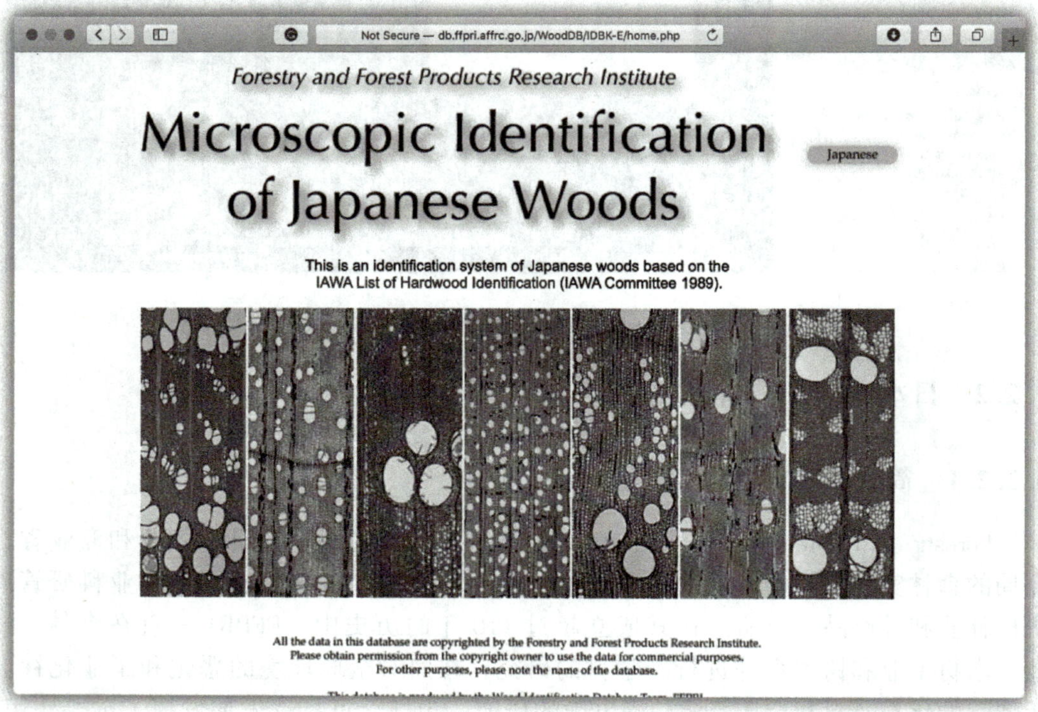

图 9-23 日本 FFPRI 木材数据库主页

(2)微观特征检索

在这个页面里，已根据 IAWA 阔叶树材显微特征分类列出各类微观识别特征编号及名称(图 9-24)。每个特征左侧，可下拉选择“空”“+”“-”3 个选项。“空”表示检索时不以此特征加入检索，“+”则表示特征存在。“-”则表示特征不存在。选择好特征后，点击上方“search”按钮，则可以显示检索结果。如选择“Growth ring boudary”中“1. Distinct”左侧“+”，“Porosity”中“3. Ring-porous”左侧“+”，“Vessel arragment”中“6. Tangential bands”左侧“-”，则会列出生长轮界明显，且为环孔材，且导管非弦列的所有树种。

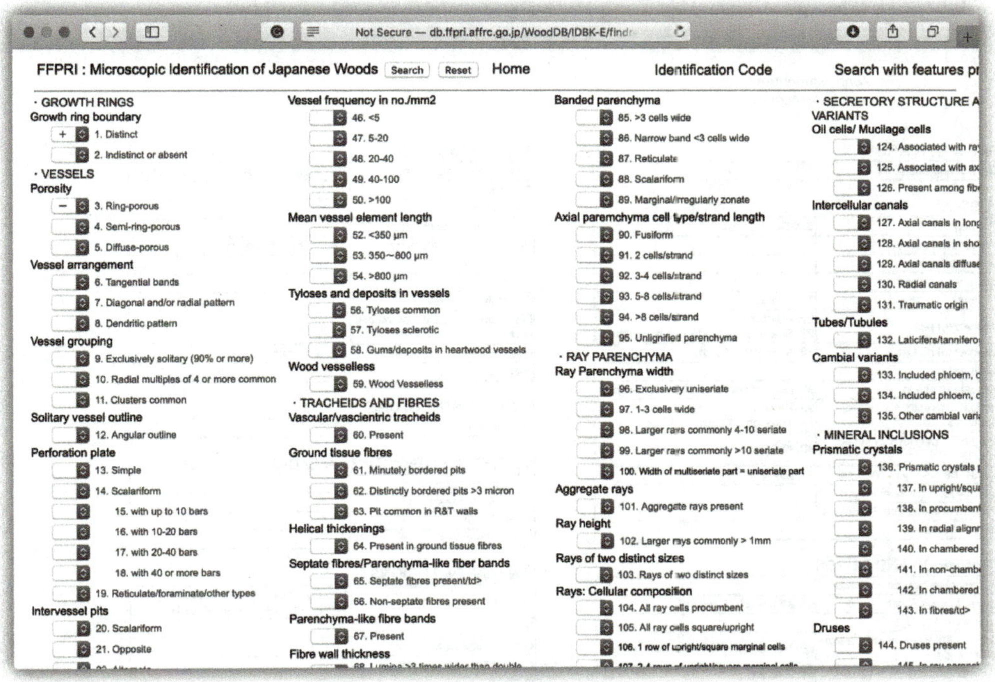

图 9-24　日本 FFPRI 木材数据库检索页面

点击结果表格中的种"species"名称，可以查看该树种的所有微观特征编码(图 9-25)。点击最右侧列"OM Image"中的蓝色圆点，可以打开该树种的包含横切面、径切面、弦切面的至少 3 幅光学显微切片图像。点击某一幅图像，还可以放大进行浏览。

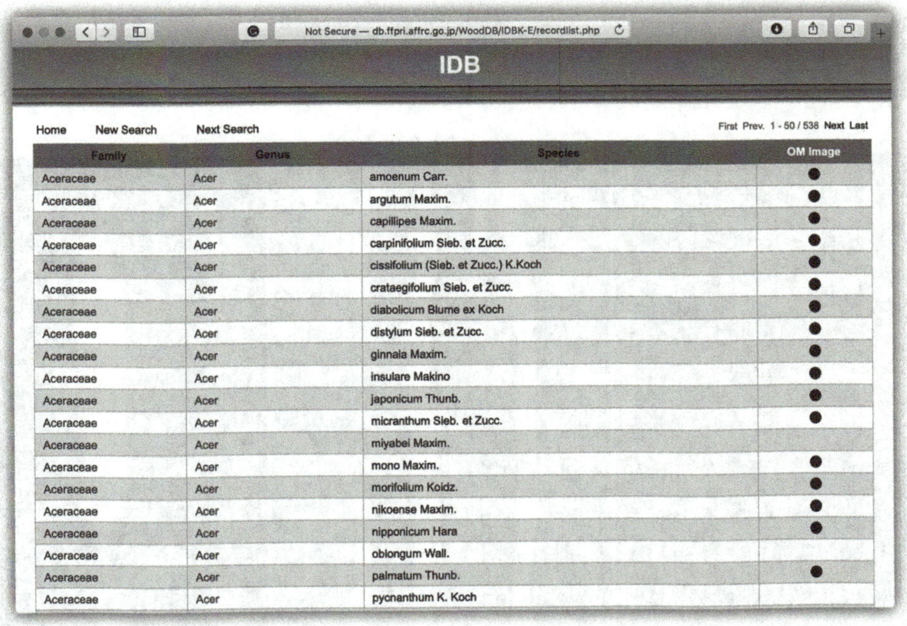

图 9-25　日本 FFPRI 木材数据库检索结果列表

(3) 检索结果浏览

查询结果列出该树种用于鉴定的所有解剖特征(图 9-25)。

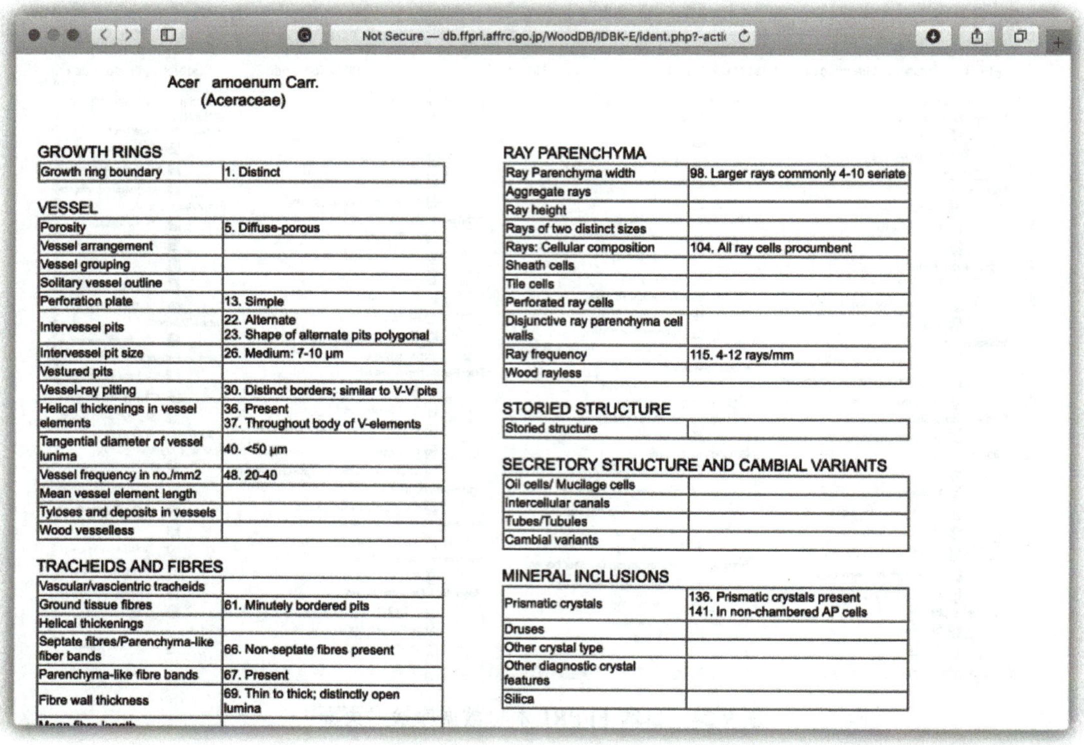
Not Secure — db.ffpri.affrc.go.jp/WoodDB/IDBK-E/ident.php?-acti

Acer amoenum Carr.
(Aceraceae)

GROWTH RINGS

Growth ring boundary	1. Distinct

VESSEL

Porosity	5. Diffuse-porous
Vessel arrangement	
Vessel grouping	
Solitary vessel outline	
Perforation plate	13. Simple
Intervessel pits	22. Alternate 23. Shape of alternate pits polygonal
Intervessel pit size	26. Medium: 7-10 μm
Vestured pits	
Vessel-ray pitting	30. Distinct borders; similar to V-V pits
Helical thickenings in vessel elements	36. Present 37. Throughout body of V-elements
Tangential diameter of vessel lunima	40. <50 μm
Vessel frequency in no./mm2	48. 20-40
Mean vessel element length	
Tyloses and deposits in vessels	
Wood vesselless	

TRACHEIDS AND FIBRES

Vascular/vascicentric tracheids	
Ground tissue fibres	61. Minutely bordered pits
Helical thickenings	
Septate fibres/Parenchyma-like fiber bands	66. Non-septate fibres present
Parenchyma-like fibre bands	67. Present
Fibre wall thickness	69. Thin to thick; distinctly open lumina

RAY PARENCHYMA

Ray Parenchyma width	98. Larger rays commonly 4-10 seriate
Aggregate rays	
Ray height	
Rays of two distinct sizes	
Rays: Cellular composition	104. All ray cells procumbent
Sheath cells	
Tile cells	
Perforated ray cells	
Disjunctive ray parenchyma cell walls	
Ray frequency	115. 4-12 rays/mm
Wood rayless	

STORIED STRUCTURE

Storied structure	

SECRETORY STRUCTURE AND CAMBIAL VARIANTS

Oil cells/ Mucilage cells	
Intercellular canals	
Tubes/Tubules	
Cambial variants	

MINERAL INCLUSIONS

Prismatic crystals	136. Prismatic crystals present 141. In non-chambered AP cells
Druses	
Other crystal type	
Other diagnostic crystal features	
Silica	

图 9-26　日本 FFPRI 木材数据库解剖特征编码浏览

该树种至少包含横切面、径切面、弦切面的 3 幅高清微观解剖图像(9-27)。

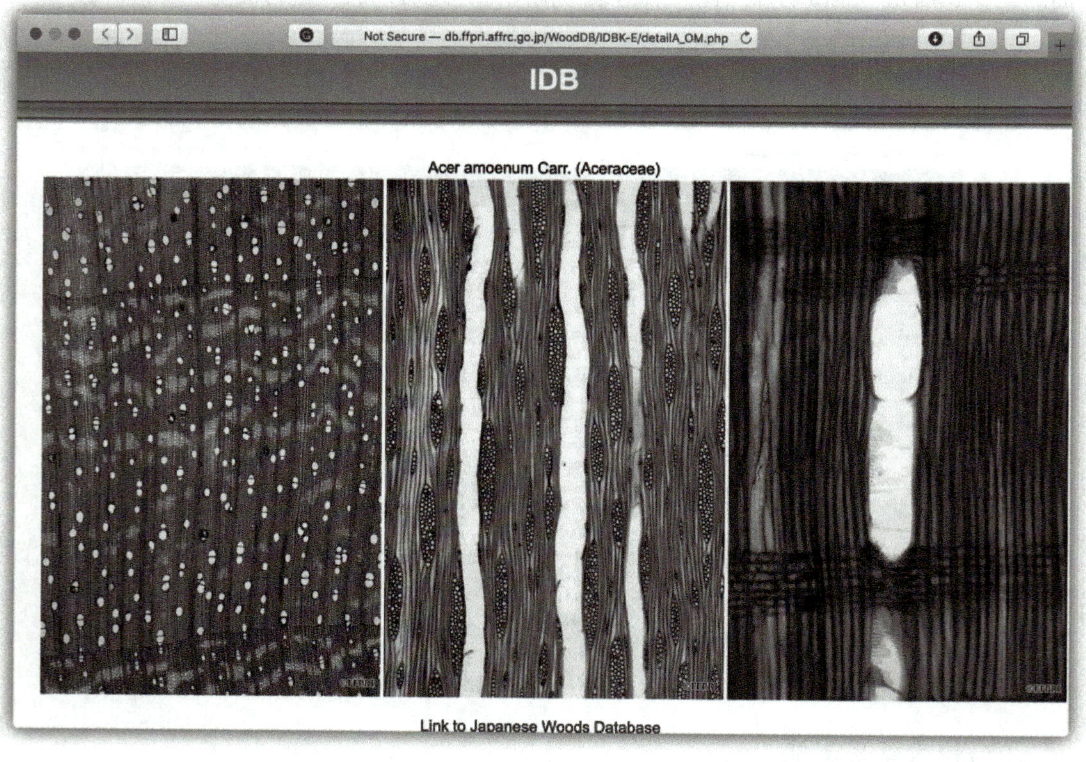

图 9-27　日本 FFPRI 木材数据库光学显微图像浏览

(4)根据科属种名称检索

FFPRI 还提供根据科属种的名称进行查询功能(图 9-28)。点击搜索页上方的“Indentification Code”，可以打开此页面。

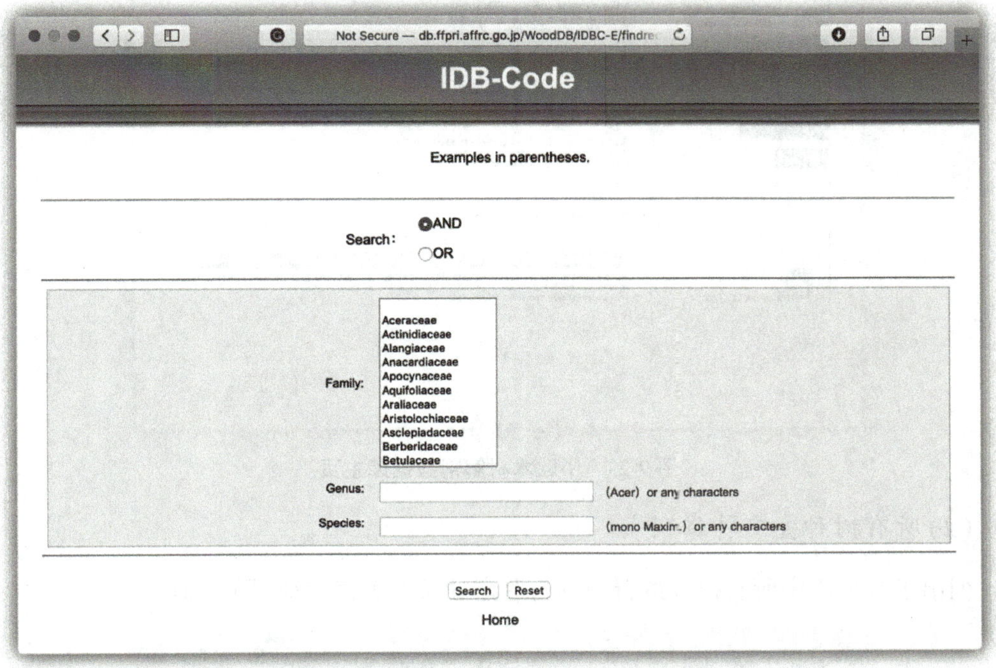

图 9-28 日本 FFPRI 木材数据库按名称进行检索

9.2.3 中欧木材解剖数据库

9.2.3.1 简 介

由 Schoch Werner、Heller-Kellenberger Iris、Schweingruber Fritz、Kienast Felix、Schmatz Dirk (oracle support)5 人于 2004 年共同建立的中欧木材解剖数据库，可在线查询高分辨率解剖图像、树种解剖特征进行常见中欧木材解剖鉴定。其网址为 http://www.woodanatomy.ch。

根据网站声明，网站中木材鉴定标准是根据瑞士联邦林业研究所的 Schweingruber F. H 1990 年发布的《显微木材解剖学》及其修订版制作而成。

数据库中包含中欧 29 属 133 种木材的解剖特征及描述。其中针叶树材 4 属 13 种，阔叶树材 25 属 110 种(19 种环孔材，101 种半环孔材与散孔材)。

这个网站对于任何对中欧木材解剖感兴趣的人来说是一个很好的资源，其所包含的树种也分布在北半球的其他地方，对中欧以外的地区也很有用。

9.2.3.2 中欧木材解剖数据库使用

(1)主页

中欧木材解剖数据库主页如图 9-29 所示。

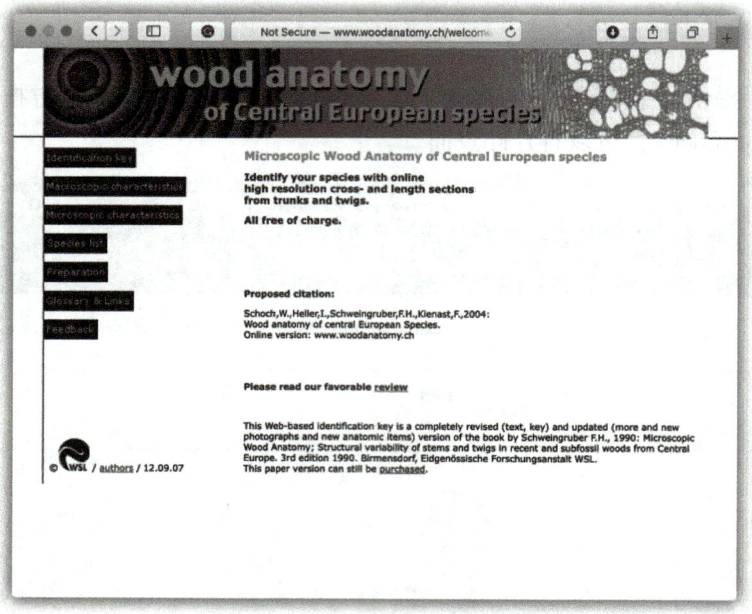

图 9-29 中欧木材解剖数据库主页

(2)所有树种鉴定特征列表

列出了数据库中所有树种进行识别与鉴定的所有关键特征(图 9-30)。

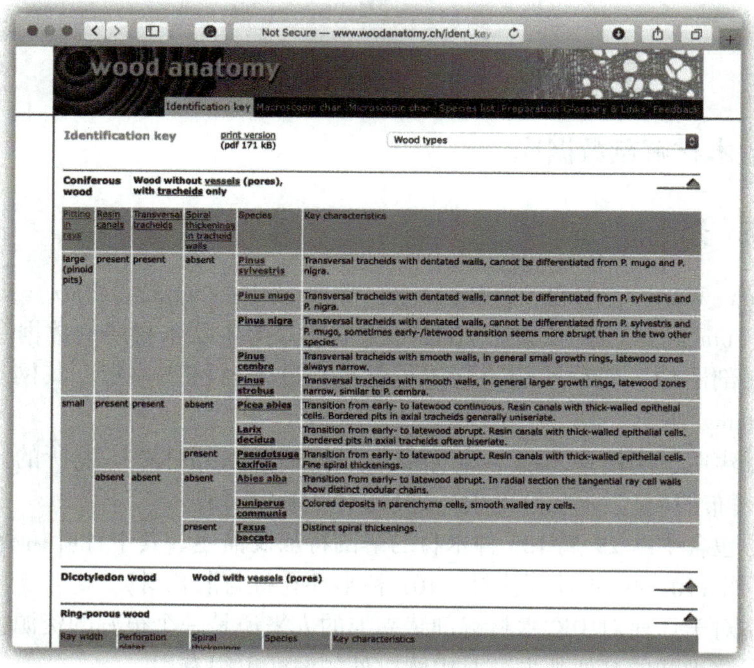

图 9-30 所有树种鉴定特征列表

(3)宏观特征识别说明

网站说明，现代木材的外观特征，特别是颜色、光泽、气味、重量和结构，往往能被识别出来(图 9-31)。由于这些特征通常在化石、历史木材或炭化木材中被改变或破坏，只有少数种或种群可以用肉眼或仅借助放大镜(5~20 倍) 识别。

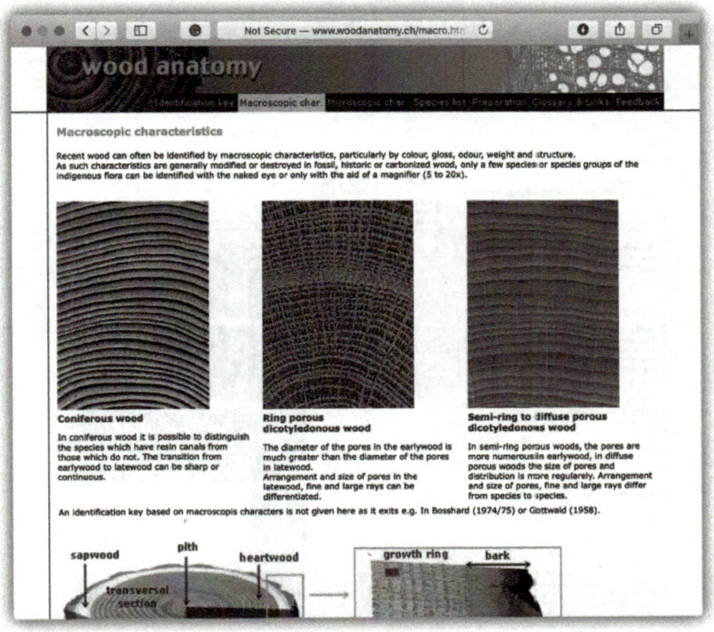

图 9-31　宏观特征说明

(4)微观特征库

对针叶树材，按树脂道、射线纹孔、木射线管胞壁的结构进行分类说明。对阔叶树材，则按导管、管孔大小与分布、纵截面上的导管与纤维、木射线、薄壁组织等分类进行说明。

点击针叶树材“Resin cannals” 分类，则进入到该分类的针叶树材详细查询页面(图 9-32)。

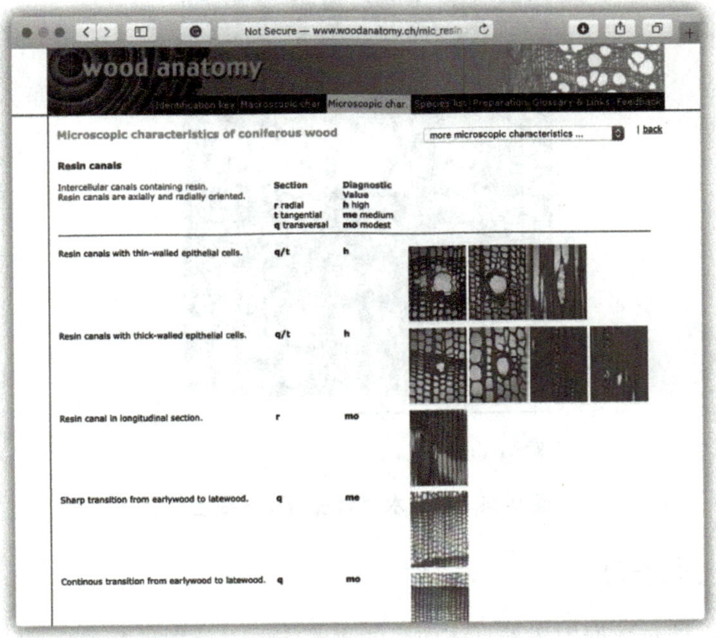

图 9-32　中欧针叶树材解剖特征及图片

点击“Vessels(Pores)”分类，则可以进入到阔叶树材中关于导管详细描述页面(图 9-33)。

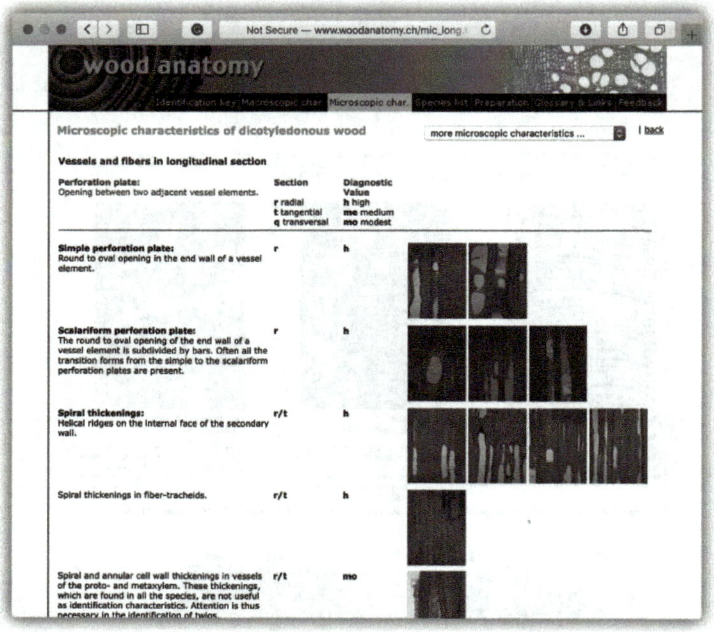

图 9-33 中欧阔叶树材解剖特征及图片

无论针叶树材还是阔叶树材，在查询出的结果中，点击任一缩略图，则可以打开一个大图，包含该特征的树种名称等详细信息(图 9-34)。

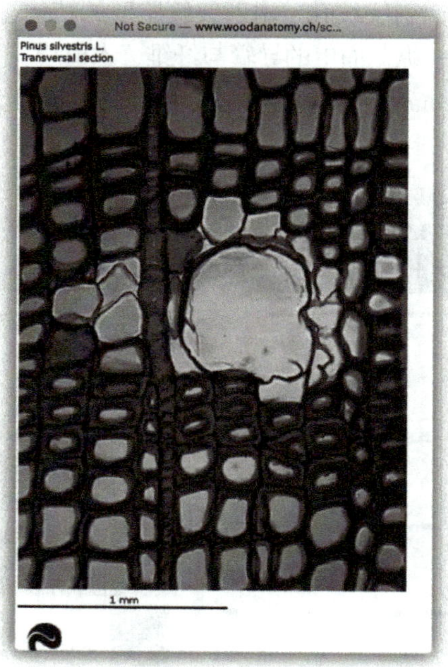

图 9-34 中欧木材微观图片详细信息

(5)树种列表查询

网站提供 4 种对数据中树种具体内容的浏览方式。分别是“Species List”，按学名列出 133 个树种。点击每一项名称，则会跳转到该树种对应的三个切面的详细解剖特征描述及图片展示页面(图 9-35)。

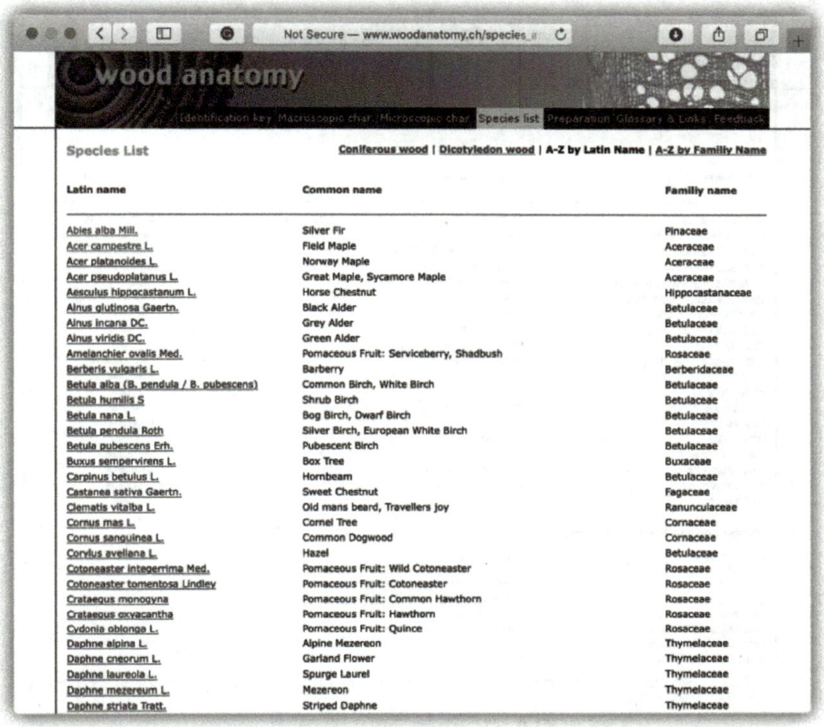

图 9-35　中欧木材按学名列出

点击顶部的二级导航菜单“Coniferous wood”，则可以列出库中所有针叶树材(图 9-36)。

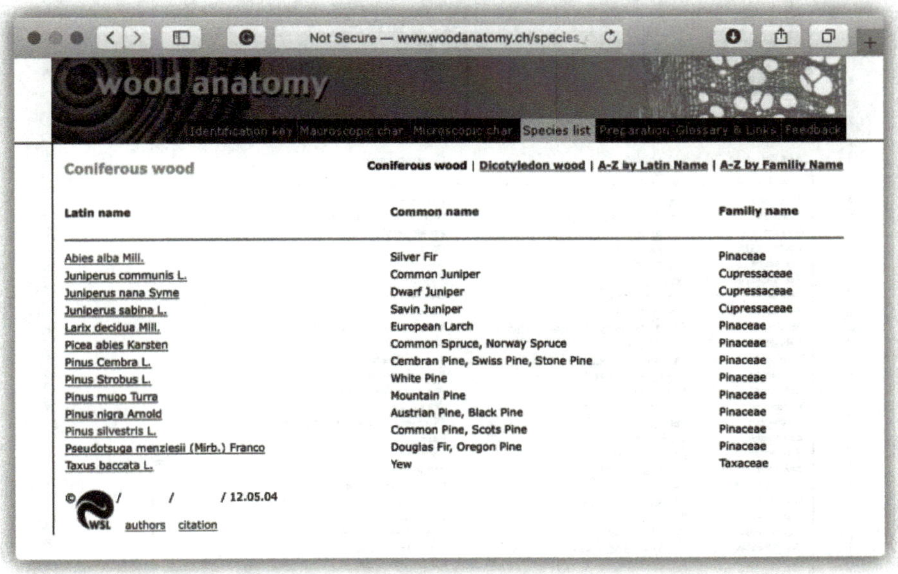

图 9-36　中欧针叶树材列表

点击顶部的二级导航菜单“Dicotyledon wood”，则可以列出库中所有阔叶树(双子叶)材(图 9-37)。

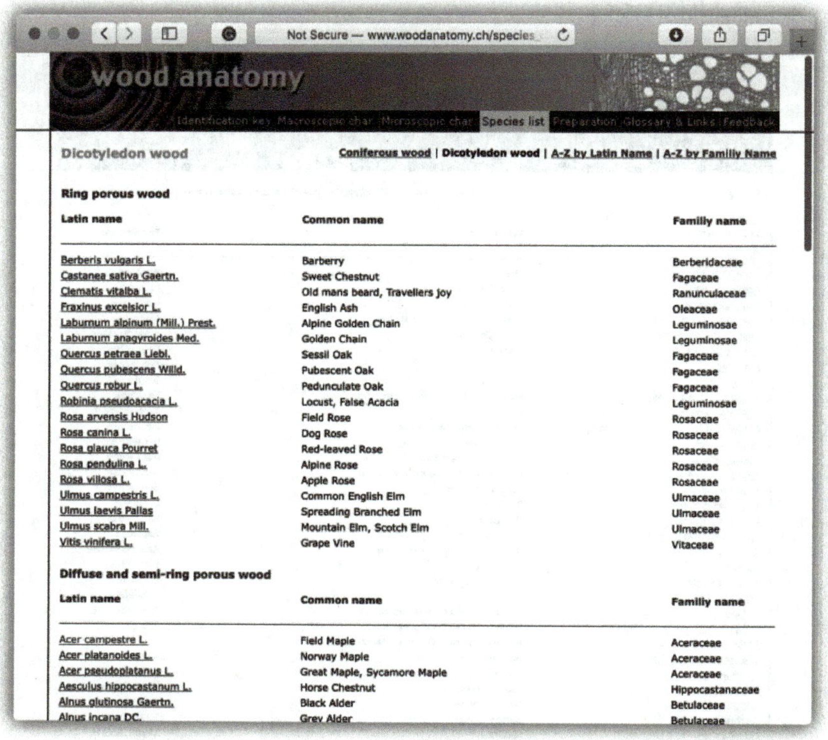

图 9-37 中欧阔叶树材列表

也可点击顶部的二级导航菜单“A-Z by Familiy Name”，实现库中所有属的树种按字母排序(图 9-38)。

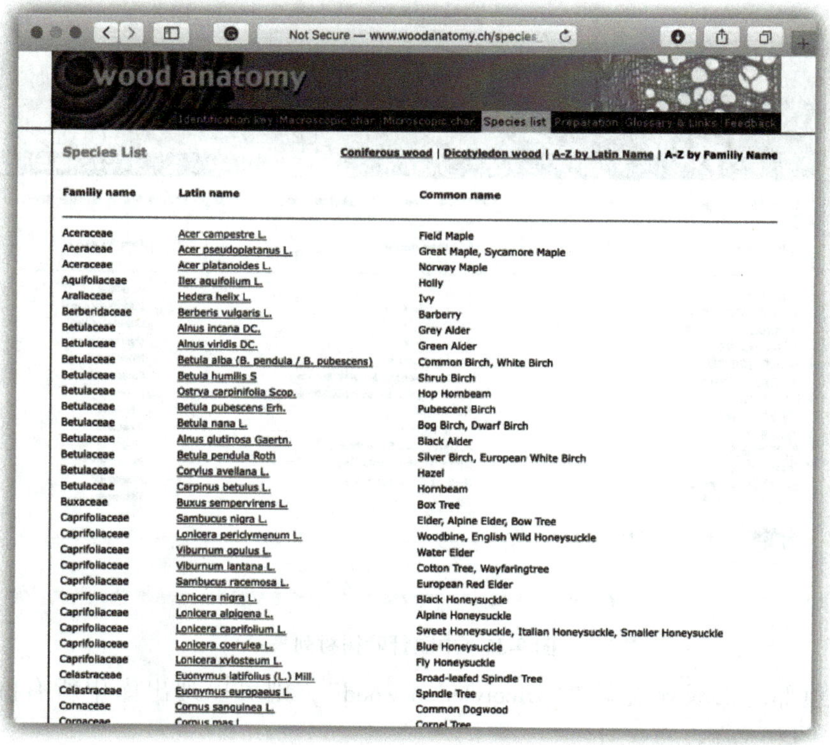

图 9-38 中欧木材按属列表

(6)鉴定准备工作说明

网站还分别对健康木材、被细菌腐朽木材及木炭等的鉴定前准备作了部分说明(图 9-39)。

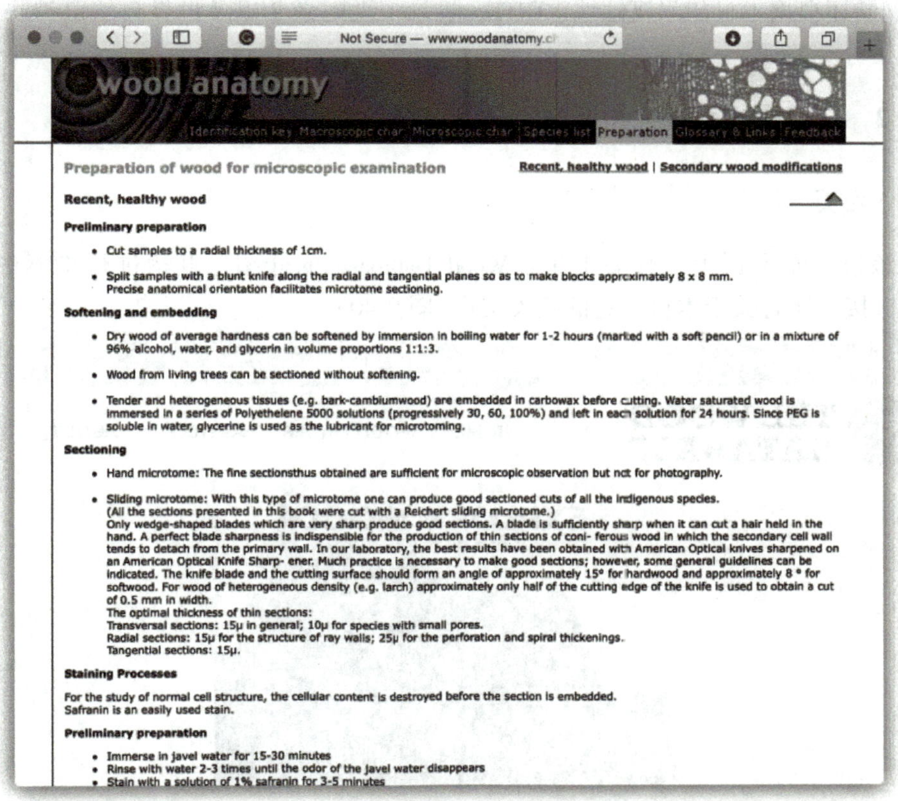

图 9-39　中欧木材鉴定准备工作说明

9.2.4　The Wood Databse 木材数据库

9.2.4.1　简　介

该数据库是由畅销书《木材！识别和使用世界各地的数百种木材》的作者 Eric Meier 创立的木材数据库。访问网址为 https://www.wood-database.com。

2007 年，Eric Meier 在制作乐器时，需要收集木材的名称、重量、价格等信息，随即发现从书籍中获取的信息都模糊而有限，比如对于木材的机械性能，很多书中会写着“中等硬度和重量，具有良好的强度特性……”，但是作者想知道：这种木材有多硬，有多重，有多强？他们用什么作为标准？它与习惯使用的其他木材有什么区别？于是 2008 年年底，在收集大量资料后，作者开始扫描图片，建立自己的“木材数据库”，并创建了一个干净、易于阅读的用户界面的网站。网站可以在线动态调整参数浏览，还可以为每一种木材添加图片和评论，让读者有机会添加他们可能拥有的关于某一特定木材种类的更多数据。

经过多年收集，除作者制作的木材样本外，网站还获得英国、美国、菲律宾、澳大利亚、南非、新西兰、加拿大等世界各地机构和个人捐赠的稀有木材的样品，为这个项目提供了大量木材样本。

目前网站数据库中共有218属，约600多种。其中，阔叶树材约500种，针叶树材100多种。地理位置上涵盖了北美洲(174种)、亚洲(78种)、南美洲(75种)、澳大利亚/新西兰(66种)、非洲(62种)、欧洲(60种)、中美洲(59种)、太平洋岛屿(50种)。网站还根据木材的耐腐蚀性、CITES附录1至附录3以及世界自然保护联盟状态等进行了分类整理。

9.2.4.2 在线操作系统使用介绍

(1)主页

在该数据库主页里，有关于The Wood Database的介绍，直达进行检索的Wood Finder链接，还有关于木材鉴定的相关文章(图9-40)。

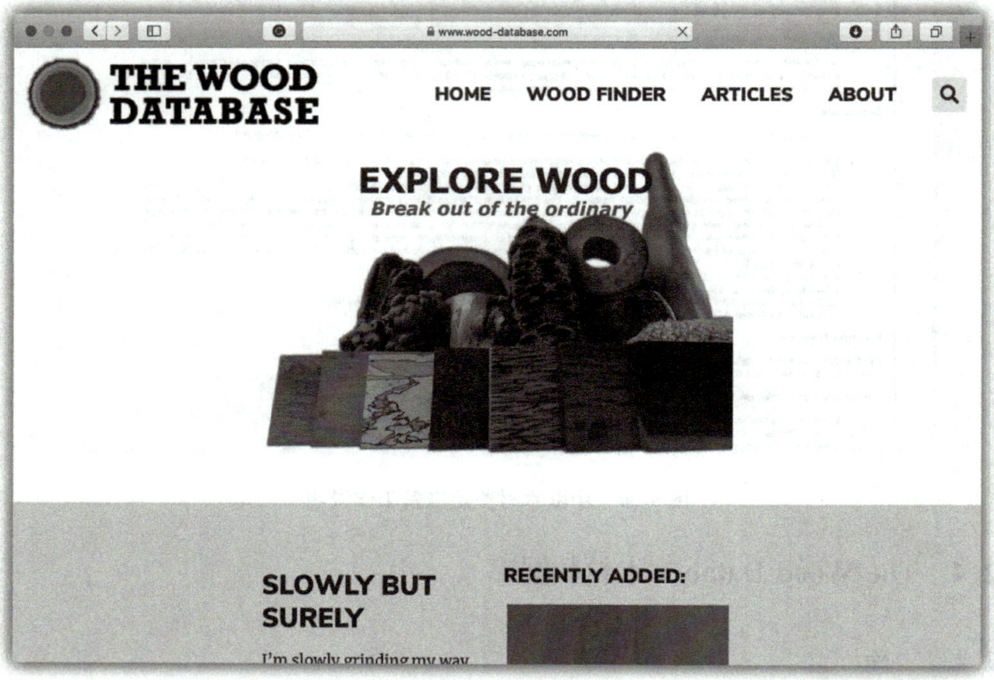

图9-40 TheWood Database主页

(2)Wood Finder木材检索

在Wood Finder木材检索页面，左侧上方可以下拉选择不同“属”进行过滤，左侧下方则可以根据木材类别、产地、外观颜色、腐蚀性、CITES附录、IUCN状态、普通材/商品材进行多重条件选择。顶部字母列表，则支持快捷按首字母过滤选择。右侧可拖拽的数字条，则可以快速调节查询的树高、树干直径、平均干重、硬度、断裂模量、弹性模量、压碎强度、体积收缩等数值(图9-41)。

网站还支持高级模式，对阔叶树材与针叶树材按IAWA一览表特征进行检索。点击木材检索页面右下方的“Advanced Hardwood ID Features”，则会展开IAWA标准解剖特征分组列表。并实时统计出目前所选组合条件下，符合每个条件的木材数量(图9-42)。

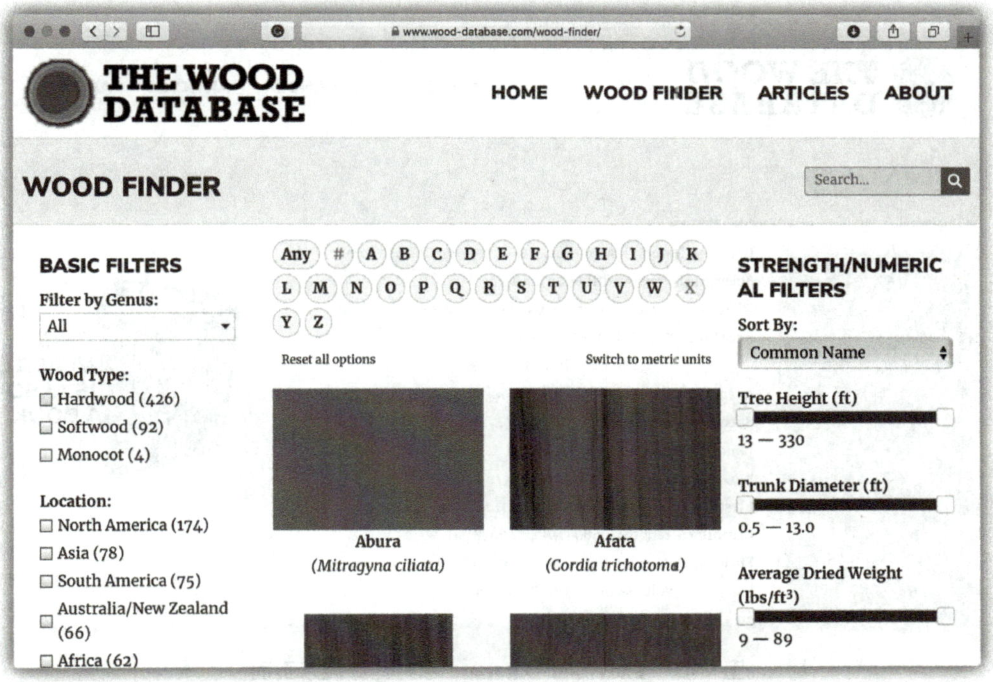

图 9-41 TheWood Database 检索页面

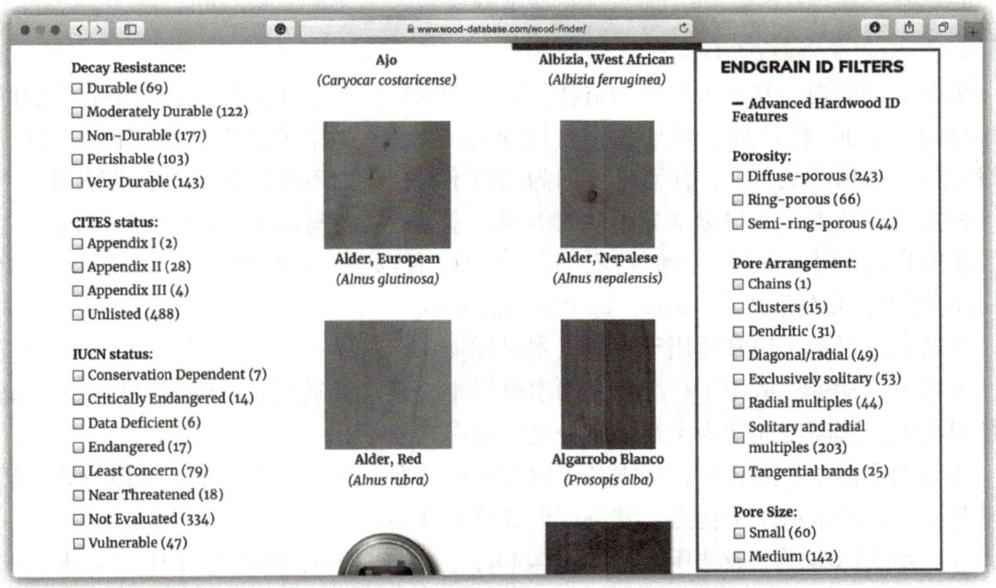

图 9-42 TheWood Database 解剖特征检索

实时过滤的结果中，选中某一项，会进入该木材的详细资料页面。在此页中，详细地展示了木材商品名、学名、分布、树形大小、气干密度、颜色、纹理、价格等完善的信息外，还展示了木材的常见用途、注解等。图像还包含宏观的板材、制作的样品图，微观的放大端面图、解剖图等丰富的图像，并在微观图像右侧配合了 IAWA 解剖特征说明。

从宏观到微观，从颜色到用途，The Wood Database 对木材的展示可谓十分丰富。

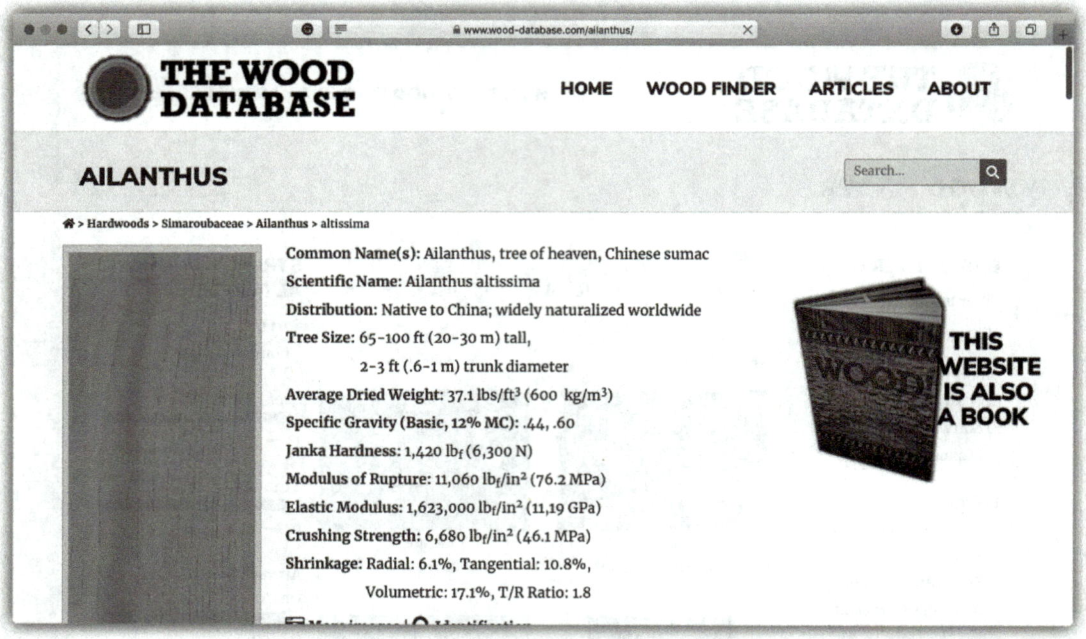

图 9-43 TheWood Database 木材详细展示页面

9.2.4.3 木材标本的制作

为全面的展现出某种木材的构造特征，无论木材标本是什么形状，都要完整的展现出木材的三切面(横切面、径切面、弦切面)。在加工制作过程中，各切面力求标准、光滑平整。如用砂纸打磨，注意不要因为堵塞木材孔隙而不能反映出该有的特征。

根据使用需求，木材标本分不同的类型，常见的主要有以下几种(图 9-44)：

①阶梯式标本。三个阶梯等高，每个阶梯高度视标本粗细而定。如径级为 15~20cm 的标本，其高度可为 18cm，每个阶梯高 6cm。

②站立式标本。通常适用于小径级木材标本。

③锐角式标本。适用于径级较大的木材标本，其半径通常在 25cm 以上。标本高度视径级而定，其高度通常为半径的二分之一左右。

④活动式标本。用合页将标本各分解部分联结在一起，合成一个原木段，张开后呈现出各个切面的木材结构特点。其分解形式可多种多样。

⑤三角式标本。一般选用径级为 12~14cm，高 7~8cm，髓心位于中央的木段。如稍有偏心，也要以髓心为圆心锯切 6 个等腰三角形。可单个陈列，也可合拢陈列。

⑥立方体式标本。将木段按三个不同切面切割成边长为 3~5cm 的立方体。要求刨面光滑，各切面准确。对于心边材颜色区别明显的树种，应注意包括心边材。

⑦板式标本。其标本的长、宽、厚可按木段径级大小而定。常见的板式标本规格尺寸有以下几种：15cm×10cm×2. 5cm、12. 5cm×8cm×1. 5cm、11cm×7cm×1. 2cm、7. 5cm×5cm×1. 0cm。

⑧刨花式标本。从木材的径切面和弦切面刨切片状刨花，其厚度较一般刨花稍厚。装订于簿册内，其长度和宽度是簿册尺寸而定。

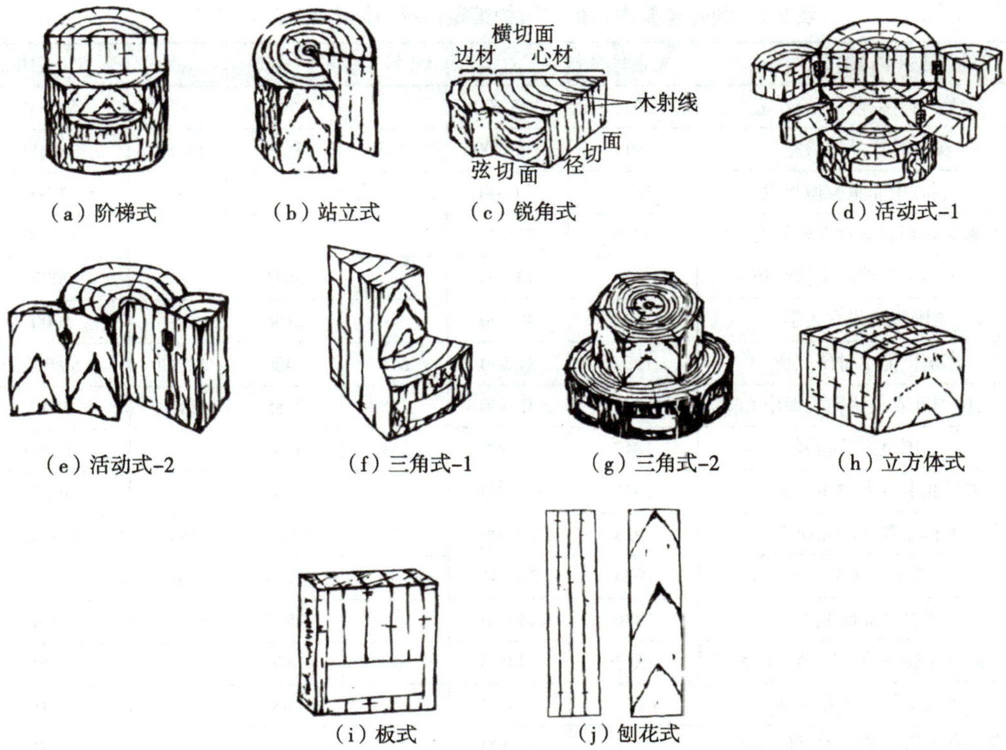

图 9-44　木材标本类型

9.2.4.4　木材标本标签

木材标本制作完成后，应及时贴上标签。其标签一般包括：中文名、学名、采集地、采集日期、采集人等，如图 9-45 所示。根据需要也可注明木材的材性、用途等。

标本号	SWFUw - H00906
原编号	50214
中文名	柠檬桉
拉丁名	*Eucalyptus citriodora*
科　名	Myrtaceae　桃金娘科
采集地 采集人	广西南宁　邱坚

图 9-45　木材标本标签

9.2.5　国外主要木材标本馆

根据国际木材解剖学家协会的统计，全球约有 180 多家木材标本馆，馆藏木材标本共计 150 余万份。馆藏量居前列的木材标本馆主要分布在欧美国家。国外重要木材标本馆大部分起步较早，经历了长期积累，并通过标本馆之间的合并取得快速发展。馆藏木材标本存量较大，具有树种丰富性和多样性，标本数字化程度高，为木材分类与鉴定等科学研究提供了宝贵的材料和数据。国外重要木材标本馆基本情况详见表 9-1。

表 9-1 国外重要木材标本馆的馆藏情况(截至 2020 年 1 月)

木材标本馆隶属机构	成立时间	标本(号)	科	属	种	切片数量
荷兰生物多样性研究中心	1913	125 000	—	2000	—	50 000
美国林产品实验室	1911	103 000	265	3500	14 000	33 000
比利时中非皇家博物馆	1898	69 000	—	—	—	17 500
澳大利亚联邦科学及工业研究组织	1929	47 720	—	2237	—	18 700
美国国家自然历史博物馆	1915	43 109	—	3071	—	7007
美国纽约州立大学	1925	40 000	—	2100	—	5000
德国世能木材研究所	1939	37 500	245	2400	11 500	50 000
法国国际农业研究发展中心	1937	35 400	235	2155	8420	5500
英国皇家植物园	1847	33 500	241	3205	—	40 000
美国北卡罗来纳州立大学	1925	32 000	—	2500	—	4000
日本林业和林产品研究所	1928	29 000	270	2050	8500	90 000
英国牛津大学	1924	24 381	—	2719	10 000	13 123
印度林业研究所	1836	15 000	—	1500	—	7000
俄罗斯科学院何莫洛夫植物研究所	1823	14 000	—	1400	—	1000
德国慕尼黑工业大学	1955	10 000	—	1500	—	22 000
意大利国家研究院木材研究所	1954	10 000	—	—	5700	4000
德国柏林达勒姆植物园和植物博物馆	1850	9000	—	1550	—	—
美国圣塔安那农场植物园	1960	7500	—	2500	—	4500
西班牙国家研究委员会农业森林部	1940	6420	—	1190	—	—

①荷兰生物多样性研究中心(Naturalis)。由 Dw(始于 1939 年)、Lw(始于 1955 年)、RTIw(始于 1913 年)、Uw(始于 1946 年)、WAGw(始于 1962 年)、WLw 及 WIBw 7 个标本馆组合而成。现有木材标本 125 000 余号，超过 2000 属；木材切片 50 000 余片。

②美国林产品实验室(FPL)。由美国林产品实验室原有的 MADw(始于 1911 年)、芝加哥 Field 自然历史博物馆 Fw(始于 1896 年)和耶鲁大学 Samuel SJRw(始于 1905 年)合并而成。现有木材标本 103 000 余号，隶 3500 属，约 14 000 种；木材切片 33 000 余片。基本覆盖全球不同地区树种，其中以美洲大陆为主。

③德国杜能木材研究所(Thünen)。始建于 1939 年，现有木材标本 37 500 余号，隶 2400 属，约 11 500 种；木材切片 50 000 余片。涵盖西非、东非、拉丁美洲、北美洲和亚洲地区树种。

④英国皇家植物园-邱园(Kew)。可追溯至 1847 年成立的邱园经济植物博物馆和 1876 年成立的 Jodrell 植物解剖实验室。现有木材标本 33 500 余号，隶 3205 属；木材切片 40 000 余片。基本覆盖全球各地区树种，其中以亚洲热带地区(印度)最为丰富。

⑤日本林业和林产品研究所(FFPRI)。成立于 1928 年，为亚洲馆藏量最大的木材标本馆，现有木材标本 29 000 余号，隶 270 科，2050 属，8500 种；木材切片约 90 000 片。

9.2.6 我国的主要木材标本馆

“种”(species)是生物分类的基本单位，是具有一定自然分布区和一定形态特征、生理特性的生物类群。木材标本馆中，标本“种”的数量代表了木材标本所体现的树木类群的多样性，是衡量木材标本馆综合实力的关键指标；而木材标本馆的规模、生存和发展，在一定程度上也是一个国家综合国力的重要体现。

我国木材标本馆有 20 多个，多数创建于 20 世纪中期，主要集中在科研院所、高等院校、质检和海关等单位。我国重要木材标本馆基本情况详见表 9-2。

表 9-2　国内重要木材标本馆基本情况

木材标本馆隶属单位	成立时间	标本(号)	科	属	种	切片数量
中国林业科学研究院	1928	27 000	180	1200	7074	35 000
北京市产品质量监督检验院	2004	10 000	160	1100	5000	20 000
南京林业大学	1952	28 000	—	—	4800	—
张家港海关检验检疫综合技术中心	2000	110 000	205	673	3500	—
安徽农业大学	1948	10 000	270	900	2700	—
西南林业大学	1949	30 000	97	333	2200	—
广西大学	1993	25 000	135	486	2200	—
西北农林科技大学	1950	26 000	130	480	2000	—
福建农林大学	1958	10 000	60	200	1200	—
北京林业大学	1952	12 000	104	500	1077	—
华南农业大学	1952	5000	75	225	1000	—
广西林业科学研究院	1956	1500	105	400	834	—
云南省林业科学研究院	1959	2000	60	160	580	1000

上述我国主要木材标本馆大多承担了国家科研项目的实施、木材学课程教学、木材相关标准制订和木材鉴定等社会服务等工作。每家木材标本馆收藏标本各有特色。

中国林业科学研究院木材标本馆是基于北平静生生物调查所(1928 年成立)与中央工业试验研究所西南木材试验研究室(1939 年成立)而建立。经过 90 多年的不断积累，逐步形成了以国产木材标本为收藏中心，收藏范围覆盖全国，辐射东南亚、非洲和拉丁美洲的国际知名区域性标本馆。

西南林业大学木材标本馆，创建于 1960 年。其标本多数是在云南省内各林区采集，充分体现了云南森林的多样性和树种的丰富性。特别是在热带树种和国家珍稀树种方面，在全国木材标本馆中占有重要地位。该标本馆在国内率先探索数字化检索系统。运用新技术创新研发了具有独立知识产权的“针叶树材检索系统”(http://woodlab.swfu.edu.cn)，构建了“木材识别与鉴定虚拟仿真实验教学”系统。

北京市产品质量监督检验院木材标本馆，始建于 2004 年，标本馆拥有几乎涵盖巴布亚新几内亚所有已知商品材树种的 981 种实体木材标本及切片，以及世界范围内 40 多种珍稀黄檀属树种。

南京林业大学木材标本馆，可追溯至 1952 年，在保留原中央大学、金陵大学、南昌大学和武汉大学等大学森林系木材标本的基础上建立。标本收藏范围覆盖了我国华东地区和西南地区，并和 20 余个国家开展标本交换。

张家港海关检验检疫综合技术中心(国家材种鉴定与木材检疫重点实验室)是专业

从事进口木材材种鉴定与木材检疫的国家级重点实验室，进口木材标本馆藏量较大。中心还依托木材标本馆，建立了“濒危木材与海关监管”主题馆。

目前，我国木材标本馆的数字化程度不高，仅少数木材标本馆开发了木材标本检索和管理系统。在国际上尚未形成重要影响力。随着全球对生物多样性保护的重视和生物多样性信息学的发展，木材标本的数字化工作，将是未来一段时间内全球木材标本馆的发展趋势。我国已有几家木材标本馆率先开展了木材标本和切片标本数字化工作，建立数字化标本馆网站、创建包含图文信息的数据化标本馆数据库，用图文形式展示标本信息，优化了林木数字化标本馆的用户体验。同时在此基础上，为形成木材标本科学数据共享网络奠定了基础。

第 10 章
木材鉴别检索表的建立与应用

10.1 木材检索表概述

木材检索表是依据木材特征编制成区分木材种类的表。它编制的过程常常根据一对或几对木材相对性状的区别，分成相对应的两个分支，然后，再根据另一对或几对木材相对性状，把上面的每个分支再分成相对应的两个分支，按此逐级排列下去，直到编制出包括需要分类的木材的检索表。木材检索表是鉴定木材种类的工具，依据木材特征而进行分类，宏观特征主要有木材颜色、气味、密度、纹理、管孔类型、轴向薄壁组织类型、木射线粗细、胞间道等，微观特征主要有轴向薄壁组织类型与宽度、木射线类型与构造、穿孔方式、管间纹孔式、管孔内含物等。

木材检索表有对分检索表、穿孔卡片检索表，其中对分检索表是使用最广泛的一种。

对分检索表是采用对分法原理，将木材构造特征进行有无或正反并列对比，以互相排斥为条件，循序渐进，逐渐缩小范围，最后区分出各个树种。对分检索表又进一步分为齐头对分检索表和收缩对分检索表，齐头是表示整个检索表从头到尾，每一行的左端与前一行均对齐，而收缩检索表是整个检索表从头开始，前后两组特征，呈收缩与左端对齐交替变化。对分检索表的优点是采用对分法原理，编制方法简单，应用方便，能快速、准确查分出木材的种类。缺点是检索表采用的特征必须依一定次序检索，不能越级；其次是检索表一旦制定，不能增减任何树种，除非重新修订。

穿孔卡片检索表是把木材的全部识别特征排列在一张卡片周围，并在每一特征上方打一小孔，一种树种制成一张卡片，凡该种木材所具有的特征上方的小孔剪穿，变成“V”形缺口，如果具有的特征不够明显，则在“V“形下划横线。同时剪去每张卡片的右上角，使所有卡片按同一方向卡片盒内。检索时，按照特征的明显程度顺次用钢针穿卡片上相应特征的圆孔，轻摇抖落具有该特征的卡片，留在针上的放在一边，将抖落的卡片叠好，又按第二个特征再进行穿挑分离，逐渐筛选，直到最后几张时，与已定名的木材标本对照，从而鉴定出木材树种名称。穿孔卡片检索表的优点是随时可以增减树种或修正木材特征；识别木材时可按标本的任何显著特征进行，不需要固定的顺序；此外，可针对性地选择木材典型特征进行查找，速度快。缺点是逐步穿挑卡较为繁琐，甚至出现漏检现象；树种数量过多时，卡片多，容易乱，且难以穿挑；每次用钢针穿挑，容易损坏。

10.2 对分式木材检索表(KEY)的建立方法

对分检索表采用对分法原理编制，根据最容易区别、最典型的、最具有普遍意义的或最稳定的木材特征，进行有无或正反并列对比，分成2组，循序渐进，一级一级对比，然后再将新的木材特征继续分成2组，再次比对，逐渐缩小范围，依次类推直到最后区分出要检索的树种。

对分式木材检索表，每一级都进行编号，每下一级，编号相应增加。

例如，根据木材管孔的有和无，总体上分为无孔材与有孔材，于是得到两组木材最稳定的，也是最典型的区别意义重要的正、反特征，即：

1. 无孔材 …………………………………………………………………… 2
1. 有孔材 …………………………………………………………………… N

然后无孔材中，再根据其他特征进行正反区分，如根据香气有无，又可以继续作为两组特征进行区分：

2. 木材有香气 ……………………………………………………………… 3
2. 木材无香气 ……………………………………………………………… M

如此依次下去，直到最后区分出需要区分的木材种类。

10.3 对分式木材检索表应用

按照对分式木材检索表的原理，编制了红木树种检索表、主要针叶树材检索表、主要阔叶树材检索表，供学习和参考。

10.3.1 红木树种检索表(齐头式)

1. 具有特殊气味(新切面，或木材润湿后) ……………………………… 2
1. 无特殊气味 ……………………………………………………………… 12
2. 无荧光反应，具有浓郁的降香或辛辣气味 ……………………… **降香黄檀**
2. 有荧光反应，具有清香气味 …………………………………………… 3
2. 无荧光反应，具有明显的酸味(新切面，或木材润湿后) …………… 4
3. 清香气味明显，产于亚洲国家 ……………………………………… ………………… **亚洲花梨木(含大果紫檀、印度紫檀、安达曼紫檀、囊状紫檀)**
3. 清香气味微弱，或有难闻气味掩盖，产于非洲 ……………………… **刺猬紫檀**
4. 黑褐色至紫黑色，带有红色等浅色条纹 ……………………………… 5
4. 黄褐色、红褐色至深紫红色，具有深色条纹，部分常见明显“黑筋” ………… 9
5. 产于亚洲国家 …………………………………………………………… 6
5. 产于非洲国家 …………………………………………………………… 7
5. 产于中、南美洲国家 …………………………………………………… 8
6. 轴向薄壁组织丰富，带状或宽带状，常在弦切面上形成鸡翅纹，酸味非常明显 ……………………………………………………………… **刀状黑黄檀**
6. 轴向薄壁组织翼状、聚翼状，窄带状或星散-聚合状 ………………… **阔叶黄檀**

7. 深浅相间条纹明显，圆木较规整，缺陷少，木射线单列，高 2~11 个细胞 ……………………………………………………………………………… 卢氏黑黄檀
7. 黑褐色，圆木空心多，材身不规则，木射线宽多为 2~4 个细胞，高 4~17 个细胞，单列射线少 ……………………………………………………………………………… 东非黑黄檀
8. 市场较多，材色变化大，部分颜色呈黄褐色，花纹丰富而美观 …… 伯利兹黄檀
8. 市场上少见，材色大多为黑褐色、栗褐色 ……………………………… 中、南美洲其他黑酸枝木(含亚马孙黄檀、巴西黑黄檀)
9. 产于亚洲国家 ……………………………………………………………… 10
9. 产于中、南美洲国家 ……………………………………………………… 11
10. 花纹普通，“黑筋”较多，材色较红，射线单列、对列较多 ……………………………………………………………………………… 交趾黄檀
10. 花纹丰富，射线宽多为 2~3 个细胞，少数异形Ⅲ形，轴向薄壁组织与木射线常呈网格状 ……………………………………………………………… 巴里黄檀
10. 花纹丰富，射线宽多为 2~3 个细胞，少数异形Ⅲ形，轴向薄壁组织带宽窄不一，常比木射线宽 ………………………………………………………… 奥氏黄檀
11. 材色变化大，轴向薄壁组织与木射线互成网格状，“黑筋”明显，木射线单列为主，2 列偶见………………………………………………………………… 微凹黄檀
11. 材色偏紫色，轴向薄壁组织与木射线不成网格状，木射线 2 列为主 ……………………………………………………………………………… 赛州黄檀
11. 红褐色，轴向薄壁组织与木射线局部成网格状，木射线单列、双列，双列射线常比单列多 ……………………………………………………………… 中美洲黄檀
11. 浅褐色至栗褐色，轴向薄壁组织与木射线不成网格状，木射线宽 2~3 个细胞 ……………………………………………………………………………… 绒毛黄檀
12. 具有荧光反应，木材橘红色或紫红色 ……………………………… 檀香紫檀
12. 无荧光反应，木材黑色、栗褐色 …………………………………………… 13
13. 轴向薄壁组织窄带状(宽多为 1 个细胞)，无鸡翅纹，射线组织异形单列及 2 列 ……………………………………………………………………………… 14
13. 轴向薄壁组织宽带状(宽多为 3~18 个细胞)，具有显著鸡翅纹，射线组织同形单列及多列 …………………………………………………………………… 16
14. 心材为黑色或栗褐色，有明显深浅相间线条 ……………………………… 条纹乌木(含苏拉威西乌木、菲律宾乌木、毛药乌木)
14. 心材全部为黑色或黑褐色，无明显深浅相间线条 ……………………… 15
15. 木射线全部单列 ………………………………………………………… 厚瓣乌木
15. 木射线单列较多，部分 2 列 …………………………………………… 乌木
16. 黄褐色，材色偏黄，木射线叠生，多列，宽 2~5 个细胞(多数 2~3 个)，高 7~19 个细胞，密度较小 ………………………………………………… 非洲崖豆木
16. 黑褐色，材色较深，新切面很快会变黑，俗称“见光乌”，木射线叠生，宽 2~5 个细胞(多数 3~4 个)，高 6~16 个细胞，密度较大 ……………… 白花崖豆木
16. 黄褐色，材色较浅，俗称黄鸡翅，木射线非叠生或局部叠生，射线宽多为 2~3

个细胞，高5~35个细胞，密度变化大……………………………………铁刀木

10.3.2 主要针叶树材检索表(齐头式)

1. 具有正常树脂道，在横切面上呈浅色或深色斑点 ………………………… 2
1. 不具有正常树脂道 ……………………………………………………… 9
2. 树脂道多，肉眼下可见，放大镜下明显；有松脂气味 …………………… 3
2. 树脂道少，肉眼下不易见，放大镜下不明显；略具松脂气味 …………… 7
3. 材质轻，软；晚材带不明显，通常较窄 ………………………………… 4
3. 材质较重，较硬；早材至晚材通常急变，晚材带明显 …………………… 5
4. 边材颇宽，心材红褐色；结构中 ……………………………………… 红松
4. 边材狭窄，新材浅红褐色；结构中至细 ……………………………… 华山松
5. 树脂道大而多，在肉眼下呈小孔状；边材较宽；生长轮不均匀，常宽；晚材带常宽；结构甚粗 ………………………………………………………… 马尾松
5. 树脂道小，稍少，肉眼下呈浅色或褐色斑点；边材窄至较宽；生长轮均匀或不均匀，较窄；晚材带较窄；结构粗 ………………………………………… 6
6. 心边材区别不明显或略明显；边材宽；生长轮不均匀 ………………… 云南松
6. 心边材区别不明显或略明显；边材窄；生长轮较均匀 ………………… 樟子松
7. 心边材无区别；材色浅；早材至晚材缓变；材质软；生长轮窄 ………… 云杉
7. 心边材区别明显；材色深；早材至晚材通常急变 ………………………… 8
8. 心材深红褐色 ………………………………………………………… 黄杉
8. 心材浅红褐色或黄褐色；材质硬 ……………………………………… 落叶松
9. 木材有香气 …………………………………………………………… 10
9. 木材无香气 …………………………………………………………… 15
10. 柏木香气显著或不显著 ……………………………………………… 11
10. 杉木香气显著或不显著 ……………………………………………… 14
11. 柏木香气不显著；早材至晚材急变，晚材带宽；结构粗；有油性感 … 福建柏
11. 柏木香气显著；结构细至甚细 ………………………………………… 12
12. 心材紫红色；生长轮较明显，晚材带极窄；香气甚浓 ………………… 红桧
12. 心材黄褐色 …………………………………………………………… 13
13. 边材浅黄色；生长轮明显，略宽；髓斑甚多 ………………………… 柏木
13. 边材黄褐色；生长轮明显，宽窄不均匀；有油性感 ………………… 侧柏
14. 早材至晚材渐变，早晚材硬度无明显差别，晚材带窄；香气显著；心材灰褐色 ………………………………………………………………… 杉木
14. 早材至晚材略急变，早晚材硬度有显著差别，晚材带略宽；香气不显著；心材红褐色 ………………………………………………………………… 柳杉
15. 心边材区别明显 ……………………………………………………… 16
15. 心边材区别不明显 …………………………………………………… 17
16. 边材白色至黄白色，宽；生长轮宽，早材至晚材略至急变；结构粗至略粗 ………………………………………………………………… 水杉
16. 边材浅黄色，窄；生长轮窄；早材至晚材渐变；结构细 ……………… 红豆杉

17. 早材至晚材渐变，晚材带窄；边材甚宽；结构细；放大镜下横切面有细小斑点 ………………………………………………………………………………… **银杏**
17. 早材至晚材急变，具创伤树脂道 ……………………………………………… 18
18. 木材黄白色带褐色；生长轮明显，宽窄均匀 ……………………………… **臭冷杉**
18. 木材红褐色；生长轮明显，宽窄不均匀 …………………………………… **冷杉**

10.3.3 主要阔叶树材检索表(齐头式)

A. 木材无管孔，仅具有管胞 ………………………………………………… A1
A. 木材具有管孔 ……………………………………………………………… A2
A1. 生长轮明显，宽窄略均匀或不均匀；早材至晚材渐变；木射线中至多，极细至中 ………………………………………………………………………… **水青树**
A1. 生长轮明显，宽度不均匀；早材至晚材急变。木射线少至中；甚细至中 …… ………………………………………………………………………… **昆栏树**
A2. 环孔材 ……………………………………………………………………… B1
A2. 半环孔材或半散孔材 ……………………………………………………… B2
A2. 散孔材 ……………………………………………………………………… B3
B1. 环孔材
1. 有宽木射线 ………………………………………………………………… 2
1. 无宽木射线 ………………………………………………………………… 6
2. 早材管孔略大，在肉眼下明显；晚材管孔略小，略少，斜列或径列；薄壁组织量多，除轮界状外，在肉眼下可见翼状及聚翼状 ……………………… **梧桐**
2. 早材管孔在肉眼下可见至明显；晚材管孔单个分布，复串排列成火焰状；星散-聚合状及离管带状薄壁组织在放大镜下可见至明显 ………………………… 3
3. 宽木射线在肉眼下不明显，数少，较窄，分布不均匀；径切面上射线斑纹少见，不发达；生长轮在宽木射线处凹下，呈波浪形；早材管孔2列至多列，呈斜径列或簇集，长达2~7个管孔；心边材无区别 …………………………… **锥树**
3. 宽木射线在肉眼下明显，数多，分布颇均匀；径切面上射线斑纹明显；生长轮不呈波浪形；早材管孔1列至多列，通常排列连续；心边材有区别 ………… 4
4. 早材带通常1~2(稀3)列管孔；早材至晚材急变；晚材管孔在放大镜下略见，数多，宽多列管孔；材色较浅，心材浅栗褐色或栗褐色；宽木射线较窄 ……… ………………………………………………………………………… **槲栎**
4. 早材带通常2~4(稀5)列管孔；早材至晚材略急变；晚材管孔在放大镜下可见至明显；数少，宽1~2(稀3)列；材色较深，心材通常红褐色 …………… 5
5. 心材浅红褐色至红褐色；树皮硬 ……………………………………………… **麻栎**
5. 材色稍深，心材红褐色至鲜红褐色；早材管孔更大；树皮软；木栓层发达 …… ………………………………………………………………………… **栓皮栎**
6. 晚材管孔呈弦向波浪状或长短弦线 ……………………………………… 7
6. 晚材管孔不呈弦向波浪状或长短弦线 ……………………………………… 18
7. 晚材管孔呈典型波浪状或人字形 ………………………………………… 8
7. 晚材管孔在生长轮末端呈长短弦线，斜线，或略呈波浪状 …………… 13

8. 早材管孔1(稀2~3)列 …………………………………………………………………… 9
8. 早材管孔数列 …………………………………………………………………………… 11
9. 心边材有区别；早材至晚材急变 ……………………………………………………… 10
9. 心边材无区别；材色较浅，多为黄褐色；早材管孔中至略大，在肉眼下可见至明显；早材至晚材渐变；木射线在肉眼下可见 ………………………………………… 朴树
10. 材色较深，心材暗红褐色或浅栗褐色；早材管孔中至甚大，在肉眼下明显至甚明显；木射线在肉眼下不可见或不见 ……………………………………………… 榉树
10. 材色较浅，心材黄褐色；早材管孔略大，在肉眼下明显；木射线较窄，在肉眼下可见；材身呈细沙纹 ……………………………………………………………… 刺楸
11. 心边材区别明显；心材橄榄黄色或金黄色；晚材管孔呈典形人字形排列；味苦 ………………………………………………………………………………………… 黄连木
11. 心边材区别明显；心材红褐色或灰褐色 ……………………………………………… 12
12. 晚材管孔小，呈复管孔或管孔团，断续切线状 ……………………………………… 白榆
12. 晚材管孔小至甚小，沿生长轮聚集成不连续的波浪状 ……………………………… 春榆
13. 心材管孔中常含侵填体 ………………………………………………………………… 14
13. 心材管孔中不含侵填体 ………………………………………………………………… 15
14. 轴向薄壁组织颇丰富，肉眼下可见，放大镜下明显；心边材区别明显，边材浅黄色，心材黄褐色 ……………………………………………………………………… 刺槐
14. 轴向薄壁组织较少，在放大镜下可见；径切面上射线斑纹明显；材身呈细纱纹 ………………………………………………………………………………………… 楸树
15. 心边材区别明显 ………………………………………………………………………… 16
15. 心边材区别不明显；木射线宽，肉眼下明显；径切面射线斑纹可见；早材管孔含有树胶 ……………………………………………………………………………… 臭椿
16. 材色浅，浅红褐色；轴向薄壁组织肉眼下可见，傍管型；径切面射线斑纹明显；材身呈细沙纹 …………………………………………………………………… 苦楝
16. 材色深，心材栗褐色至暗褐色 ………………………………………………………… 17
17. 轴向薄壁组织发达，放大镜下明晰，翼状及聚翼状；生长轮明显，窄，不均匀 ………………………………………………………………………………………… 槐树
17. 轴向薄壁组织放大镜下可见，傍管型，环管状；生长轮明显，窄，均匀 …… ……………………………………………………………………………………… 黄波罗
18. 早材管孔1列至数列 …………………………………………………………………… 19
18. 早材管孔2列至数列 …………………………………………………………………… 20
19. 生长轮明显，均匀；早材管孔大至甚大，在肉眼下明显至甚明显；常含侵填体；轴向薄壁组织量多，在放大镜下可见，呈断续细弦线状 ……………… 板栗
19. 生长轮明显，略均匀；早材管孔中至略大，在肉眼下可见至明显；少数含有侵填体；轴向薄壁组织量多，在放大镜下明显，呈星散-聚合状及离管带状 …… ………………………………………………………………………………………… 苦槠
20. 心材导管中有侵填体至丰富 …………………………………………………………… 21
20. 心材导管无侵填体 ……………………………………………………………………… 24
21. 心边材区别明显 ………………………………………………………………………… 22

21. 心边材区别不明显或略明显 …………………………………………………………… 23
22. 边材浅褐色，心材栗褐色；轴向薄壁组织在放大镜下明显，环管状；木射线少至中，极细至略细，在肉眼下可见 …………………………………………………… 檫木
22. 边材黄褐色至红褐色，心材暗红褐色；轴向薄壁组织量多，肉眼可见，放大镜下明显，离管带状，环管状；木射线中至多，甚细至中，在放大镜下明显 ………………………………………………………………………………………… 山核桃
23. 心边材区别不明显，木材灰白色至浅黄色；木材甚轻，甚软；轴向薄壁组织发达，肉眼下可见，傍管型，翼状或聚翼状 ………………………………………… 泡桐
23. 心边材区别略明显，边材灰白色，心材红褐色；轴向薄壁组织在放大镜下可见，环管状；有射线斑纹；横向树胶道在弦切面呈褐色小点 …………… 酸枣
24. 心边材区别明显，边材红褐色，心材深红褐色；早材管孔中含红褐色树胶，有创伤树胶道；木射线甚小至略小，在肉眼下可见；径切面射线斑纹明显 ……………………………………………………………………………………………… 香椿
24. 心边材区别明显，边材黄白色，心材灰褐色；木射线细，在放大镜下明显 ……………………………………………………………………………………………… 水曲柳

B2. 半环孔材或半散孔材

1. 有宽木射线 ……………………………………………………………………… 2
1. 无宽木射线 ……………………………………………………………………… 7
2. 宽木射线在肉眼下明显，数多，分布颇均匀；径切面上射线斑纹甚明显，发亮；生长轮不呈或略呈波浪形；管孔散生或溪流状 ……………………………… 3
2. 宽木射线在肉眼下通常明显或不明显，数多至少，分布略均匀或不均匀；径切面上射线斑纹不发亮；生长轮遇宽木射线下凹，呈波浪形；管孔径列或溪流状 ……………………………………………………………………………………… 4
3. 宽木射线较窄，较密；星散-聚合状及离管带状薄壁组织在放大镜下不见或略见；生长轮遇宽木射线下凹，略呈波浪形；管孔散生，放大镜下可见 ………… ……………………………………………………………………………………… 水青冈
3. 宽木射线较粗，较疏；离管带状薄壁组织在肉眼下略见；生长轮不呈波浪形；管孔呈溪流状长径列，在肉眼下略见 ……………………………………… 青冈
4. 心边材无区别；聚合木射线数少；管孔径列；轴向薄壁组织呈星散-聚合状及离管带状 ……………………………………………………………………… 5
4. 心边材有或无区别；聚合木射线数略多或多；管孔呈溪流状长径列；轴向薄壁组织以离管带状为主 ……………………………………………………………… 6
5. 材质重，硬；强度大 ……………………………………………………… 高山锥
5. 材质轻，软；强度小 ……………………………………………………… 裂斗锥
6. 心边材有区别，材色深，心材红褐色 …………………………………… 红椆
6. 心边材无区别，材色浅，浅灰褐色或暗黄褐色 ………………………… 黔粤椆
7. 心边材区别不明显 ……………………………………………………………… 8
7. 心边材区别明显 ………………………………………………………………… 12
8. 轴向薄壁组织不见 ……………………………………………………………… 9
8. 轴向薄壁组织在放大镜下可见 ………………………………………………… 10

9. 生长轮明显，轮间界以浅色细线；管孔略多，通常略小，在放大镜下可见，由内往外逐渐减小减少，径列；木射线中至多，极细至甚细，在放大镜下不明显；径切面上射线斑纹不见 …… **大叶杨**
9. 生长轮略明显，轮间界以深色带；管孔略小，大小略一致，在放大镜下可见，分布不均匀，在生长轮末端较小较少，斜列或径列；木射线中至多，极细至略细，在放大镜下可见；径切面上射线斑纹略明显 …… **白辛树**
10. 生长轮略明显至明显，宽度不均匀；管孔在肉眼下可见，斜列或呈之字形排列；侵填体偶见；轴向薄壁组织排列成连续或不连续离管细弦线；木射线极细至略细，在放大镜下明显，比管孔小 …… **枫杨**
10. 生长轮略明显，宽度均匀至略均匀 …… 11
11. 生长轮宽度均匀至略均匀，轮间界以深色带；管孔在肉眼下略见；轴向薄壁组织呈断续细弦线(较稀疏)及傍管状；木射线极细至甚细，在放大镜下可见；径切面上射线斑纹可见 …… **乌桕**
11. 生长轮宽度略均匀；管孔在肉眼下可见；轴向薄壁组织呈离管弦向排列，兼呈傍管状；木射线极细至略细，在放大镜下明显；径切面上射线斑纹不明显 …… **柿树**
12. 轴向薄壁组织呈离管带状 …… 13
12. 轴向薄壁组织呈傍管状 …… 14
13. 边材浅黄褐色或浅栗褐色，心材红褐色或栗褐色，有时带紫色，轮间有深色条纹；早材管孔中等大小，在肉眼下可见，呈之字形排列；木射线中至多，极细至中，在肉眼下略见，比管孔小 …… **核桃**
13. 边材黄褐色至红褐色，心材暗红褐色；早材管孔中至略大，在肉眼下可见至明显，稀疏，多呈斜列；木射线中至多，甚细至中，在放大镜下明显 …… **核桃楸**
14. 生长轮明显，宽度均匀至略均匀；边材灰红褐色或灰黄褐色，心材深红褐色；管孔数少，中至甚大，在肉眼下可见至甚明显，多数散生，含红褐色树胶；木射线少至中，甚细至中，在肉眼下可见；径切面上射线斑纹明显 …… **红椿**
14. 生长轮明显，宽度不均匀 …… 15
15. 木材光泽强，新切面上樟脑气味浓厚，经久不衰，味苦；管孔略多，略小至中，在肉眼下可见；木射线少至中，极细至略细，在放大镜下明显；径切面上有射线斑纹 …… **香樟**
15. 木材有光泽，微具皮革气味，无特殊滋味，触之有油性感；早材管孔略大至甚大，在肉眼下明显，并具白色沉积物；木射线数少，甚细至中，在肉眼下略见 …… **柚木**

B3. 散孔材

1. 有宽木射线 …… 2
1. 无宽木射线 …… 11
2. 轴向薄壁组织不见 …… 3
2. 轴向薄壁组织量多，在肉眼下可见 …… 7
3. 木材色浅，白色至黄白色 …… 4
3. 木材色深，浅红褐色至红褐色 …… 6

4. 管孔甚小至略小，在放大镜下可见或略见，分布不均匀，径列 ………………… 5
4. 管孔略多，甚小至略小，在放大镜下明显，分布略均匀，散生；生长轮略明显，宽度不均匀，轮间界以浅色带；径切面上红褐色射线斑纹明显 ……… **悬铃木**
5. 生长轮不明显，宽度不均匀；径切面上射线斑纹明显；材身呈灯纱纹 ……………………………………………………………………………………………… **鸭脚木**
5. 生长轮略明显，宽度略均匀，轮间界以细线；径切面上射线斑纹略明显至明显；材身界于灯纱纹与细纱纹之间 ……………………………………………… **冬青**
6. 生长轮略明显，遇宽木射线时略向内弯曲，使轮间界以深色波浪形线带；管孔略多，甚小至略小，在放大镜下可见，分布不均匀，径列(多数宽1列管孔) …………………………………………………………… **江南桤木(西南桤木)**
6. 生长轮略明显或明显，宽度略均匀，轮间界以细线；管孔略少，略小至中，在肉眼下常呈白点状，分布颇均匀，散生 ……………………………… **红桦**
7. 轴向薄壁组织多呈单侧环管状 ………………………………………………………… 8
7. 轴向薄壁组织以离管带状为主 ………………………………………………………… 9
8. 心边材区别欠明显，从外向内材色逐渐加深，边材黄褐色，心材红褐色；管孔大小中等，在肉眼下可见，放大镜下明显；生长轮不明显；创伤胞间道在横切面上呈弦向排列，甚明显 ……………………………………………………… **银桦**
8. 心边材区别不明显，木材灰褐色或灰褐色微红；管孔较大，在放大镜下略明显；生长轮略明显，宽度不均匀，轮间界以浅色带 …………………… **越南山龙眼**
9. 轴向薄壁组织量多，主为离管带状，并似傍管状 ……………………………… 10
9. 轴向薄壁组织略多，断续离管带状；心边材区别不明显或略明显，由外往内材色逐渐加深，木材红褐色；生长轮略明显，宽度略均匀，轮间界于以深色带；管孔略少，大小中等，在肉眼下略见，放大镜下明显，径列 ………… **木麻黄**
10. 心边材区别不明显，木材灰黄色、灰褐色带红或浅红褐色带灰；管孔大小中等，在肉眼下不见至略见，宽1~3列管孔；径切面上宽射线斑纹明显 ……… ……………………………………………………………………………… **白青冈**
10. 心边材区别略明显，边材红褐色或浅红褐色，心材暗红褐色或紫红褐色；管孔大小中等，在肉眼下略见，放大镜下明显，通常宽1(稀2)列管孔；径切面上宽射线斑纹极明显 …………………………………………………………… **红青冈**
11. 轴向薄壁组织不见 …………………………………………………………………… 12
11. 轴向薄壁组织可见 …………………………………………………………………… 25
12. 轴向薄壁组织在放大镜下亦不可见 ……………………………………………… 13
12. 轴向薄壁组织在放大镜下湿切面上可见 ………………………………………… 21
13. 心边材区别明显或略明显 ………………………………………………………… 14
13. 心边材区别不明显 ………………………………………………………………… 17
14. 生长轮略明显至明显，宽度均匀至略均匀 ……………………………………… 15
14. 生长轮不明显 ……………………………………………………………………… 16
15. 管孔多至甚多，甚小至略小，在放大镜下可见，大小一致，分布均匀，散生；木射线数目中至多，极细至甚细，在放大镜下略见，比最大管孔小；径切面上射线斑纹不见或略明显 …………………………………………………… **垂柳**

15. 管孔甚多，甚小至略小，在放大镜下可见，大小略一致，分布略均匀，散生；木射线数目中等，甚细至略细，在放大镜下可见，比最大管孔小；径切面上射线斑纹欠明显 …………………………………………………………… 蓮香树
16. 管孔略少，中等大小，在肉眼下可见，分布略均匀，通常径列；部分管孔中含有侵填体；木射线数目中等，甚细至中，在放大镜下明显，比管孔小；径切面上射线斑纹明显 …………………………………………………………… 秋枫
16. 管孔略小至中，大小略一致，在肉眼下略见，分布不均匀，呈之字形排列；侵填体未见；木射线多至甚多，极细至略细，在放大镜下略见；径切面上射线斑纹不明显 …………………………………………………………… 赤桉
17. 管孔数少至略少，在肉眼下可见 …………………………………………… 18
17. 管孔数多至甚多，在放大镜下可见 ………………………………………… 19
18. 生长轮略明显或明显，轮间界以细线；侵填体未见；木射线少至中，极细至略细，在放大镜下明显，比管孔小；髓斑常见，呈锈色斑点或条纹 …… 光皮桦
18. 生长轮略明显，轮间常界以深色带；侵填体少见；木射线数目中等，极细至略细，在肉眼下可见，放大镜下明显，比管孔小 ……………………… 山黄麻
19. 管孔分布均匀，散生 ……………………………………………………… 20
19. 管孔大多呈2个至数个径向复管孔；材色略带红褐色，有绢丝光泽；生长轮明显，晚材带色深；木射线甚细，略小；径切面射线斑纹不见；有时具有白色至黄褐色髓斑 …………………………………………………………… 山杨
20. 生长轮略明显至不明显，宽度略均匀或不均匀；木射线中至多，甚细至略细，在放大镜下可见；轴向创伤树胶道偶尔出现，在横切面上呈长弦线，纵切面上呈沟状；常含白色沉积物 ……………………………………………… 枫香
20. 生长轮略明显，宽度略均匀，轮间界以深色带；木射线数目中等，甚细至略细，在放大镜下可见；无轴向创伤树胶道 ………………………………… 荷木
21. 轴向薄壁组织在放大镜下湿切面上呈傍管状 ……………………………… 22
21. 轴向薄壁组织在放大镜下湿切面上呈离管短细弦线或轮界状 ……………… 23
22. 心边材区别不明显或略明显，边材黄褐色微红或灰红褐色，心材草绿或草褐色；湿切面上有难闻气味(药味)；生长轮间界以深色带；管孔略少，略小至中，在肉眼下略见，斜列或散生，具黄色内含物；木射线少至中，甚细至略细，在放大镜下可见，比管孔小；髓斑常见 ………………………… 广东钓樟
22. 心边材区别不明显，木材浅红褐色至红褐色；微有油臭气味；生长轮间界以浅色细线；管孔略小，在放大镜下明显，径列或斜列；木射线少至中，极细至中，在肉眼下可见至略明显，比管孔略大或约等大；波痕在湿切面上可见 …
…………………………………………………………………………………… 椴木
23. 轴向薄壁组织在放大镜下湿切面上呈轮界状；生长轮略明显，轮间界以浅色线；管孔数多，甚小至略小，在放大镜下可见，分布不均匀，斜列或径列；波痕略见 …………………………………………………………………… 七叶树
23. 轴向薄壁组织在放大镜下湿切面上呈离管短细弦线 ………………………… 24
24. 木材浅红褐色或黄褐色；湿切面上略有难闻气味；无滋味；生长轮间界以浅色细线；管孔在放大镜下可见，长径列；径切面上有射线斑纹 ………… 拟赤杨

24. 木材鲜黄色，久则转呈深黄色；无特殊气味；滋味苦；生长轮间界以深色带；管孔在肉眼下略见，斜列或径列；径切面上射线斑纹不明显 …………… **乌檀**
25. 轴向薄壁组织呈傍管状及离管带状或轮界状 …………………………… 26
25. 轴向薄壁组织呈离管状 …………………………………………………… 39
26. 轴向薄壁组织呈环管状 …………………………………………………… 27
26. 轴向薄壁组织呈轮界状 …………………………………………………… 32
27. 管孔散生 ……………………………………………………………………… 28
27. 管孔斜列或散生 ……………………………………………………………… 29
28. 管孔甚少，中至略大，在肉眼下可见至明显，大小一致，分布颇均匀；含侵填体及白色沉积物；无树胶道 ………………………………………………… **胭脂**
28. 管孔略少，中至略大，在肉眼下可见，大小略一致，分布不均匀；侵填体未见，含褐色树胶；正常轴向树胶道在肉眼下呈白色短弦带，沿生长轮断续排列 …………………………………………………………………… **越南龙脑香**
29. 生长轮不明显 ………………………………………………………………… 30
29. 生长轮略明显至明显 ………………………………………………………… 31
30. 心边材区别明显，边材黄褐色微红或浅红褐色，心材红褐至深红褐色；木射线中至多，甚细至中，在放大镜下明显，比管孔小 ……………………… **蚬木**
30. 心边材区别明显，边材黄褐或灰褐色，心材暗黄褐色；有油性感；滋味微苦；木射线少至中，极细至中，在肉眼下略见；径切面上射线斑纹明显 …… **青皮**
31. 生长轮明显，宽度颇均匀，轮间界以深色带；心边材区别不明显；新切面有香气，易消失，滋味微苦；管孔略少，略小至中，在肉眼下略见，具侵填体；径切面上射线斑纹明显 ………………………………………………………… **桢楠**
31. 生长轮不明显至略明显，宽度不均匀；心边材区别略明显；无特殊气味和滋味；管孔略少；大小中等，在肉眼下可见，白色沉积物丰富；径切面上射线斑纹不明显 ……………………………………………………………………… **荔枝**
32. 轴向薄壁组织环管状及离管带状 ………………………………………… 33
32. 轴向薄壁组织环管状及轮界状 …………………………………………… 36
33. 管孔甚少，中至略大，在肉眼下可见至明显，散生 ……………………… 34
33. 管孔数少，中等大小，在肉眼下可见，径列或斜列 ……………………… 35
34. 心边材区别不明显，木材黄褐色；木材光泽弱或无；无特殊气味和滋味；含侵填体；木射线数目中等，甚细至中，在肉眼下明显 ………………… **高山榕**
34. 心边材区别略显或明显，边材灰红褐色微黄，心材浅红褐色；木材有光泽；湿切面上微具难闻气味；侵填体未见；木射线数多，甚细至略细，在放大镜下可见 ……………………………………………………………………………… **山楝**
35. 心边材区别不明显，木材浅灰褐色或浅灰红褐色，常带蓝变色杂斑；生长轮不明显至略明显，宽度略均匀；侵填体偶见 …………………………… **黄杞**
35. 心边材区别不明显，木材浅黄褐色；生长轮明显，轮间界以深色带；侵填体不见 ………………………………………………………………………… **橡胶树**
36. 心边材区别不明显 …………………………………………………………… 37
36. 心边材区别明显，边材黄褐色，甚宽，心材深红褐色或暗褐色；生长轮略明显；管孔甚多，甚小，在放大镜下方可见，分布均匀；木射线极细，在放大镜下可见 …………………………………………………………………………… **枣木**

37. 木射线中至多，甚细至略细，在放大镜下明显，比管孔小 ………………… 38

37. 木射线少至中，较宽，在肉眼下可见至略明显；心边材区别不明显，木材红褐色微黄或红褐色；径切面上射线斑纹略明显；矿物斑常见 ……… **槭木（色木）**

38. 心边材区别不明显，木材浅红褐色或浅灰褐色；光泽弱；生长轮不明显至略明显，宽度略均匀；管孔数少，略小至中，在肉眼下可见，分布均匀 …… **琼楠**

38. 心边材无区别，木材黄色，浅黄褐色至黄褐色；有光泽；生长轮不明显至略明显，宽度不均匀；管孔数少，中至略大，在肉眼下可见，在生长轮外部较小较少；偶含红褐色树胶；侵填体偶见；波浪可见 ………………………… **黄檀**

39. 轴向薄壁组织轮界状 ……………………………………………………… 40

39. 轴向薄壁组织离管带状或星散状 ………………………………………… 41

40. 心边材区别略明显，边材黄白色或浅红褐色，心材灰黄褐色或微带绿色；管孔略多，略小，在放大镜下明显，散生或斜列；木射线少至中；极细至略细，在肉眼下可见，多数与管孔略等大 ………………………………………… **鹅掌楸**

40. 心边材区别明显，边材浅栗褐色或灰黄褐色，心材黄色或黄色微绿；管孔略少至略多，甚小至略小，在放大镜下明显，散生；木射线数目中等，极细至略细，在放大镜下可见或明显，比管孔小 ………………………… **绿兰（木莲）**

41. 轴向薄壁组织呈星散状；心边材区别明显，边材灰褐色或灰黄褐色，心材红褐色；管孔略少，在肉眼下略见，分布均匀，散生或斜列 ………………… **润楠**

41. 轴向薄壁组织离管带状 …………………………………………………… 42

42. 心边材区别明显 …………………………………………………………… 43

42. 心边材无区别，木材浅黄褐色，久则转至深黄褐色；生长轮不明显或略见；管孔少至略少，在肉眼下可见，分布不均匀，径列 ………………… **黄梁木**

43. 生长轮不明显；管孔少至略少，略小至中，在肉眼下呈白点，放大镜下明显，斜列或径列；侵填体未见；木材无特殊气味和滋味 ……………………… **铁力木**

43. 生长轮不明显或略明显，轮间界以深色带；管孔略小至中，在放大镜下可见至略明显，斜列或呈之字形；心材管孔中侵填体可见；木材具辛辣滋味 ………………………………………………………………………………… **海南子京**

第 11 章 木材鉴别样品制备及实验技术

木材鉴别是木材解剖学的应用技术，是木材学的重要部分。木材鉴别的方法主要分为宏观鉴别和微观鉴别。宏观鉴别指使用肉眼和放大镜观察木材，根据木材的宏观特征来判定和区分树种，这种方法在生产实践上应用价值很大，但准确性较差。微观鉴别是指在光学显微镜或电子显微镜下观察木材微观解剖特征来判定和区分树种，其准确度高，但方法比较复杂，适合具备一定条件的实验室使用。本章主要介绍木材宏观鉴别和微观鉴别的样品制备方法。

11.1 宏观样品制备技术

木材宏观鉴别是使用肉眼和放大镜对木材进行观察，因此要求对木材本身进行一定程度的处理，使木材的宏观特征更加清晰的展现出来。木材宏观样品制备技术主要包括木材的取样、打磨、抛光。

11.1.1 取 样

按照 GB/T 29894—2013《木材鉴别方法通则》，各类木材取样的规定如下：

(1)原木或锯材取样

在生长轮正常部位截取，应避开有斜纹、节子等缺陷之处。试样尺寸应不小于20mm(长)×20mm(宽)×20mm(高)，横切面、径切面和弦切面要求相互垂直。

(2)胶合板、细木工板、实木地板、实木复合地板取样

截取不小于 20mm(长)×20mm(宽)×自然厚度试样。

(3)木质家具取样

在家具底部或内侧方条、板材部位取样，尽量避免影响使用功能。试样尺寸应满足徒手切片或切片机切片的要求。

(4)木质工艺品取样

取样部位应为工艺品底部或背面。取样的方法与木质家具取样相同，试样尺寸应满

足徒手切片或切片机切片的要求。

11.1.2 打 磨

按照木材横切面、径切面和弦切面特征，确定木材三切面，分别使用 400 目、800 目、1000 目、1500 目的砂纸(图 11-1)依次打磨木材三切面，使用喷枪喷吹、胶带纸粘贴的方法和步骤，可使木材表面打磨光滑无明显划痕的效果。具体步骤如下：

第一步：架设操作平台，选取合适的平台(长方体木块)置于打磨侧，使平台上平面高于或等于磨盘的最下端，并用夹子固定，如图 11-2 所示。

第二步：固定吸尘装置，将吸尘管道置于磨盘的下方，并用夹子固定，如图 11-3 所示。架设操作平台对于不熟练操作者非常必要，熟练者也可不用平台进行打磨，如图 11-4 所示。

第三步：将磨盘装上 400 目砂纸，打开吸尘器、空压机、打磨机，将待打磨的标本置于平台上前后运动进行打磨，转速根据待打磨标本的硬度而定，如图 11-5 所示。注意在打磨时需有规律的移动试样，以免将试样表面磨焦，进而影响观察。

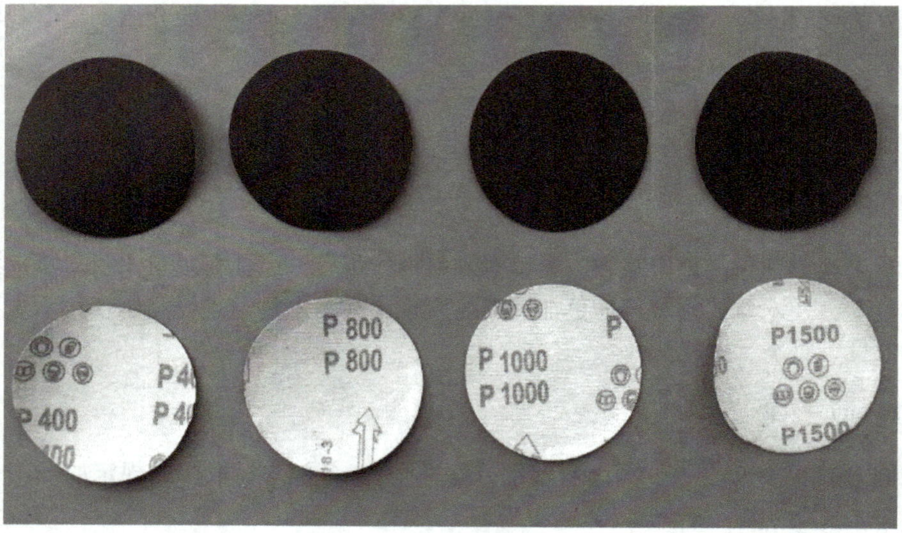

图 11-1 400 目、800 目、1000 目、1500 目砂纸

(a) 打磨操作平台左视图　(b) 打磨操作平台前视图

图 11-2 架设打磨操作平台

（a）固定吸尘装置左视图　　（b）固定吸尘装置俯视图

图 11-3　固定吸尘装置

图 11-4　未架设操作平台，直接手持打磨

图 11-5　前后移动木样进行打磨

（a）喷枪将残留在导管中的木粉吹出　　（b）喷枪将残留在导管中的木粉吹出

图 11-6　用喷枪将残留在导管中的木粉吹出

第四步：将打磨好的一面用喷枪将残留在导管中的木粉吹出，并使用喷枪吹去砂纸表面残留木粉，以便后续使用。注意喷枪要与标本表面呈一定角度，不能垂直于木样表面。如图 11-6 所示。

第五步：用胶带纸或胶布将标本表面未吹出的木粉粘出，如图 11-7 所示，其中胶布的粘贴效果非常明显。

第六步：依次更换更高目数的砂纸，重复上述第三步至第五步，打磨至 1500 目为止。

第七步：用抛光布轮将木样表面进行抛光，如图 11-8 所示。

打磨之后的木材表面效果如图 11-9~图 11-12 所示。

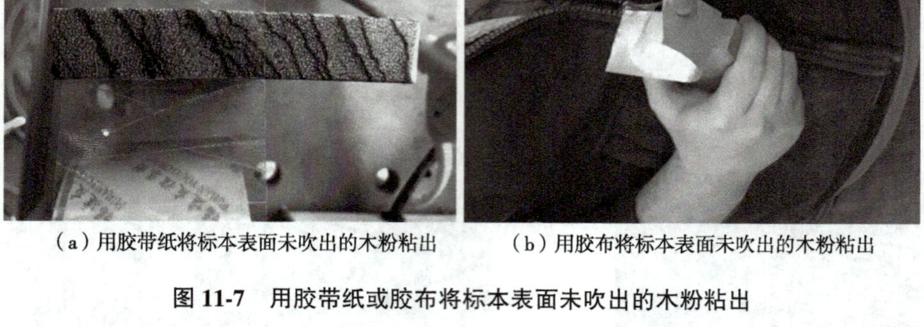

（a）用胶带纸将标本表面未吹出的木粉粘出　（b）用胶布将标本表面未吹出的木粉粘出

图 11-7　用胶带纸或胶布将标本表面未吹出的木粉粘出

图 11-8　抛光木样表面

图 11-9　打磨之后的木样表面

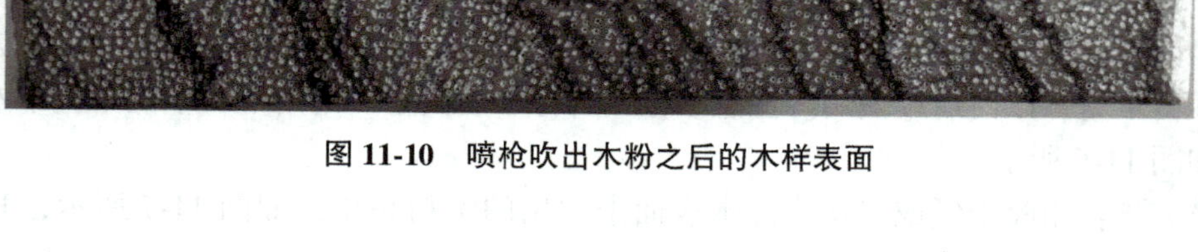

图 11-10　喷枪吹出木粉之后的木样表面

图 11-11　胶带纸粘出残余木粉之后的木样表面

图 11-12　抛光之后的木样表面

11.2　木材切片制备技术

11.2.1　光镜显微用切片制备技术

11.2.1.1　取　样

按照 GB/T 29894—2013 在生长轮正常部位截取，应避开有斜纹、节子等具有缺陷的部位，试样尺寸应满足徒手切片或切片机切片的要求。横切面、径切面和弦切面要求相互垂直，且横切面需包含至少一个完整的生长轮。

11.2.1.2　包　埋

腐朽木或者太过柔软的木样在夹具作用下容易变形，为了便于切制木样表面或切片，需要对试样进行包埋处理。最方便的包埋剂是聚乙二醇 2000(PEG 2000)进行包埋，PEG 的好处是水溶性良好，缺点是包埋的试样会因为返潮变软而不易切片。聚乙二醇包埋程序如下：

①木样切成合适大小后将之饱水。

②浸于 50%PEG 溶液中，置于 60℃烘箱 24h。

③用 100%PEG 置于 60℃烘箱中置换至少 2 次，每次 24h。

④把木样安置于模具内，注入新的 100%PEG。

另外一种常用的包埋剂是石蜡，石蜡包埋的木样不会返潮，但是石蜡需要用二甲苯为溶剂。石蜡包埋程序如下：

①木样切成合适大小后将之饱水。

②用乙醇系列脱水，每浓度置换 3 次，每次 10min。

③浸于 1∶1 乙醇+二甲苯 1h，再用 100%二甲苯置换 2 次，每次 1h。

④浸于 60℃50%二甲苯石蜡溶液 24h。

⑤以 60℃100%石蜡置换至少 2 次，每次 24h。

⑥把木样安置于模具内，注入新的 100%石蜡。

11.2.1.3 试样软化

(1)密度小于0.4g/cm³

木材可浸没在清水中至沉水为止，或置于水浴锅中煮沸至木材沉水为止，如木质过于松软也可对其进行包埋处理。

(2)密度为0.4~0.8g/cm³

木材需要煮沸软化后趁热进行切片，为了保持木样的温度，可不时用毛笔将热水涂抹在试样表面。也可架设蒸汽装置，对试样表面进行蒸汽加热处理。

(3)密度大于0.8g/cm³

木材可采用冰醋酸-双氧水(30%浓度的双氧水与冰醋酸等体积混合)试剂，在60℃条件下密闭加热直至能切片为止。对于密度非常大的木材可将试样置于4%乙二胺水溶液中，真空环境下浸渍2~4d后加热至70~75℃，趁热切片。

11.2.1.4 切 片

木样的切片可使用滚动式切片机或滑走式切片机。图11-13(a)是滚动式切片机，被夹住的包埋木样由于手摇器的转动而上下移动，下摆时由固定的切片刀削出切片，经验丰富的工人可以切出前后相接长串的切片。未包埋的木样要用滑走式切片机切片。图11-13(b)为滑走式切片机，木样固定而切片刀前后滑动，向前滑动时削切木样。切片刀的刀锋与削切方向之间的角度称为切角，滚动式切片机的切角永远是最大的90°，而滑走式切片机所设的切角约为30°。切片时切角应随木样比重之增加而减小，小切角有锯切作用，有助于减小切片时的阻力。

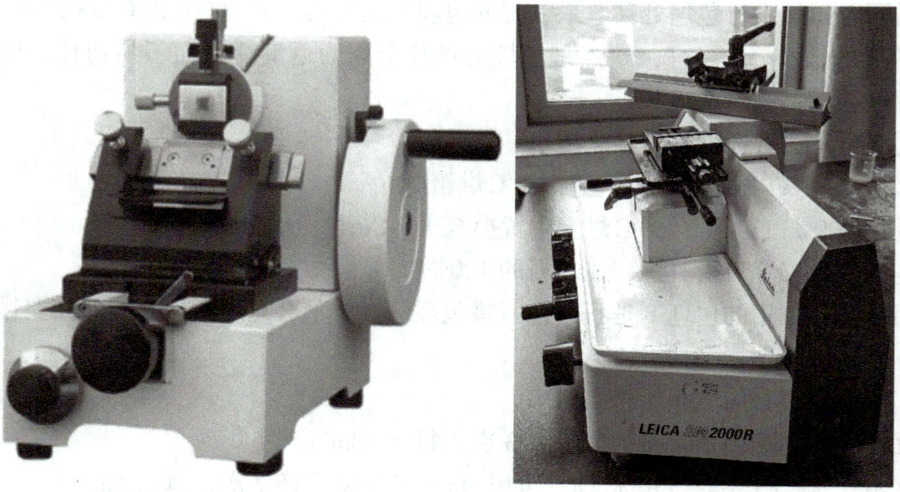

(a)滚动式切片机 (b)滑走式切片机

图11-13 切片机

切制横切面切片时，在固定试样时要使刀锋沿着径向从晚材向早材的方向削切，如果方向相反，当刀锋离开坚硬的晚材突然进入松软的早材时，极可能会挤压早材导致早材细胞变形。切制径向及弦向切片时，刀锋应沿纵向削切。切片时一手不停顿地徐徐推动(摇动)切片刀，另一手则用大小适中的毛笔控制切片脱离木样，置于清水中，然后将切片安排在玻片上面。对于 PEG 包埋的木样要注意，在切片过程中木样不能与水接触。

切片上玻片：切片制作完成后，未包埋的切片可直接使用毛笔将切片转移至载玻片，PEG 包埋的切片用毛笔转移至载玻片后需要用清水将切片上的 PEG 清除，此时要避免损伤木样的动作，如强烈搅拌和振荡，或强力用镊子夹取木样等动作。

此外切片还可用哈普特氏(Haupt′s) 胶粘贴在玻片上便于进行着染、脱水及封片等一系列的操作程序。图 11-14 左所显示粘贴在玻片上的切片，图 11-14 右则显示正在进行切片着染、清洗及脱水等的柯氏瓶(coplin jar)。哈普特氏胶的调制和其使用方法如下：

①将 1g 明胶(gelatin) 溶于 40℃水中，加 1g 苯酚为防腐剂。

②把玻片用溶剂洗净，滴 1 滴明胶溶液于玻片上，用食指将之均匀涂布。

③以 40℃干燥数小时。

④PEG 包埋切片上片时，用毛笔将切片以少量 4%甲醛水溶液在玻片上铺平，持续干燥数小时；玻片插入切片着染瓶，以清水在室温清除 PEG 包埋剂。

⑤石蜡包埋切片上片时，先在玻片上滴数滴 4%甲醛水溶液，然后把切片浮在液滴表面，持续干燥数小时；玻片插入切片着染瓶，以二甲苯在 60℃溶去石蜡。

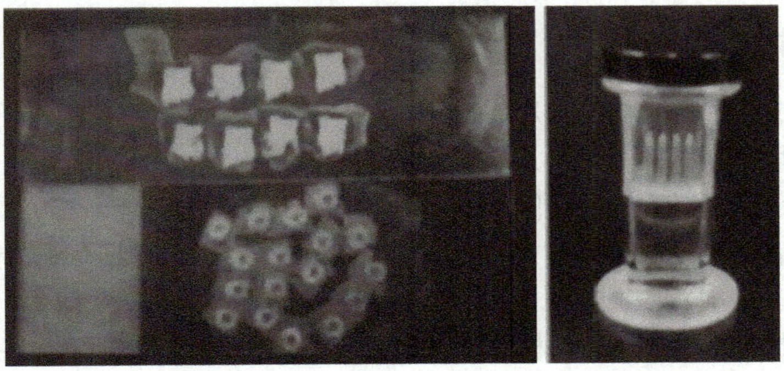

图 11-14　左上为粘贴在玻片上的 PEG 包埋切片，左下为粘贴在玻片上的石蜡包埋切片；右为切片着染和脱水用的柯氏瓶

11.2.1.5　着染与脱水

除了相衬显微(phase contrast) 、偏光显微(polarized light) 及干涉显微(interference) ，切片需经染色便于显微观察。番红(safranin-O)、固绿(fast green) 和甲苯胺蓝(toluidene blue) 是最常用的染料，其中番红和甲苯胺蓝分别把木质化的部分染成红色和蓝色，固绿则把非木质化部分染成绿色。番红着染剂是 1%番红水溶液，配制后需经过滤；甲苯胺蓝染色剂为 0.5%水溶液；固绿则是 1%乙醇溶液。除了这 3 种着染剂，尚有更多特殊的着色剂将以范例的方式介绍。此处以番红/固绿双染法为例，其全部程序是将载有切片的玻片在一系列的柯氏瓶中按序移动，见表 11-1，完成着染与脱水。

表 11-1 着染、脱水程序

柯氏瓶号	着染剂/溶剂	操 作
1	二甲苯	置于 60℃烘箱 30min 溶去石蜡
2	70%乙醇	1min(回润)
3	35%乙醇	1min(回润)
4	1%番红	5~30min
5	清水	10~20s；取出玻片在切片上加 1 滴 50%甘油，5min
6	清水	10~20s
7	35%乙醇	10~20s(脱水)
8	50%乙醇	10~20s(脱水)
9	75%乙醇	10~20s(脱水)
10	95%乙醇	10~20s(脱水)
11	100%乙醇	10~20s(脱水)
12	1%固绿酒精溶液	30s；取出玻片在切片上各滴两滴柏木油(或丁香油)、乙醇及二甲苯；1min 后将溶剂倾弃
13	二甲苯	2min
14	二甲苯	2min

11.2.1.6 封 片

对切片完成脱水后，在载玻片预定的位置上滴 1 滴中性树胶，用镊子从二甲苯中取出切片放上，均匀加少许树胶，用镊子持盖玻片从切片短边的一端朝长边方向慢慢放下，在其上用镊子轻轻施压力，使树胶均匀散布，并令盖玻片与载玻片紧接封固切片，完成封片。最后，在载玻片的左方写明试样号，放置于无尘处阴干，贴上标签，木样制片完成。

还有一种封片方法，阿拉伯树胶封片法，它非常适用于遗迹出土木材的手工制片，如图 11-15 所示；采用阿拉伯树胶封片法其保存期可达 1 年；用水清洗后可重新溶出切片用于制备永久切片，是野外制片临时保存最佳方法之一。

阿拉伯树胶封片法的配方如下：

①阿拉伯树胶粉(arabicgum powder)40g。

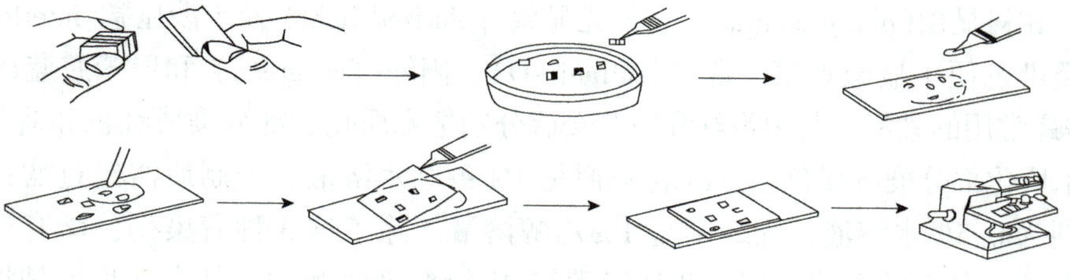

图 11-15 遗迹出土木材的手工制片

②甘油(glycerol)20ml。

③水合氯醛(chloral hydrate)50g。

④蒸馏水(distilled water)50ml。

⑤将阿拉伯树胶粉、甘油、蒸馏水混合搅拌，粉融化后再加水合氯醛搅拌，如图 11-16 所示。

图 11-16　阿拉伯胶树封片法的配方液

阿拉伯树胶封片法的步骤如下：

①水中捞出的切片，吸干水分。

②切片上滴上 1~2 滴阿拉伯树胶。

③慢慢盖上盖玻片。

11.2.2　徒手切片制备技术

本节介绍的徒手切片制备工艺流程是源自美国林产品实验室(FPL)的徒手切片工艺流程。采用该方法切片内气泡完全消失，透明度增加，效果良好。

11.2.2.1　刀具的选择

徒手切片可以选择如图 11-17 所示的单面保安刀片、美工刀等。

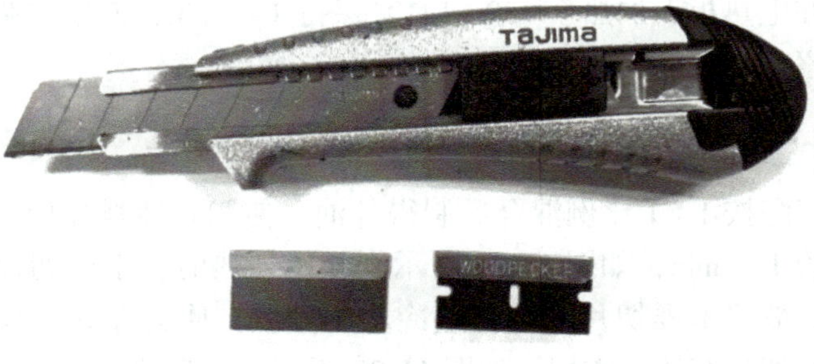

图 11-17　单面保安刀片、美工刀

11.2.2.2　徒手切片手法

(1)硬度适中的试样

如图 11-18 所示，左手大拇指、食指和中指拿住材料，材料略高出 2~3mm，切忌大拇指高于材料和其他手指。右手握住刀片，使刀口垂直于材料，切割时，以大臂带动小臂，均匀地切割。切取数片后，以沾水的毛笔轻轻蘸下，放入盛有清水的容器中。

(2)硬度高的试样

如图 11-19 所示，左手握木材，拇指和食指均低于切面，防止手被刀片切到。朝外切：右手握刀，刀片朝外，倾斜刀片于切面，拇指轻推刀背。朝内切：右手握刀，刀片朝内，左手食指轻推刀背。

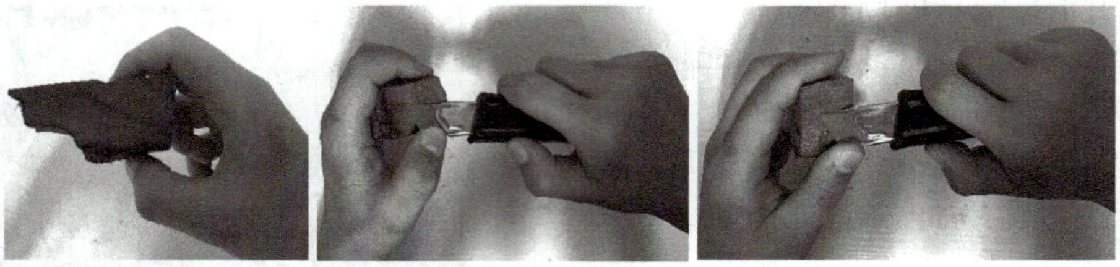

图 11-18 硬度适中试样的徒手切片手法

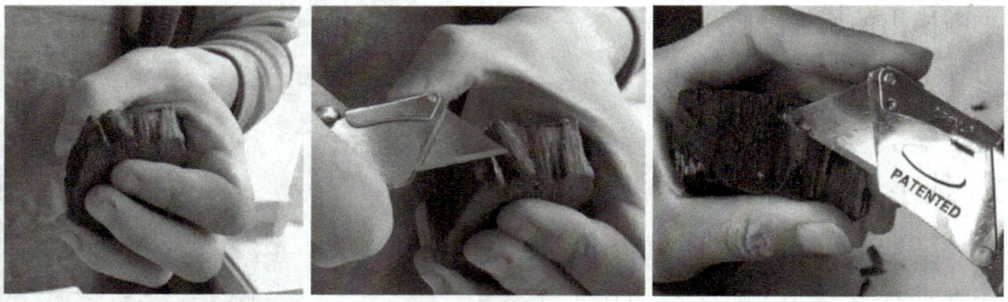

图 11-19 硬度高的试样的徒手切片手法

11.2.2.3 除去切片中的气泡

(1)蒸馏水加热法

在切片前浸泡甚至抽真空使木材细胞腔中气泡逸出，使细胞腔饱含自由水；在切片后也可将切片放在电热板上加热至100~121℃保持1~2min，使空气膨胀逸出，冷却至室温即可用于观察，如图11-20所示。

(2)甘油-乙醇加热法

将乙醇与丙三醇按1∶1比例混合后制得甘油，使用甘油封片后，置于加热板上加热至100~121℃约1~2min，如图11-21所示刚开始加热时，木样切片中有大量气泡逸出，加热完毕后，放置木样切片在冷板上冷却至室温，使大部分切片中的气泡冷却消失，同时甘油可对切片有透明作用。如图11-22所示，左为甘油封片后有气泡的紫油木(*Pistacia weinmannifolia*)切片，右为经加热板加热冷却后没有气泡的紫油木切片。

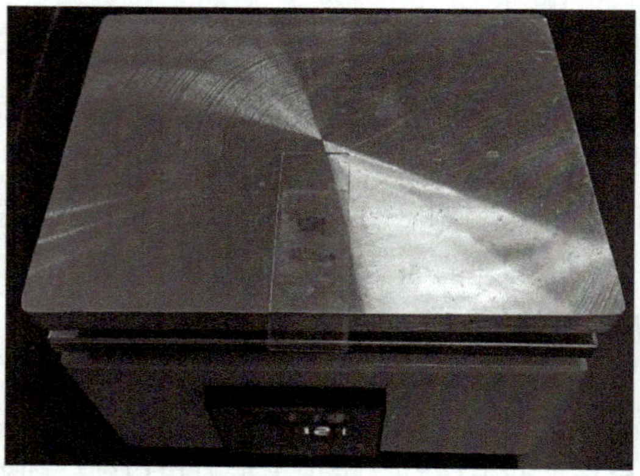

图 11-20 加热板加热木样切片
(加热温度为121℃)

图 11-21 乙醇与丙三醇加热板加热切片
(加热温度为121℃)

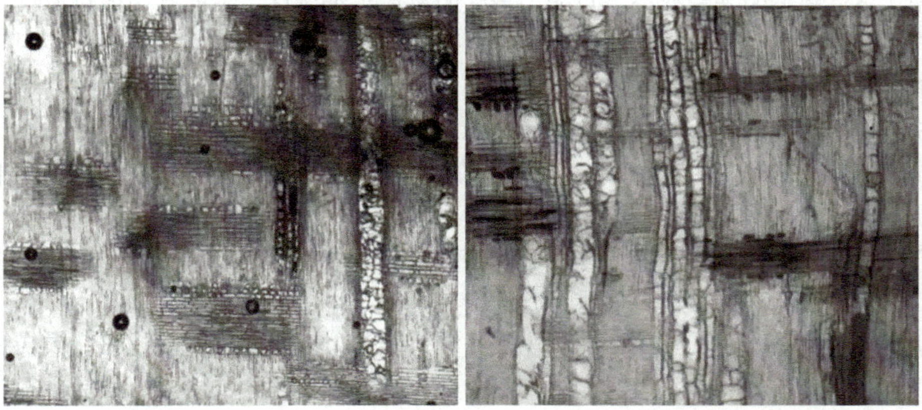

（a）甘油封片后有气泡的紫油木切片　　（b）经加热板加热冷却后没有气泡的紫油木切片

图 11-22　紫油木切片

以上两种方法加热过程中，切片内均应保持有足够的液体，以防止因液体不够导致切片烧焦。甘油加热法效果显著，切片内气泡完全消失，透明度增加，因此切片可稍厚一点。

11.3　显微照相技术

显微镜已有 300 多年的历史，如今显微镜的形式已经是多种多样了。波束有光波和电磁波，波束为光波的叫光学显微镜；波束为电磁波的叫电子显微镜。光学显微镜是比较常用的一种，可以观察到组成细胞的基本结构(如细胞质、细胞核、细胞膜等)，使用光学显微镜基本可以满足木材样品的识别与鉴定。本节以光学显微镜为例，介绍光学显微镜的维护方法、使用方法及显微图像的拍摄方法。

11.3.1　显微照相的环境要求及维护

11.3.1.1　光学显微镜的环境要求

显微镜作为一种精密的光学仪器，其成像效果会受到周围环境的影响，因此在显微照相时需要一定的环境条件，具体要求如下：

①无尘、无振动。

②避免强光照射，影响对焦准确性。

③房间亮度不能过强，散射光、照明的眩光透过物镜、聚光镜等会反射到光路中，干扰正常成像。

④无腐蚀性气、物。

⑤防潮、防霉。

11.3.1.2　光学显微镜的维护

①必须熟练掌握并严格执行使用规程。

②观察时，不能随便移动显微镜的位置。

③凡是显微镜的光学部分，只能用特殊的擦镜头纸擦拭，不能乱用他物擦拭，更不能用手指触摸透镜，以免汗液玷污透镜。

④保持显微镜的干燥、清洁，避免灰尘、水及化学试剂的玷污。

⑤转换物镜镜头时，不要搬动物镜镜头，只能转动转换器。

⑥切勿随意转动调焦手轮。使用微动调焦旋钮时，用力要轻，转动要慢，转不动时不要硬转。

⑦不得任意拆卸显微镜上的零件，严禁随意拆卸物镜镜头，以免损伤转换器螺口，或螺口松动后使低高倍物镜转换时不齐焦。

⑧使用高倍物镜时，勿用粗动调焦手轮调节焦距，以免移动距离过大，损伤物镜和玻片。

⑨用完后，必须检查物镜镜头上是否沾有水或试剂，如有则要擦拭干净，并且要把载物台擦拭干净。

11.3.2 显微镜的使用方法和木材显微图像拍摄方法

11.3.2.1 显微镜的使用方法

(1)光路合轴调整

①转动聚光器升降旋钮，把聚光器升至最高位置。

②接通光源灯的电源开关。

③将制片标本放在载物台上，用 10 倍或低倍物镜对样品聚焦。

④缩小视场光阑，在视场中可见边缘模糊的视场光阑图像。

⑤微降聚光器，至视场光阑的图像清晰聚焦为止。

⑥用聚光器两个调中螺丝推动聚光器，使缩小的视场光阑的图像调至视场中心。

⑦开放视场光阑，使正多角形的周边与视场边缘相接，内接和外切均可。

⑧反复缩放视场光阑，确认光阑边缘与视场完全重合。

⑨使聚光器回复顶点位置。

(2)光阑及其使用

视场光阑控制照明光束，限定视场大小。孔径光阑通过光阑的放缩，限定聚光镜的孔径大小。

11.3.2.2 手动白平衡调节方法

美国林产品实验室(FPL)木材显微摄影常采用手动白平衡，所得到的显微照片效果好于自动白平衡，非常专业化，现将相关方法和步骤介绍如下：

①开机按各机型计算机和软件要求。AP ：33，FD 值大较好。

②手动调节白平衡，图像对比度非常协调。

③聚焦目镜上的图像。

④调节图像分辨率，4096×2160(分辨率调最高)，仅需在开始时这样做一次即可。如图 11-23 所示。

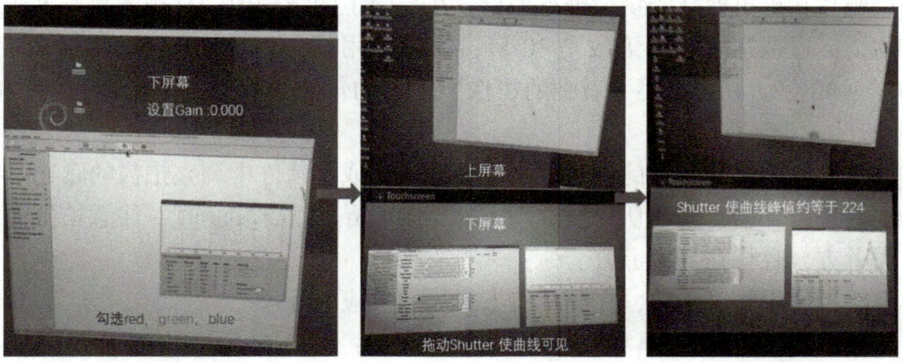

（a）下屏幕设置　　（b）上下屏幕设置　　（c）设置后所得结果

图 11-23　调试白平衡、图像分辨率

⑤空白白平衡，用切片空白处进行调试。

⑥放入切片调试曝光率，特别是调节 W. B.（RED）和 W. B.（BLUE）使红、绿、蓝小峰在“224”仍保持重合，红、绿、蓝大峰尽量靠近，如图 11-24 的中图所示。

每次更换三切面，均需重新调节 W. B.（RED）和 W. B.（BLUE）使红、绿、蓝小峰在“224”仍保持重合，红、绿、蓝大峰尽量靠近。

每次更换物镜放大倍数，均需从空白白平衡开始重复上述步骤。手动调节白平衡，图像对比度非常协调。

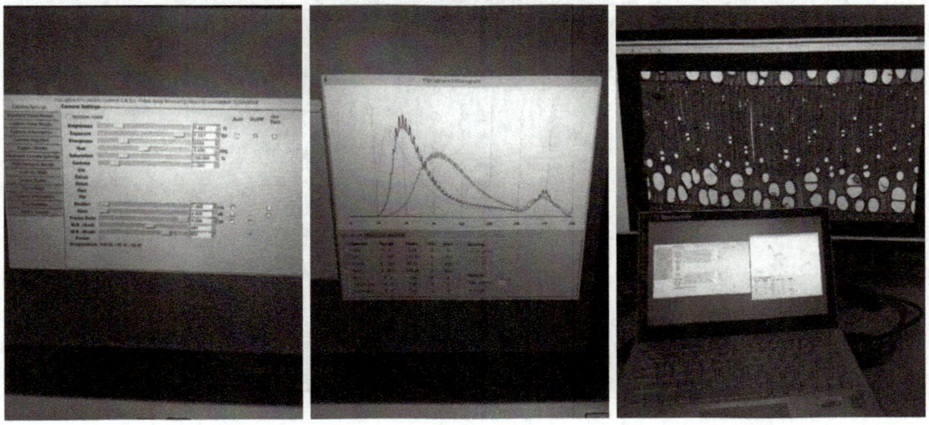

图 11-24　调试图像对比度、曝光率、白平衡

11. 3. 2. 3　木材显微图像拍摄方法

显微照相是采用照相的方法，将显微镜中观察到的有意义的物像拍摄并保存下来，作为进一步微观分析所必要的技术参考资料。显微照片对于那些光片及薄片不易保存的样式尤其重要。

木材显微图像拍摄方法叙述如下：

①将制作好的切片置于载物台上夹紧；打开光源和拍摄软件，在切片空白处调整采集图像的白平衡，此时根据软件可进行手动白平衡或自动白平衡。

②在低倍数下用目镜调整切片至所需观察部位，并进行对焦；同一切面先使用低倍

物镜拍摄照片，再更换高倍物镜进行拍摄。在显微镜的结构中，对物体起放大作用的是目镜与物镜，目镜常用放大倍数是 10 倍，物镜常用放大倍数有 2 倍、4 倍、5 倍、10 倍、20 倍、40 倍。在显微镜下看到的物像所放大的倍数为目镜放大倍数与物镜放大倍数的乘积。

③调整采集图像亮度，此时可以增加光源亮度或在软件中调整拍摄的曝光时间。

④观察拍摄界面，调整切片使纹理方向与拍照界面底部相垂直，注意拍摄横切面早材在界面下方，晚材在界面上方。

⑤根据所使用物镜倍数，在照片右下方添加适应的标尺。

⑥在拍摄横切面时，观察和采集的图像特征包括：常在物镜放大倍数为 2 倍、4 倍或 5 倍下拍摄图像，需包含至少一个完整的生长轮，注意观察其导管或管胞的排列、早材至晚材的过渡类型，木射线与轴向薄壁细胞的排列、树脂道与树胶道等特征，如图 11-25 所示。

⑦在拍摄径切面时，观察和采集的图像特征包括：常在物镜放大倍数为 20 倍及 40 倍下根据构造特征需要拍摄图像，注意观察其导管壁或管胞壁上的纹孔、内壁上的螺纹加厚、管胞与射线薄壁细胞交叉场纹孔式类型、射线与导管间纹孔式类型、导管上的穿孔、木纤维的形态、轴向薄壁组织的形态、木射线的类型等特征。

⑧在拍摄弦切面时，观察和采集的图像特征包括：常在物镜放大倍数为 10 倍及 20 倍下根据构造特征需要拍摄图像，注意观察其导管壁或管胞壁上是否有纹孔、导管壁上的纹孔式类型、木纤维的形态、轴向薄壁组织的形态、木射线的宽度和高度等特征。

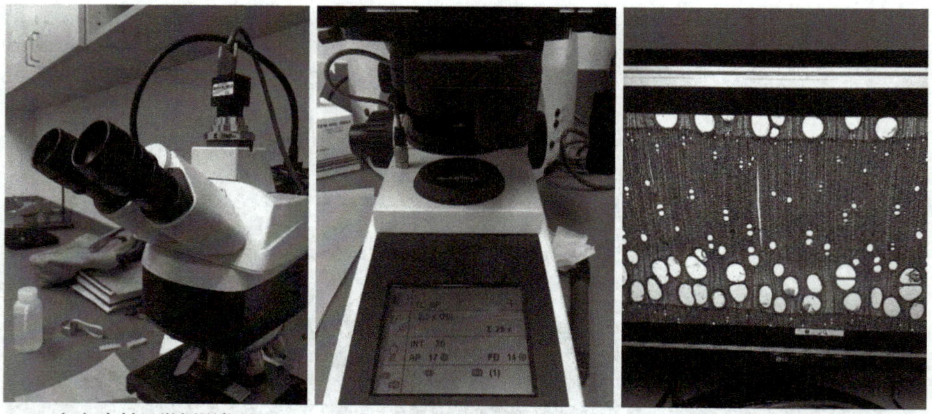

（a）木材显微摄影仪器　（b）显微摄影仪器设置　（c）设置后所拍图片

图 11-25　木材显微摄影仪器设置

第 12 章 松科和榆科商品材识别与鉴定

12.1 松科商品材识别与鉴定

松科 Pinaceae 是裸子植物中种类最多、分布最广的类群，有 10 属，大约 230 余种，约占全部裸子植物的 1/3。松科树种通常为常绿或落叶(金钱松与落叶松)乔木。松科商品材具有巨大的生态和经济价值，是全球重要的工业用材，全球商用针叶材几乎都来自松科，占针叶材的 95%以上，占全球商用材的 50%以上。

我国是松科种类最集中，特有种最多的地区，其中 4 个属(银杉属 *Cathaya*、油杉 *Keteleeria*、长苞铁杉属 *Nothotsuga*、金钱松属 *Pseudolarix*)几乎为我国特有，油杉可分布至越南，从生物多样性保存来说具有极重要的地位。

我国松科濒危保护树种多，含变种共有 29 种：冷杉属 5 种(百山祖冷杉 *Abies beshanzuensis*、秦岭冷杉 *Abies chensiensis*、梵净山冷杉 *Abies fanjingshanensis*、元宝山冷杉 *Abies yuanbaoshanensis*、资源冷杉 *Abies ziyuanensis*)；银杉属 1 种(银杉 *Cathaya argyrophylla*)；油杉属 3 种(台湾油杉 *Keteleeria davidiana* var. *formosana*、柔毛油杉 *Keteleeria pubescens*、海南油杉 *Keteleeria hainanensis*)；落叶松属 2 种(太白红杉 *Larix chinensis*、四川红杉 *Larix mastersiana*)；云杉属 2 种(麦吊云杉 *Picea brachytyla*、大果青杆 *Picea neorvitchii*)；松属 7 种(兴凯赤松 *Pinus densiflora* var. *ussuriensis*、大别山五针松 *Pinus dabeshanensis*、华南五针松 *Pinus kwangtungensis*、红松 *Pinus koraiensis*、巧家五针松 *Pinus squamata*、长白松 *Pinus sylvestris* var. *sylvestriformis*、毛枝五针松 *Pinus wangii*)；金钱松属 1 种(金钱松 *Pseudolarix amabilis*)；黄杉属 5 种(短叶黄杉 *Pseudotsuga brevifolia*、澜沧黄杉 *Pseudotsuga forrestii*、华东黄杉 *Pseudotsuga gaussenii*、台湾黄杉 *Pseudotsuga wilsoniana*、黄杉 *Pseudotsuga sinensis*)；铁杉属 2 种(南方铁杉 *Tsuga chinensis*、丽江铁杉 *Tsuga forrestii*)；长苞铁杉属 1 种(长苞铁杉 *Nothotsuga longibracteata*)。

12.1.1 松科木材的主要解剖学特征

①正常树脂道，轴向、径向；泌脂细胞数量、细胞壁厚度等，松、落叶松、云杉、黄杉、银杉、油杉和长苞铁杉 7 属树种具有正常树脂道。

②轴向薄壁组织类型：轮界状。

③早晚材管胞纹孔：列数通常 1 列、稀 2 列，纹孔类型为具缘纹孔。

④管胞螺纹加厚：早晚材管胞、部分管胞、射线管胞。

⑤射线管胞：铁杉属等8属具有，内壁齿状加厚(硬松类/双维管束亚属)。

⑥交叉场纹孔类型：窗格状、松木型、杉木型、云杉型、柏木型。

⑦早晚材变化：晚材带及晚材细胞壁厚度。

上述松科各属主要木材解剖特征比较参见表12-1。

表12-1 松科各属主要木材解剖特征比较

属	射线	轴向薄壁组织	正常树脂道	管胞螺纹加厚	射线管胞	交叉场纹孔	早材管胞具缘纹孔
冷杉属	Ⅰ型	轮界状	无	无	无	杉木型	常1列，稀2列
金钱松属	Ⅰ型	轮界状	无	无	无	杉木型	1~2列
雪松属	Ⅱ型	轮界状	无	无	具	柏木型；稀杉型、云杉型	常1列 贝壳状纹孔
铁杉属	Ⅱ型	轮界状	无	无	具	柏木型、云杉型	常1列，稀2列
铁油杉属	Ⅱ型	轮界状	轴向	无	具	柏木型、云杉型	1~2列
油杉属	Ⅰ型	轮界状	轴向	无	无	杉木型；稀柏型、云杉型	1~2列
黄杉属	Ⅲ型	轮界状	轴+径向	显著	具	杉木型、云杉型	常1列，少数2列
银杉属	Ⅲ型	轮界状	轴+径向	显著	具	云杉型、稀柏木型	1~2列
落叶松属	Ⅲ型	轮界状	轴+径向	部分	具	云杉型、杉木型	1~2列
云杉属	Ⅲ型	无	轴+径向	部分	具	云杉型	常1列，稀2列
松属(软松)	Ⅲ型	无	轴+径向	无	具	窗格状、松木型	常1列，稀2列
松属(硬松)	Ⅲ型	无	轴+径向	无	具	窗格状、松木型	常1列，稀2列

注：射线Ⅰ型表示全由射线薄壁细胞组成；Ⅱ型表示由射线薄壁细胞与射线管胞组成；Ⅲ型表示具纺锤形射线。

12.1.2 松科各属识别特征示例

12.1.2.1 冷杉属 *Abies*

英文名Fir或Deal-tree。常绿乔木。目前被接受的共有48种，中国19种。我国主要分布在东北、华北、西北、西南及台湾高山地区。心边材区别不明显。木材黄白色至褐色，种间有差异。无特殊气味和滋味。生长轮明显，均匀，每厘米5~10轮。木射线细。树脂道缺如，间或有创伤树脂道(杉松 *Abies holophylla*)。

管胞平均弦径35μm；螺纹加厚缺如；径列条偶见。早材管胞径壁具缘纹孔1~2列，圆形及卵圆形；纹孔口圆形及卵圆形；晚材管胞径壁具缘纹孔1列，圆形，纹孔口呈透镜形；最后数列管胞弦壁上具缘纹孔明显。轴向薄壁组织极少，不见或偶见，含少量树脂。木射线通常单列，极少成对或2列；高1~23个细胞，多数4~16个细胞。射线细胞椭圆形、卵圆形；少数细胞含深色树脂；晶体偶见，菱形、长柱状；全有薄壁细胞组成水平壁与早材管胞壁等或略等厚，纹孔数多，明显；端壁节状加厚明显，2~6个；凹痕明显，射线薄壁细胞与早材管胞间交叉场纹孔式为杉木型。树脂道缺如或创伤轴向树脂道可见。

代表树种：秦岭冷杉 *Abies chensiensis*(显微构造如图12-1所示)、百山祖冷杉 *Abies*

beshanzuensis、梵净山冷杉 *Abies fanjingshanensis*、元宝山冷杉 *Abies yuanbaoshanensis*、资源冷杉 *Abies ziyuanensis*、白冷杉 *Abies concolor*、巨冷杉 *Abies grandis*、银冷杉 *Abies alba*、温哥华冷杉 *Abies amabilis*。

ET—早材管胞；LT—晚材管胞；R—射线；P—纹孔；CF—交叉场；标尺—100μm。

图 12-1　冷杉属代表木材宏观(白冷杉)和显微(秦岭冷杉)构造图

12.1.2.2　银杉属 *Cathaya*

英文名 Cathay silver fir。常绿乔木。银杉属是继水杉之后，在我国发现的第二活化石植物，最先发现于我国广西和四川。目前被接受的仅有 1 种，银杉 *Cathaya argyrophylla*(显微构造如图 12-2 所示)。主要分布于广西、四川、贵州。心边材区别略明显。边材浅黄褐色，较狭；心材浅红褐色。木材有光泽，微有松脂气味，无特殊滋味。生长轮明显，均匀，每厘米约 5 轮。晚材带狭，早材至晚材渐变。木射线极细，肉眼略可见。径面上射线斑纹明显。树脂道数少，横切面上多数单独，纵切面上呈褐色条纹。

管胞平均弦径 33μm；螺纹加厚甚明显，均匀分布于早晚材管胞内壁上，水平排列。早材管胞径壁具缘纹孔 1~2 列，多数 1 列，圆形；纹孔口圆形及透镜形；眉条长。晚材管胞径壁具缘纹孔 1 列，圆形，纹孔口裂隙状及透镜形，外展及内函；最后数列晚材管胞弦壁上有具缘纹孔。轴向薄壁组织量少；星散状，分布于晚材带；薄壁细胞端壁节状加厚明显；常含深色树脂。木射线具单列和纺锤形两类：①单列极少成对；高 1~14 个细胞或以上，多数 3~8 个细胞。②纺锤形射线散生，具径向树脂道；上下两端逐渐尖削而成单列，高 1~6 个细胞或以上。射线细胞卵圆形及椭圆形；部分细胞含深色树脂。射线管胞存在于上述两类木射线中，位于射线上下边缘者 1~3 列，在射线中部间或可见，低射线有时全由射线管胞组成；内壁通常无锯齿，螺纹加厚间或明显。射线薄壁细胞水平壁厚，纹孔数多，明显；端壁有节状加厚，2~5 个；凹痕缺如。射线薄壁细胞与早材管胞间交叉场纹孔式为云杉型，稀柏木型。树脂道泌脂细胞壁厚；道周围泌脂细胞间或弦向成对。

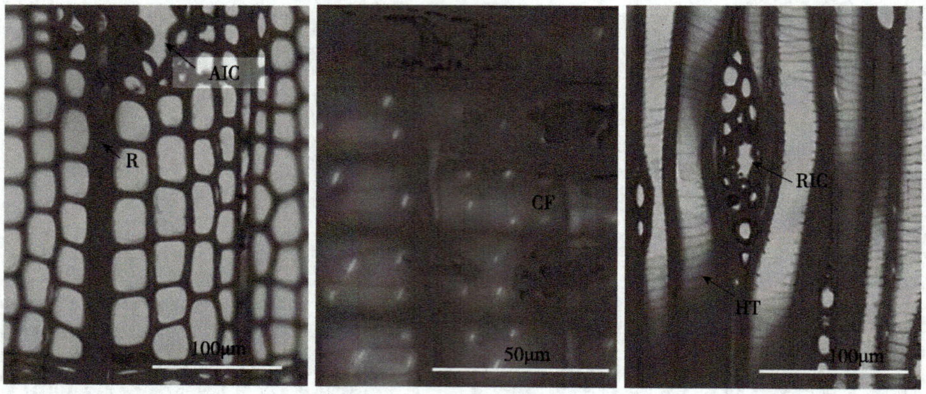

AIC—轴向胞间道；RIC—径向胞间道；HT—螺纹加厚；R—射线；CF—交叉场。

图 12-2 银杉(*Cathaya argyrophylla*)显微构造图

12.1.2.3 油杉属 *Keteleeria*

英文名 Keteleeria。常绿乔木。目前被接受的共 11 种，主产于中国(个别可至越南)，分布于我国华东、中南、西南等地。心边材区别不明显。木材黄褐色至浅红褐色，具光泽；无特殊滋味。生长轮甚明显，不匀，每厘米 6~12 轮。晚材带甚明显，宽度变异大，有时宽于早材带，甚至占到年轮宽度的绝大部分；早材至晚材急变。轴向薄壁组织不见。木射线极细。具正常树脂道，数少而小，在肉眼下不易见，在横切面上呈白色小点，多分布在晚材。具髓斑。

管胞平均弦径 45~49μm；螺纹加厚缺如。早材管胞径壁具缘纹孔 1~2 列，极少 3 列，圆形或卵圆形；纹孔口圆形及椭圆形；眉条长。晚材管胞径壁具缘纹孔 1 列，圆形及椭圆形；纹孔口透镜形及裂隙状，内函及外展；最后数列晚材管胞弦壁上具缘纹孔明显。轴向薄壁组织量少；星散状(多分布于晚材带)、轮界状；薄壁细胞端壁节状加厚明显，少数细胞含深色树脂。木射线通常单列，间或 2 列或成对；高 1~45 个细胞或以上，多数 5~22 个细胞。射线细胞椭圆形、圆形及方形，稀肾形；通常含有深色树脂；间或有菱形晶体。全由薄壁细胞组成；水平壁薄，纹孔数少，欠明显；端壁节状加厚明显或不明显，2~4 个；凹痕缺如。射线薄壁细胞与早材管胞间交叉场纹孔式为杉木型。树脂道泌脂细胞壁厚；轴向树脂道分布于生长轮起始处或晚材带，周围以 4~8 个泌脂细胞；径向树脂道缺如。

代表树种：铁坚油杉 *Keteleeria davidiana*、海南油杉 *Keteleeria hainanensis*、云南油杉 *Keteleeria evelyniana*(显微构造如图 12-3 所示)。

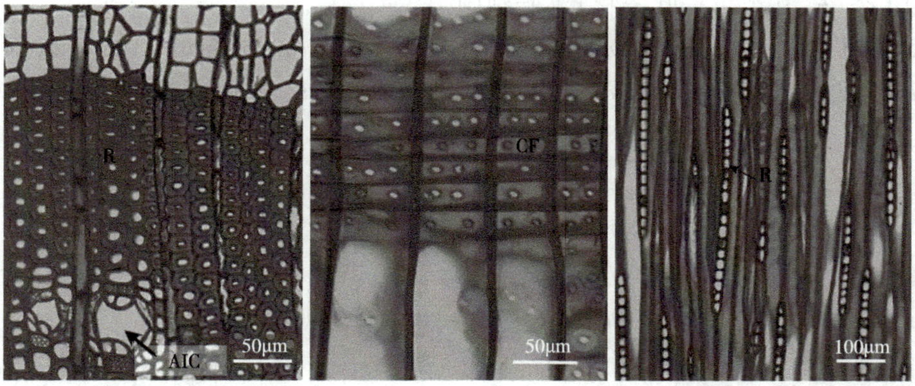

AIC—轴向胞间道；R—射线；CF—交叉场。

图 12-3　云南油杉(*Keteleeria evelyniana*)显微构造图

12.1.2.4　云杉属 *Picea*

英文名 Spruce。常绿乔木。目前被接受的约 40 种，中国 16 种 9 变种。分布于我国东北、华北、西北、西南及台湾地区。心边材区别不明显。木材浅黄褐色至黄褐色带红色，有光泽；无特殊滋味和气味。生长轮明显，轮间晚材带色深，宽度均匀，每厘米 3~7 轮。早材带占到年轮宽度的大部分；早材至晚材渐变。轴向薄壁组织缺如。木射线极细至甚细。肉眼下径切面上射线斑纹不明显。树脂道分轴向和径向两类：①轴向胞间道小，肉眼下间或可见，白色点或空穴状，数少，分布不均匀，单独间或 2 个至数个相邻，沿生长轮弦列。②径向树脂道比轴向小而少，不易得见。

管胞平均弦径 35~41μm；螺纹加厚间或出现于早材或晚材管胞壁上，不明显至明显，平行排列(云杉)；明显或略明显，水平或倾斜排列(长叶云杉)；缺如(鱼鳞云杉)。早材管胞径壁具缘纹孔通常 1(间或 2)列，圆形及卵圆形至椭圆形；塞缘上具辐射及弦向棒状加厚(长叶云杉)；纹孔口圆形及椭圆形；眉条长，数少。晚材管胞径壁具缘纹孔 1 列，圆形；纹孔口透镜形；最后数列晚材管胞弦壁上具缘纹孔明显。轴向薄壁组织缺如。木射线具单列和纺锤形两类：①单列极少成对，2 列或成对偶见(长叶云杉、鱼鳞云杉)，高 1~22 个细胞或以上(鱼鳞云杉，高 1~35 个细胞或以上)，多数 5~15 个细胞。②纺锤形射线具径向树脂道，树脂道周围射线宽 2~3 列(鱼鳞云杉，3~4 列)；上下两端逐渐尖削而成单列，高 1~10 个细胞(长叶云杉)、2~11 个细胞或以上(云杉)、3~15 个细胞或以上(鱼鳞云杉)，间或高至 20 细胞(云杉)。射线细胞长椭圆及椭圆形；少数细胞含深色树脂。射线管胞存在于单列和纺锤形木射线中，位于上下边缘 1~3(通常 2)列，低射线有时全由射线管胞组成；少数树种射线管胞内壁有浅锯齿(鱼鳞云杉)；螺纹加厚偶见，内壁螺纹加厚可见(长叶云杉)。射线薄壁细胞水平壁厚，纹孔数少至多，明显；端壁节状加厚明显，2~5 个或以上；凹痕可见。射线薄壁细胞与早材管胞间交叉场纹孔式为云杉型，1~7(通常 2~4)个，1~3(通常 1~2)个横列。树脂道泌脂细胞壁厚；轴向树脂道弦径多数 80~115μm(90~107μm，长叶云杉)、(75~88μm，鱼鳞云杉，常单独或 2 个相邻)，常两两相邻，道周围以 8~13 个泌脂细胞；径向树脂道弦径多数 40~60μm(28~43μm，长叶云杉，32~48μm，鱼鳞云杉)，道周围以 8~14 个(6~9 个，长叶云杉)泌脂细胞。

代表树种：云杉 *Picea asperata* 、红皮云杉 *Picea koraiensis*、长叶云杉 *Picea smithiana*、鱼鳞云杉 *Picea jezoensis*、欧洲云杉 *Picea abies*、西藏云杉 *Picea spinulosa*(图 12-4)。

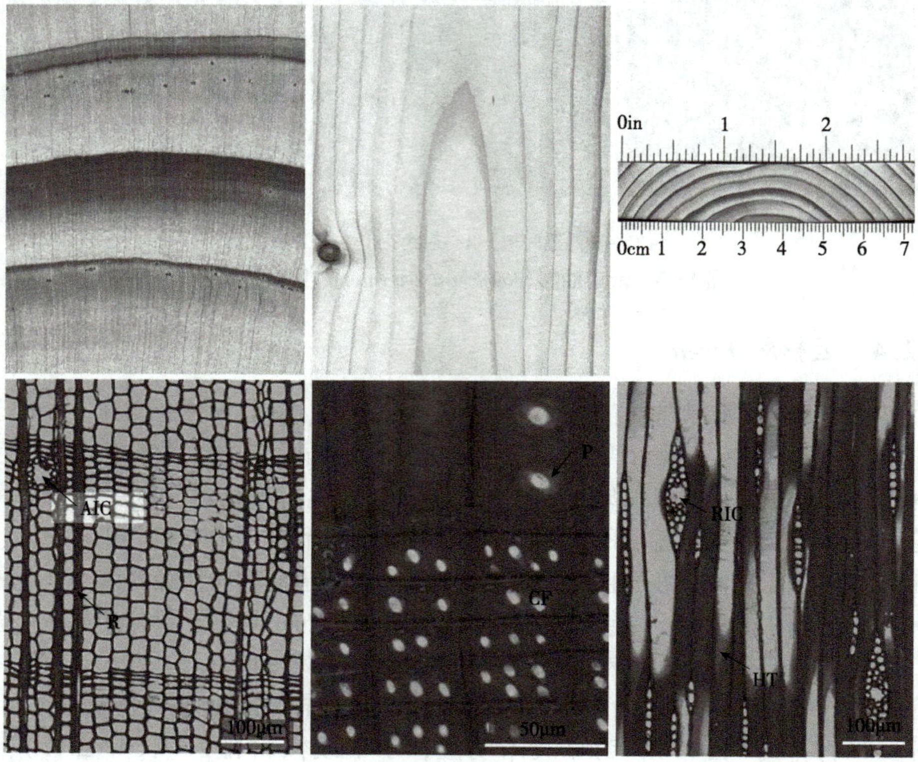

AIC—轴向胞间道；RIC—径向胞间道；HT—螺纹加厚；R—射线；P—纹孔；CF—交叉场。

图 12-4 云杉属代表木材宏观(欧洲云杉)和显微(西藏云杉)构造图

12.1.2.5 黄杉属 *Pseudotsuga*

英文名 Douglas fir。常绿乔木。目前被接受的共 4 种(日本黄杉、中国黄杉、大果黄杉、北美黄杉)3 变种，中国 2 种。分布于我国长江以南至西南温带地区和我国台湾地区，以黄杉较为普遍。心边材区别明显。边材黄白至浅黄褐色，心材红褐色至橘红色。木材有光泽；具有松脂气味；无特殊滋味。生长轮甚明显，轮间晚材带色深(深红褐带紫色)；宽度不均匀，每厘米 3~4 轮。早材带占到年轮宽度的 1/2~2/3；早材至晚材急变。轴向薄壁组织不见。木射线稀至中，甚细。肉眼下径切面上射线斑纹可见。树脂道分轴向和径向两类：①轴向者在横切面上肉眼可见，白点状，放大镜下明显，数少，单独或 2 个至数个弦列，多分布于晚材带内；在纵切面上呈深色条纹。②径向者比轴向者小，在横切面和纵切面上均不易得见。

管胞平均弦径 48μm；螺纹加厚甚明显，均匀分布于早晚材管胞壁上，排列倾斜。早材管胞横切面为方形、长方及多边形；径壁具缘纹孔 1(稀 2)列，椭圆形及圆形；纹孔口圆形及卵圆形；眉条短，不明显。晚材管胞横切面为长方形及多边形，径壁具缘纹孔 1 列，圆形；纹孔口透镜形；最后数列晚材管胞弦壁上具缘纹孔明显。轴向薄壁组织量少；轮界状；薄壁细胞端壁节状加厚明显，2~5 个；常含深色树脂。木射线具单列和纺锤形两类：①单列射线高 1~16 个细胞或以上，多数 2~10 个细胞。②纺锤形射线具径向树脂道，近道上下方射线细胞 2~3 列；上下两端逐渐尖削而成单列，高 1~8 个细胞或以上。射线细胞圆形，卵圆形及椭圆形；含深色树脂。射线管胞存在于单列和纺锤形木射线中，位于上下边缘 1~2(通常 1)列，在射线中部偶见，低射线间或全由射线管胞组成；内壁通常无锯齿；螺纹加厚甚明显，外缘波浪形。射线薄壁细胞水平壁厚，纹孔明显；端壁节状加厚明显，2~5 个；凹痕偶见。射线薄壁细胞与早材管胞间交叉场纹孔式为杉木型及云杉型，2~8(通常 3~5)个，1~3(通常 2)横列。树脂道泌脂细胞壁厚；轴向树脂道弦径多数 40~60μm，道周围以 5~8 个泌脂细胞，间至 12 个；径向树脂道弦径多数 30~45μm，道周围以 5~7 个泌脂细胞。

代表树种：大果黄杉 *Pseudotsuga macrocarpa*、日本黄杉 *Pseudotsuga japonica*、中国黄杉 *Pseudotsuga sinensis*、北美黄杉 *Pseudotsuga menziesii*(图 12-5)。

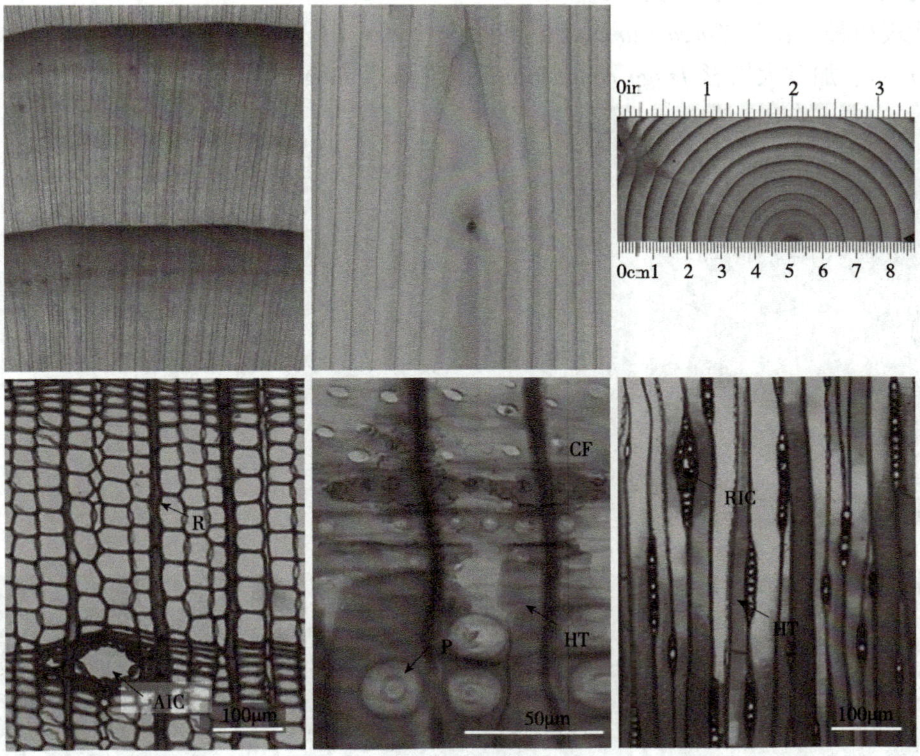

AIC—轴向胞间道；RIC—径向胞间道；HT—螺纹加厚；R—射线；P—纹孔；CF—交叉场。

图 12-5　黄杉属代表木材(北美黄杉)宏观和显微构造图

12.1.2.6　铁杉属 *Tsuga*

英文名 Hemlock。常绿乔木。目前被接受的共约 13 种，中国 3 种(铁杉、云南铁杉和丽江铁杉)2 变种。分布于我国秦岭以南及长江流域以南至西南地区。心边材区别不明显。木材黄白色至浅黄褐色或浅黄褐色微红，光泽性差；生材有令人不愉快的气味，无特殊滋味。生长轮甚明显，轮间晚材带色深，宽度不均匀，每厘米 4~10 轮或以上。

早材带占年轮宽度的 1/2~3/4；早材至晚材略急变至急变。轴向薄壁组织不见。木射线稀至中，极细至甚细。在肉眼下径切面上射线斑纹不明显。正常树脂道缺如；间或有创伤树脂道出现。

管胞平均弦径 34μm；螺纹加厚缺如；早材管胞横切面为长方、方形及多边形；径壁具缘纹孔 1~2(通常 1)列，圆形、卵圆形至椭圆形；塞缘上常见辐射、棒状加厚；纹孔口圆形；眉条偶见。晚材管胞横切面略带圆形及长椭圆形；径壁具缘纹孔 1 列，圆形；纹孔口透镜形；最后数列晚材管胞弦壁上具缘纹孔明显。轴向薄壁组织甚少；轮界状；薄壁细胞端壁节状加厚明显，2~6 个；常含深色树脂。木射线通常单列，极少 2 列或成对；高 1~20 个细胞或以上，多数 5~15 个细胞。射线细胞椭圆、卵圆、圆形及方形；含深色树脂；射线管胞通常存在于射线细胞上下边缘 1~2(通常 1)列，低木射线间或全由射线管胞组成；内壁通常无锯齿，外缘波浪形。射线薄壁细胞水平壁厚，纹孔数少，明显；端壁节状加厚明显，2~5 个；凹痕明显。射线薄壁细胞与早材管胞间交叉场纹孔式为柏木型。树脂道正常者缺如。

代表树种：铁杉 *Tsuga chinensis* 、异叶铁杉 *Tsuga heterophylla*、卡罗来纳铁杉 *Tsuga caroliniana*、加拿大铁杉 *Tsuga canadensis*、云南铁杉 *Tsuga dumosa*(图 12-6)。

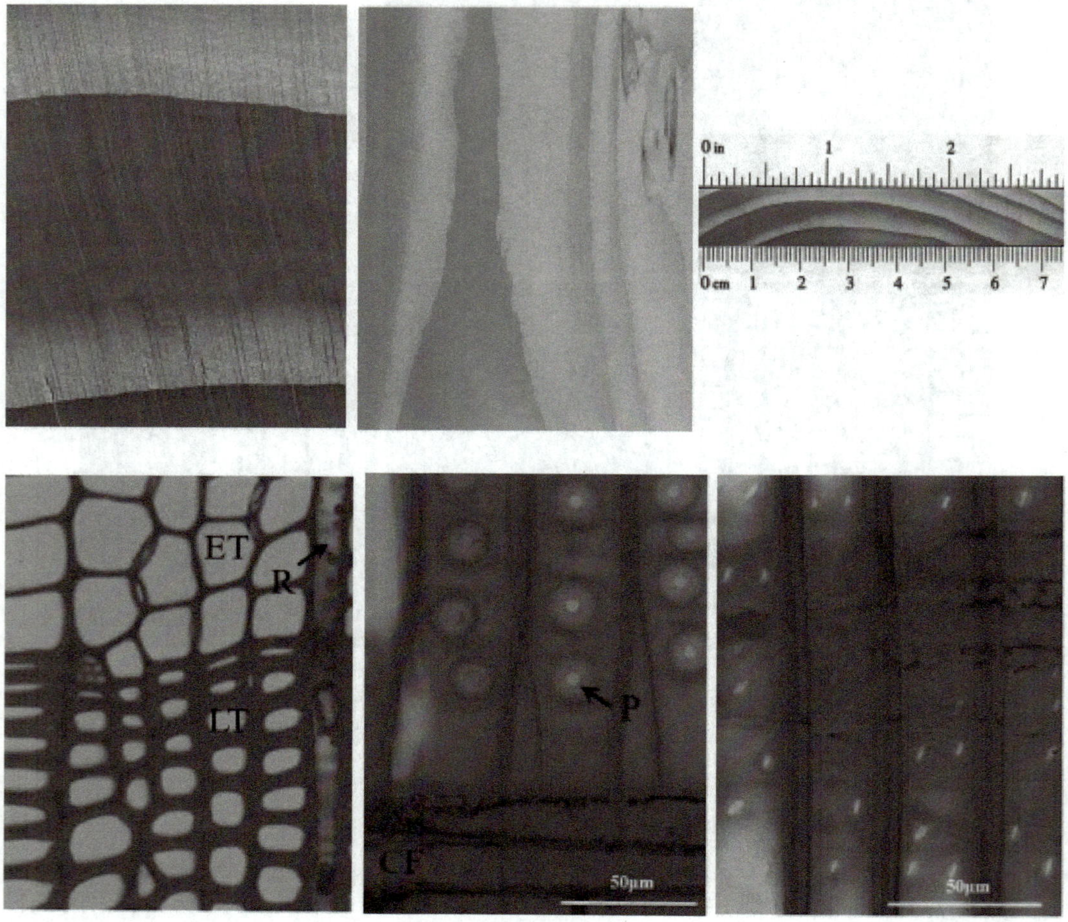

ET—早材管胞；LT—晚材管胞；R—射线；P—纹孔；CF—交叉场。

图 12-6 铁杉属代表木材宏观(加拿大铁杉)和显微(云南铁杉)构造图

12.1.2.7 长苞铁杉属 *Nothotsuga*

常绿乔木。本属仅 1 种，我国特有。分布于我国秦岭以南及长江流域以南至西南地区。心边材区别不明显。木材黄白色至浅黄褐色或浅黄褐色微红，光泽性差；生材有令人不愉快的气味，无特殊滋味。生长轮甚明显，轮间晚材带色深，宽度不均匀，每厘米 4~10 轮或以上。早材带占年轮宽度的 1/2~3/4；早材至晚材略急变至急变。轴向薄壁组织不见。木射线稀至中，极细至甚细。在肉眼下径切面上射线斑纹不明显。具有轴向树脂道；间或有创伤树脂道出现。

管胞平均弦径 34μm；螺纹加厚缺如；早材管胞横切面为长方形、方形及多边形；径壁具缘纹孔 1~2(通常 1)列，圆形、卵圆形至椭圆形；塞缘上常见辐射、棒状加厚；纹孔口圆形；眉条偶见。晚材管胞横切面略带圆形及长椭圆形；径壁具缘纹孔 1 列，圆形；纹孔口透镜形；最后数列晚材管胞弦壁上具缘纹孔明显。轴向薄壁组织较多；轮界状；薄壁细胞端壁节状加厚明显，2~6 个；常含深色树脂。木射线通常单列，极少 2 列或成对；高 1~20 个细胞或以上，多数 5~15 个细胞。射线细胞椭圆形、卵圆形、圆形及方形；含深色树脂；射线管胞通常存在于射线细胞上下边缘 1~2(通常 1)列，低木射线间或全由射线管胞组成；内壁通常无锯齿，外缘波浪形。射线薄壁细胞水平壁厚，纹孔数少，明显；端壁节状加厚明显，2~5 个；凹痕明显。射线薄壁细胞与早材管胞间交叉场纹孔式为柏木型。具有正常树脂道，在早材及晚材带呈长或短弦列，少数单独。如图 12-7 所示。

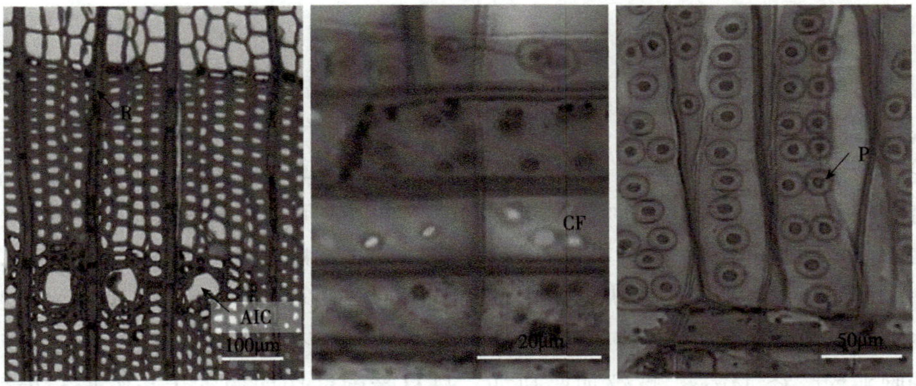

AIC—轴向胞间道；HT—螺纹加厚；R—射线；P—纹孔；CF—交叉场。

图 12-7 长苞铁杉(*Nothotsuga longibracteata*)显微构造图

12.1.2.8 落叶松属 *Larix*

英文名 Larch。落叶乔木。目前被接受的共约 18 种，中国 10 种 1 变种。分布于我国东北、阿尔泰山及天山、甘肃、陕西秦岭、华北高山、四川西部、云南西北及喜马拉雅山区。落叶松属木材常被分为红杉类和落叶松类。

(1)红杉类

心边材区别明显。边材黄褐色，心材红褐色或鲜红褐色。木材有光泽；略具松脂气味；无特殊滋味。生长轮明显，轮间晚材带色深；宽度均匀至略均匀，每厘米 4~7 轮。

早材带占年轮宽度的2/3(间或1/2)；晚材带略宽；早材至晚材略急变。轴向薄壁组织未见。木射线稀至中，极细至略细，在肉眼下横切面上略见，放大镜下明显；在肉眼下径切面上有射线斑纹。树脂道分轴向和径向两类：①轴向者在横切面上肉眼可见，放大镜下明显，呈浅色或深色斑点，数少，常分布于晚材带内，单独或2个至数个相连成弦列；在纵切面上呈深色条纹。②径向者比轴向者小，不易得见。

管胞平均弦径46μm；螺纹加厚未见。早材管胞横切面为长方形；径壁具缘纹孔1~2(通常2)列，圆形及卵圆形；纹孔口圆形及卵圆形；眉条长。晚材管胞横切面为方形及长方形，径壁具缘纹孔1列，圆形；纹孔口透镜形；最后数列晚材管胞弦壁上有具缘纹孔。轴向薄壁组织量少；轮界状；薄壁细胞端壁节状加厚明显，2~6个；间或含深色树脂。木射线具单列和纺锤形两类：①单列射线稀2列，高1~22个细胞或以上，多数5~14个细胞。②纺锤形射线具径向树脂道，近道上下方射线细胞2~3列；上下两端逐渐尖削而成单列，高1~9个细胞。射线细胞等径形或略呈等径形；部分具深色树脂。射线管胞存在于单列和纺锤形木射线中，位于上下边缘1~3列，间或见于射线中部，低射线有时全由射线管胞组成；内壁锯齿未见，外缘常呈波浪形。射线细胞水平壁厚，纹孔明显；端壁节状加厚明显，2~6个或以上；凹痕明显。射线薄壁细胞与早材管胞间交叉场纹孔式为杉木型，1~5(通常2~4)个，1~2(通常1)横列。树脂道泌脂细胞壁厚；轴向树脂道弦径多数80~104μm，道周围以7~12个泌脂细胞；径向树脂道弦径多数35~46μm，道周围以6~10个泌脂细胞。

代表树种：红杉 *Larix potaninii* 、四川红杉 *Larix mastersiana*、西藏红杉 *Larix griffithiana*。

(2)落叶松类

心边材区别明显。边材黄褐色，心材红褐或黄红褐色。木材有光泽；具有松脂气味；无特殊滋味。生长轮明显，轮间晚材带色深(红褐色带紫)；宽度不均匀，每厘米5~9轮，个别达14轮。早材带占到年轮宽度的2/3~3/4；晚材带甚狭至略宽，显得比早材带致密和坚硬；早材至晚材急变。轴向薄壁组织未见。木射线密度中，极细，放大镜下横切面上明显。肉眼下径切面上射线斑纹欠明显。树脂道分轴向和径向两类：①轴向者在横切面上肉眼可见，放大镜下可见或明显，呈浅色斑点，数少，常分布于晚材带内，单独或2个至数个相邻弦列；在纵切面上少见。②径向者比轴向者小，不易得见。

管胞平均弦径44μm；螺纹加厚缺如。早材管胞横切面通常为长方形，少数多角形；径壁具缘纹孔1~2(2列甚多)列，圆形及卵圆形；纹孔口圆形至椭圆形；眉条长。晚材管胞横切面为方形及长方形，径壁具缘纹孔1列，圆形；纹孔口透镜形；最后数列管胞上有少数具缘纹孔。轴向薄壁组织偶见。木射线具单列和纺锤形两类：①单列射线，稀2列，高1~34个细胞或以上，多数7~20个细胞。②纺锤形射线具径向树脂道，近道上下方射线细胞2~4列；上下两端逐渐尖削而成单列，高2~16个细胞。射线细胞椭圆形或长椭圆形；部分具深色树脂。射线管胞存在于单列和纺锤形木射线中，位于上下边缘1~3(偶4，主为1)列，间或见于射线中部，低射线有时全由射线管胞组成；内壁锯齿未见，外缘常呈波浪形，晚材射线管胞螺纹加厚偶见。射线薄壁细胞水平壁略厚；纹孔明显；端壁节状加厚明显，2~3个或以上；凹痕明显。射线薄壁细胞与早材管胞间交叉场纹孔式为云杉型，少数杉木型，2~9(通常4~6)个，1~2(通常2)横列。树脂道泌脂细胞壁厚；轴向树脂道弦径多数50~76μm，道周围以6~17个泌脂细胞；

径向树脂道弦径多数 27~39μm，道周围以 5~11 个泌脂细胞。

代表树种：欧洲落叶松 *Larix decidua*、黄花落叶松 *Larix olgensis*、新疆落叶松 *Larix sibirica*、北美落叶松 *Larix larcina*、兴安落叶松 *Larix gmelinii*（图 12-8）。

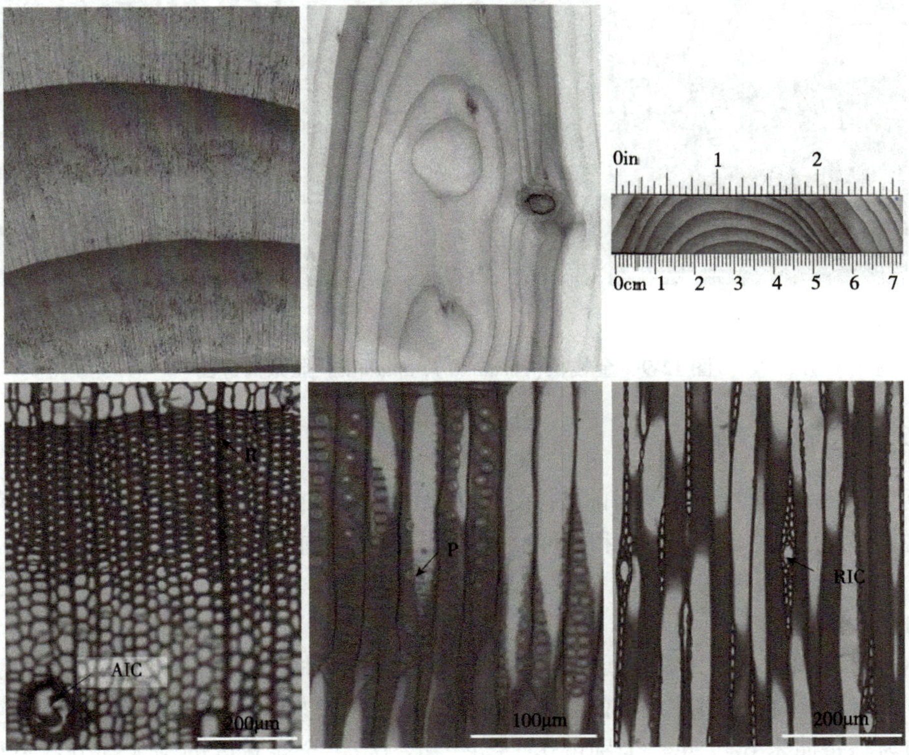

AIC—轴向胞间道；RIC—径向胞间道；R—射线；P—纹孔。

图 12-8　落叶松属代表木材宏观（北美落叶松）和显微（兴安落叶松）构造图

12.1.2.9　金钱松属 *Pseudolarix*

英文名 Gold larch。落叶乔木。本属仅 1 种，我国特有。分布于我国长江中下游各省温暖地带。心边材区别不明显。木材黄白，浅黄褐色至黄褐色；光泽弱；无特殊滋味和气味。生长轮明显，轮间晚材带色深（黄褐色或黄褐色带紫）；宽度略均匀，每厘米 4~5 轮。早材带占年轮宽度的 1/2~2/3，管胞在放大镜下甚明显；晚材带颇宽，显得比早材带致密或坚硬；早材至晚材急变或略急变。轴向薄壁组织不见。木射线稀至中；甚细至略细，肉眼下横切面上略见；径切面上有射线斑纹。树脂道缺如。

管胞平均弦径 50μm；螺纹加厚不明显，间或见于少数晚材管胞壁上。早材管胞径壁具缘纹孔 1~3（主为 2）列，圆形、卵圆或椭圆形；纹孔口圆形及卵圆形；眉条长，数多。晚材管胞径壁具缘纹孔 1 列，圆形；纹孔口透镜形；最后 10 余列晚材管胞弦壁上具缘纹孔颇多，明显。轴向薄壁组织量少；轮界状；薄壁细胞端壁节状加厚明显，3~8 个；间或含深色树脂。木射线通常单列，稀 2 列；高 1~45 个细胞或以上，多数 6~21 个细胞。木射线细胞圆形、方形、卵圆形至椭圆形；少数细胞含有深色树脂；方形及长方形晶体数多，见于上下边缘细胞内，细胞略增大。全由薄壁细胞组成，在上下边缘者常较高较短，外缘波浪形；水平壁厚，纹孔数多，明显；端壁节状加厚明显，2~5 个；

凹痕明显。射线薄壁细胞与早材管胞间交叉场纹孔式为杉木型。树脂道缺如(图 12-9)。

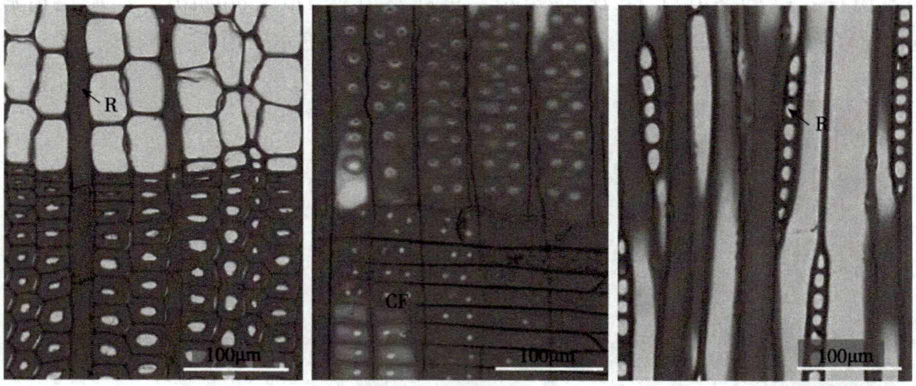

R—射线；CF—交叉场。

图 12-9 金钱松(*Pseudolarix amabilis*) 显微构造图

12. 1. 2. 10 松属 *Pinus*

英文名 Pine。常绿乔木。目前被接受的共约 80 余种，中国 22 种 10 变种(《中国植物志》最新数据)引种 16 种 2 变种。种和变种独立变量分布于我国东北、华北、西北、西南及台湾地区。

(1)红松类

心边材区别明显。边材浅黄褐色至黄褐色带红，心材红褐色，间或浅红褐色，久则转深。木材有光泽；松脂气味较浓；无特殊滋味。生长轮略明显，轮间晚材带色略深；宽度均匀，每厘米 6~7 轮，个别可达 15 轮。早材带占全轮宽度的绝大部分；早材至晚材渐变。轴向薄壁组织缺如。木射线稀至中，极细，在放大镜下横切面上明显；在肉眼下径切面上射线斑纹可见。树脂道分轴向和径向两类：①轴向者在横切面上肉眼下呈浅色斑点，数多，单独，通常分布在晚材带或轮内 2/3 处；在纵切面上呈褐色条纹。②径向者比轴向者小，在放大镜下间或可见。

管胞平均弦径 42μm；螺纹加厚缺如。早材管胞横切面为方形、长方形及多边形；径壁具缘纹孔 1 列，稀 2 列，椭圆形，少数圆形；纹孔口卵圆形至椭圆形及圆形；眉条通常长。晚材管胞横切面为长方形及方形，径壁具缘纹孔 1 列，圆形；纹孔口圆形及透镜形；最后数列管胞弦壁具缘纹孔数多，明显。轴向薄壁组织缺如。木射线具单列和纺锤形两类：①单列射线，高 1~22 个细胞或以上，多数 4~12 个细胞。②纺锤形射线具径向树脂道，近道上下方射线细胞 2~3 列；上下两端逐渐尖削而成单列，高 3~9 个细胞或以上。射线细胞通常椭圆形；树脂偶见。射线管胞存在于单列和纺锤形木射线中，位于上下边缘 1~3(通常 1~2)列，在射线中部偶见，低射线有时全由射线管胞组成；内壁微锯齿，外缘波浪形。射线细胞水平壁薄，纹孔少；端壁节状加厚通常未见；凹痕未见或不明显。射线薄壁细胞与早材管胞间交叉场纹孔式为窗格状或偶见松木型，1~4(通常 1~2)个，1(稀 2)横列。树脂道泌脂细胞壁薄；轴向树脂道弦径多数 91~136μm，道周围以 4~6 个泌脂细胞；径向树脂道弦径多数 49~57μm，道周围以 3~5 个泌脂细胞。

代表树种：红松 *Pinus koraiensis* 、华山松 *Pinus armandi*、华南五针松 *Pinus*

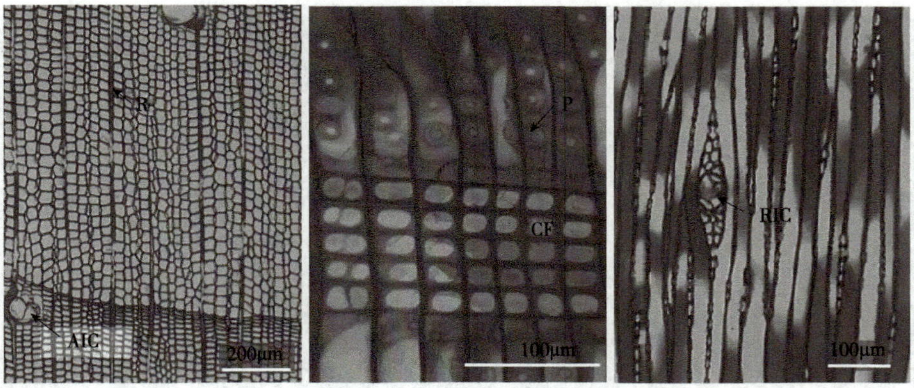

AIC—轴向胞间道；RIC—径向胞间道；R—射线；P—纹孔；CF—交叉场。

图 12-10　新疆五针松(*Pinus sibirica*)显微构造图

kwangtungensis、新疆五针松 *Pinus sibirica*(图 12-10)。

(2)白皮松类

心边材区别略明显。边材黄白色或浅黄褐色，心材黄褐色或黄褐色带红。木材有光泽；略具松脂气味；无特殊滋味。生长轮略明显，轮间晚材带色略深；宽度不匀，甚窄，每厘米 4~18 轮。早材带占全轮宽度的绝大部分；早材至晚材渐变。轴向薄壁组织缺如。木射线中至略密；极细至甚细，在放大镜下横切面上可见至略可见；在肉眼下径切面上射线斑纹不明显。树脂道分轴向和径向两类：①轴向者在横切面上肉眼下呈褐色斑点，放大镜下呈孔穴状，数多，单独，通常分布在晚材带或附近早材带内；在纵切面上呈褐色条纹。②径向者比轴向者小，在放大镜通常不见。

管胞平均弦径 30μm；螺纹加厚缺如。早材管胞横切面为方形、长方形及多边形；径壁具缘纹孔 1 列，少数 2 列或成对，椭圆形，少数圆形；纹孔口卵圆形至椭圆形及圆形；眉条通常长。晚材管胞横切面为长方形及方形，径壁具缘纹孔 1 列，圆形；纹孔口圆形及透镜形；最后数列管胞弦壁具缘纹孔数多，明显。轴向薄壁组织缺如。

木射线具单列和纺锤形两类：①单列射线，偶 2 列，高 1~16 个细胞或以上，多数 3~8 个细胞。②纺锤形射线具径向树脂道，近道上下方射线细胞 2~3 列；上下两端逐渐尖削而成单列，高 2~12 个细胞或以上。射线细胞长椭圆形，稀椭圆形；树脂偶见。射线管胞存在于单列和纺锤形木射线中，位于上下边缘 1~6(多数 1)列，在射线中部偶见，低射线有时全由射线管胞组成；内壁具少数明显浅锯齿。射线细胞水平壁厚，纹孔多；端壁节状加厚明显；凹痕少或不明显。射线薄壁细胞与早材管胞间交叉场纹孔式为松木型(单纹孔)，1~6(通常 3~4)个，1~3(通常 2)横列。树脂道泌脂细胞壁薄；轴向树脂道弦径多数 91~114μm，道周围以 4~8 个泌脂细胞；径向树脂道弦径多数 27~38μm，道周围以 3~5 个泌脂细胞。

代表树种：白皮松 *Pinus bungeana* (图 12-11)。

(3)松木类

心边材区别明显。边材黄褐色或浅红褐色，心材红褐色。木材有光泽；松脂气味浓厚；无特殊滋味。生长轮甚明显，轮间晚材带色深；宽度不均匀，每厘米 2~4 轮。早材带占全轮宽度的 2/3~3/4；晚材带略宽，显得比早材带致密；早材至晚材急变。轴向薄壁组织缺如。木射线稀至中，极细至甚细，在放大镜下横切面上明显；在肉

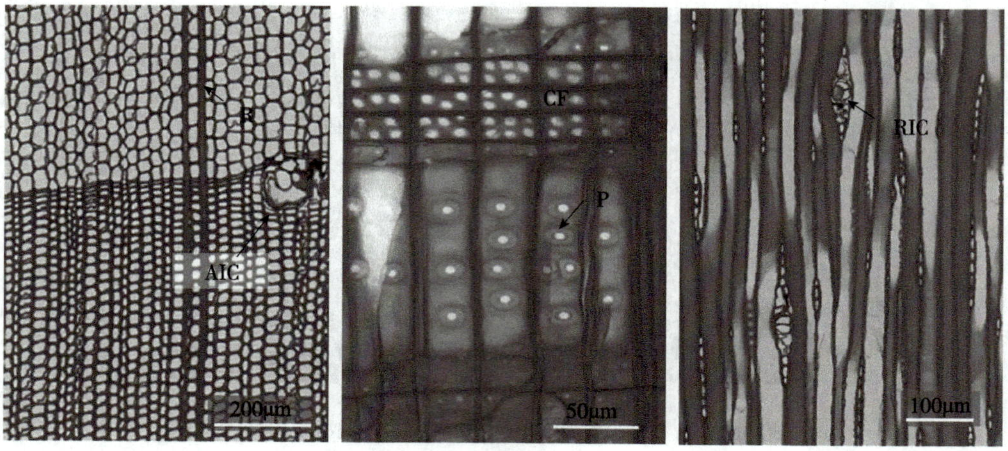

AIC—轴向胞间道；RIC—径向胞间道；R—射线；P—纹孔；CF—交叉场。

图 12-11　白皮松(*Pinus bungeana*)显微构造图

眼下径切面上射线斑纹可见。树脂道分轴向和径向两类：①轴向者通常分布于晚材带及至早材1/3处；在纵切面上呈褐色条纹。②径向者比轴向者小，在放大镜下间或可见。

管胞平均弦径45μm；螺纹加厚缺如。早材管胞横切面为多边形及长方形；径壁具缘纹孔1~2列，椭圆形，卵圆形及圆形；纹孔口圆形及卵圆形；眉条长，数多，明显。晚材管胞横切面为长方形，方形及多边形，径壁具缘纹孔1列，圆形及卵圆形；纹孔口透镜形；最后数列管胞弦壁上具缘纹孔偶见。轴向薄壁组织缺如。木射线具单列和纺锤形两类：①单列射线，高1~20个细胞或以上，多数5~15个细胞。②纺锤形射线具径向树脂道，近道上下方射线细胞3列或2列；上下两端逐渐尖削而成单列，高1~10个细胞或以上。射线细胞椭圆形、长椭圆形、长方形及卵圆形；含少量树脂。射线管胞存在于单列和纺锤形木射线中，位于上下边缘1~4(通常2)列，在射线中部常见，低射线有时全由射线管胞组成；内壁深锯齿，外缘波浪形。射线细胞水平壁薄，纹孔数少；端壁节状加厚无或微具；凹痕少。射线薄壁细胞与早材管胞间交叉场纹孔式为窗格状，稀松木型，通常1~2(稀3)个，通常1横列。树脂道泌脂细胞壁薄；轴向树脂道弦径多数108~150μm；径向树脂道弦径多数30~42μm。

代表树种：火炬松 *Pinus taeda*、辐射松 *Pinus radiata*、马尾松 *Pinus massoniana*、云南松 *Pinus yunnanensis*、湿地松 *Pinus elliottii*、樟子松 *Pinus sylvestris* var. *mongolica*(图12-12)。

12.1.2.11　雪松属 *Cedrus*

英文名Cedar。常绿乔木。目前被接受的共约3种，中国2种。分布于我国东北、华北、西北、西南及台湾地区。

心边材区别明显。边材浅褐色或灰白色，心材浅红褐色至红褐色。

代表树种：香雪松 *Calocedrus decurrens*、雪松 *Cedrus deoclara*(图12-13)。

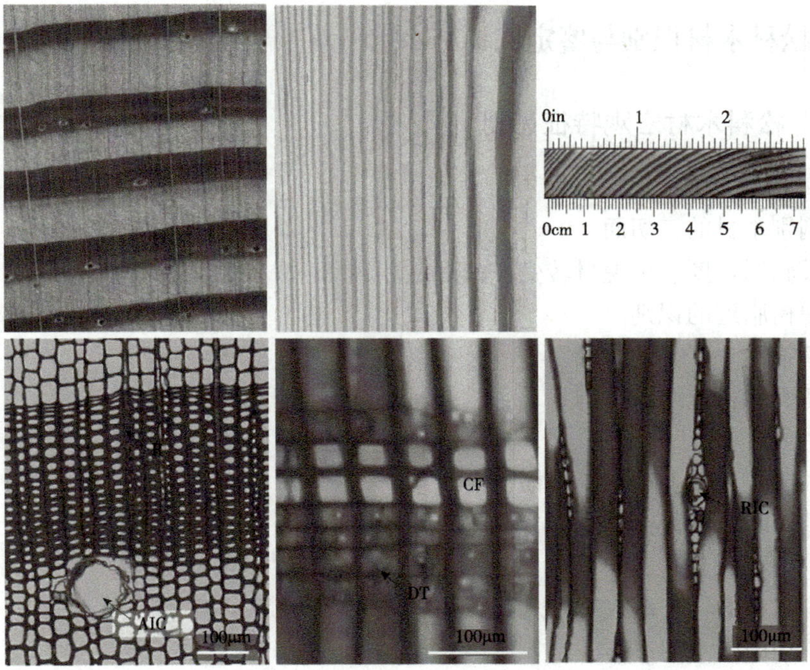

AIC—轴向胞间道；RIC—径向胞间道；R—射线；CF—交叉场；DT—齿状加厚。

图 12-12　松木类代表木材宏观(湿地松)和显微(樟子松)构造图

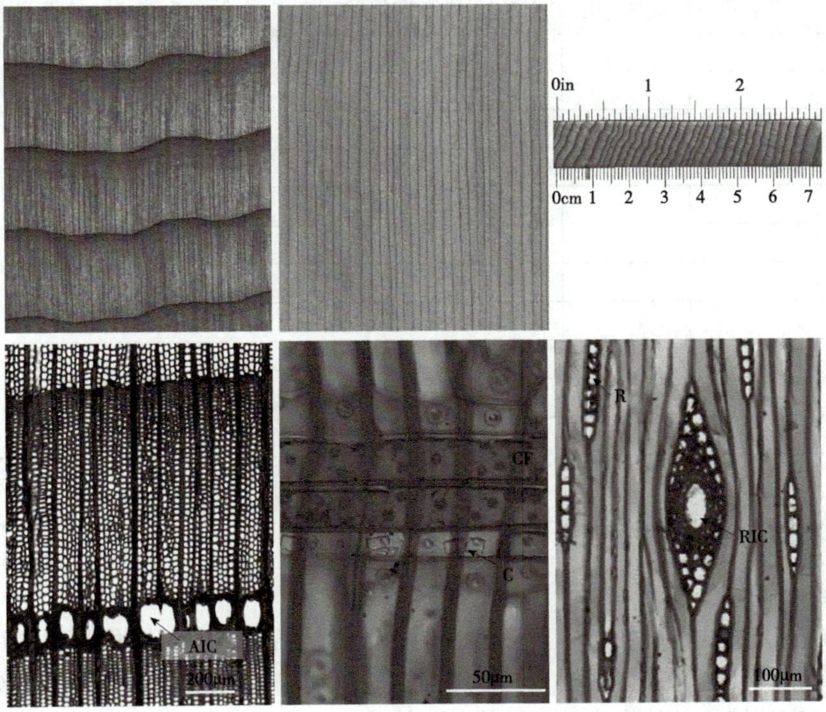

AIC—轴向胞间道；RIC—径向胞间道；R—射线；P—纹孔；C—晶体；CF—交叉场。

图 12-13　雪松属代表木材宏观(香雪松)和显微(雪松)构造图

12.1.3 松科木材识别与鉴定实训

12.1.3.1 松科木材宏观特征识别

(1)要求和目的

①能判别木材的三切面。

②生长轮明显度、早晚材转变度的判定。

③轴向树脂道的识别。

④材色描述。

⑤三切面木材花纹与结构。

(2)方法和工具

①肉眼或扩大镜下观察，以横切面为主。

②辅助工具：扩大镜、凿刀、水、滴管等。

(3)课内作业

①将各树种的特征填入表12-2。

②画三切面示意图。

以马尾松为例，在同一图上画出木材的三切面示意图。三切面上对应画出并标注以下特征：髓心、年轮、早晚材、木射线、轴向树脂道。

表12-2 木材宏观特征

树种	年轮明显度	早材至晚材变化	树脂道状况	木射线宽细	木材颜色	宽材面切面类型	木材结构粗细
马尾松							
红松							
落叶松							
云杉							
冷杉							
铁杉							
黄杉							
金钱松							
雪松							
银杉							
油杉							

12.1.3.2 松科木材微观构造特征识别

(1)要求和目的

①掌握显微镜的正确使用。显微镜的主要性能包括分辨率、镜像亮度、视野宽度、清晰度。高倍镜使用时选好目标，先在低倍镜中找到需要观察的部分，将之移动到视野中央，再换高倍镜，并使之合轴，即使其与镜筒成一直线。调正焦点，当高倍镜转正之后，在视野中会看到模糊的物像，只要略微调节细准焦螺旋，即可获得清晰物像。换用高倍镜观察时，视野变小变暗，需重新调节视野亮度。可升高聚光器或放大虹彩光圈。

②主要观察内容。管胞：横切面上早材和晚材管胞形态、径向直径变化；径弦切面上纹孔数量、大小、分布差异，管胞壁上螺纹加厚。树脂道：轴向、径向树脂道存在的位置与形态。木射线：弦切面射线类型、径切面细胞类型（薄壁细胞与管胞区别）、排列方向，射线管胞内壁的平滑与齿状加厚。交叉场区域：具体观察位置，纹孔类型观察。轴向薄壁细胞：横切面上的分布类型（星散、切线、轮界状），纵切面观察。

(2)方法和工具

显微镜的结构与使用，切片构成与观察。

(3)课内作业

①将各树种的特征填入表 12-3。

②画示意图。轴向管胞纵向形态、径面壁及弦面壁（注意纹孔差异）、弦切面单列和纺锤形射线、径切面交叉场纹孔。

表 12-3 木材微观特征

树种	生长轮明显度	早材至晚材变化	管胞径面壁纹孔列数	树脂道有无	螺纹加厚	轴向薄壁细胞	射线类型	射线管胞有无齿状加厚
马尾松								
红松								
落叶松								
云杉								
冷杉								
铁杉								
黄杉								
金钱松								
雪松								
银杉								
油杉								

12.2 榆科商品材识别与鉴定

至今，榆科仍没有一个理想的分类系统，榆科的分类、在系统中的位置、与其他科的关系等问题一直是分类学家争议的焦点。其中最为关键的是：榆科是否是一个自然分类群？对于其划分存在不少争议。有学者建议将榆科划分为 2 个亚科：榆亚科 Ulmoideae 和朴亚科 Celtidoideae；还有学者建议榆科划分成 2 个科：榆科 Ulmaceae 和朴科 Celtidaceae，榆科包括榆属 *Ulmus*、刺榆属 *Hemiptelea*、榉属 *Zelkova*、全叶榆属 *Holoptelea*、沼榆属 *Planera*、槭果榆属 *Phyllostylon*；朴科包括朴属 *Celtis*、青檀属 *Pteroceltis*、山黄麻属 *Trema*、糙叶树属 *Aphananthe*、白颜树属 *Gironniera*、非洲朴属 *Chaetachme*、山豆麻属 *Parasponia*、山赤麻属 *Lozanella*、多蕊朴属 *Ampelocera*。甚至有的学者认为朴科与桑科的关系比榆科更近。在我国国产树种的分类中，尽管对榆科划分为2个科还是2个亚科存在分歧，但大家对朴属、青檀属、山黄麻属(皆归于朴类)和榆属(归于榆类)的分类意见基本一致，而对于白颜树属、糙叶树属、榉属和刺榆属的归属则争议较大。

广义榆科是不是单系群，大多持否定论(即不是自然分类群，而是多系群)。近年来，分支分类学以及分子系统学的蓬勃发展，许多学者尝试运用新的方法与技术手段来解决这一疑难问题。Zavada 等(1996)对榆科(广义)33个形态(包括微形态)性状进行分支分析；Ueda 等(1997)运用叶绿体基因 rbcL 进行榆科(广义)系统发育分析以及 Wiegrefe 等(1998)对榆科进行叶绿体 DNA 限制性内切酶图谱分析，三者研究结果均发现广义榆科不是单系群，狭义榆科为一明显单系群，朴科与狭义榆科之间的关系远没有其与荨麻目其他科(大麻科 Cannabaceae、桑科 Momceae、荨麻科 Urticaceae)的关系近。Sweitzer 对榆科(狭义)18个属研究认为，朴亚科和榆亚科之间存在着过渡类型的属：榉属 *Zelkova*、刺榆属 *Hemiptelea*、槭果榆属 *Phyllostylon*、多蕊朴属 *Ampelocera*，从而反对将榆科分成两个科的建议。本章节对于榆科的分类是依据《中国植物志》(2022)和 Flora of China(2022)。

英文名 Elm family。榆科 Ulmaceae 约16属，近230种，广布于全世界热带至温带地区，主产于北温带。我国产8属，榆属 *Ulmus*、朴属 *Celtis*、糙叶树属 *Aphananthe*、山黄麻属 *Trema*、白颜树属 *Gironniera*、榉属 *Zelkova*、刺榆属 *Hemiptelea* 和青檀属 *Pteroceltis*，46种，10变种，分布遍及全国。另引入栽培3种。榆科多数种类的木材材质优良，如榆属、榉属、朴属、青檀属等，是造船、桥梁、车辆、家具的重要商用材；青檀、山黄麻的树皮纤维是人造棉、绳索及造纸的上等原料；榆实、种子油(糙叶树、白颜树及朴属)可供医药和轻工、化工原料；榔榆、朴树还是重要的庭园观赏和园林景观植物。

从木材构造特征来看，榆科(广义)不同树种间解剖构造差异很大。

(1)共性

纤维为韧形纤维，纤维较短；导管分子较短，单穿孔、管间纹孔互列、导管射线间纹孔基本样式为同管间纹孔(具缘)、具侵填体、具晶体(榆亚科存在于轴向薄壁细胞；其他树种主要存在于射线薄壁细胞)。多数树种管孔与薄壁组织相连成弦线或波浪形。

(2)差异性

主要与地理分布(旱生、寒生气候影响)环孔材、散孔材有关；射线同形至极显著异形，射线宽度1~3列至近10列；轴向薄壁组织不发达(量少)到翼状、聚翼状、带状。

狭义榆科(榆属)：生长轮明显；环孔材；晚材管孔小、簇集在生长轮外部排列成弦向带或波浪形；轴向薄壁组织傍管、围绕晚材管孔成弦向带或波浪形，肉眼下可见。射线组织同形单列及多列。

中间过渡型：生长轮明显；环孔材；晚材管孔小、簇集排列呈连续或不连续弦向带或波浪形；轴向薄壁组织局部叠生，主为傍管、围绕晚材管孔成弦向带或波浪形，肉眼下明显；射线组织异形Ⅲ型或同形多列及单列。

朴类：生长轮明显或不明显；散孔材或环孔材；轴向薄壁组织量多，傍管、翼状、聚翼状、环管状及轮界状；射线组织异形Ⅱ型，Ⅰ型及Ⅱ型。

12.2.1　各属识别特征示例

12.2.1.1　糙叶树属 *Aphananthe*

落叶或常绿乔木。本属全球约 8 种，我国 2 种，2 变种，糙叶树 *Aphananthe aspera* 分布于华东至中南，滇糙叶树 *Aphananthe cuspidata* 分布于华南、云贵、海南。也有植物分类系统(World Flora Online)将该属归于大麻科 Cannabaceae。原木与青檀略相似，材表具棱条；散孔材；轴向薄壁组织丰富；木射线细等。但本种断面花纹蒜头状、管孔星散状。

心边材区别不明显或略明显。木材黄褐色，常有蓝变色杂斑。木材有光泽，无特殊气味和滋味。生长轮不明显，轮间常呈浅色细线；散孔材；宽度略均匀，每厘米 2~3 轮。管孔数略少；略小至中，在肉眼下可见；大小几乎一致；散生；侵填体可见。轴向薄壁组织量多；在肉眼下可见或明显；聚翼状、翼状，环管状及轮界状，分布不均匀，常在生长轮外部与管孔相连呈长弦线。木射线密度中；极细至略细；肉眼下径切面上有射线斑纹。波痕及胞间道缺如。

导管横切面为卵圆形，稀圆形；单管孔及径列复管孔(2~4 个)；散生；壁厚；最大弦径 190μm 以上，多数 100~170μm；导管分子局部叠生；侵填体罕见，螺纹加厚可见。单穿孔，圆形及卵圆形；穿孔板略倾斜。管间纹孔式互列，多角形；纹孔口外展及内函，部分合生，裂隙状及透镜形。轴向薄壁组织量多；局部叠生；主为聚翼状，宽约 3~7 个细胞，余为翼状、环管状、环管状及轮界状；薄壁细胞端壁节状加厚不明显或明显；树胶偶见；晶体未见。木纤维壁薄至厚；直径多为 10~15μm；具缘纹孔明显，圆形及卵圆形；纹孔口内函及外展，圆形及裂隙状，斜列；具胶质纤维。木射线非叠生；单列射线数少，宽 11~18μm；高 1~10 个细胞或以上；多列射线宽 2~5 个细胞；高 4~47 个细胞或以上，多数 10~25 个细胞，同一射线内间或出现 2 次多列部分。射线组织异形Ⅱ型。直立或方形射线细胞比横卧射线细胞高；后者为圆形、卵圆形及椭圆形。射线细胞常含树胶，菱形晶体可见，端壁节状加厚多而明显，水平壁纹孔明显。射线-导管间纹孔式类似管间纹孔式。胞间道缺如。

代表树种：糙叶树 *Aphananthe aspera*(图 12-14)。

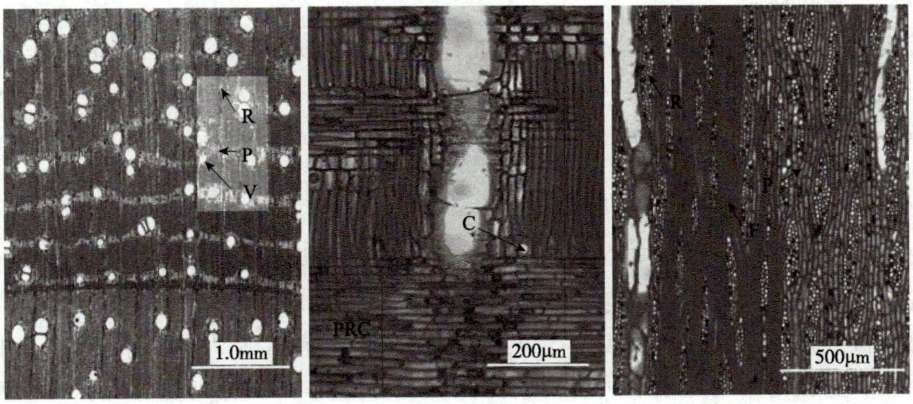

C—晶体；F—纤维；P—薄壁细胞；R—射线；V—导管；PRC—横卧射线细胞。

图 12-14　糙叶树显微图

12.2.1.2 朴属 *Celtis*

英文名 Hackberry。落叶或常绿，乔木或落木。朴属全球约 70 种，分布于北半球温带至热带地区。我国 11 种，3 变种，除青海和新疆外，全国均有分布。也有植物分类系统(World Flora Online)将该属归于大麻科 Cannabaceae。国产材中主要有朴树、黑弹树等。朴属树种的树皮内一般均有带黑色的硬化细胞。朴属木材射线宽于该科其他属树种。

心边材区别不明显。木材黄褐色、灰褐色或栗褐色；易呈蓝变色。木材有光泽，无特殊气味和滋味。生长轮明显；环孔材或散孔材；环孔材者早材管孔 1 列至多列，至晚材管孔常渐变(早晚材略急变)。晚材管孔多呈管孔团，稀径列复管孔及单管孔，断续弦向带或斜列，间或波浪形；具侵填体。轴向薄壁组织肉眼下可见，傍管状；通常围绕于晚材管孔排列成斜列或波浪形弦列。木射线密度中；极细至中；径切面有射线斑纹。波痕及胞间道缺如。

导管在早材带横切面为圆形及卵圆形；壁薄；最大弦径 232μm 或以上，多数 170~205μm；侵填体偶见。导管在晚材带横切面上常为多角形或具多角形轮廓；主呈管孔团，少数单管孔及短径列复管孔(2~3 个)；斜列或弦列呈波浪形；壁薄；弦径多数 45~120μm；螺纹加厚仅存在于小导管管壁上，明显。散孔材者不具螺纹加厚。单穿孔，圆形及卵圆形；穿孔板颇倾斜。管间纹孔式互列，多角形；纹孔口外展及内函，圆形及透镜形。轴向薄壁组织量多；在早材带为环管状或至环管状，连接于导管间；在晚材带则围绕导管连接呈波浪形弦向带或斜列，甚至断续带状；星散状甚少；薄壁细胞端壁节状加厚不明显或明显；含树胶；具菱形晶体或链晶，或不见。木纤维壁薄或厚；直径多为 15~20μm；单纹孔，数少，圆形及卵圆形；间或有胶质纤维。散孔材的热带朴，有的具分隔木纤维。木射线非叠生；单列射线宽 12~17μm；高 1~18 个细胞或以上；多列射线宽 2~10 个细胞；高 4~86 个细胞或以上，多数 12~53 个细胞；部分射线具有鞘细胞。射线组织异形Ⅱ型(散孔者可至异形Ⅰ型)。直立或方形射线细胞比横卧射线细胞高；后者为圆形、卵圆形、椭圆形及多角形。射线细胞含树胶，菱形晶体常见，端壁节状加厚及水平壁纹孔不明显。射线-导管间纹孔式类似管间纹孔式。胞间道缺如。

朴属有的同一树种，因分布地理不同，有的为环孔材，有的散孔材。如：昆明朴(四蕊朴 、云南朴)。

代表树种：朴树 *Celtis sinensis*、大果油朴 *Celtis philippensis*、黑弹树 *Celtis bungeana*、紫弹树 *Celtis biondii*、大叶朴 *Celtis koraiensis*、小果朴 *Celtis cerasifera*、珊瑚朴 *Celtis julianae*、四蕊朴 *Celtis tetrandra*、西川朴 *Celtis vandervoetiana*(图 12-15)。

12.2.1.3 白颜树属 *Gironniera*

常绿乔木或灌木。本属全球约 30 种，主要为热带树种。我国 3 种：白颜树 *Gironniera subaequalis*，分布于我国华南与热带地区。

心边材区别不明显。木材浅黄褐色或浅黄褐微红；易蓝变。木材有光泽，无特殊气味和滋味。生长轮略明显至不明显；散孔材；单管孔及 2~4 径列复管孔；不具螺纹加厚，具侵填体，白色沉积物普遍。轴向薄壁组织多为傍管状，轮界状偶见。木射线细，肉眼下可见；径切面有射线斑纹。波痕及胞间道缺如。

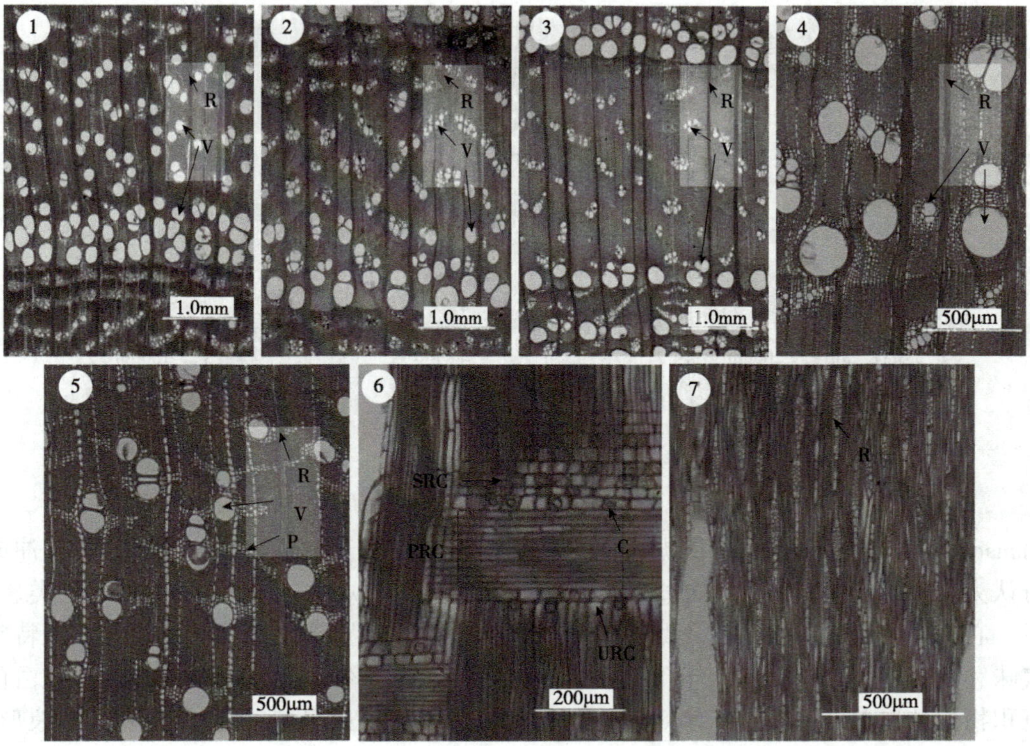

C—晶体；P—薄壁细胞；R—射线；V—导管；PRC—横卧射线细胞；
SRC—方形射线细胞；URC—直立射线细胞。

图 12-15　朴属代表树种朴树(1)、珊瑚朴(2)、西川朴(3)、紫弹树(4)和大果油朴(5~7)木材显微图

导管在横切面为圆形及卵圆形，略具多角形轮廓；单管孔及短径列复管孔(2~4个)，管孔团偶见；散生；壁薄；最大弦径 238μm 或以上，多数 140~185μm；侵填体常见；树胶偶见；螺纹加厚缺如。单穿孔，椭圆及卵圆形；穿孔板略倾斜至甚倾斜。管间纹孔式互列，多角形；纹孔口内函，透镜形及线形。轴向薄壁组织少，环管状，略呈翼状，每束 2~4 细胞；薄壁细胞端壁节状加厚明显；树胶少；晶体未见。木纤维通常壁薄；直径多为 20~35μm；单纹孔或具狭缘，数少，圆形；纹孔口内函，透镜形，直列；具胶质纤维；含少量硅石。木射线非叠生；单列射线略多，宽 25~37μm；高 1~22个细胞或以上；多列射线宽 2~5 个细胞；高 7~55 个细胞或以上，多数 15~45 个细胞；射线具有鞘细胞。射线组织异形Ⅱ型、异形Ⅰ型(异形极显著)。直立或方形射线细胞比横卧射线细胞高得多；后者为卵圆形及椭圆，略具多角形轮廓。射线细胞含树胶甚少，晶体未见，常含硅石，端壁节状加厚及水平壁纹孔明显。射线-导管间纹孔式多为横列刻痕状及同管间纹孔式。胞间道缺如。

代表树种：白颜树 *Gironniera subaequalis*(图 12-16)。

12.2.1.4　刺榆属 *Hemiptelea*

落叶灌木或乔木。本属仅 1 种：*Hemiptelea davidii*，分布于我国东北、华北、西北、华中、华东地区，以及朝鲜。刺榆在分类系统中的位置，最初包括在榉属中，Planchon 将其划为独立的属；Takahashi 据形态、Bate-Smish 和 Richens 据黄酮醇、Edtman 和

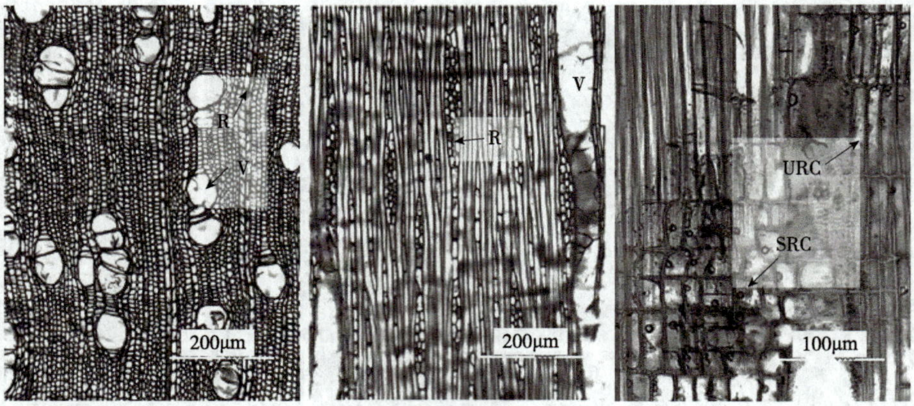

R—射线；V—导管；URC—直立射线细胞；SRC—方形射线细胞。

图 12-16 白颜树显微图

Yamada 等据花粉、Oginuma 等据核型、Chernik 据种皮将其归于榆类；王静据种子油成分认为刺榆属是榉属和榆属的过渡类型；Hutchinson 和 Sweitzer 据形态将其归于朴类。

心边材区别略明显。边材浅黄褐色，狭，心材浅栗褐色微红。木材有光泽，无特殊气味和滋味。生长轮明显；环孔材；早材管孔大，1~3 列，排列连续或略稀疏，白色沉积物常见，大导管间分布有类似晚材的管孔团。晚材管孔呈管孔团，弦列或波浪形，含有白色沉积物。轴向薄壁组织傍管状，肉眼可见。木射线细，肉眼可见；径切面射线斑纹显著。波痕及胞间道缺如。

导管在横切面为圆形及卵圆形，略具多角形轮廓；单管孔及短径列复管孔(2~4个)，管孔团偶见；散生；壁薄；最大弦径 238μm 或以上，多数 140~185μm；侵填体常见；树胶偶见；螺纹加厚缺如。单穿孔，穿孔板略倾斜至甚倾斜。管间纹孔式互列，多角形；纹孔口内函，透镜形及线形。轴向薄壁组织少，环管状，略呈翼状，每束 2~4 细胞；螺纹加厚小导管壁上明显。薄壁细胞环管状、合生状、少数星散；每束 2~3(4)细胞，略叠生。木纤维通常壁薄；直径多为 20~35μm；单纹孔或具狭缘，数少，圆形；纹孔口内函，透镜形，直列；具胶质纤维；含少量硅石。木射线非叠生；单列射线略多，宽 25~37μm；高 1~22 个细胞或以上；多列射线宽 2~10 个细胞；高达 40 余个细胞或以上；射线具有鞘细胞。射线组织异形Ⅲ型(偶至异形Ⅱ型)。常具矮胖的异形射线。直立或方形射线细胞比横卧射线细胞高得多；后者为卵圆形及椭圆，略具多角形轮廓。射线细胞含菱形晶体多。射线-导管间纹孔式同管间纹孔式。胞间道缺如。如图 12-17所示。

12.2.1.5 青檀属 *Pteroceltis*

英文名 Wing-Celtis。落叶乔木。仅 1 种，1 变种。*Pteroceltis tatarinowii*，我国特有，分布于我国华北、西北、西南、中南和华东地区。构造特征类似于散孔材的朴树。

心边材区别不明显。木材黄白褐色；易蓝变。木材有光泽，无特殊气味和滋味。生长轮略明显；散孔材；管孔小，略多，径列、斜列或星散状；具侵填体。轴向薄壁组织多，为环管状、翼状、聚翼状、及轮界状，在生长轮外部常与管孔相连呈波浪形或长弦线。木射线细，肉眼下可见；径切面射线斑纹略明显。波痕及胞间道缺如。

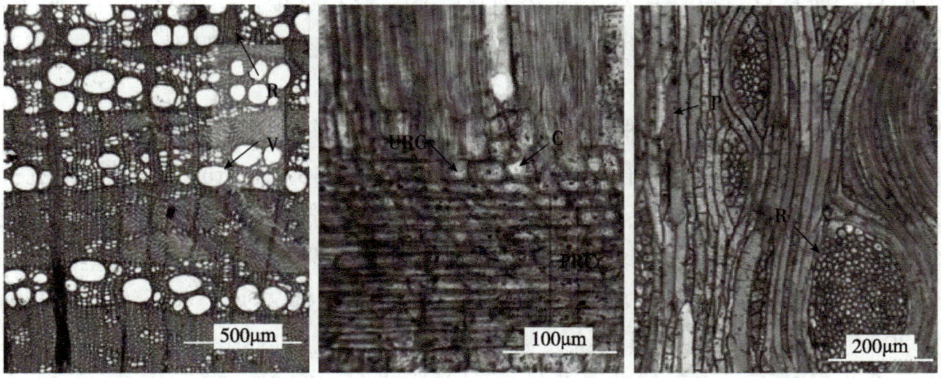

C—晶体；P—薄壁细胞；R—射线；V—导管；PRC—横卧射线细胞；URC—直立射线细胞

图 12-17　刺榆(*Hemiptelea davidii*)显微图

导管在横切面为卵圆形，稀圆形；多数单管孔，少数径列复管孔(2~4 个)；斜列或径列；壁薄；最大弦径 132μm 或以上，多数 60~105μm；导管分子局部叠生；侵填体量少；螺纹加厚未见。单穿孔；管间纹孔式互列，多角形。轴向薄壁组织翼状、聚翼状、带状(宽至 8 个细胞)，环管状及轮界状，每束 2~4 个薄壁细胞；略叠生。薄壁细胞端壁节状加厚不明显；树胶未见；晶体少见。木纤维壁厚；直径多为 10~15μm；单纹孔或具狭缘，数少，略明显，圆形；纹孔口内函，透镜形及圆形；径列条常见。木射线局部叠生；单列射线略少，宽 11~26μm；高 1~11 个细胞或以上；多列射线宽 2~4 个细胞；高 5~47 个细胞或以上，多数 15~30 个细胞。射线组织异形Ⅱ型、少数至异形Ⅰ型。直立或方形射线细胞常膨大；射线细胞含菱形晶体多，射线中晶体常位于直立或方形细胞中。射线-导管间纹孔式同管间纹孔式。胞间道缺如。如图 12-18 所示。

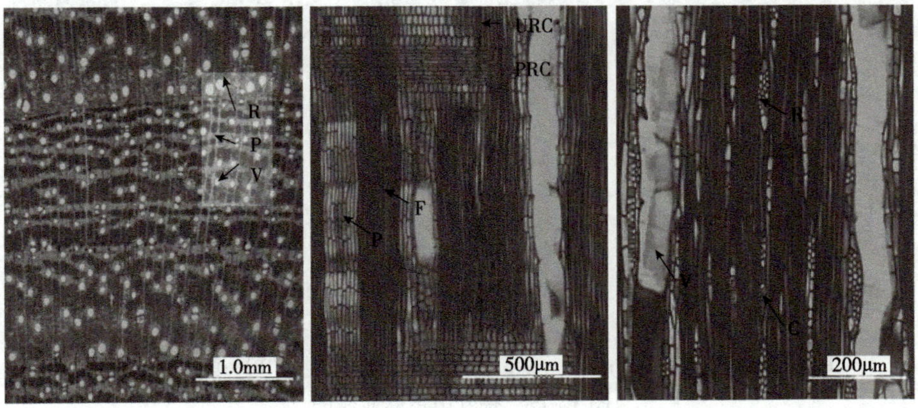

C—晶体；F—纤维；P—薄壁细胞；R—射线；V—导管；PRC—横卧射线细胞。

图 12-18　青檀(*Pteroceltis tatarinowii*)显微图

12.2.1.6　山黄麻属 *Trema*

英文名 Trema。大型灌木及乔木，常绿。本属全球约 50 种，我国 6 种，分布于长江流域以南。树皮纤维发达，用于制绳，故有“山麻、麻木”之俗称。

心边材区别不明显。木材红黄褐色。木材有光泽，无特殊气味和滋味。生长轮略明显至不明显；散孔材；单管孔及2~5径列复管孔；管孔略少；略小至中，肉眼下可见；散生；侵填体少见。轴向薄壁组织不见。木射线极细至略细，肉眼下可见；径切面有射线斑纹。波痕及胞间道缺如。

导管在横切面为卵圆形、椭圆形及圆形；单管孔及短径列复管孔(2~4个)，管孔团偶见；散生；壁薄；最大弦径238μm或以上，多数140~185μm；侵填体常见；树胶偶见；螺纹加厚缺如。单穿孔，椭圆及卵圆形；穿孔板略倾斜至甚倾斜。管间纹孔式互列，多角形；纹孔口内函，透镜形及线形。轴向薄壁组织少，环管状，略呈翼状，每束2~4个细胞；薄壁细胞端壁节状加厚明显；树胶少；晶体未见。木纤维通常壁薄；直径多为20~35μm；单纹孔或具狭缘，数少，圆形；纹孔口内函，透镜形，直列；具胶质纤维；含少量硅石。木射线非叠生；单列射线略多，宽25~37μm；高1~22个细胞或以上；多列射线宽2~5个细胞；高7~55个细胞或以上，多数15~45个细胞；射线具有鞘细胞。射线组织异形Ⅱ型、异形Ⅰ型(异形极显著)。直立或方形射线细胞比横卧射线细胞高得多；后者为卵圆形及椭圆，略具多角形轮廓。射线细胞含树胶甚少，晶体未见，常含硅石，端壁节状加厚及水平壁纹孔明显。射线-导管间纹孔式多为横列刻痕状及同管间纹孔式。胞间道缺如。

生长轮略明显至不明显，散孔材。单管孔及2~5径列复管孔；管间纹孔式互列；不具螺纹加厚、具侵填体。射线-导管间纹孔式多为横列刻痕状，少数同管间纹孔。轴向薄壁组织量少，环管状，每束2~4个细胞。射线宽1~3(4)细胞；异形Ⅱ型，少数异形Ⅰ型。射线具鞘状细胞。晶体未见。

代表树种：山黄麻 *Trema tomentosa*、异色山黄麻 *Trema orientalis*、狭叶山黄麻 *Trema angustifolia*(图12-19)。

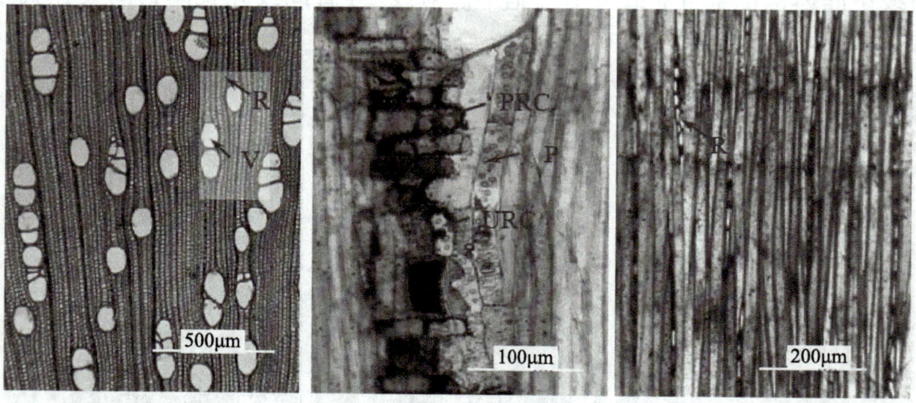

P—薄壁细胞；R—射线；V—导管；PRC—横卧射线细胞；URC—直立射线细胞。

图12-19 狭叶山黄麻显微图

12.2.1.7 榆属 *Ulmus*

英文名Elm。乔木或灌木，落叶或常绿。榆属全球共40余种，我国23种，分布很广。约21种落叶榆类，是环孔材；落叶榆(类)木材主要有春榆、榔榆、裂叶榆、白榆、杭州榆、多脉榆、西蜀榆和长序榆。2种为常绿榆类：滇榆 *Ulmus lanceaefoliae*、越楠榆 *Ulmus tonkinensis*，是散孔材。榆树木材管孔特征见表12-4。从树木分类学上说，榆属树木被归为旱榆组、白榆组及榔榆组。而《中国木材志》将榆属木材分为榆木类和榔榆类。

表 12-4 榆属木材早材导管特征

树种	学名	早材大导管列数	早材大导管是否连续
白榆	*Ulmus pumila*	2~3	是
春榆	*Ulmus japonica*	1~2	是
裂叶榆	*Ulmus laciniata*	3~4	是
榔榆	*Ulmus parvifolia*	3~4	是
杭州榆	*Ulmus changii*	1~2	基本连续
多脉榆	*Ulmus castaneifolia*	1	否
长序榆	*Ulmus chaetoptelea*	1~2	否
西蜀榆	*Ulmus lasiophylla*	1	否

心边材区别略明显至明显。边材浅黄褐色，心材浅栗褐色(榆木类)，红褐色或暗红褐色(榔榆)。木材有光泽，无特殊气味和滋味。生长轮明显；环孔材(稀散孔材)。早材管孔 1~4 列，连续或不连续。有的早材导管间夹有小管孔团。晚材带上为不规则多角形，多呈管孔团，呈弦列或波浪形；具侵填体。轴向薄壁组织傍管状，常与晚材管孔一起排列成弦向带或波浪形。木射线极细至中，放大镜下明显；径切面射线斑纹明显。多列射线宽 2~6 个细胞，高可达 50 余个细胞，未见晶体。导管-射线间纹孔式同管间纹孔式。

导管在横切面为圆形、卵圆形及椭圆形；多呈管孔团，稀为径列复管孔及单管孔；最大弦径 247μm 或以上，多数 180~230μm；具侵填体；树胶偶见；螺纹加厚缺如。单穿孔；管间纹孔式互列，多角形或圆形。螺纹加厚小导管壁上明显(散孔材榆木也如此)。纹孔口内函，圆形或透镜形。轴向薄壁组织环管状、合生状(呈波浪带状)、散孔材轮界状；每束 2~4 个细胞；具链状结晶。木纤维壁厚；直径多为 15~20μm；单纹孔，数少，圆形；具胶质纤维。木射线非叠生；单列射线宽 9~18μm；高 2~23 个细胞或以上；多列射线宽 2~6 个细胞；高 5~74 个细胞或以上，多数 15~40 个细胞；偶见方形细胞。射线组织同形单列及多列。射线细胞多为圆形及卵圆形，略具多角形轮廓，部分含树胶，晶体未见，端壁节状加厚及水平壁纹孔明显。射线-导管间纹孔式同管间纹孔式。胞间道缺如。

代表树种：春榆 *Ulmus davidiana* var. *japonica*、白榆 *Ulmus pumila*、榔榆 *Ulmus parviflora*(图 12-20、图 12-21)。

12.2.1.8 榉属 *Zelkova*

英文名 Zelkova。落叶乔木或灌木。榉属全球共 10 种，我国 3 种，主要分布于秦岭淮河流域以南至云南、贵州、广西；另 3 种分布于欧洲南部意大利西西里岛、希腊克里特岛及里海地区，以及俄罗斯高加索地区至伊朗、土耳其。对榉属应归属于榆亚科 Ulmoideae 或榆科 Ulmaceae；还是朴亚科 Celtidoideae 或朴科 Celtidaceae 一直有争议。《中国树木志》将之归于朴簇 Celtideae。

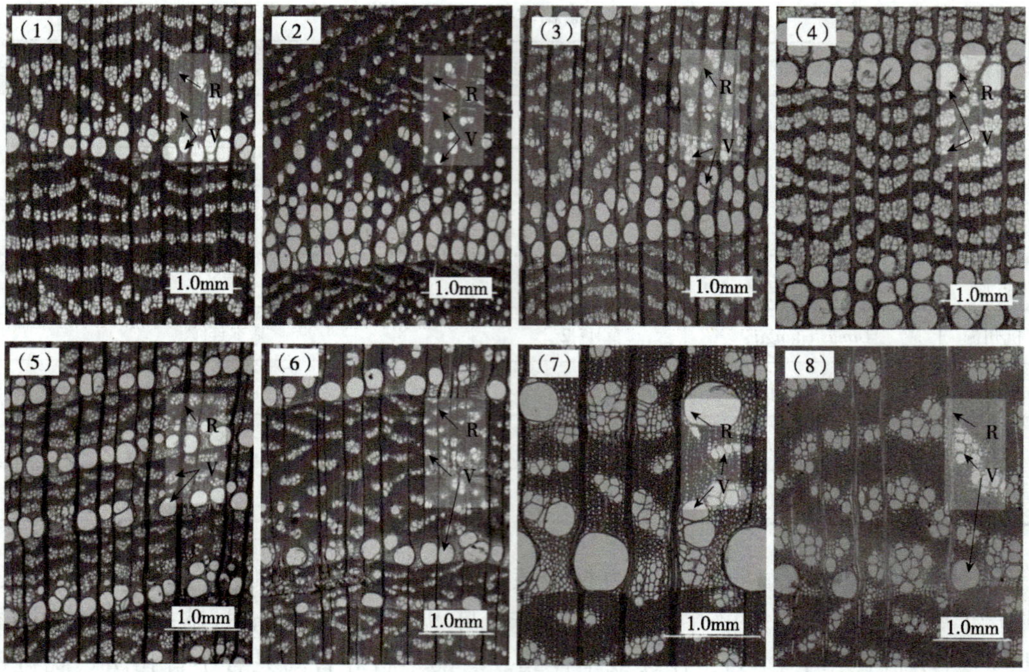

V—导管；R—射线。

图 12-20 春榆(1)、榔榆(2)、裂叶榆(3)、白榆(4)杭州榆(5)、多脉榆(6)、西蜀榆(7)和长序榆(8)横切面图

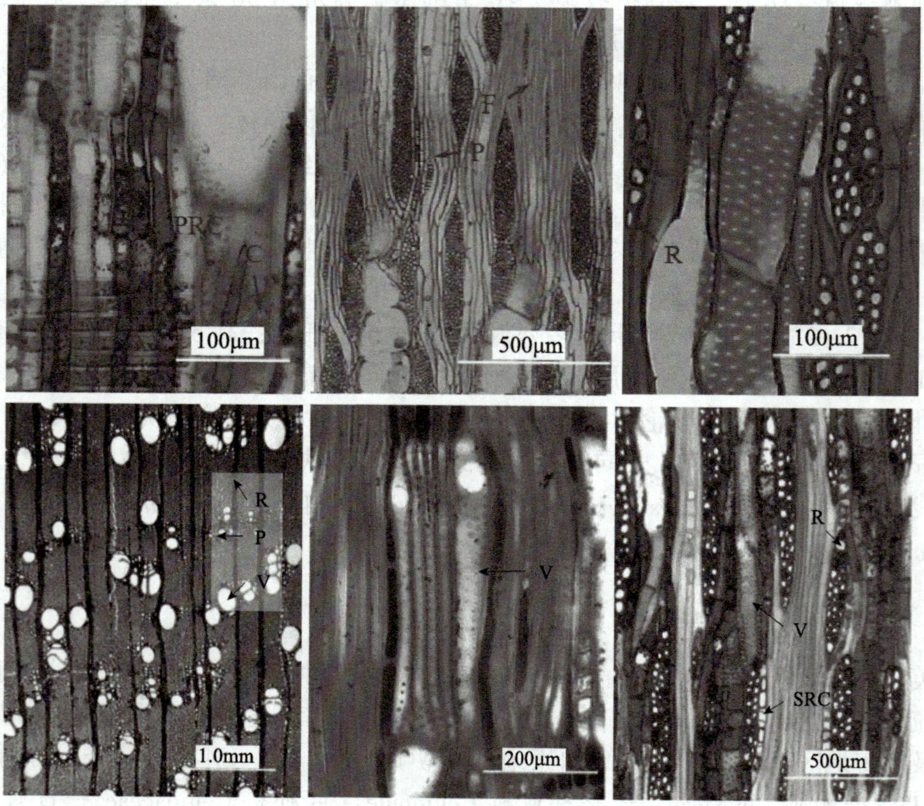

C—晶体；F—纤维；P—薄壁细胞；R—射线；V—导管；PRC—横卧射线细胞；SRC—方形射线细胞。

图 12-21 常绿榆类滇榆(*Ulmus lanceaefolia*)(上横排)和榆属(*Ulmus* spp.)(下横排)木材显微图

心边材区别明显。边材浅黄褐微红色，心材红褐色。木材有光泽，无特殊气味和滋味。生长轮明显；环孔材、早材管孔常 1 列(光叶榉 1~2 列)，排列连续或略稀疏，大导管间分布有类似晚材的管孔团。晚材管孔小，簇集、弦向带状或波浪形。轴向薄壁组织傍管状，围绕晚材管孔成弦向带或波浪形。木射线细至中，肉眼易见；径切面射线斑纹显著。波痕及胞间道缺如。

导管在早材横切面为卵圆形、椭圆及圆形；壁薄；最大弦径 235μm 或以上，多数 170~220μm；侵填体常见；壁薄。在晚材带横切面上为多角形；通常呈管孔团，少数呈径列复管孔(2~4 个)；弦列或波浪形。单穿孔；管间纹孔式互列，多角形。螺纹加厚在小导管壁上明显。轴向薄壁组织环管状、合生状，少数星散；具链状结晶；每束 2~3 个细胞，略叠生。木纤维通常壁厚；直径多为 15~20μm；单纹孔或具狭缘，数少，圆形；纹孔口内函，透镜形，直列；具胶质纤维。木射线非叠生；单列射线甚少，宽 18~25μm；高 1~15 个细胞或以上；多列射线宽 2~15 个细胞；高 4~96 个细胞或以上，多数 40~75 个细胞。射线组织异形Ⅲ型(偶见异形Ⅱ型)。直立或方形射线细胞比横卧射线细胞高；后者为圆形及卵圆形，略具多角形轮廓。射线细胞树胶甚少，含菱形晶体多，且常致细胞膨大；可见鞘状细胞。端壁节状加厚及水平壁纹孔不明显。射线-导管间纹孔式同管间纹孔式。胞间道缺如。

代表树种：大果榉 *Zelkova sinica*、榉树 *Zelkova serrata*、大叶榉树 *Zelkova schneideriana*(图 12-22)。

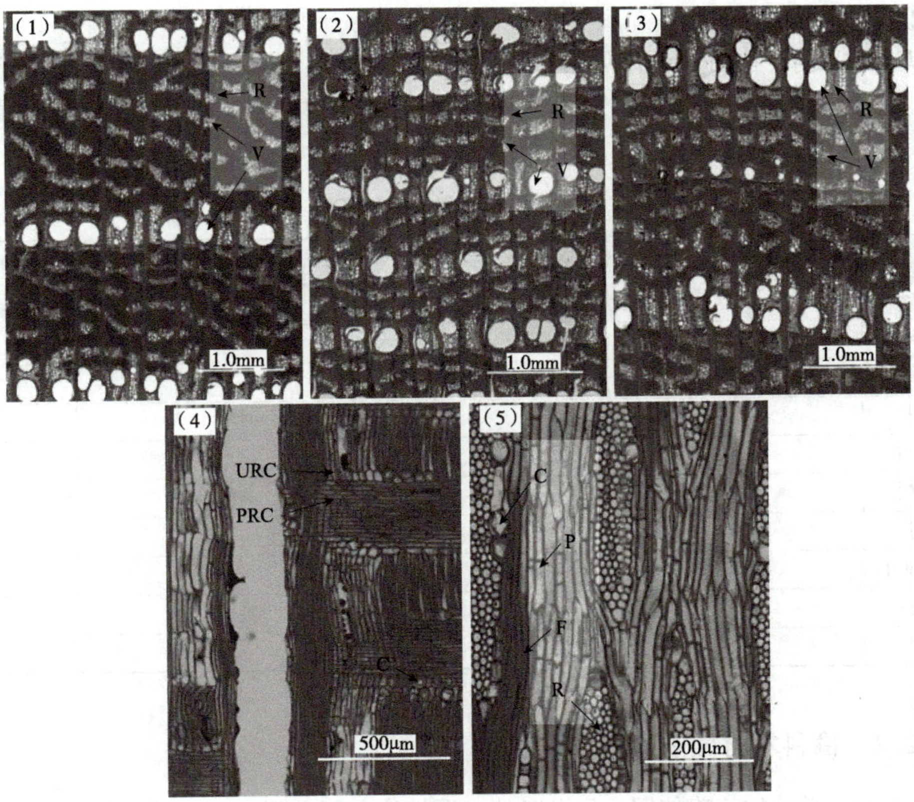

C—晶体；F—纤维；P—薄壁细胞；R—射线；V—导管；PRC—横卧射线细胞；URC—直立射线细胞。

图 12-22　小叶榉(1)、大叶榉(2)、光叶榉(3~5)木材显微图

12.2.2 榆科木材识别与鉴定实训

12.2.2.1 榆科木材宏观特征识别

(1)要求和目的

①能判别木材的三切面。
②生长轮明显度，环孔材、散孔材的判定。
③轴向薄壁组织的识别。
④木材材色描述。
⑤三切面木材花纹与结构。

(2)方法和工具

①肉眼或扩大镜下观察，以横切面为主。
②辅助工具：扩大镜、凿刀、水、滴管等。

(3)课内作业

①将各树种的特征填入表12-5。
②画三切面示意图。

以春榆为例，在同一图上画出木材的三切面示意图。三切面上对应画出并标注以下特征：髓心、年轮、早晚材、管孔排列、侵填体、木射线、薄壁组织，径切面射线斑纹。

表 12-5 木材宏观特征

树种	年轮明显度	早材晚材管孔排列	轴向薄壁组织	木射线宽细	木材颜色	侵填体等管孔内含物有无	木材结构粗细
春榆							
榔榆							
朴树							
白颜树							
糙叶树							
青檀							
狭叶山黄麻							
大叶榉							
刺榆							

12.2.2.2 榆科木材微观构造特征识别

①掌握显微镜的正确使用。显微镜的主要性能包括分辨率、镜像亮度、视野宽度、清晰度。高倍镜使用时选好目标，先在低倍镜中找到需要观察的部分，将之移动到视野中央，再换高倍镜，并使之合轴，即使其与镜筒成一直线。调正焦点，当高倍镜转正之

后，在视野中会看到模糊的物像，只要略微调节细准焦螺旋，即可获得清晰物像。换用高倍镜观察时，视野变小变暗，需重新调节视野亮度。可升高聚光器或放大虹彩光圈。

②主要观察内容。导管：横切面上早晚材管孔形态、径向直径变化；径弦切面上纹孔数量、大小、分布差异，导管内侵填体，导管壁上螺纹加厚。轴向薄壁细胞：横切面上的分布类型，纵切面观察。木射线：弦切面射线类型、径切面细胞类型、排列方向、鞘状细胞、树胶、晶体、射线-导管间纹孔式等。

③课内作业。

a. 将各树种的特征填入表 12-6。

b. 画示意图。导管和木纤维细胞纵向形态、径面壁及弦面壁(注意纹孔差异)、弦切面单列和纺锤形射线、径切面导管-射线间纹孔式。

表 12-6　木材微观特征

树种	生长轮明显度	早材管孔数量与排列	晚材管孔大小与排列	螺纹加厚	轴向薄壁细胞	射线类型与排列	鞘状细胞	侵填体、树胶、晶体	射线-导管间纹孔式
春榆									
朴树									
青檀									
白颜树									
糙叶树									
狭叶山黄麻									
刺榆									
大叶榉									

第13章 木材识别与鉴定实训

13.1 针叶树材宏观特征检索表的使用

13.1.1 目的与要求

该实验以针叶树材的宏观构造特征为依据，掌握针叶树材宏观构造特征的共性和个性及其相互关系，将已知针叶树材的宏观主要特征和次要特征按照稳定性进行归类。

通过观察针叶树材标本，利用针叶树材宏观特征检索表进行检索，找出对应木材的名称。

13.1.2 观察树种

冷杉 *Abies fabri*、云南油杉 *Keteleeria evelyniana*、云杉 *Picea asperata*、铁杉 *Tsuga chinensis*、落叶松 *Larix gmelini*、大果红杉 *Larix potaninii*、马尾松 *Pinus massoniana*、华山松 *Pinus armandi*、柳杉 *Cryptomeria fortunei*、杉木 *Cunninghamia lanceolata*、红桧 *Chamaecyparis formosensis*、柏木 *Cupressus funebris*、福建柏 *Fokienia hodginsii*、圆柏 *Sabina chinensis*、翠柏 *Calocedrus macrolepis*、侧柏 *Platycladus orientalis*、红豆杉 *Taxus chinensis*、榧木 *Torreya grandis*。

13.1.3 检索表编制原则与使用方法

编制原则：掌握木材宏观构造特征的共性和个性及其相互关系，将已知木材的主要特征和次要特征进行归类排序，将稳定性最大的主要特征排列在前面，从主要特征到次要特征，相同应合并，不相同应分开。每一特征均成对排列，每对均有正反，相互对立的一对矛盾。针叶树材以树脂道的有无为首要特征，其次为树脂道，心边材区别明显与否早晚材的变化等。

检索表的使用方法：首先对待鉴定的木材标本进行观察记载，将主要特征、次要特征和辅助特征都列出，然后利用木材检索表进行检索，找出对应木材的名称。

13.1.4 针叶树材宏观特征检索表

1. 具有正常轴向和径向树脂道 ………………………………………… 2

1. 不具有正常轴向和径向树脂道，偶尔有弦向排列的创伤树脂道 …………… 7
2. 树脂道多，肉眼和放大镜下明显 …………………………………………… 3
2. 树脂道少，肉眼下不见，放大镜下不明显 ………………………………… 4
3. 材质松软，早材至晚材缓变，结构均匀 ………………………………… 马尾松
3. 材质较硬、重，早材至晚材急变，结构不均匀 ………………………… 华山松
4. 早材至晚材缓变，木材黄白色至浅黄褐色 ……………………………… 云杉
4. 早材至晚材急变，木材浅红褐色至浅黄褐色 …………………………… 5
5. 略具松脂气味 ……………………………………………………………… 6
5. 湿切面略具酸臭味，易消失，干燥后无特殊气味 ……………………… 云南油杉
6. 肉眼下射线斑纹不明显 ………………………………………………… 落叶松
6. 肉眼下射线斑纹明显 ……………………………………………………… 红杉
7. 木材具香气 ………………………………………………………………… 8
7. 木材无香气 ………………………………………………………………… 16
8. 柏木香气浓或不明显 ……………………………………………………… 9
8. 木材具其他香气 …………………………………………………………… 14
9. 柏木香气不明显，早材至晚材急变，晚材带宽，结构不均匀 ………… 福建柏
9. 柏木香气浓，结构细至均匀 ……………………………………………… 10
10. 心材紫红色，生长轮明显，晚材带窄 ………………………………… 红桧
10. 心材黄褐色 ……………………………………………………………… 11
11. 边材浅黄色，生长轮略宽，有髓斑 …………………………………… 柏木
11. 边材黄褐色，生长轮宽窄不均匀 ……………………………………… 12
12. 轴向薄壁组织放大镜下明显，呈弦向带状 …………………………… 翠柏
12. 轴向薄壁组织放大镜下不明显 ………………………………………… 13
13. 心材草黄褐色至暗黄褐色，久则转暗 ………………………………… 侧柏
13. 心材紫红褐色，久则转暗，偶尔具内含边材 ………………………… 圆柏
14. 具杉木香气或不明显 …………………………………………………… 侧柏
14. 具难闻气味(似药味) …………………………………………………… 榧木
15. 早晚材带窄，结构均匀，香气浓，心材栗褐色 ………………………… 杉木
15. 晚材带宽，材质软，略具香气，心材浅红褐色至紫红褐色 …………… 柳杉
16. 心边材区别明显，心材橘红褐色 ……………………………………… 红豆杉
16. 心边材区别不明显，材色浅 …………………………………………… 17
17. 早材至晚材急变，间或创伤树脂道 …………………………………… 铁杉
17. 早材至晚材缓变，创伤树脂道未见 …………………………………… 冷杉

13.1.5 针叶树材宏观特征表

表 13-1 针叶树材宏观特征表

鉴别项目		针叶树材宏观构造特征
生长轮	生长轮界	A. 生长轮界明显；B. 生长轮界不明显或缺失
	早材到晚材过渡	A. 急变；B. 渐变

（续）

鉴别项目		针叶树材宏观构造特征
材色	心材颜色	A. 褐色或深褐色；B. 红色或暗红色；C. 黄色或深黄色；D. 浅色(白色，奶油色，灰白)；E. 紫色或暗紫色；F. 其他颜色(详细说明)
	心材和边材颜色的差异	A. 心材与边材颜色相近；B. 心材与边材颜色差异明显
	心材具彩色条纹	A. 存在；B. 未见
轴向薄壁组织	是否存在	A. 存在；B. 未见。
	轴向薄壁组织排列(如存在)	A. 星散状；B. 弦向带状；C. 轮界状。
木射线	肉眼下是否可见	A. 存在；B. 未见。
树脂道	轴向树脂道	A. 存在；B. 未见。
	径向树脂道	A. 存在；B. 未见。

13.1.6 针叶树材宏观特征实验报告表

填写所观察树种的宏观构造特征于表 13-2 中。

表 13-2 针叶树材宏观特征实验报告表

鉴别项目	树种 1	树种 2
生长轮		
材色		
轴向薄壁组织		
木射线		
树脂道		
木材名称		
学名		
科属		

13.2 针叶树材微观特征检索表的使用

13.2.1 目的与要求

该实验以针叶树材的微观构造特征为依据，掌握针叶树材微观构造特征的共性和个性及其相互关系，将已知针叶树材的微观主要特征和次要特征按照稳定性进行归类。

通过观察针叶树材微观切片标本，利用针叶树材微观特征检索表进行检索，找出对应木材的名称。

13.2.2 观察树种

冷杉 *Abies fabri*、云南油杉 *Keteleeria evelyniana*、云杉 *Picea asperata*、铁杉 *Tsuga chinensis*、落叶松 *Larix gmelinii*、大果红杉 *Larix potaninii*、马尾松 *Pinus massoniana*、华山松 *Pinus armandi*、柳杉 *Cryptomeria fortunei*、杉木 *Cunninghamia lanceolata*、红桧 *Chamaecyparis formosensis*、柏木 *Cupressus funebris*、福建柏 *Fokienia hodginsii*、圆柏 *Sabina chinensis*、翠柏 *Calocedrus macrolepis*、侧柏 *Platycladus orientalis*、红豆杉 *Taxus chinensis*、榧木 *Torreya grandis*。

13.2.3 针叶树材微观特征检索表

1. 树脂道可见 …… 2
1. 树脂道未见 …… 8
2. 轴向树脂道和径向树脂道未见，创伤树脂道可见 …… 铁杉
2. 轴向树脂道和径向树脂道可见 …… 3
3. 交叉场纹孔窗格型可见 …… 4
3. 交叉场纹孔窗格型未见 …… 5
4. 射线薄壁组织水平壁纹孔明显 …… 华山松(乔松)
4. 射线薄壁组织水平壁光滑 …… 马尾松
5. 早材至晚材过渡渐变 …… 云杉
5. 早材至晚材过渡急变 …… 6
6. 轴向薄壁组织未见 …… 落叶松
6. 轴向薄壁组织可见 …… 7
7. 每个交叉场的纹孔1~3个 …… 云南油杉
7. 每个交叉场的纹孔3~5个 …… 红杉
8. 轴向薄壁组织未见，轴向管胞螺纹加厚可见 …… 9
8. 轴向薄壁组织可见，轴向管胞螺纹加厚未见 …… 10
9. 螺纹加厚在轴向管胞中单列 …… 红豆杉
9. 螺纹加厚在轴向管胞中多列(2-3列) …… 榧木
10. 交叉场纹孔柏木型 …… 11
10. 交叉场纹孔杉木型 …… 16
11. 射线组织薄壁细胞水平壁光滑 …… 12
11. 射线组织薄壁细胞水平壁纹孔明显 …… 15
12. 轴向薄壁组织横向端壁光滑 …… 柏木
12. 轴向薄壁组织横向端壁念珠状或节状加厚可见 …… 13
13. 生长轮不明显 …… 翠柏
13. 生长轮明显 …… 14
14. 射线薄壁细胞六角形 …… 福建柏
14. 射线薄壁细胞椭圆形 …… 红桧
15. 木射线平均高度很低(少于5个细胞) …… 圆柏

15. 木射线平均高度中等(5–15 个细胞) …………………………………… 侧柏
16. 轴向薄壁组织横向端壁念珠或节状加厚可见 ………………………… 柳杉
16. 轴向薄壁组织横向端壁光滑 ……………………………………………… 杉木

13.2.4 针叶树材微观特征表

针叶树材微观特征及记录见表 13-3。

表 13-3 针叶树材微观特征表

鉴别项目		微观构造特征	观察结果
生长轮	生长轮界	A. 生长轮界明显；B. 生长轮界不明显或缺失	
	早材到晚材过渡	A. 急变；B. 渐变	
管胞	管胞径壁上的纹孔数量	A. 主为单列；B. 主为两列或多列	
	管胞径壁上的纹孔式	A. 对列；B. 互列(两列或多列)	
	有机沉积物	A. 存在；B. 未见	
	细胞间隙	A. 存在；B. 未见	
	晚材管胞细胞壁厚度	A. 薄壁(双倍胞壁厚度小于径向胞腔直径) B. 厚壁(双倍胞壁厚度大于径向胞腔直径)	
	纹孔塞	A. 存在；B. 未见	
	纹孔塞(如存在)	A. 贝壳状纹孔塞；B. 正常纹孔塞	
	纹孔塞加厚	A. 存在；B. 未见	
	纹孔缘具缺口的纹孔	A. 存在；B. 未见	
	瘤状层	A. 存在；B. 未见	
细胞壁加厚	轴向管胞螺纹加厚	A. 存在；B. 未见。	
	螺纹加厚在轴向管胞位置(如存在)	A. 在整个生长轮中存在； B. 仅在早材管胞中明显可见； C. 仅在晚材管胞中明显可见	
	螺纹加厚在轴向管胞单列或多列(如存在)	A. 单列；B. 多列(2 列或 3 列)	
	射线管胞螺纹加厚	A. 普遍存在；B. 存在但稀少	
	澳柏型加厚	A. 存在；B. 未见	
轴向薄壁组织	是否存在	A. 存在；B. 未见	
	轴向薄壁组织排列(如存在)	A. 星散状；B. 弦向带状；C. 轮界状	
	轴向薄壁细胞横向端壁	A. 光滑；B. 不规则加厚； C. 念珠状或节状加厚	
木射线	射线管胞	A. 未见；B. 普遍存在；C. 少见或稀少	
	射线管胞胞壁	A. 光滑 ；B. 锯齿状加厚 ；C. 网络状加厚	
	射线管胞纹孔缘多角形或具锯齿状加厚	A. 存在；B. 未见	
	射线薄壁细胞端壁	A. 光滑(无纹孔)；B. 节状明显(有纹孔)	
	射线薄壁细胞水平壁	A. 光滑(无纹孔)；B. 节状明显(有纹孔)	
	凹痕	A. 存在；B. 未见	

（续）

鉴别项目		微观构造特征	观察结果
木射线尺寸	射线平均高度（细胞数）	A. 很低（少于等于 4 个细胞）；B. 中等（5~15 个细胞）；C. 高（16~30 个细胞）；D. 很高（多数 30 个细胞）	
	射线宽度	A. 单列；B. 部分 2~3 列	
交叉场纹孔	交叉场纹孔式	A. 窗格型；B. 松木型；C. 云杉型；D. 柏木型；E. 杉木型；F. 南羊杉型	
	每个交叉场纹孔的纹孔数	A. 1~2 个；B. 1~3 个；C. 3~5 个；D. 6 个以上	
树脂道	轴向树脂道	A. 存在；B. 未见。	
	径向树脂道	A. 存在；B. 未见	
	创伤树脂道	A. 存在；B. 未见	
	泌脂细胞	A. 存在；B. 未见	
矿物质内含物	晶体是否存在	A. 存在；B. 未见	
	晶体类型（如存在）	A. 菱形；B. 晶簇；C. 其他（详细说明）	
	晶体分布位置（如存在）	A. 射线；B. 轴向薄壁组织；C. 与胞间道相连的细胞	
其他特征	索状管胞	A. 存在；B. 未见	
	树脂管胞	A. 存在；B. 未见	
	拟侵填体	A. 存在；B. 未见	
	径列条	A. 存在；B. 未见	
木材名称			
学名			
科属			

13.3 阔叶树材宏观特征检索表的使用

13.3.1 目的与要求

该实验以阔叶树材的宏观构造特征为依据，掌握阔叶树材宏观构造特征的共性和个性及其相互关系，将已知阔叶树材的宏观主要特征和次要特征按照稳定性进行归类。

通过观察阔叶树材标本，利用阔叶树材宏观特征检索表进行检索，找出对应木材的名称。

13.3.2 观察树种

槭木 *Acer mono*、金钱槭 *Dipteronia sinensis*、西南桤木 *Alnus nepalensis*、西南桦 *Betula alnoides*、铁木 *Ostrya japonica*、云南龙脑香 *Dipterocarpus tonkinesis*、板栗 *Castanea mollissima*、青冈 *Cyclobalanopsis glauca*、水青冈 *Fagus longipetiolata*、麻栎 *Quercus acutissima*、栓皮栎 *Quercus variabilis*、香樟 *Cinnamomum camphora*、钓樟 *Lindera* sp.、润楠 *Machilus pingii*、桢楠 *Phoebe zhennan*、铁刀木 *Senna siamea*、格木 *Erythrophleum fordii*、合欢 *Albizia julibrissin*、黑格 *Albizia odoratissima*、楹树 *Albizia chinensis*、黑黄檀 *Dalbergia cultrata*、印度紫檀 *Pterocarpus indicus*、鹅掌楸 *Liriodendron chinense*、光叶拟单性木兰 *Parakmeria nitida*、木莲 *Manglietia fordiana*、白兰 *Michelia alba*、苦楝 *Melia azedarach*、麻楝 *Chukrasia tabularis*、红椿 *Toona ciliata*、朴树 *Celtis sinensis*、山黄麻 *Trema tomentosa*、榔榆 *Ulmus parvifolia*、白榆 *Ulmus pumila*、榉树 *Zelkova schneideriana*、石梓 *Gmelina chinensis*、柚木 *Tectona grandis*。

13.3.3 检索表编制原则与使用方法

编制原则：掌握木材宏观构造特征的共性和个性及其相互关系，将已知木材的主要特征和次要特征进行归类排序，将稳定性最大的主要特征排列在前面，从主要特征到次要特征，相同应合并，不相同应分开。每一特征均成对排列，每对均有正反，相互对立的一对矛盾。阔叶树材以管孔排列为首要特征，其次有无宽木射线，轴向薄壁组织类型等。

检索表的使用方法：首先对待鉴定的木材标本进行观察记载，将主要特征、次要特征和辅助特征都列出，然后利用木材检索表进行检索，找出对应木材的名称。

13.3.4 阔叶树材宏观特征检索表

1. 环孔材 …… 2
1. 半环孔材或半散孔材 …… 13
1. 散孔材 …… 17
2. 有宽木射线 …… 3
2. 无宽木射线 …… 4
3. 心材浅红褐色至红褐色，树皮硬 …… **麻栎**
3. 心材红褐色至鲜红褐色，木栓层发达 …… **栓皮栎**
4. 晚材管孔波浪状或弦列明显 …… 5
4. 晚材管孔波浪状或弦列不明显或不呈波浪状 …… 8
5. 轴向薄壁组织环管状、翼状、聚翼状 …… **槐树**
5. 轴向薄壁组织傍管状 …… 6
6. 生长轮宽度均匀 …… **白榆**
6. 生长轮宽度不均匀或略均匀 …… 7
7. 心材浅栗褐色带黄 …… **榔榆**
7. 心材红褐色至暗红褐色 …… **榉树**
8. 心边材区别不明显 …… **朴树**
8. 心边材区别明显或略明显 …… 9
9. 轴向薄壁组织断续短弦线状 …… **板栗**
9. 轴向薄壁组织傍管状 …… 10
10. 轴向薄壁组织间或翼状、聚翼状 …… **合欢**
10. 轴向薄壁组织环管状 …… 11

11. 侵填体未见 ………………………………………………………… 苦楝
11. 侵填体明显 ………………………………………………………… 柚木
12. 有宽木射线 ………………………………………………………… 13
12. 无宽木射线 ………………………………………………………… 14
13. 宽木射线窄，较密，带状薄壁组织不明显，管孔小，散生 ……… 水青冈
13. 宽木射线粗，较疏，带状薄壁组织明显，管孔呈径列 ………… 青冈
14. 心边材区别不明显，木材浅黄褐色至黄褐色 …………………… 石梓
14. 心边材区别明显，心材褐色至红褐色 …………………………… 15
15. 早材管孔明显带状，通常宽 1~2 个管孔 ………………………… 柚木
15. 早材管孔分布均匀，不呈带状排列 ……………………………… 16
16. 具浓郁樟脑气味，经久不衰 ……………………………………… 香樟
16. 具芳香气 …………………………………………………………… 红椿
17. 有宽木射线 ………………………………………………………… 18
17. 无宽木射线 ………………………………………………………… 19
18. 木材灰褐色，宽木射线常见分隔，材质重硬 …………………… 青冈
18. 木材红褐色，宽木射线普遍，无分隔，材质轻软 ……………… 西南桤木
19. 心边材区别不明显或略明显 ……………………………………… 20
19. 心边材区别明显 …………………………………………………… 24
20. 轴向薄壁组织未见或放大镜下不明显 …………………………… 21
20. 轴向薄壁组织放大镜下可见 ……………………………………… 22
21. 木材色浅，浅黄褐色至浅红褐色 ………………………………… 金钱槭
21. 木材色深，红褐色至紫红褐色 …………………………………… 山黄麻
22. 木材无特殊气味，导管无内含物 ………………………………… 槭木
22. 木材具特殊气味，导管内具树胶或侵填体 ……………………… 23
23. 木材灰红褐色 ……………………………………………………… 钓樟
23. 木材黄褐色至黄绿色 ……………………………………………… 桢楠
24. 轴向薄壁组织量多，肉眼下明显 ………………………………… 25
24. 轴向薄壁组织未见或量少，肉眼下不明显，放大镜下明显 …… 30
25. 轴向薄壁组织具离管带状或傍管带状 …………………………… 26
25. 轴向薄壁组织翼状聚翼状 ………………………………………… 28
26. 波痕未见，带状薄壁组织宽 ……………………………………… 铁刀木
26. 波痕可见，带状薄壁组织细 ……………………………………… 27
27. 心材黑褐色，新切面具酸臭气味 ………………………………… 刀状黑黄檀
27. 心材红褐色，新切面具香气 ……………………………………… 印度紫檀
28. 波痕可见 …………………………………………………………… 格木
28. 波痕未见 …………………………………………………………… 29
29. 材质坚硬，密度高 ………………………………………………… 黑格
29. 材质较轻，密度低 ………………………………………………… 楹树

30. 管孔数量多，略小 …… 31
30. 管孔数量少，小至中 …… 36
31. 管孔分布不均匀，轴向薄壁组织在木射线间呈断续细弦线 …… 铁木
31. 管孔分布均匀，轴向薄壁组织轮界状 …… 32
32. 木射线细至中，约与部分管孔等大 …… 绿兰
32. 木射线极细至略细，明显比管孔小 …… 33
33. 纹理交错，边材黄白色至浅红褐色，心材灰黄褐色带绿色 …… 鹅掌楸
33. 纹理直，或直或斜 …… 34
34. 管孔内具白色沉积物 …… 火力兰
34. 管孔内不具白色沉积物 …… 35
35. 心材暗绿黄色至咖啡色 …… 隆兰
35. 心材红褐色 …… 西南桦
36. 轴向胞间道肉眼下可见，呈白色短弦带，沿生长轮断续排列 …… 云南龙脑香
36. 胞间道未见 …… 37
37. 具樟脑气味 …… 香樟
37. 无特殊气味 …… 38
38. 生长轮略明显，边材灰红褐色，心材栗黄褐色 …… 麻楝
38. 生长轮明显，边材灰黄褐色，心材红褐 …… 润楠

13.3.5 阔叶树材宏观特征表

阔叶树材宏观行征见表13-4。

表13-4 阔叶树材宏观特征表

鉴别项目		阔叶树材宏观构造特征
材色	心材颜色	A. 心材颜色比边材颜色暗； B. 心材基本上是棕色或深棕色； C. 心材基本上是红色或暗红色； D. 心材基本上是黄色或暗黄色； E. 心材基本上是白色到灰色； F. 心材带有条纹； G. 心材不是如上所述
生长轮	生长轮界	A. 生长轮界明显；B. 生长轮界不明显或缺失
导管与管孔	管孔分布类型	A. 环孔材；B. 半环孔材；C. 散孔材
	管孔排列类型	A. 弦向排列；B. 斜列至径向排列；C. 树枝状排列
	管孔组合类型	A. 管孔组合单管孔占90%及以上；B. 径列2~4个复管孔； C. 径列管孔链4个或以上；D. 管孔团
	侵填体	A. 侵填体未见；B. 具侵填体
	心材导管内含树胶及其他沉积物	A. 树胶及其他沉积物未见；B. 树胶及其他沉积物存在

（续）

鉴别项目		阔叶树材宏观构造特征
轴向薄壁组织	轴向薄壁组织是否存在	A. 存在；B. 未见
	轴向薄壁组织类型-离管型	A. 星散状；B 星散聚合状
	轴向薄壁组织类型-傍管型	A. 稀疏环管状；B. 环管状；C. 翼状；D. 翼状(菱形)；E. 翼状(翅状)；F. 聚翼状；G. 单侧傍管状
	轴向薄壁组织类型-带状	A. 宽带状(超过 3 个细胞)；B. 细带状或细线状(3 个细胞宽以下)；C. 网状(与木射线等宽)；D. 梯状；E. 轮界状或略呈轮界状
木射线	具 2 种粗细明显不同木射线	A. 存在；B. 未见
	阔叶树材不具木射线	A. 存在；B. 未见
	波痕	A. 存在；B. 未见
树胶道	是否存在	A. 存在；B. 未见
	轴向树脂道类型（如存在）	A. 长弦列状；B. 短弦列状；C. 轴向胞间道星散状
	径向树脂道(如存在)	A. 存在；B. 未见
形成层变异	内含韧皮部形状（如存在）	A. 同心圆状内含韧皮；B. 星散状内含韧皮

13.3.6　阔叶树材宏观特征实验报告表

填写所观察树种的宏观构造特征于表 13-5 中。

表 13-5　阔叶树材宏观特征实验报告表

鉴别项目	树种 1	树种 2
材色		
生长轮		
导管与管孔		

（续）

鉴别项目	树种 1	树种 2
轴向薄壁组织		
木射线		
树胶道		
形成层变异		
木材名称		
学名		
科属		

13.4 阔叶树材微观特征检索表的使用

13.4.1 目的与要求

该实验以阔叶树材的微观构造特征为依据，掌握阔叶树材微观构造特征的共性和个性及其相互关系，将已知阔叶树材的微观主要特征和次要特征按照稳定性进行归类。

通过观察阔叶树材微观切片标本，利用阔叶树材微观特征检索表进行检索，找出对应木材的名称。

13.4.2 观察树种

槭木 *Acer mono*、金钱槭 *Dipteronia sinensis*、西南桤木 *Alnus nepalensis*、西南桦 *Betula alnoides*、铁木 *Ostrya japonica*、云南龙脑香 *Dipterocarpus tonkinesis*）、板栗 *Castanea mollissima*、青冈 *Cyclobalanopsis glauca*、水青冈 *Fagus longipetiolata*、麻栎 *Quercus acutissima*、栓皮栎 *Quercus variabilis*、香樟 *Cinnamomum camphora*、钓樟 *Lindera* sp.、润楠 *Machilus pingii*、桢楠 *Phoebe zhennan*、铁刀木 *Senna siamea*、格木 *Erythrophleum fordii*、合欢 *Albizia julibrissin*、黑格 *Albizia odoratissima*、楹树 *Albizia chinensis*、黑黄檀 *Dalbergia cultrata*、印度紫檀 *Pterocarpus indicus*、槐 *Styphnolobium japonicum*、鹅掌楸 *Liriodendron chinense*、光叶拟单性木兰 *Parakmeria nitida*、木莲 *Manglietia fordiana*、白兰 *Michelia alba*、苦楝 *Melia azedarach*、麻楝 *Chukrasia tabularis*、红椿 *Toona ciliata*、朴树 *Celtis sinensis*、山黄麻 *Trema tomentosa*、榔榆 *Ulmus parvifolia*、白榆 *Ulmus pumila*、榉树

Zelkova schneideriana、石梓 *Gmelina chinensis*、柚木 *Tectona grandis*。

13.4.3　阔叶树材微观特征检索表

1. 环孔材 …… 2
1. 半环孔材或半散孔材 …… 10
1. 散孔材 …… 15
2. 较大的木射线通常大于 10 列 …… **麻栎/栓皮栎**
2. 木射线通常小于 10 列 …… 3
3. 仅在细导管分子具螺纹加厚 …… 4
3. 螺纹加厚未见 …… 7
4. 管孔团未见 …… **朴树**
4. 管孔团可见 …… 5
5. 晶体未见 …… **白榆**
5. 晶体存在于直立或方形射线细胞内 …… 6
6. 所有木射线均横卧 …… **榔榆**
6. 射线细胞横卧其中 1 行直立或方形细胞的边缘细胞 …… **榉树**
7. 轴向薄壁组织星散状，星散聚合状 …… **板栗**
7. 轴向薄壁组织傍管状 …… 8
8. 轴向薄壁组织菱形翼状，聚翼状轴向薄壁组织可见 …… **合欢**
8. 环管状轴向薄壁组织可见 …… 9
9. 普通侵填体未见 …… **苦楝**
9. 普通侵填体可见 …… **柚木**
10. 较大的木射线通常大于 10 列 …… 11
10. 木射线通常小于 10 列 …… 12
11. 单穿孔 …… **青冈**
11. 梯状穿孔，横隔数≤10 个 …… **水青冈**
12. 油细胞或黏液细胞与射线细胞和轴向薄壁细胞关联 …… **香樟**
12. 油细胞或黏液细胞未见 …… 13
13. 普通侵填体未见 …… **红椿**
13. 普通侵填体可见 …… 14
14. 导管-射线纹孔的纹孔缘减少趋向于单纹孔；纹孔圆形或具角度可见 …… **石梓**
14. 导管-射线纹孔的纹孔缘减少趋向于单纹孔；纹孔圆形或具角度未见 …… **柚木**
15. 较大的木射线通常大于 10 列 …… 16
15. 木射线通常小于 10 列 …… 17
16. 单穿孔，聚合木射线未见或偶见 …… **青冈**
16. 梯状穿孔，横隔数 10~20 个，聚合木射线可见 …… **西南桤木**
17. 所有木射线叠生 …… 18
17. 木射线非叠生 …… 20
18. 木射线多数单列 …… **印度紫檀**
18. 木射线宽 1~3 个细胞 …… 19

19. 轴向薄壁组织菱形翼状，聚翼状轴向薄壁组织可见 …………………………… 格木
19. 带状轴向薄壁组织可见 ……………………………………………………… 刀状黑黄檀
20. 油细胞或黏液细胞与射线细胞和轴向薄壁细胞关联 ……………………………… 21
20. 油细胞或黏液细胞未见 ……………………………………………………………… 24
21. 普通侵填体未见 …………………………………………………………………… 润楠
21. 普通侵填体可见 …………………………………………………………………… 22
22. 单穿孔，梯状穿孔不见或极少见 ………………………………………………… 香樟
22. 单穿孔，梯状穿孔少见，横隔数≤10 个 …………………………………………… 23
23. 油细胞或黏液细胞与射线细胞关联常见 ………………………………………… 桢楠
23. 油细胞或黏液细胞与射线细胞关联不见或少见 ………………………………… 钓樟
24. 轴向树胶道短弦列或散生 …………………………………………………… 云南龙脑香
24. 轴向树胶道未见 …………………………………………………………………… 25
25. 单管孔具几何轮廓 ………………………………………………………………… 26
25. 单管孔不具几何轮廓 ……………………………………………………………… 33
26. 单穿孔 ……………………………………………………………………………… 27
26. 梯状穿孔 …………………………………………………………………………… 29
27. 导管分子不具螺纹加厚 ………………………………………………………… 金钱槭
27. 导管分子具螺纹加厚 ……………………………………………………………… 28
28. 普通侵填体可见 …………………………………………………………………… 铁木
28. 普通侵填体未见 …………………………………………………………………… 槭木
29. 轴向薄壁组织星散状可见 ……………………………………………………… 西南桦
29. 轴向薄壁组织星散状未见 ………………………………………………………… 30
30. 导管分子具螺纹加厚 ……………………………………………………………… 31
30. 导管分子不具螺纹加厚 …………………………………………………………… 32
31. 油细胞或黏液细胞与射线细胞关联常见 ………………………………………… 火力兰
31. 油细胞或黏液细胞与射线细胞关联不见 ………………………………………… 隆兰
32. 梯状管间纹孔式及对列管间纹孔式可见 ………………………………………… 绿兰
32. 仅对列管间纹孔式可见 ………………………………………………………… 鹅掌楸
33. 分隔木纤维可见 …………………………………………………………………… 34
33. 分隔木纤维未见 …………………………………………………………………… 36
34. 射线细胞横卧其中 1 行直立或方形细胞的边缘细胞 …………………………… 麻楝
34. 所有木射线均横卧 ………………………………………………………………… 35
35. 木射线宽 1~3 个细胞 ……………………………………………………………… 榅树
35. 木射线宽 1~3 个细胞，较大的射线 4~10 个细胞 ………………………………… 黑格
36. 轴向薄壁组织带超过 3 个细胞宽 ……………………………………………… 铁刀木
36. 轴向薄壁组织未见 ……………………………………………………………… 山黄麻

13.4.4 阔叶树材微观特征表

阔叶树材微观特征及结果见表 13-6。

表 13-6 阔叶树材微观特征表

鉴别项目		微观构造特征	观察结果
生长轮	生长轮界	A. 生长轮界明显；B. 生长轮界不明显或缺失	
导管与管孔	管孔分布类型	A. 环孔材；B. 半环孔材；C. 散孔材	
	管孔排列类型	A. 弦向排列；B. 斜列至径向排列；C. 树枝状排列	
	管孔组合类型	A. 管孔组合单管孔占 90% 及以上；B. 径列 2~4 个复管孔；C. 径列管孔链 4 个或以上；D. 管孔团	
	单管孔轮廓多角形	A. 存在；B. 未见	
	穿孔板	A. 单穿孔；B. 梯状穿孔横隔 10 条以下；C. 梯状穿孔横隔 10~20 条；D. 梯状穿孔横隔 20~40 条；E. 梯状穿孔横隔 40 条以上；F. 网状穿孔板、筛状穿孔板和/或其他类型的穿孔板	
	导管间纹孔式	A. 梯状；B. 对列；C. 互列；D. 具多边形的互列	
	导管-射线间纹孔式	A. 纹孔缘明显，大小及形状似管间纹孔式；B. 纹孔缘甚狭至明显单纹孔：纹孔圆形或方形；C. 纹孔缘甚狭至明显单纹孔：纹孔水平（梯状，裂隙状）至垂直（栅栏状）；D. 具两种尺寸及形态（在一个射线细胞内）；E. 导管与射线间纹孔为单侧复式纹孔且大（大于 10μm）；F. 导管与射线间纹孔仅限于射线边缘细胞	
	附物纹孔	A. 存在；B. 未见	
	导管螺纹加厚	A. 存在；B. 未见	
	导管螺纹加厚存在位置（如存在）	A. 螺纹加厚存在于整个导管中；B. 螺纹加厚仅限于导管尾；C. 螺纹加厚仅限于小导管	
	侵填体	A. 侵填体未见；B. 具侵填体；C. 具硬化侵填体	
	心材导管内含树胶及其他沉积物	A. 树胶及其他沉积物未见；B. 树胶及其他沉积物存在	
管胞和木纤维	导管管胞/环管管胞	A. 存在；B. 未见	
	木纤维	A. 具单纹孔或单纹孔略具狭缘的木纤维（韧形纤维）；B. 具典型具缘纹孔的木纤维（纤维状管胞）；C. 木纤维径面、弦面壁纹孔均明显	
	木纤维具螺纹加厚	A. 存在；B. 未见	
	分隔木纤维	A. 存在；B. 未见	
	木纤维细胞壁厚度	A. 木纤维细胞壁非常薄（纤维腔是双壁厚宽度的 3 倍或以上）；B. 薄至厚（纤维腔是双壁厚的 3 倍以下，并具有明显的开口）；C. 非常厚（纤维腔几乎完全闭合）	
	薄壁组织状木纤维带	A. 存在；B. 未见	

（续）

鉴别项目		微观构造特征	观察结果
轴向薄壁组织	轴向薄壁组织是否存在	A. 存在；B. 未见	
	轴向薄壁组织类型-离管型	A. 星散状；B. 散聚合状	
	轴向薄壁组织类型-傍管型	A. 稀疏环管状；B. 环管状；C. 翼状；D. 翼状(菱形)；E. 翼状(翅状)；F. 聚翼状；G. 单侧傍管状	
	轴向薄壁组织类型-带状	A. 宽带状(超过3个细胞)；B. 细带状或细线状(3个细胞宽以下)；C. 网状(与木射线等宽)；D. 梯状；E. 轮界状或略呈轮界状	
	细胞类型和束长	A. 纺锤形轴向薄壁细胞；B. 薄壁细胞束由2个细胞组成；C. 薄壁细胞束由3~4个细胞组成；D. 薄壁细胞束由5~8个细胞组成；E. 薄壁细胞束由8个以上细胞组成	
木射线	木射线宽度	A. 木射线单列；B. 木射线宽1~3个细胞；C. 宽木射线通常4~10列；D. 宽木射线通常10列以上；E. 木射线多列部分与单列部分等宽	
	具2种粗细明显不同木射线	A. 存在；B. 未见	
	聚合木射线	A. 存在；B. 未见	
	射线的组成	A. 全部由横卧细胞组成；B. 全由直立和/或方形细胞组成；C. 由横卧细胞及1排直立和/或方形边缘细胞组成；D. 由横卧细胞及2~4排直立和/或方形边缘细胞组成；E. 由横卧细胞及4排以上方形边缘细胞组成；F. 由横卧、方形和直立细胞混合组成	
	鞘状细胞	A. 存在；B. 未见	
	瓦状细胞	A. 存在；B. 未见	
	具穿孔射线细胞	A. 存在；B. 未见	
	离接射线薄壁细胞壁	A. 存在；B. 未见	
	阔叶树材不具木射线	A. 存在；B. 未见	
叠生构造	是否存在	A. 存在；B. 未见	
	叠生构造类型（如存在）	A. 所有射线叠生；B. 矮射线叠生，高射线非叠生；C. 轴向薄壁细胞和/或导管分子叠生；D. 木纤维叠生；E. 射线和/或轴向分子不规则叠生	

（续）

鉴别项目		微观构造特征	观察结果
分泌细胞及形成层变异	是否存在	A. 存在；B. 未见	
	油细胞及黏液细胞位置（如存在）	A. 油细胞和/或黏液细胞与射线薄壁细胞相连； B. 油细胞和/或黏液细胞与轴向薄壁细胞相连； C. 油细胞和/或黏液细胞与木纤维相连	
树胶道	是否存在轴向树脂道	A. 存在；B. 未见	
	轴向树脂道类型（如存在）	A. 长弦列状；B. 短弦列状；C. 轴向胞间道星散状	
	径向树脂道	A. 存在；B. 未见	
	创伤树脂道	A. 存在；B. 未见	
形成层变异	内含韧皮部是否存在	A. 存在；B. 未见	
	内含韧皮部形状（如存在）	A. 同心圆状内含韧皮； B. 星散状内含韧皮	
	矿物质内含物是否存在	A. 存在；B. 未见	
无机内含物	菱形晶体是否存在	A. 存在；B. 未见	
	晶簇是否存在	A. 存在；B. 未见	
	其他晶体是否存在	A. 存在；B. 未见	
木材名称			
学名			
科属			

13.5 针叶树材微观特征计算机检索系统的使用

13.5.1 目的与要求

①掌握木材微观构造特征的共性和个性及其相互关系，将已知木材微观主要特征和次要特征按照稳定性进行记载。

②观察木材标本微观切片，利用针叶树材微观检索系统进行检索，得出被鉴定木材的名称。

③在实验报告中列出 IAWA 特征值。

13.5.2 观察树种

2~4 种针叶树材树种。

13.5.3 针叶树材 IAWA 特征记录表

按表 13-7 记载所观察针叶树材微观特征，利用检索系统得出木材名称。

表 13-7　IAWA 检索记录表(针叶树材)

名称:		样品编号:			
IAWA 代码	IAWA 特征项描述(IAWA Item Description)	存在(Present)	缺乏(Absent)	存在变异(Presence Varies)	存在未知(Presence Unknown)
	地理分布 **GEOGRAPHICAL DISTRIBUTION**				
1	欧洲和亚洲温带地区(布拉齐耶和富兰克林地区 74) Europe and temperate Asia(Brazier and Franklin region 74)				
2	欧洲,不包括地中海地区 Europe, excl. Mediterranean				
3	地中海地区,包括非洲北部和中东地区 Mediterranean incl. Northern Africa and Middle East				
4	亚洲温带地区(中国、日本、俄罗斯) Temperate Asia (China, Japan, Russia)				
5	亚洲中南部地区(布拉齐耶和富兰克林地区 75) Central South Asia(Brazier and Franklin region 75)				
6	印度、巴基斯坦、斯里兰卡 India, Pakistan, Sri Lanka				
7	缅甸 Burma(Myanmar)				
8	东南亚和太平洋地区(布拉齐耶和富兰克林地区 76) Southeast Asia and the Pacific (Brazier and Franklin region 76)				
9	泰国、老挝、越南、柬埔寨 Thailand, Laos, Vietnam, Cambodia				
10	印度马来地区(印度尼西亚、菲律宾、马来西亚、文莱、新加坡、巴布亚新几内亚和所罗门群岛) Indomalesia (Indonesia, Philippines, Malaysia, Brunei, Singapor, Papua New Guinea, and Solomon Islands)				
11	太平洋群岛(包括新喀里多尼亚、萨摩亚、夏威夷和斐济) Pacific Islands(incl. New Caledonia, Samoa, Hawaii and Fiji)				
12	澳大利亚和新西兰(布拉齐耶和富兰克林地区 77) Australia and New Zealand (Brazier and Franklin region 77)				
13	澳大利亚 Australia				
14	新西兰 New Zealand				
15	热带非洲大陆及其邻近岛屿(布拉齐耶和富兰克林地区 78) Tropical mainland Africa and adjacent islands (Brazier and Franklin region 78)				
16	热带非洲地区 Tropical Africa				
17	马达加斯加、毛里求斯、留尼汪、科摩罗 Madagascar, Mauritius, Reunion and Comoros				
18	非洲南部地区(南回归线以南)(布拉齐耶和富兰克林地区 79) Southern Africa (south of the Tropic of Capricorn) (Brazier and Franklin region 79)				

（续）

名称：		样品编号：			
IAWA 代码	IAWA 特征项描述(IAWA Item Description)	存在 (Present)	缺乏 (Absent)	存在变异 (Presence Varies)	存在未知 (Presence Unknown)
19	北美地区(墨西哥北部)(布拉齐耶和富兰克林地区 80) North America (north of Mexico) (Brazier and Franklin region 80)				
20	新热带地区和巴西温带地区(布拉齐耶和富兰克林地区 81) Neotropics and temperate Brazil (Brazier and Franklin region 81)				
21	墨西哥和中美洲 Mexico and Central America				
22	加勒比地区 Caribbean				
23	热带南美地区 Tropical South America				
24	巴西南部区 Southern Brazil				
25	南美的温带地区包括阿根廷、智利、乌拉圭、巴拉圭南部(布拉齐耶和富兰克林地区 82) Temperate South America including Argentina, Chile, Uruguay and southern Paraguay (Brazier and Franklin region 82)				
	物理性质 PHYSICAL PROPERTIES				
	心材颜色 Heartwood color				
26	褐色或深褐色 Brown or shades of brown				
27	红色或暗红色 Red or shades of red				
28	黄色或深黄色 Yellow or shades of yellow				
29	浅色(白色，奶油色，灰白) Light colored (whitish, creamy, grey)				
30	紫色或暗紫色 Purple or shades of purple				
31	其他颜色(详细说明) Other than above (specify)				
	心材和边材的颜色差异 Difference between heartwood and sapwood color				
32	心材与边材颜色相近 Heartwood color similar to sapwood color				
33	心材与边材颜色差异明显 Heartwood color distinct from sapwood color				
	心材具彩色条纹 Presence of heartwood with color streaks				
34	心材具条纹 Heartwood with streaks				
	具明显气味 Presence of a distinct odor				
35	气味明显(详细说明) Odor distinct (specify)				
	平均气干密度/基本比重 Average air-dry density /basic specific gravity				
36	…<g/cm^{3}>				
	平均气干密度[g/cm^{3}](范围) Average air-dry density [g/cm^{3}] (categories)				

（续）

名称：		样品编号：			
IAWA代码	IAWA 特征项描述（IAWA Item Description）	存在（Present）	缺乏（Absent）	存在变异（Presence Varies）	存在未知（Presence Unknown）
37	0.48g/cm^{3}以下 Less than 0.48g/cm^3				
38	0.48~0.60g/cm^3				
39	0.60g/cm^{3}以上 Above 0.60g/cm^3				
	生长轮 GROWTH RINGS				
	具生长轮界 Presence of growth ring boundaries				
40	生长轮界明显 Growth ring boundaries distinct				
41	生长轮界不明显或缺乏 Growth ring boundaries indistinct or absent				
	早材至晚材过渡 Transition from earlywood to latewood				
42	急变 Abrupt				
43	渐变 Gradual				
	管胞 TRACHEIDS				
	管胞径壁上的纹孔（仅指早材）Tracheid pitting in radial walls (in earlywood only)				
44	主为单列（predominantly）Uniseriate				
45	主为两列或多列（predominantly）Two or more seriate				
	管胞径壁上的纹孔式（两列或多列）（仅指早材）Arrangement of (two or more seriate) tracheid pitting in radial walls (earlywood only)				
46	对列 Opposite				
47	互列 Alternate				
	有沉积物（心材管胞）Organic deposits (in heartwood tracheids)				
48	存在 Present				
	平均管胞长度 Average tracheid length				
49	…<μm>				
	平均管胞长度（长度范围）Average tracheid length (size classes)				
50	短（小于3000μm）Short (less than 3000 μm)				
51	中（3000~5000μm）Medium (3000 to 5000 μm)				
52	长（大于5000μm）Long (over 5000 μm)				
	细胞间隙（横切面）Intercellular spaces throughout the wood (in transverse section)				
53	存在 Present				
	晚材管胞胞壁厚度 Latewood tracheid wall thickness				
54	薄壁（双倍胞壁厚度小于径向胞腔直径）Thin-walled (double wall thickness less than radial lumen diameter)				

（续）

名称：		样品编号：			
IAWA 代码	IAWA 特征项描述（IAWA Item Description）	存在（Present）	缺乏（Absent）	存在变异（Presence Varies）	存在未知（Presence Unknown）
55	厚壁（双倍胞壁厚度大于径向胞腔直径）Thick-walled（double wall thickness larger than radial lumen diameter）				
	纹孔塞（仅在早材管胞）Torus（pits in earlywood tracheids only）				
56	存在 Present				
	纹孔塞（如存在）Torus（when present）				
57	贝壳状 Scalloped				
	纹孔塞加厚 Torus extensions				
58	存在 Present				
	纹孔缘具缺口的纹孔 Pits with notched borders				
59	存在 Present				
	瘤状层（光学显微镜下观察）Warty layer（visible under the light microscope）				
60	存在 Present				
	螺纹加厚和其他类型的壁加厚 HELICAL AND OTHER WALL THICKENINGS				
	管胞螺纹加厚 Helical thickenings in tracheids				
	轴向管胞螺纹加厚（存在）Helical thickenings in longitudinal tracheids（presence）				
61	存在 Present				
	螺纹加厚（在轴向管胞中）Helical thickenings（in longitudinal tracheids-location）				
62	在整个生长轮中存在 Present throughout the growth increment				
63	仅在早材管胞中明显可见 Well developed only in earlywood				
64	仅在晚材管胞中明显可见 Well developed only in latewood				
	螺纹加厚（在轴向管胞中单列或多列）Helical thickenings（in longitudinal tracheids-whether single or grouped）				
65	单列 Single				
66	多列（2 列或 3 列）Grouped（double or triple）				
	螺纹加厚（在轴向管胞中间隔，仅指早材管胞）Helical thickenings（in longitudinal tracheids-spacing，earlywood tracheids only）				
67	窄间隔（每毫米的螺纹数多于 120 个）Narrowly spaced（number of coils more than 120 per mm）				
68	宽间隔（每毫米的螺纹数少于 120 个）Widely spaced（number of coils less than 120 per mm）				
	射线管胞螺纹加厚 Helical thickenings in ray tracheids				

（续）

名称：		样品编号：			
IAWA 代码	IAWA 特征项描述（IAWA Item Description）	存在（Present）	缺乏（Absent）	存在变异（Presence Varies）	存在未知（Presence Unknown）
69	普遍存在 Commonly present				
70	存在但稀少（present but）Rare				
	澳柏型加厚 Callitroid thickenings				
71	存在 Present				
	轴向薄壁组织 AXIAL PARENCHYMA				
	轴向薄壁组织（不包括胞间道的泌脂细胞和周边细胞）Axial parenchyma（excl. epithelial and subsidiary cells of intercellular canals）				
72	存在 Present				
	轴向薄壁组织排列 Arrangement of axial parenchyma				
73	星散状（在整个生长轮中均匀分布）Diffuse（cvenly scattered throughout the entire growth increment）				
74	弦向带状 Tangentially zonate				
75	轮界状 Marginal				
	横向端壁 Transverse end walls				
76	光滑 Smooth				
77	不规则加厚 Irregularly thickened				
78	念珠状或节状加厚 Beaded or nodular				
	射线组成 RAY COMPOSITION				
	射线管胞 Ray tracheids				
79	普遍存在 Commonly present				
80	少见或稀少 Absent or very rare				
	射线管胞细胞壁 Cell walls of ray tracheids				
81	光滑 Smooth				
82	锯齿状 Dentate				
83	网格状 Reticulate				
	射线管胞纹孔缘多角形或具锯齿状加厚（径切面）Ray tracheid pit borders angular or with dentate thickenings（radial section）				
84	存在 Present				
	射线组织薄壁细胞端壁 End walls of ray parenchyma cells				
85	光滑（无纹孔）Smooth（unpitted）				
86	纹孔明显 Distinctly pitted				
	射线组织薄壁细胞水平壁 Horizontal walls of ray parenchyma cells				

（续）

名称：		样品编号：			
IAWA 代码	IAWA 特征项描述(IAWA Item Description)	存在 (Present)	缺乏 (Absent)	存在变异 (Presence Varies)	存在未知 (Presence Unknown)
87	光滑(无纹孔) Smooth (unpitted)				
88	纹孔明显 Distinctly pitted				
	凹痕 Indentures				
89	存在 Present				
	交叉场纹孔式 CROSS-FIELD PITTING				
	交叉场纹孔式 Cross-field pitting				
90	窗格型“Window-like"				
91	松木型 Pinoid				
92	云杉型 Piceoid				
93	柏木型 Cupressoid				
94	杉木型 Taxodioid				
95	南洋杉型 Araucarioid				
	每个交叉场的纹孔个数(仅指早材管胞) Number of pits per crossfield (early wood tracheids only)				
96	…<每个交叉场的纹孔个数 >…< number per crossfield >				
	每个交叉场的纹孔数(仅指早材管胞分类) Number of pits per cross-field (early wood only-categories)				
97	1~2 个(大窗格型)(large window-like) 1-2				
98	1~3 个 1-3				
99	3~5 个 3-5				
100	6 个或以上 6 or more				
	射线尺寸 RAY SIZE				
	射线平均高度 Average ray height				
101	…<μm>				
	射线平均高度(细胞数) Average ray height (number of cells)				
102	很低(少于 5 个细胞) Very low (up to 4 cells)				
103	中等(5~15 个细胞) Medium (5 to 15 cells)				
104	高(16~30 个细胞) High (from 16 to 30 cells)				
105	很高(多于 30 个细胞) Very high (more than 30 cells)				
	纺锤形射线平均高度 Average fusiform ray height				
106	…<μm>				
	射线宽度(细胞) Ray width (cells)				
107	全部单列 Exclusively uniseriate				

（续）

名称：		样品编号：			
IAWA 代码	IAWA 特征项描述（IAWA Item Description）	存在（Present）	缺乏（Absent）	存在变异（Presence Varies）	存在未知（Presence Unknown）
108	部分 2~3 列 2-3-seriate in part				
	胞间道 INTERCELLULAR CANALS				
	轴向胞间（树脂）道 Axial intercellular （resin）canals				
109	存在 Present				
	径向胞间（树脂）道 Radial intercellular （resin）canals				
110	存在 Present				
	创伤胞间（树脂）道（轴向和径向）Traumatic （resin）canals（axial，radial）				
111	存在 Present				
	正常轴向胞间道平均直径（树脂道）Average diameter of normal axial intercellular canals				
112	弦向直径，用泌脂细胞界定（方法 A）<μm>Tangential diameter, delimited by epithelial cells （Method A） <μm>				
113	整个胞间道的弦向直径（方法 B）<μm>Tangential diameter of entire resin canal complex （Method B） <μm>				
114	径向直径，用泌脂细胞界定（方法 C）<μm>Radial diameter, delimited by epithelial cells （Method C）<μm>				
	正常径向细胞间道的平均直径 Average diameter of normal radial intercellular canals				
115	…<um>				
	泌脂细胞（胞间道）Epithelial cells （of intercellular canals）				
116	厚壁 Thick-walled				
117	薄壁 Thin-walled				
	矿物质内含物 MINERAL INCLUSIONS				
	晶体 Crystals				
118	存在 Present				
	晶体类型 Type of crystals				
119	菱形 Prismatic				
120	晶簇 Druses				
121	其他类型（详细说明）Other forms （specify）				
	晶体分布位置 Crystals located in				
122	射线 Rays				
123	轴向薄壁组织 Axial parenchyma				

（续）

名称：		样品编号：			
IAWA 代码	IAWA 特征项描述(IAWA Item Description)	存在(Present)	缺乏(Absent)	存在变异(Presence Varies)	存在未知(Presence Unknown)
124	与胞间道相连的细胞 Cells associated with intercellular canals				

木材名称：________________

13.6　阔叶树材微观特征计算机检索系统的使用

13.6.1　目的与要求

①掌握木材微观构造特征的共性和个性及其相互关系，将已知木材微观主要特征和次要特征按照稳定性进行记载。

②观察木材标本微观切片，利用阔叶树材微观检索系统进行检索，找出被鉴定木材的名称。

③在实验报告中列出 IAWA 特征值。

13.6.2　观察树种

2~4 种阔叶树材树种。

13.6.3　阔叶树材解剖特征中英文对照表

按表 13-8 记载所观察阔叶树材微观特征，利用检索系统得出木材名称。

表 13-8　IAWA 检索记录表(阔叶树材)

名称：		样品编号：			
IAWA 代码	IAWA 特征项描述(IAWA Item Description)	存在(Present)	缺乏(Absent)	存在变异(Presence Varies)	存在未知(Presence Unknown)
	生长轮 GROWTH RINGS				
1	生长轮界明显 Growth ring boundaries distinct				
2	生长轮界不明显或缺失 Growth ring boundaries indistinct or absent				
	导管 VESSELS				
	管孔分布类型 Porosity				
3	环孔材 Wood ring-porous				
4	半环孔材 Wood semi-ring-porous				
5	散孔材 Wood diffuse-porous				
	管孔排列类型 Vessel arangement				

（续）

名称：		样品编号：			
IAWA代码	IAWA 特征项描述（IAWA Item Description）	存在（Present）	缺乏（Absent）	存在变异（Presence Varies）	存在未知（Presence Unknown）
6	弦向排列 Vessels in tangential bands				
7	斜列至径向排列 Vessels in diagonal and / or radial pattern				
8	树枝状排列 Vessels in dendritic pattern				
	管孔的组合类型 Vessel groupings				
9	单管孔（90%或以上）Vessels exclusively solitary（90% or more）				
10	径列复管孔 4 个或以上 Vessels in radial multiples of 4 or more common				
11	管孔团 Vessel clusters common				
	单管孔轮廓 Solitary vessel outline				
12	单管孔轮廓多角形 Solitary vessel outline angular				
	穿孔板 Perforation plates				
13	单穿孔板 Simple perforation plates				
14	梯状穿孔板 Scalariform perforation plates				
15	梯状穿孔板，横隔 10 条以下 Scalariform perforation plates with ≤10 bars				
16	梯状穿孔板，横隔 10~20 条 Scalariform perforation plates with 10-20 bars				
17	梯状穿孔板，横隔 20~40 条 Scalariform perforation plates with 20-40 bars				
18	梯状穿孔板，横隔 40 条以上 Scalariform perforation plates with ≥40 bars				
19	网状穿孔板，筛状穿孔板及其他复穿孔板 Reticulate, foraminate, and / or other types of multiple perforation plates				
	管间纹孔式的类型和 Intervessel pits：arrangement and size				
20	梯状管间纹孔式 Intervessel pits scalariform				
21	对列管间纹孔式 Intervessel pits opposite				
22	互列管间纹孔式 Intervessel pits alternate				
23	互列管间纹孔多角形 Shape of alternate pits polygonal				
24	微小：4μm 以下 Minute-≤4μm				
25	小：4~7μm Small-4-7μm				
26	中：7~10μm Medium-7-10μm				
27	大：10μm 以上 Large-≥10μm				
28	管间纹孔大小的范围（μm）Range of intervessel pit size（μm）				
	附物纹孔 Vestured pits				
29	附物纹孔 Vestured pits				

（续）

名称：		样品编号：			
IAWA 代码	IAWA 特征项描述（IAWA Item Description）	存在（Present）	缺乏（Absent）	存在变异（Presence Varies）	存在未知（Presence Unknown）
	导管与射线间纹孔式 Vessel-ray pitting				
30	导管与射线间纹孔缘明显，大小及形状似管间纹孔式（在整个射线细胞内）Vessel-ray pits with distinct borders: similar to intervessel pits in size and shape throughout the ray cell				
31	导管与射线间纹孔缘甚狭至明显单纹孔：纹孔圆形或方形 Vessel-ray pits with much reduced borders to apparently simple: pits rounded or angular				
32	导管与射线间纹孔缘甚狭至明显单纹孔：纹孔水平（梯状，裂隙状）至垂直（栅状）Vessel-ray pits with much reduced borders to apparently simple: pits horizontal (scalariform, gash-like) to vertical (palisade)				
33	导管与射线间纹孔具两种尺寸及形态 Vessel-ray pits of two distinct sizes or types in the same ray cell				
34	导管与射线间纹孔为单侧复纹孔式 Vessel-ray pits unilaterally compound and coarse				
35	导管与射线间纹孔仅限于射线边缘细胞 Vessel-ray pits restricted to marginal rows				
	螺纹加厚 Helical thickenings				
36	导管具螺纹加厚 Helical thickenings in vessel elements present				
37	螺纹加厚存在于整个导管中 Helical thickenings throughout body of vessel element				
38	螺纹加厚仅限于导管尾部 Helical thickenings only in vessel element tails				
39	螺纹加厚仅限于小导管 Helical thickenings only in narrower vessel elements				
	导管腔弦向直径 Tangential diameter of vessel lumina				
	导管腔弦向平均直径 Mean tangential diameter of vessel lumina				
40	50μm 以下≤50μm				
41	50~100μm 50-100μm				
42	100~200μm 100-200μm				
43	200μm 以上≥200μm				
44	平均，标准差，范围，样本数（$n=x$）Mean, +/-Standard Deviation, Range, $n=x$				
45	导管直径差异显著但非环孔材 Vessels of two distinct diameter classes, wood not ring-porous				
	每平方毫米管孔数 Vessels per square millimetre				

（续）

名称：		样品编号：			
IAWA 代码	IAWA 特征项描述（IAWA Item Description）	存在（Present）	缺乏（Absent）	存在变异（Presence Varies）	存在未知（Presence Unknown）
46	5 个以下≤5 vessels per square millimetre				
47	5~20 个 5-20 vessels per square millimetre				
48	20~40 个 20-40 vessels per square millimetre				
49	40~100 个 40-100 vessels per square millimetre				
50	100 个以上≥100 vessels per square millimetre				
51	平均，标准差，范围，样本数（$n=x$）Mean，+/-Standard Deviation，Range，$n=x$				
	导管分子平均长度 Mean vessel element length				
52	350μm 以下≤350μm				
53	350~800μm 350-380μm				
54	380μm≥800 μm				
55	平均，标准差，范围，样本数（$n=x$）Mean，+/-Standard Deviation，Range，$n=x$				
	导管中的侵填体及沉积物 Tyloses and deposits in vessels				
56	侵填体 Tyloses common				
57	硬化侵填体 Tyloses sclerotic				
58	心材导管内含树胶及其他沉积物 Gums and other deposits in heartwood vessels				
	不具导管的阔叶树材 Wood vesselless				
59	木材不具导管 Wood vesselless				
60	导管状管胞和环管管胞 Vascular / vasicentric tracheids present				
	基本组织-木纤维 Ground tissue fibres				
61	具单纹孔或单纹孔略具狭缘的木纤维（韧型纤维） Fibres with simple to minutely bordered pits				
62	具典型具缘纹孔的木纤维（纤维状管胞） Fibres with distinctly bordered pits				
63	木纤维径面、弦面壁纹孔均明显 Fibre pits common in both radial and tangential walls				
64	木纤维具螺纹加厚 Helical thickenings in ground tissue fibres				
	分隔木纤维和薄壁纤维带 Septate fibres and parenchyma-like fibre bands				
65	具分隔木纤维 Septate fibres present				
66	不具分隔木纤维 Non-septate fibres present				
67	类似轴向薄壁组织的纤维带与正常木纤维层状交互排列 Parenchyma-like fibre bands alternating with ordinary fibres				

（续）

名称：		样品编号：			
IAWA 代码	IAWA 特征项描述（IAWA Item Description）	存在（Present）	缺乏（Absent）	存在变异（Presence Varies）	存在未知（Presence Unknown）
	木纤维细胞壁厚度 Fibre wall thickness				
68	木纤维壁甚薄 Fibres very thin-walled				
69	木纤维壁薄至厚 Fibres thin-to thick-walled				
70	木纤维壁甚厚 Fibres very thick-walled				
	木纤维平均长度 Mean fibre lengths				
71	900μm 以下≤900μm				
72	900～1600μm 900-1600μm				
73	1600μm 以上≥1600μm				
74	平均，标准差，范围，样本数（$n=x$）Mean，+/-Standard Deviation，Range，$n=x$				
	轴向薄壁组织 Axial parenchyma				
75	轴向薄壁组织缺乏或极稀少 Axial parenchyma absent or extremely rare				
	离管型轴向薄壁组织 Apotracheal axial parenchyma				
76	星散状 Axial parenchyma diffuse				
77	星散-聚合状 Axial parenchyma diffuse-in-aggregates				
	傍管型轴向薄壁组织 Paratracheal axial parenchyma				
78	稀疏环管状 Axial parenchyma scanty paratracheal				
79	环管状 Axial parenchyma vasicentric				
80	翼状 Axial parenchyma aliform				
81	菱形翼状 Axial parenchyma lozenge-aliform				
82	长翼状 Axial parenchyma winged-aliform				
83	聚翼状 Axial parenchyma confluent				
84	单侧傍管状 Axial parenchyma unilateral paratracheal				
	带状薄壁组织 Banded parenchyma				
85	宽带状（带宽 3 个细胞以上）Axial parenchyma bands more than three cells wide				
86	细带状或细线状（带宽 3 个细胞以下）Axial parenchyma in narrow bands or lines up to three cells wide				
87	网状 Axial parenchyma reticulate				
88	梯状 Axial parenchyma scalariform				
89	轮界状或略呈轮界状 Axial parenchyma in marginal or in seemingly marginal bands				
	轴向薄壁细胞类型和束长 AXIAL PARENCHYMA CELL TYPE/STRAND LENGTH				

（续）

名称：		样品编号：			
IAWA代码	IAWA 特征项描述（IAWA Item Description）	存在（Present）	缺乏（Absent）	存在变异（Presence Varies）	存在未知（Presence Unknown）
90	纺锤形轴向薄壁细胞 Fusiform parenchyma cells				
91	薄壁细胞束由 2 个细胞组成 Two cells per parenchyma strand				
92	薄壁细胞束由 3~4 个细胞组成 Four（3-4）cells per parenchymastrand				
93	薄壁细胞束由 5~8 个细胞组成 Eight（5-8）cells per parenchymastrand				
94	薄壁细胞束由 8 个细胞以上组成 Over eight cells per parenchymastrand				
95	未木质化的轴向薄壁细胞 Unlignified parenchyma				
	木射线 RAYS				
	木射线宽度 Ray width				
96	木射线单列 Rays exclusively uniseriate				
97	木射线宽 1~3 列细胞 Ray width 1 to 3 cells				
98	宽木射线通常 4~10 列 Larger rays commonly 4-to 10 seriate				
99	宽木射线通常 10 列以上 Larger rays commonly > 10-seriate				
100	木射线多列部分与单列部分等宽 Rays with multiseriate portions as wide as uniseriate portions				
	聚合木射线 Aggregate rays				
101	聚合木射线 Aggregate rays				
	木射线高度 RAY HEIGHT				
102	木射线高度大于 1mm Ray height>1mm				
	具两类尺寸的木射线 RAYS OF TWO DISTINCT SIZES				
103	具两类尺寸的木射线 Rays of two distinct sizes				
	木射线细胞的组成 Rays：cellular composition				
104	全由横卧细胞组成 All ray cells procumbent				
105	全由直立和/或方形细胞组成 All ray cells upright and / or square				
106	由横卧细胞及 1 排直立和/或方形边缘细胞组成 Body ray cells procumbent with one row of upright and / or square marginal cells				
107	由横卧细胞及 2~4 排直立和/或方形边缘细胞组成 Body ray cells procumbent with mostly 2-4 rows of upright and / or square marginal cells				
108	由横卧细胞及 4 排以上直立和/或方形边缘细胞组成 Body ray cells procumbent with over 4 rows of upright and / or square marginal cells				

（续）

名称：		样品编号：			
IAWA 代码	IAWA 特征项描述（IAWA Item Description）	存在（Present）	缺乏（Absent）	存在变异（Presence Varies）	存在未知（Presence Unknown）
109	由横卧，方形和直立细胞混合组成 Rays with procumbent, square and upright cells mixed throughout the ray				
	鞘状细胞 SHEATH CELLS				
110	鞘状细胞 Sheath cells				
	瓦状细胞 Tile cells				
111	瓦状细胞 Tile cells				
	具穿孔射线细胞 Perforated ray cells				
112	具穿孔射线细胞 Perforated ray cells				
	离接射线薄壁细胞壁 Disjunctive ray parenchyma cell walls				
113	离接射线薄壁细胞壁 DISJUNCTIVE RAY PARENCHYMA CELL WALLS				
	每毫米木射线数量 RAYS PER MILLIMETRE				
114	少于 4 条≤4/mm				
115	4~12 条 4-12/mm				
116	12 条以上 ≥12/mm				
	不具射线的木材 Wood rayless				
117	不具射线 Wood rayless				
	叠生构造 STORIED STRUCTURE				
118	所有射线叠生 All rays storied				
119	矮射线叠生，高射线非叠生 Low rays storied, high rays non-storied.				
120	轴向薄壁细胞和/或导管分子叠生 Axial parenchyma and / or vessel elements storied				
121	木纤维叠生 Fibres storied				
122	射线和/或轴向分子不规则叠生 Rays and / or axial elements irregularly storied				
	分泌细胞及形成层变异 SECRETORY ELEMENTS AND CAMBIAL VARIANTS				
	油细胞及黏液细胞 OIL AND MUCILAGE CELLS				
124	油细胞和/或黏液细胞与射线薄壁细胞相连 Oil and / or mucilage cells associated with ray parenchyma				
125	油细胞和/或黏液细胞与轴向薄壁细胞相连 Oil and / or mucilage cells associated with axial parenchyma				
126	油细胞和/或黏液细胞与木纤维相连 Oil and / or mucilage cells present among fibres				

（续）

名称：		样品编号：			
IAWA代码	IAWA 特征项描述(IAWA Item Description)	存在(Present)	缺乏(Absent)	存在变异(Presence Varies)	存在未知(Presence Unknown)
	胞间道 INTERCELLULAR CANALS				
127	轴向胞间道长弦列状 Axial canals in long tangential lines				
128	轴向胞间道短弦列状 Axial canals in short tangential lines				
129	轴向胞间道星散状 Axial canals diffuse				
130	具径向胞间道 Radial canals				
131	具创伤胞间道 Intercellular canals of traumatic origin				
	乳汁管或/单宁管 TUBES/TUBULES				
132	乳汁管或单宁管 Laticifers or tanniniferous tubes				
	形成层变异 CAMBIAL VARIANTS				
133	同心圆状内含韧皮部 Included phloem，concentric				
134	星散状内含韧皮部 Included phloem，diffuse				
135	其他形成层变异 Other cambial variants				
	无机内含物 MINERAL INCLUSIONS				
	菱形晶体 Prismatic crystals				
136	具菱形晶体 Prismatic crystals present				
137	菱形晶体在直立或方形射线细胞内 Prismatic crystals in upright and / or square ray cells				
138	菱形晶体在横卧射线细胞内 Prismatic crystals in procumbent ray cells				
139	菱形晶体在横卧射线细胞内，呈径列 Prismatic crystals in radial alignment in procumbent ray cells				
140	菱形晶体在分室直立或方形射线细胞内 Prismatic crystals in chambered upright and / or square ray cells				
141	菱形晶体在非分室轴向薄壁细胞内 Prismatic crystals in non-chambered axial parenchyma cells				
142	菱形晶体在分室轴向薄壁细胞内 Prismatic crystals in chambered axial parenchyma cells				
143	菱形晶体在木纤维细胞内 Prismatic crystals in fibres				
	晶簇 **Druses**				
144	具晶簇 Druses present				
145	晶簇在射线薄壁细胞内 Druses in ray parenchyma cells				
146	晶簇在轴向薄壁细胞内 Druses in axial parenchyma cells				
147	晶簇在纤维细胞中 Druses in fibres				
148	晶簇在分室细胞内 Druses in chambered cells				

（续）

名称：		样品编号：			
IAWA 代码	IAWA 特征项描述（IAWA Item Description）	存在（Present）	缺乏（Absent）	存在变异（Presence Varies）	存在未知（Presence Unknown）
	其他晶体类型 Other crystal types				
149	束晶 Raphides				
150	针晶 Acicular crystals				
151	柱晶、细长结晶 Styloids and / or elongate crystals				
152	其他形状晶体（通常很小） Crystals of other shapes (mostly small)				
153	砂晶 Crystal sand				
	晶体的其他识别特征 Other diagnostic crystal features				
154	每个细胞或分室内具 2 个以上的同大小的晶体 More than one crystal of about the same size per cell or chamber				
155	每个细胞或分室内具 2 个不同大小的晶体 Two distinct sizes of crystals per cell or chamber				
156	晶体在膨大细胞内 Crystals in enlarged cells				
157	晶体在侵填体中 Crystals in tyloses				
158	钟乳体 Cystoliths				
	硅石 Silica				
159	具硅石 Silica bodies present				
160	射线细胞含硅石 Silica bodies in ray cells				
161	轴向薄壁细胞含硅石 Silica bodies in axial parenchyma cells				
162	木纤维含硅石 Silica bodies in fibres				
163	玻璃态硅石 Vitreous silica				
	附录-非解剖信息 Appendix-Non-anatomical information				
	地理分布 Geographical distribution				
164	欧洲及亚洲温带（布拉齐耶及富兰克林地区 75） Europe and temperate Asia (Brazier and Franklin region 75)				
165	欧洲，不包括地中海地区 Europe，excluding Mediterranean				
166	地中海地区，包括北非和中东地区 Mediterranean including Northern Africa and Middle East				
167	亚洲温带地区（中国）、日本、俄罗斯 Temperate Asia (China)，Japan，Russia				
168	中南亚（布拉齐耶及富兰克林地区 75） Central South Asia (Brazier and Franklin region 75)				
169	印度、巴基斯坦、斯里兰卡 India，Pakistan，Sri Lanka				
170	缅甸 Burma				

（续）

名称：		样品编号：			
IAWA代码	IAWA 特征项描述(IAWA Item Description)	存在(Present)	缺乏(Absent)	存在变异(Presence Varies)	存在未知(Presence Unknown)
171	东南亚及太平洋地区(布拉齐耶及富兰克林地区 76) Southeast Asia and Pacific (Brazier and Franklin region 76)				
172	泰国、老挝、越南、柬埔寨 Thailand, Laos, Vietnam, Cambodia				
173	印度马来地区：印度尼西亚、菲律宾、马来西亚、文莱、巴布亚、新几内亚和所罗门群岛 Indomalesia: Indonesia, Philippines, Malaysia, Brunei, Papua, New Guinea, and Solomon Islands				
174	太平洋群岛(包括新喀里多尼亚、萨摩亚、夏威夷和斐济) Pacific Islands (including New Caledonia, Samoa, Hawaii, and Fiji)				
175	澳大利亚和新西兰(布拉齐耶及富兰克林地区 77) Australia and New Zealand (Brazier and Franklin region 77)				
176	澳大利亚 Australia				
177	新西兰 New Zealand				
178	热带非洲大陆及邻近岛屿(布拉齐耶和富兰克林地区 78) Tropical mainland Africa and adjacent islands (Brazier and Franklin region 78)				
179	热带非洲地区 Tropical Africa				
180	马达加斯加和毛里求斯，留尼旺和科摩罗 Madagascar & Mauritius, Réunion & Comores				
181	非洲南部地区(南回归线以南)(布拉齐耶和富兰克林地区 79) Southern Africa (south of the Tropic of Capricorn) (Brazier and Franklin region79)				
182	北美地区，墨西哥北部(布拉齐耶和富兰克林地区 80) North America, north of Mexico (Brazier and Franklin region 80)				
183	新热带和温带巴西(布拉齐耶和富兰克林地区 81) Neotropics and temperate Brazil (Brazier and Franklin region 81)				
184	墨西哥和中美洲 Mexico and Central America				
185	加勒比海地区 Carribean				
186	热带南美地区 Tropical South America				
187	巴西南部地区 Southern Brazil				
188	南美洲温带地区，包括阿根廷、智利、乌拉圭和巴拉圭南部(布拉齐耶和富兰克林地区 82) Temperate South America including Argentina, Chile, Uruguay, and S. Paraguay (Brazier and Franklin region 82)				
	生活形态 Habit				
189	乔木 Tree				
190	灌木 Shrub				

（续）

名称：		样品编号：			
IAWA 代码	IAWA 特征项描述(IAWA Item Description)	存在(Present)	缺乏(Absent)	存在变异(Presence Varies)	存在未知(Presence Unknown)
191	藤本植物 Vine / liana				
	商业木材的重要性 Wood of commercial importance				
192	商业木材的重要性 Wood of commercial importance				
	比重 Specific gravity				
193	低基本比重，≤0. 40 Basic specific gravity low，≤0. 40				
194	中等基本比重，0. 40 ~ 0. 75 Basic specific gravity medium，0. 40-0. 75				
195	高基本比重，≥0. 75 Basic specific gravity high，≥0. 75				
	心材颜色 Heartwood colour				
196	心材颜色比边材颜色深 Heartwood colour darker than sapwood colour				
197	心材基本上是棕色或深棕色 Heartwood basically brown or shades of brown				
198	心材基本上是红色或暗红色 Heartwood basically red or shades of red				
199	心材基本上是黄色或暗黄色 Heartwood basically yellow or shades of yellow				
200	心材基本上是白色到灰色 Heartwood basically white to grey				
201	心材带有条纹 Heartwood with streaks				
202	心材非如上所述 Heartwood not as above				
	气味 Odour				
203	气味明显 Distinct odour				
	心材具荧光 Heartwood fluorescent				
204	心材具荧光 Heartwood flourescent				
	水乙醇抽提物：具荧光或有颜色 Water & ethanol extracts：fluores-cence & colour				
205	水抽提物具荧光 Water extract fluorescent				
206	水抽提物无色至棕色或深棕色 Water extract basically colourless to brown or shades of brown				
207	水抽提物呈红色或暗红色 Water extract basically red or shades of red				
208	水抽提物呈黄色或暗黄色 Water extract basically yellow or shades of yellow				
209	水抽提物颜色非如上所述 Water extract not as above				
210	乙醇抽提物具荧光 Ethanol extract fluorescent				

（续）

名称：		样品编号：			
IAWA 代码	IAWA 特征项描述(IAWA Item Description)	存在 (Present)	缺乏 (Absent)	存在变异 (Presence Varies)	存在未知 (Presence Unknown)
211	乙醇抽提物无色至棕色或深棕色 Ethanol extract basically colourless to brown or shades of brown				
212	乙醇抽提物呈红色或暗红色 Ethanol extract basically red or shades of red				
213	乙醇抽提物呈黄色或暗黄色 Ethanol extract basically yellow or shades of yellow				
214	乙醇抽提物颜色非上所述 Ethanol extract not as above				
	泡沫测试 Froth test				
215	呈阳性 Froth test positive				
	铬天青-S 测试 Chrome Azurol-S test				
216	呈阳性 Chrome Azurol-S test positive				
	燃烧木条测试 Burning splinter test				
217	全为炭 Splinter burns to charcoal				
218	全为灰烬：灰烬呈亮白色 Splinter burns to a full ash：Colour of ash bright white				
219	全为灰烬：灰烬呈黄褐色 Splinter burns to a full ash：Colour of ash yellow-brown				
220	全为灰烬 ：灰烬呈其他颜色 Splinter burns to a full ash：Colour of ash other than above				
221	部分灰烬：Splinter burns to a partial ash				

木材名称：____________________

13.7 木材主要识别特征观察与记载

13.7.1 目的与要求

回顾木材宏观构造知识，掌握木材识别一般步骤、木材识别遵循的原则以及木材识别与鉴定应该具备的基本设施与技能。

13.7.2 重点与难点

重点掌握和理解木材识别遵循的原则、基本步骤；难点在于就所提供的试样查询对木材识别有效的木材构造特征。

13.7.3 辅助工具、材料及样品

10 倍放大镜、美工刀、培养皿，带有编号隐去木材名称标识的试样：

侧柏 *Platycladus orientalis*、圆柏 *Sabina chinensis*、大别山五针松 *Pinus dabeshanensis*、黄山松 *Pinus taiwanensis*、马尾松 *Pinus massoniana*、银杏 *Ginkgo biloba*、红豆杉 *Taxus chinensis*、樟子松 *Pinus sylvestris* var. *mongolica*、旱柳 *Salix matsudana*、黄檀 *Dalbergia hupeana*、枫香 *Liquidambar formosana*、泡桐 *Paulownia fortunei*、柿子树 *Diospyros kaki*、梧桐 *Firmiana platanifolia*、栎木 *Quercus* spp.、杨木 *Populus* spp.、香樟 *Cinnamomum camphora*、竹材人造板、细木工板、薄木饰面中密度纤维板。

13.7.4　基本技能现场实践

观察所提供的试样，逐一回答下列问题(提供符合条件的试样编号)。

①单子叶植物编号？双子叶植物中针叶树材有哪些，阔叶树材有哪些？

②早晚材急变的有哪些？缓变的有哪些，介于两者之间的有哪些？心边材区别明显的有哪些？

③环孔材有哪些？环孔材早材管孔单列的有哪些？多列的有哪些，分别为几列？

④半环孔材有哪些？散孔材有哪些？具有髓斑的有哪有些？具有变色的有哪些？

⑤具有树脂道的有哪些？具有特征气味的有哪些？具有特殊颜色的有哪些(如果有，请注明心边材)？

⑥木射线细至极细的有哪些？具有栎木型射线的有哪些？径切面射线斑纹极其明显的有哪些？

⑦轴向薄壁组织为翼状或聚翼状的有哪些？为带状的有哪些？

⑧木材重量为极轻的有哪些？

⑨具有侵填体的有哪些？侵填体极为明显的有哪些？

⑩材表具有网纹的有哪些？具有灯纱纹的有哪些？具有槽棱的有哪些？具有波痕的有哪些？

⑪试样为人造板的有哪些？薄木贴面的是哪些？人造板经过薄木贴面的是哪些？

13.8　国产常见商品材识别与鉴定

13.8.1　目的与要求

了解国产商品材概况；掌握国产常见商品材识别要点；熟练掌握徒手切片方法；通过专项练习掌握国产木材特殊形态特征；初步掌握图片特征与文献资料对比分析方法。

13.8.2　重点与难点

重点掌握国产主要商品材识别要点及木材识别特征记载及查询方法等；难点在于专项练习特殊形态特征的观察，木材徒手切片方法的掌握。

13.8.3　辅助工具、材料及样品

10 倍放大镜、光学显微镜、美工刀、培养皿，《中国木材志》《安徽木材识别与用途》，GB/T 16734—1997《中国主要木材名称》，带有木材名称标识的试样：黄连木 *Pistacia chinensis*、大别山五针松 *Pinus dabeshanensis*、檫木 *Sassafras tzumu*、油茶

Camellia oleifera、红椿 *Toona ciliata*、香椿 *Toona sinensis*、野柿 *Diospyros kaki* var. *silvestris*、五角枫 *Acer pictum*、水曲柳 *Fraxinus mandshurica*、臭冷杉 *Abies nephrolepis*、臭椿 *Ailanthus altissima*、落叶松 *Larix gmelinii* 等。

13.8.4 基本技能现场实践

观察所提供的试样，分别根据需要在放大镜下或徒手切片后在显微镜下观察，逐一回答下列问题：

①针叶树材有哪些，阔叶树材有哪些？

②早晚材急变的有哪些？缓变的有哪些？

③环孔材有哪些？半环孔材有哪些？散孔材有哪些？

④具有树脂道的有哪些？观察镜下不同树种树脂道形态特征有哪些？

⑤具有栎木型射线的有哪些？观察所有试样的射线高度与宽度。

⑥针叶树材中具有螺纹加厚的有哪些？观察比较红豆杉与落叶松纵切面切片上螺纹加厚的差异。

⑦观察杉木、圆柏显微镜下轴向薄壁组织。

⑧观察刺槐、黄檀、黄连木轴向薄壁组织，比较其差异。

⑨具有波痕的有哪些？试观察野柿与黄檀显微镜下弦切面特征(叠生构造)。

⑩具有髓斑的有哪些？观察髓斑显微镜下特征。

⑪比较水曲柳与柞木的显著差异；比较油茶与光皮桦横切面镜下差异。

⑫比较檫木与红椿的显著差异。

13.9 东南亚常见商品材识别与鉴定

13.9.1 目的与要求

了解东南亚及南太平洋木材概况、商品材出口情况，熟悉目前市场主要商品材及其识别要点，通过专项练习掌握其特殊形态特征(如轴向树胶道、热带材薄壁组织、波痕、管孔内含物、瓦形细胞类型、特征性颜色等)。

13.9.2 重点与难点

重点掌握市场常见东南亚地区主要商品材识别要点，难点在于进口木材木种名称、树种名称及俗名之间的混淆。

13.9.3 辅助工具、材料及样品

10倍放大镜、光学显微镜、美工刀、培养皿，《东南亚热带木材》《东南亚木材——识别与用途》《南洋材》《龙脑香科木材》《中国主要进口木材名称》(GB/T 18513—2022)；带有木材名称标识的试样：

渐尖栲 *Castanopsis acuminatissima*、坤甸铁樟 *Eusideroxylon* spp.、冰糖果 *Bintangor Calophyllum*、栎木 *Quercus* spp.、榴莲 *Durio zibethinus*、翅子木 *Pterospermum acerifolium*、柳桉 *Shorea* spp.、印茄 *Intsia*. spp.、龙脑香 *Dipterocarpus* spp.、番龙眼 *Pometia pinnata*、

摘亚木 *Dialium* spp.、纳托山榄 *Palaquium* spp.、肥果山榄 *Palaquium pachycarpa*、油楠 *Sindora glabra*、橡胶木 *Hevea Brasiliensis*、五桠果 *Dillenia indica*、甘巴豆 *Koompassia* spp. 等。

13.9.4　基本技能现场实践

观察所提供的试样，分别根据需要在放大镜下或徒手切片后在显微镜下观察，逐一回答下列问题：

①具有栎木型射线的有哪些？

②具有树胶道的有哪些？观察镜下树胶道形态特征的差异哪些？

③具有波痕的有哪些？试比较宏观下波痕的差异；显微镜下观察分析产生波痕的原因。

④具有翼状薄壁组织的有哪些？具有带状薄壁组织的有哪些？

⑤具有径列复管孔的有哪些？管孔中具有特殊沉积物的有哪些？显微镜下观察至少 3 种木材管间纹孔式类型及穿孔板类型。

⑥观察显微镜下木射线特征，试写出至少 3 种木材木射线类型。

⑦比较山榄科几种木材的主要差别。

⑧具有特征性颜色的有哪些？仔细观察记载印茄木、橡胶木、番龙眼、克隆、南洋栎木、五桠果、甘巴豆、摘亚木、海棠木等几种木材市场常见木材(任选 4 种)的显著特征。

13.10　拉丁美洲及非洲热带材识别与鉴定

13.10.1　目的与要求

了解拉丁美洲及非洲地理概况、森林资源概况、商品材出口情况，熟悉目前市场主要商品材及其识别要点，通过专项练习掌握其特殊形态特征。

13.10.2　重点与难点

重点掌握市场常见拉丁美洲及非洲主要商品材识别要点，难点在于进口木材木种名称、树种名称及俗名之间的混淆。

13.10.3　辅助工具、材料及样品

10 倍放大镜、光学显微镜、美工刀、培养皿，《拉丁美洲热带木材》《非洲热带木材》《中国主要进口木材名称》(GB/T 18513—2022)；带有木材名称标识的试样：

重蚁木 *Handroanthus* spp.、东非崖豆树 *Millettia laurentii*、铁力木 *Mesua ferrea*、二翅豆 *Dipteryx sp*、紫心苏木 *Peltogyne lecointei*、绿柄桑 *Chlorophora* spp.、饱食桑 *Brosimum* spp.、绿心樟 *Chlorocardium rodiei*、纤皮玉蕊 *Couratari* spp.、黑核桃 *Juglans nigra*、铁苏木 *Apuleia* spp.、帽柱木 *Mitragyna* spp.、油楠 *Sindora* spp.、孪叶苏木 *Hymenaea cunrbaril*、鲍迪豆 *Bowdichia* spp.、圆盘豆 *Cylicodiscus* spp.、尼日利亚短盖豆 *Brachystegia nigerica*、腺瘤豆 *Piptadeniastrum africanum*、红桉 *Eucalyptus diversicolor*、红铁木 *Lophira alata* 非洲桃花心木 *Khaya Senegalensis* 等。

13.10.4 基本技能现场实践

观察所提供的试样，分别根据需要在放大镜下或徒手切片后在显微镜下观察，逐一回答下列问题：

①具有特征性颜色的有哪些？

②具有波痕的有哪些？试比较宏观下波痕的差异；显微镜下观察分析产生波痕的原因。(重蚁木、二翅豆)？

③具有翼状薄壁组织的有哪些？具有带状薄壁组织的有哪些？具有轮界状薄壁组织的有哪些？薄壁组织与木射线交织成网状的有哪些？(列举 1~2 种即可)

④具有径列复管孔的有哪些？管孔中具有特殊沉积物的有哪些？显微镜下观察至少 3 种木材管间纹孔式类型及穿孔板类型。

⑤试比较紫心苏木、铁苏木、李叶苏木、二翅豆木材的宏观、微观构造上的显著差异。

⑥仔细观察非洲楝科几种木材之间的差异。

⑦试比较尼日利亚短盖豆与非洲崖豆木宏观构造上的异同点，从构造特征分析哪种木材材性更好一点？

13.11 珍稀或特类木材识别

13.11.1 目的与要求

了解珍稀、名贵或特类木材的概念、差异性；通过专项练习掌握几种(类)重要珍稀或名贵木材的特殊形态特征。

13.11.2 重点与难点

重点掌握市场常见名贵木材识别要点，尤其介绍一些以假充真、以次充好的商品材；掌握几类名贵木材的非常规识别与鉴定方法；难点在于区分假冒伪劣商品材、特类木材识别。

13.11.3 辅助工具、材料及样品

10 倍放大镜、光学显微镜、美工刀、培养皿，酒精，GB/T 18107—2017《红木》、LY/T 2904—2017《沉香》、GB/T 18513—2022《中国主要进口材木名称》；带有木材名称标识的试样：

檀香紫檀 *Pterocarpus santalinus*、染料紫檀 *Pterocarpus tinctorius*、大果紫檀 *Pterocarpus macrocarpus*、非洲紫檀 *Pterocarpus soyauxii*、降香黄檀 *Dalbergia odorifera*、刀状黑黄檀 *Dalbengia cultrata*、交趾黄檀 *Dalbengia cochinchinensis*、南洋子京 *Madhuca* spp.、维腊木 *Bulnesia* sp.、条纹乌木 *Diospyros* spp.、崖豆木 *Millettia*. spp.、铁力木 *Mesua ferrea*、桢楠 *Phoebe zhennan*、润楠 *Machilus nanmu*、柚木 *Tectona grandis*、红豆杉 *Taxus chinensis*、斑纹漆木 *Goncalo alvez*、科技木等。

13.11.4　基本技能现场实践

观察所提供的试样，分别根据需要在放大镜下或徒手切片后在显微镜下观察，完成下列问题：

①具有特征性颜色的有哪些？表现形式如何？

②具有波痕的有哪些？试比较宏观下波痕的差异；显微镜下观察分析产生波痕的原因。

③试比较不同类别的红木水浸液差别及酒精擦洗后的差别。

④带有特征性气味的木材有哪些？有划痕的木材有哪些？

⑤紫檀属与黄檀属木材微观特征最显著的差别是什么？

⑥试比较不同木材湿水后气味差异。

⑦非洲紫檀为何只能被称作亚花梨？

⑧密度大于 $1g/cm^3$ 的木材有哪些？

⑨属于薄木贴面的试样有哪些？实际工作中如何判定是否为纯实木(锯材)？

13.12　红木识别与红木制品鉴评

一、目的与要求

经过实验和实践来掌握一定的红木及其制品鉴定评价能力；熟悉木材(红木)研究、加工、经营、鉴赏、收藏、质检等领域，对木材、红木(包括其制品)评估、鉴定的理论知识和实践技能；了解红木制品展览、交易和竞拍等鉴评规范和程序。

二、主要内容

①学习并掌握木材(红木)及红木制品鉴评基础知识。

②利用现有的木材标本和实验仪器，进行木材构造观察识别，学习木材识别和鉴定技术。

③熟悉目前主要的红木、红木制品、红木家具相关的标准和规范。

④通过实物比对以及案例分析，按照《红木制品鉴评规范》，运用模糊数学理论将经验型评价转化为量值，采用多学科、多视角、多因素加权综合评判法确定鉴评指标体系，对红木制品的材料品质、工艺品质、文化内涵和传承以及产品的品牌知名度等进行鉴评。

三、实验材料及样品

红木样品、红木手串、红木工艺品、红木家具等。

四、实验参考标准

①国家标准 GB/T 18107—2017《红木》。

②国家标准 GB/T 35475—2017《红木制品用材规范》。

③行业标准 SB/T 10759—2012《红木制品等级》。

④浙江省红木研究会标准 Q/ZJHM 001—2014《红木制品鉴评规范》。

五、考核办法

①木材识别基础知识提问与考核成绩占 10%。

②现场实操表现成绩占 20%。

③鉴评记录与鉴评实验报告成绩占 40%。

④课程总结报告或小论文占 30%。

附录 13-1

姓名：__________　　专业班级：__________　　学号：__________

鉴评详细记录表

鉴评要素	鉴评指标	评分项	评分	得分	小计	鉴评分
材料品质 40%	种类 40%	紫檀木类( )、花梨木类( )、香枝木类( )、黑酸枝木类( )、红酸枝木类( )、乌木类( )、条纹乌木类( )、鸡翅木类( )				
	稀有度 30%	生长( )、分布( )、市场保有量( )、稀有程度/管制或保护信息( )、出材率( )				
	天然特性 30%	树干特点( )、材色( )、纹理( )、光泽( )、硬度( )、强度( )、密度( )、结构( )、干缩率( )、加工特性( )				
工艺品质 35%	造型 30%	造型( )、设计( )、神韵( )				
	结构 30%	榫卯结构( )、选材( )、制作工艺( )				
	意韵 20%	内涵( )、意境( )、形神( )				
	质地和色泽 20%	光泽( )、质地( )、色彩( )				
文化传承 15%	文化内涵 50%	命题( )、立意( )、典故( )				
	历史价值 30%	历史由来( )、发展与现状( )				
	应用价值 20%	实用价值( )、观赏价值( )、收藏价值( )				
知名度 10%	专业评价 65%	宣传( )、参展( )、行业认证( )				
	市场评价 35%	品牌影响力( )、群众评价( )、政府背书( )				
合计						
等级评定						

附录 13-2

红木制品鉴评规范(节选)

1 范围

本标准规定了红木制品的术语和定义、分类和鉴品内容、鉴评原则和鉴评要素、鉴评方法及等级划分等，并对鉴评工作的组织与管理等进行控制。

本标准适用于红木制品的鉴定评价，其他木材制品也可参照执行。

2 规范性引用文件

下列文件对于本文件的应用是必不可少的。凡是注日期的引用文件，仅注日期的版本适用于本文件。凡是不注日期的引用文件，其最新版本(包括所有的修改单)适用于本文件。

GB/T 18107—2017 《红木》

SB/T 10758—2012 《红木商用名称》

SB/T 10759—2012 《红木制品等级》

3 术语和定义

下列术语和定义适用于本规范。

3.1 红木

红木是指 GB/T 18107—2017 中规定的 5 属(紫檀属、黄檀属、柿属、崖豆属及决明属)和 8 类(紫檀木类、花梨木类、香枝木类、黑酸枝木类、红酸枝木类、乌木类、条纹乌木类和鸡翅木类)29 个树种的心材，其密度、结构和材色(以在大气中变深的材色进行红木分类)符合标准规定必备条件的木材。此外，上述 5 属中未列入的其他树种的心材，其密度、结构和材色符合 GB/T 18107—2017 的也可称为红木。

3.2 红木制品

红木制品指采用 GB/T 18107—2017 中规定的 5 属 8 类树种的心材制成的家具、工艺品、地板、门窗以及文化与生活用品等，包括明清传统风格以及符合现代人们生活需求的形美、材良、工精的木制品。

3.3 红木制品工艺与品质

指红木制品在选料、制作和艺术加工方面的讲究情况。

3.4 红木制品鉴评

指鉴定红木的材料质量、工艺品质、评价其文化传承和社会价值的过程。

4　分类和鉴评范围

4.1　分类

4.1.1　按材料分

紫檀木、花梨木、香枝木、黑酸枝木、红酸枝木、乌木、条纹乌木和鸡翅木 8 类。

4.1.2　按流派分

可分为京作、苏作、广作等。

4.1.3　按文化传承分

从文化传承角度，可分为明式、清式、民国、现代红木制品。

4.1.4　按加工方式分

可分为机械加工、手工加工和混合加工。

4.2　鉴评内容

依据人们的消费需求和特点，对红木制品的用材状况、实用性、观赏价值、历史与文化内涵等进行鉴评。提升人们对红木制品的鉴赏能力、审美取向和人文意识，从而达到共同认知和价值尺度。

5　鉴评原则与鉴评要素

5.1　鉴评原则

鉴评工作必须本着科学、严谨的态度，坚持“公正、公平、公开”的基本原则，不得营私舞弊、弄虚作假。鉴评专家必须恪守职业道德，增强责任感，对鉴评工作认真、负责。鉴评原则为：

5.1.1　运用模糊数学理论将经验型评价转化为量值评价。

5.1.2　由量值大小来区分红木等级类别。

5.1.3　采用多学科、多视角、多因素加权综合评判法确定鉴评指标体系。

5.1.4　根据红木材料质量、工艺品质、文化传承、知名度等指标的重要程度，确定其权重。

5.1.5　鉴评过程应避免繁杂，便于操作。结果用文字表述，只作等级类别评价。

5.2　鉴评要素

5.2.1　材料品质

①鉴定红木种类(40)(科学价值)：紫檀木类(1 种)、花梨木类(5 种)、香枝木类(1 种)、黑酸枝木类(7 种)、红酸枝木类(7 种)、乌木类(2 种)、条纹乌木类(3 种)、

鸡翅木类(3 种)。

②材料稀有度(30)(社会价值)：根据材料的生长、分布和采伐等因素，评价红木资源市场保有量和稀有程度。

③材料天然特性(30)(使用价值和观赏价值)：材料的天然特性影响着选材的使用价值和观赏价值，包括天然纹理、色泽、硬度和材料物理化学性能。

5.2.2 工艺品质

红木制品工艺品质主要体现于造型、意韵、质地和色泽三要素。

①造型(40)：构思的创造性、协调性，造型完整、品相完好。

②意韵(30)：内涵丰富、意境深远、形神兼备、情景交融、主题突出。

③质地和色泽(30)：光洁细润、质感好；自然柔和、色彩协调、搭配合理；有光泽。

5.2.3 文化传承

①文化认知及内涵延伸(50)：命题贴切、立意高雅、包浆足、有典故等，文化内涵、认知程度较高。

②历史传承价值(30)：有无特殊的历史价值，纪念意义，有历史传承，意义重大程度高。

③实用鉴赏的多样性(20)：是否有实用性，有观赏性，既能实用，又可多方面、多角度欣赏。

5.2.4 知名度

①宣传、参展(65)(红木产业化的重要内容)：在宣传、参加红木展等方面，形成的知名度、美誉度。

②社会认同的广泛性(35)(群众评价)：是否被社会广泛认同，“专家叫好、百姓叫座”。

6 鉴评方法

6.1 鉴评步骤

6.1.1 构建指标体系

依据价值理论、价值链理论，将红木按经济价值、文化价值，以及红木形成、开采、加工、认知的价值链进行价构分解，从而将模糊、困难的红木制品鉴评用材料品质、工艺品质、文化传承、知名度 4 个指标进行鉴评，形成相对清晰的红木鉴评指标体系。

6.1.2 量化指标分值

将每个指标的模糊概念再进行量化，赋予量化的 100 分，按通俗习惯的百分制对红木制品各个指标评分，评分原则是鉴评人根据鉴评标准评分，特别注意“贴近度”。

6.1.3　确定权重

根据红木制品材料品质、工艺品质、文化传承、知名度等指标的重要程度不同，确定权重，赋予权数，总权数 100。

6.1.4　计算分值

4 个指标是从不同的方面分别对某红木制品进行鉴定评价，然后运用数学加权平均法，汇总计分。

6.1.5　确定等级

分值大小即能反映人们对某红木制品共同的认知和价值尺度，以此区分红木制品的等级类别，达到红木制品鉴评目的。

6.2　鉴评指标及权重

将红木制品用 4 个指标来综合鉴评，每个指标以百分制来评分，通过 7 名(含)以上的专家鉴评后，加权平均，分值为评价红木制品等级类别的依据。各指标、权重、内容如下：

①材料品质(权重 40)：鉴定其红木种类、稀有性、物理化学特性、科学内涵等。

②工艺品质(权重 35)：红木制品的工艺品质、美感、神韵等的审美。

③文化传承(权重 15)：文化内涵的深广度，历史传承的意义，命题的确切性等。

④知名度(权重 10)：宣传参展等形成的知名度美誉度，品牌影响力，认同广泛性。

6.3　鉴评程序

6.3.1　鉴评活动由浙江省红木研究会主办，成立由林业科研、质量鉴定、生产加工及文化艺术、经济管理 、社会收藏等方面的专家组成的红木鉴评委员会。

6.3.2　在鉴评师专家库中随机抽选 7 位以上鉴评委成员组成鉴评组，该鉴评组的专家应有各方面的代表性，代表社会各方对红木制品进行鉴评。

6.3.3　鉴评专家组推选组长 1 名，主持鉴评工作，并明确每项鉴评指标的专家发言人。

6.3.4　组委会对参加鉴评的红木制品，统一编号，隐去单位和经营者或收藏者姓名。

6.3.5　鉴评组成员对鉴评红木制品逐一进行讨论，各项指标的专家发言人分析评价，在充分研究讨论的基础上，由鉴评专家各自填写鉴评表，交鉴评委员会存档。

6.3.6　由鉴评委对某红木制品的专家鉴评结果进行汇总计分，并确定红木制品等级类别，作出文字评述。

6.3.7　由鉴评专家组组长对某红木制品的鉴评结果进行确认签字。

6.3.8　由鉴评评估机构或主办单位鉴评委颁发鉴评证书。

7　鉴评分级与鉴评证书

7.1　鉴评分级

鉴评结果分 3 档 6 级，60~73 分为佳品，74~87 分为精品，88~100 分为珍品。

等级	佳品		精品		珍品	
	2 级	1 级	2 级	1 级	2 级	1 级
分值	60~66	67~73	74~80	81~87	88~94	95~100

注：60 分以下不评级。

7.2 鉴评证书

证书内容包括：

7.2.1 红木制品鉴评证书的名称、编号

7.2.2 红木制品的名称、制品尺寸(高、宽、厚)、材料种类及产地等

7.2.3 鉴评依据、鉴评等级、鉴评评语或结论

7.2.4 鉴评组织者名称、鉴评时间

7.2.5 制品彩图或照片

7.2.6 其他：必要的申明和说明，如公开查询方式、投诉电话或网站信息等

8 争议的处理和解释

主办单位负责争议的处理和解释。

第 14 章 木材鉴别新技术概述

基于木材解剖学的传统木材鉴别方法，一般只能鉴别木材到“属”或者“类”，而近年来发展的木材鉴别新技术可以鉴定木材到“种”。本章主要介绍计算机视觉、分子标记、化学指纹图谱和稳定同位素等木材鉴别新技术，以期为木材树种的准确快速识别提供新的思路。

14.1 木材计算机视觉鉴定

木材计算机视觉(computer vision)鉴定是通过获取木材宏观或微观特征图像，采用图像处理技术从木材特征图像中提取识别特征，进而采用分类器对木材树种进行分类和识别。木材计算机视觉鉴定技术是木材树种现场快速鉴定的重要途径，主要包括图像采集、特征提取和树种分类等基本步骤。

14.1.1 图像采集

木材特征图像采集分为宏观特征图像采集和微观特征图像采集。宏观特征图像采集主要通过数码相机、工业相机和扫描仪等图像采集装置获取颜色和纹理等物理特征，进而对木材树种或材种进行识别。研究表明，木材宏观特征图像中颜色和纹理包含的识别特征较少，尤其对于相似树种木材，其颜色和纹理的特征差异非常小。同时，木材颜色容易受到外界环境的影响而改变，且木材在不同方向上显示的纹理差别较大，导致颜色和纹理特征对木材树种的识别能力十分有限。微观特征图像采集主要通过实体显微镜、生物显微镜以及扫描电子显微镜获取木材三切面的构造特征。相比而言，微观特征图像包含木材更加精细的构造特征，尤其是木材横切面构造图像，包含木材管孔、轴向薄壁组织和木射线等重要构造特征，为木材树种的鉴定提供了关键信息。

木材宏观特征图像通过非专业图像采集装置获取，容易受到外界环境的影响，图像噪点较大，图像数据集的一致性较差，导致图像质量不高，从而影响了最终的识别准确度；而木材微观特征图像采集依赖于实体显微镜、光学显微镜和扫描电子显微镜等大型仪器设备，难以在木材树种现场鉴定领域得到应用。因此，亟需采用专业便携的图像采集装置从已经经过正确定名的木材标本采集高质量木材构造图像，建立木材构造特征图像参考数据库，为木材计算机视觉鉴定技术的发展和应用奠定基础。近年来，美国林产品实验室和中国林业科学研究院木材工业研究所分别开发了 XyloTron 和 iWood 木材构造特征图像采集装置，为采集高质量的木材构造特征图像提供了硬件支撑。

14.1.2 特征提取

木材宏观图像中包含木材的颜色和纹理等分类特征，从图像中提取出有效的识别特征是木材树种识别的基础。颜色是木材在宏观尺度上重要的物理特征，通过提取 RGB 颜色空间、颜色直方图和颜色矩等特征参数作为识别特征，进而对木材树种进行分类。但木材颜色易受到外界环境的影响，木材在空气中缓慢氧化或受到霉菌侵染，其颜色会随之发生变化，而且相似树种的木材颜色十分接近，因此，颜色特征在木材树种识别方面具有较大的局限性。木材纹理由生长轮、木射线和轴向薄壁组织等解剖分子相互排列组合而成，纹理是木材树种的基本特征，也是木材树种识别的关键特征。大量研究通过对木材纹理进行定量化研究，获取纹理形状、纹理方向、纹理周期密度、纹理粗细、均匀度、纹理基元大小、纹理行程和灰度分布均匀性等特征参数，用于木材树种的分类。在宏观尺度上，同种木材的纹理变异性较大，而且木材在不同角度的切面显示的纹理各异，导致木材纹理对木材树种的识别难度大，识别结果不稳定。

木材微观构造特征的提取方法主要分为两类：基于图像分割的特征提取和基于图像整体的特征提取。基于图像分割的特征提取方法主要利用图像处理技术的二值化、阈值分割以及数学形态方法对木材微观构造中的管孔、轴向薄壁组织、木射线、胞间道等主要组织类型进行分割，分别提取这些微观构造的形态因子、组织比量和几何结构等特征。大量研究对管孔特征进行分割和提取，并基于管孔的轮廓、数量、分布和组合类型等特征对木材树种进行分类。但是，在木材的微观构造中，各种细胞组织类型在空间上都具有一定的联系，形成各种形态的组合类型，图像分割在一定程度上破坏了有效的识别特征，因而更多的研究采用图像整体的特征提取方法。

图像整体的特征提取方法主要包括方向梯度直方图(histogram of gradient，HOG)、灰度共生矩阵(gray-level co-occurrence matrix，GLCM)、滤波法(gabor filter，GF)、小波变换(wavelet transform，WT)、尺度不变特征转换(scale-invariant feature transform，SIFT)和局部二值模式(local binary pattern，LBP)等方法。方向梯度直方图反映了图像不同点位之间像素的梯度，通过将整个木材图像细分为多个纹理基元进行特征提取，保持了图像光学和几何特征的不变性，对木材树种具有较好的识别效果。灰度共生矩阵可以定义图像不同的统计量特征参数，从不同角度对木材纹理特征进行表示，常用的特征参数有能量、熵、对比度、差异度、逆差矩和方差等。由于灰度共生矩阵特征参数丰富，对木材纹理可以进行全面刻画，因而在木材纹理特征提取研究中得到了广泛应用。滤波法通过特定方向上的局部频率信息进行图像纹理的表示，在木材纹理特征提取方面表现出显著的效果；但是，滤波法无法表示木材纹理在不同尺度和方向的细节结构特征。小波变换是空间(时间)和频率的局部变换，通过变换可以突出木材图像中局部重点特征，进而从木材图像中提取有效的识别信息。尺度不变特征变换具有较好的稳定性和不变性，能够适应图像旋转、尺度缩放、亮度的变化，能在一定程度上不受视角变化、仿射变换、噪声的干扰，对木材不同方向的图像具有很好的辨别能力，可以提取出木材管孔的形状信息。局部二值模式是用来描述图像局部纹理特征的方法，具有旋转不变性和灰度不变性等显著的优点，提取的特征是图像局部的纹理特征，在木材纹理特征提取中被广泛应用，并取得较好的鉴别结果。

虽然以上特征提取方法可以在一定程度上提取出有效特征对测试图像进行分类，但需要专业的知识经验进行人工设计特征，而且所提取的特征往往对于未知样本的图像识别能力比较有限，即模型的泛化能力较差。随着计算机视觉技术的快速发展，越来越多的研究采用深度学习(deep learning)的方法对大量木材构造特征图像进行学习，利用卷积神经网络(convolutional neural network)从木材构造特征图像中自动提取识别特征。在木材构造图像分类中，比较常用的卷积神经网络模型有 AlexNet、GoogleNet、VGG16 和 ResNet 等。

14.1.3　树种分类

从木材构造图像中提取出有效的识别特征，需要采用合适的分类器对木材树种进行分类。在木材识别研究中采用较多的分类器有线性判别分析(linear discriminant analysis，LDA)、人工神经网络(artificial neural network，ANN)、支持向量机(support vector machine，SVM)和最近邻分类法(K-nearest neighbor，KNN)等算法。线性判别分析是经典的线性分类方法，基本思路是将两个类别的数据投影到一条直线上，使这两个类别数据之间尽可能远离，且同类数据尽可能聚集在一起。人工神经网络通过模拟人的神经网络进行信号的传递、处理和输出，具有较好的鲁棒性和容错性，在木材图像分类中得到了广泛应用。

支持向量机的基本思路是求解能够正确划分训练数据集且几何间隔最大的分离超平面，除了进行线性分类之外，支持向量机还可以使用核函数有效地进行非线性分类，将其输入数据映射到高维特征空间中进行分类。在木材图像分类研究中，支持向量机算法获得的分类结果普遍较好。最近邻分类法是从训练数据集中找到与输入样本最邻近的 K 个样本，这 K 个样本的多数属于某个类别，即把该输入样本分类到这个类别。研究表明，即使基于相同的特征参数，不同分类器对木材树种分类结果也存在差异。

以上分类器虽然取得了一定的树种分类效果，但是也存在一些局限性。例如，线性判别分析容易导致欠拟合，分类精度易受到提取特征的影响；人工神经网络对初始网络异常敏感，且需要消耗大量的算力；最近邻分类法的 K 值需要人为设定，算法的复杂度较高。同时，分类器的性能高度依赖于所提取的特征，但目前的分类器设计和特征提取是两个独立的过程，忽略了两者之间的联系，导致分类器的识别结果不稳定。

基于深度学习的木材计算机视觉鉴定技术将传统计算机视觉识别中的特征提取和分类器融合到深层卷积神经网络中，卷积层和池化层起到了特征提取的作用，全连接层相当于分类器，可以实现木材树种的精准快速鉴定。美国林产品实验室采集了楝科 10 种木材的 2303 张构造特征图像，构建了 VGG16 卷积神经网络模型，利用迁移学习(transfer learning)对木材构造特征图像进行训练和测试，模型在属和种水平的识别精度分别为 89.8%和 97.6%。马来西亚拉曼大学采集了 100 种常见贸易木材的 101546 张构造特征图像，利用轻量级神经网络 SqeezeNet 构建了深度学习模型，并开发了 MyWood-ID 木材图像识别系统，可以实现木材树种的快速识别，平均识别精度为 77.52%。

中国林业科学研究院木材工业研究所建立了包含黄檀属 *Dalbergia*、紫檀属 *Pterocarpus*、古夷苏木属 *Guibourtia*、桃花心木属 *Swietenia*、洋椿属 *Cedrela* 等 64 种常见贸易木材构造图像数据库，构建了 15 种黄檀属和 11 种紫檀属木材构造图像深度学习模型 AlexNet，识别精度高达 99.34%，并开发了基于深度学习的木材计算机视觉识别系统，初步实现了濒危木材在海关、实验室、贸易市场等多场景下的精准快速鉴定。

传统的计算机视觉鉴定技术经过多年的发展，虽然在特征提取和分类器方法开展了大量的研究，但由于缺乏专业可靠的木材构造图像数据库，仍未在木材树种现场鉴定领域得到广泛应用。基于深度学习的木材计算机视觉鉴定技术通过深层卷积神网络自动提取图像特征并进行分类，具有识别准确率高、速度快等优点，有望在海关检验、质检机构和木材贸易中得到广泛应用，为加强木材产业链监管和保护木材资源提供科技支撑。

14.2 木材分子标记鉴定

分子标记(molecular markers)，是以生物遗传物质内核苷酸序列变异为基础的遗传标记，是DNA水平遗传多态性的直接反映。从遗传学角度，物种间表现型的差异归根结底是基因型差异，即DNA序列的差异。因此，针对物种间基因组序列差异的比较研究，无疑为植物分类和鉴定提供了最本质的依据。本节将重点介绍DNA分子鉴定的重要手段之一：DNA条形码技术。DNA条形码，即通过比对一段标准的DNA序列片段，对物种进行快速、准确地识别和鉴定。而木材DNA条形码识别技术，主要包括木材DNA提取、木材DNA条形码优选及物种鉴定等基本步骤。近年来，该项技术有望成为木材鉴定的新途径，为木材“种”的确定提供了可能。

14.2.1 木材DNA提取

从木材中有效提取DNA，是实现木材DNA条形码鉴定的前提。植物DNA提取，一般由植物组织研磨、植物细胞裂解、纯化(多糖多酚等次生代谢物及蛋白去除)、核酸富集及DNA溶解等步骤构成。从植物叶片等新鲜组织材料中提取DNA的技术手段已经常规化，然而对于从木质部中提取DNA就变得困难和复杂。首先，一般仅有少量DNA存在于木材细胞中。在木质部边材组织中，仅有薄壁细胞处于存活状态，而心材组织木质部细胞均已死亡。随着木质部细胞的死亡，DNA基因组会相伴发生降解成小DNA分子片段。其次，木质部尤其是心材部分含有较多的多糖、多酚、色素、树胶或树脂等次生代谢物，这些代谢物会严重干扰木材DNA的有效提取。此外，木质部组织主要由木纤维、管胞等细胞构成，其细胞壁极为坚硬，这给木粉研磨带来了难度。木粉研磨充分与否，也直接影响DNA的得率。近年来，在植物DNA提取基础上改良的木材DNA提取方法，如十六烷基三甲基溴化铵(CTAB)法、DNA提取试剂盒法、苯甲酰溴(PTB)法等，已成功实现了从刺槐 *Robinia pseudoacacia*、栎属 *Quercus* spp. 和桃花心木属 *Swietenia* spp. 等树种的新鲜木材中提取到较高质量的DNA。

木制品进出口贸易中所需鉴定的样品大多是经过干燥处理或较长时间存储的干木材。受干燥处理及存储时间等因素影响，木材细胞中残存的DNA会因酶解、水解及氧化反应导致磷酸二酯键发生断裂，进一步发生降解及片段化。因此，如何从干的或长期存储的木材组织中有效提取DNA，是木材DNA条形码鉴定方法得以应用的关键基础。近年来，针对干燥加工和长期储存木材的DNA提取有了较大突破。目前已实现从高温干燥处理后的新棒果香(*Neobalanocarpus heimii*)和白木香(*Aquilaria sinensis*)木材、长期存储的木材标本及锯材和装饰贴面板等木制品中成功提取到DNA。此外，考古学家最近也将DNA条形码技术应用于考古木样的鉴定。通过改良的DNA提取方法可以从保存

1000~9000 年的欧洲栎（*Quercus robur*）和松属（*Pinus* spp.）亚化石木材以及其他考古木材中成功提取出长度大于 100bp 的 DNA 片段。

虽然上述研究表明了当前木材 DNA 提取方法已取得了较大进展，但木材 DNA 提取数量低、纯度差，依然是制约木材 DNA 识别技术推广和应用的主要瓶颈。如何更高效地获取木材 DNA 仍是今后重要研究领域。有研究表明木材 DNA 更多的残存在木材射线薄壁细胞中，因此，开展木材靶向细胞 DNA 精准提取，可能是未来重要研究方向之一。

14.2.2 木材 DNA 条形码优选

加拿大动物学家 Paul Hebert 于 2003 年首次针对动物界提出了 DNA 条形码的概念，引起了生物界的极大关注。理想的 DNA 条形码优选的标准主要包括具备较高的物种鉴定能力和获取成功率。DNA 条形码长度和类型是决定该条形码是否能成功获取以及实现物种鉴定的重要因素。对于 DNA 发生严重降解的材料，DNA 片段长度越短，通常获取成功率越高。有研究表明，从干燥加工或长期存储木材中难以获取长度大于 400bp 的 DNA 片段；甚至从存储数十年的干木材中仅能获取长度小于 200bp 的 DNA 片段。

另一方面，优选适用于木材的 DNA 条形码类型，是实现木材 DNA 鉴定的关键。DNA 条形码技术在动物物种鉴定领域已经得到了广泛应用，所采用的标准片段是线粒体细胞色素 C 氧化酶亚基Ⅰ（cytochrome c oxidase subunit Ⅰ，COXⅠ）的一段长约 650bp 的序列。然而，植物线粒体基因组进化速率要远低于叶绿体基因 COXⅠ组和细胞核核糖体基因组，而且其遗传分化小，因此 COXⅠ基因并不适合作为大多数植物的鉴定。近些年来，大量工作集中在对植物 DNA 条形码筛选的积极探索，试图从叶绿体基因组和细胞核核基因组中寻找到理想的条形码。

2009 年，在墨西哥城召开的第三届国际 DNA 条形码会议决定将叶绿体 DNA 片段 rbcL 和 matK 作为植物核心 DNA 条形码，并建议叶绿体片段 trnH-psbA 和细胞核核基因片段 ITS 为补充条形码。我国学者针对药用植物进行 DNA 条形码筛选，提出将 ITS2 作为药用植物识别的通用 DNA 条形码。此外，有研究报道，与候选质体 DNA 条形码相比，基因片段 ycf1 具有更多变异位点，可作为陆生植物核心条形码。总之，尽管植物 DNA 条形码仍处于探索与发展阶段，但逐步形成了以 rbcL、matK、trnH-psbA 和 ITS/ITS2 为基础的候选 DNA 条形码。

植物 DNA 条形码研究的不断发展，为木材 DNA 条形码的筛选提供了重要科学依据。通过对叶绿体、线粒体和细胞核核糖体 DNA 片段进行了筛选，并基于优选的叶绿体的 trnL-trnF、psbA-trnH、matK、ndhF-rpl32 和 trnK，以及细胞核 ITS 等单一 DNA 条形码或其组合条形码，已分别实现了白木香属（*Aquilaria* spp.）、黄檀属、紫檀属和檀香属（*Santalum* spp.）木材的准确鉴定。然而，针对亲缘关系相近的木材树种，通用 DNA 条形码往往缺乏较高的物种识别分辨率。因此，基于叶绿体全基因组开展高分辨 DNA 条形码筛选的研究已经启动，通过叶绿体全基因组比对分析优选出适用于木材鉴定的高分辨 DNA 条形码，可提高特定属内木材物种的鉴定成功率。

14.2.3 物种鉴定

对木材 DNA 扩增产物进行直接测序或克隆测序，测序后进行物种鉴定。木材 DNA 条形码的序列分析方法主要采用相似性搜索算法、距离法及建树法。全球主要的生物基因库主要有美国国立生物技术信息中心(National Center for Boitechnology Information, NCBI)、欧洲生物信息研究所(EMBL-European Bioinformatics Institute, EMBL-EBI)、日本 DNA 数据库(DNA Data Bank of Japan, DDBJ)和中国国家数据库(China National Gene Bank, CNGB)。相似性搜索算法是目前国际各大数据库搜索查询的主流方法，将所获木材 DNA 序列与参考数据库比较，通过两两序列局部比对或短核苷酸字符串检索数据库中最匹配序列，并以相似度得分评价相似性。常用的有 BLAST 法(基于局部比对算法的搜索工具)。距离法是将所获木材 DNA 序列与参考序列进行比对，当两者有最小对比距离时，即可对木材物种进行判定。遗传距离可基于多个核酸替换模型，如 K2P、HKY 等。建树法是通过对物种系统进化关系重建实现木材物种鉴定。建树目的并不是利用条形码进行系统发育树重建，而是检验每个物种的单系性，即同一物种的不同个体能否紧密聚类到一起。常用建树方法有邻接法(NJ)、最大简约法(MP)、最大似然法(ML)以及算术平均数非加权成组配对法(UPGMA)。一般建议采用两种不同构建方法，以保证分析结果的可靠性。

随着信息技术的快速发展，机器学习(machine learning)方法已逐渐应用到木材 DNA 条形码序列分析中。通过可获得的参考数据库构建训练集，采用训练集对支持向量机、朴素贝叶斯、决策树和规则学习等分类器进行训练学习，获得基于训练集的分类模型，进而对未知木材样本的 DNA 条形码序列(测试集)进行分类。现有研究表明机器学习方法在紫檀属、黄檀属木材的鉴定精度、技术操作性、便捷性等方面比距离法、建树法等方法具有更明显优势。

传统木材解剖学是木材鉴定的重要基础，一般可将木材鉴定到“属”或“类”。而包括 DNA 条形码在内的新兴木材鉴定方法是传统木材鉴定技术强有力的补充。在准确鉴定形态的基础上，应用 DNA 条形码技术能够实现木材在“种”水平上的科学准确鉴定。DNA 条形码方法在木材鉴定领域的开发与应用，不但为木材鉴定提供科学新途径，同时也对科学保护与可持续利用全球木材资源，提高我国履行 CITES 公约的能力，以及推进全球木材合法贸易具有重要现实意义。

14.3 木材化学指纹图谱鉴定

化学指纹图谱(chemical fingerprint)是木材识别研究领域的重要应用技术。木材的化学成分主要包括纤维素、半纤维素、木质素和抽提物，不同树种之间木材化学成分差异很大。但由于受遗传因素影响，同种木材的化学成分通常比较相似，难以细分。近年来，基于化学指纹图谱技术，国内外学者相继采用了包括质谱、色谱质谱联用、光谱等在内的化学分析方法，应用在木材识别研究领域。

14.3.1 实时直接分析质谱技术

实时直接分析(direct analysis in real time, DART)是在 2002 年由美国学者 Robert

Cody 和 Jim Laramee 等人发明出来的常温常压质谱离子化技术。它的原理是在常温常压下，载气(如 He 或 N_2)经放电产生的激发态原子，解吸并离子化样品中的化合物，进而以质谱或串联质谱检测，实现样品的实时直接分析。该技术对样品的适用性强，可检测液体、气体、固体样品，摒弃了传统质谱复杂的样品前处理过程，具有快速实时反应机制，可轻松实现高通量检测等特点。

实时直接分析质谱(direct analysis in real time mass spectrometry，DART-MS)是由实时直接分析离子源与不同类型质谱仪串联而成，因结合了离子源和质谱仪的共同特点，该技术在中药质量控制、医学临床分析、法检物证分析、食品、材料以及环境检测等领域得到了快速发展。

相比其他领域，DART-MS 在木材识别领域的应用起步较晚，早年相关研究报道主要来自于 DART 的发明人 Cody，以及美国鱼类及野生动物管理局的研究团队。2012 年，Cody 等人利用 DART-MS 对美洲白栎(*Quercus alba*)和红栎(*Quercus rubra*)木材进行了检测分析，证实了该方法在木材识别方面的可行性。随后，美国鱼类及野生动物管理局的研究团队相继将 DART-MS 用于濒危野生动植物种国际贸易公约(CITES)管制的黄檀属(*Dalbergia* spp.)木材以及沉香的鉴定中。有报道也证实当地理来源不明时，DART-MS 可以帮助区分南洋杉科(Araucariaceae)木材的树种。此外，非法的木材贸易和跨国运输往往会掩盖它们的地理来源，DART-MS 技术除了鉴定解剖特征相似的树种之外，在木材的地理来源方面也发挥着作用。

近年来，国内木材解剖学者也开始将目光聚焦于 DART-MS 技术，并展开了一系列针对檀香紫檀(*Pterocarpus santalinus*)和染料紫檀(*Pterocarpus tinctorius*)木材的树种识别研究，提出了基于 DART-MS 的木材识别方法规程。但结果也说明木材的不同加工处理条件，如高温干燥处理以及抽提液的选择会影响木材的识别精度。同时，作者在综合考虑制样难度以及预测精度的前提下，建议在利用 DART-MS 方法进行木材树种识别时，选用气干木材薄片作为样品。

上述研究在说明 DART-MS 具有识别木材树种潜力的同时也透露出许多待解决的问题，比如取材部位(心材、边材)、数据分析方法、样品数量等对识别精度的影响，木材树种的 DART-MS 标准图谱以及数据库的建立等均需要通过长期的实验研究来获取答案。因此，仍需从科学角度解决现有问题，促进 DART-MS 技术和木材树种识别研究共同进步，最终实现木材识别技术的革新和应用。

14.3.2　色谱技术及色谱-质谱联用技术

色谱法是利用样品各组分在固定相和流动相上的分配系数或吸附系数的差别，两相做相对运动时，各组分在两相间进行多次分配，从而使各组分达到相互分离的一种分离技术。木材颜色、气味、荧光性能等特征都与木材中的抽提物成分有关，分离提取木材中的抽提物、研究其结构、测定其含量与树种的识别和利用息息相关。气相色谱和液相色谱都是利用相似相容原理、通过色谱柱实现分离目的，两者所用的流动相不同，前者流动相为气体，后者为液体，气相色谱法适用于气体、易挥发物或可转化为易挥发物的液体和固体样品，受限于样品的挥发性和热稳定性，液相色谱法则不受这些限制，更适合于高分子和不稳定化合物的分离。目前，色谱-质谱联用技术已成为定性分析复杂未知物的最有效工具，被广泛应用于植物、中药材、木材等的抽提物研究以及物种识别。

2010年，Kite等人利用液相色谱-质谱联用技术（LC-MS）找出了巴西黑黄檀（*Dalbergia nigra*）的标志性物质Dalnigrin，同时在亚马孙黄檀（*Dalbergia spruceana*）中发现了巴西黑黄檀中并没有的化合物假靛黄素，为亚马孙黄檀和巴西黑黄檀的识别提供了科学依据。有报道指出LC-MS技术还可用于印度紫檀（*Pterocarpus indicus*）、大果紫檀（*Pterocarpus macrocarpus*）、东非黑黄檀（*Dalbergia melanoxylon*）、卢氏黑黄檀（*Dalbergia louveii*）等4种红木树种的识别中。

除LC-MS之外，气相色谱-质谱联用技术（GC-MS）被广泛用于沉香的鉴定以及黄檀属、紫檀属木材的研究中。2017年，中国林业科学研究院木材工业研究所提出在沉香鉴别中建议采用以醇溶性浸出物含量、HPLC指纹图谱结合显微鉴别为主，以显色反应和薄层色谱分析为辅的方法。

对于濒危和珍贵木材而言，标准样品的数量有限，选取的分析方法至关重要。热裂解气相色谱-质谱联用技术（Py-GC-MS）是在常规GC-MS的基础上发展起来的前沿技术，样品用量仅需100μg，同时还具有快速、敏感、准确等优点，已在木材抽提物、木材的热解产物以及考古材降解等研究中占据重要地位。这些均为Py-GC-MS技术用于濒危和珍贵木材识别奠定了基础。

现阶段，基于色谱-质谱联用技术的木材树种识别研究仍处于起步阶段，木材树种的指纹图谱以及该技术的准确性和可重复性都需要大量研究来建立和验证。因此，需要不断完善现有色谱、质谱技术，充分利用统计分析手段，深入挖掘有效的树种识别信息。除此之外，还需要构建木材树种的标准质谱库，并不断更新扩展，为木材树种识别提供科学依据。

14.3.3 近红外光谱技术

近红外光谱（near infrared spectroscopy，NIR）是指波长范围在780～2500nm的红外光谱。NIR是基于近红外光谱区与有机分子中含氢基团（OH、NH、CH）振动的合频和各级倍频的吸收区一致，通过扫描样品的近红外光谱得到样品中有机分子含氢基团的特征信息，进而进行分子结构测定和化合物鉴别的分析技术。近红外光谱技术是借助于化学计量学软件将采集于代表性样品的光谱数据和样品的实测性质进行多元统计分析，从而建立两者之间的关联性分析模型。起初，近红外光谱技术主要被应用在农业上，随后又被快速应用于药品与临床医学、食品加工和石油化工等领域。最近几十年以来，由于近红外光谱技术是一种无损检测技术，具有制样简单、测试方便、分析速度快、能够比较全面地反映木材的整体信息，且对操作人员的专业技能不做要求，非常满足于当前木材生产、贸易流通及消费过程中对木材快速识别的需求。

近红外光谱技术在木材树种识别方面的应用主要是依据近红外光谱中所捕获的木材内部组成成分的化学信息和木材结构及纹理等的物理信息，进而实现木材的分类识别。近红外光谱技术在木材识别中的应用可以追溯到20世纪90年代，Borga利用近红外光谱技术区分粉末状的心边材，Schimleck利用近红外光谱技术和主成分分析法识别桉树木材。随后，近红外光谱技术逐渐地被应用于外观相似而材性不同的木材的识别、同一树种不同部位木材的识别、经过特殊处理后的木材的识别以及木材产地识别等。

自近红外光谱技术被引入木材研究领域之后，中国林业科学研究院木材工业研究所利用近红外光谱技术对木材的物理性质、化学性质、腐朽特性等进行了预测，并将近红外光谱技术应用于木材生物腐朽的分类、木材表面节子的识别和检测、针叶树材和阔叶树材的分类识别等方面。同时建立了 20 余种木材的 NIR 光谱数据库，申请了红木的近红外光谱识别发明专利。

随着计算机技术的不断发展，近红外光谱技术中所需的多元统计方法已经从最初较传统的主成分分析法(principal component analysis，PCA)、簇类独立软模式法(soft independent modeling of class analog，SIMCA)、偏最小二乘法(partial least square regression)判别分析(PLS-DA)，升级为人工神经网络法(artificial neural network，ANN)、迁移学习等机器学习算法。

相比其他化学指纹图谱技术而言，近红外光谱技术在木材树种识别领域的应用较早，相关理论研究相对较为成熟。但是该项技术仍存在许多问题有待解决，比如更多的木材标本光谱数据的建立、数据分析方法的优化以及便携化设备的开发等。这就需要国内木材学者共同努力，攻克难关，最终实现该技术的工业化应用。

14.4 木材稳定同位素鉴定

14.4.1 稳定同位素的概念及其木材产地溯源的原理

稳定同位素技术可以应用于木材产地溯源。同位素是指具有相同质子数、不同中子数的同一元素的不同原子。例如：^{13}C 和 ^{12}C。稳定同位素是指某元素中不易发生放射性衰变的同位素，与其对应的是放射性同位素。

同位素绝对丰度是指一种元素的同位素混合物中，某特定同位素原子数与该元素总原子数之比。由于自然界中重同位素的绝对丰度很低(如 ^{12}C 丰度为 98.89%；^{13}C 丰度为 1.11%)，故一般不直接测定重、轻同位素的绝对丰度，而是测定它们的相对丰度(R)，R 可用式(14-1)表示：

$$R = \frac{\text{重同位素的丰度}}{\text{轻同位素的丰度}} \tag{14-1}$$

在稳定同位素生态学研究中，人们感兴趣的是同位素组成的微小变化，因此为了便于比较，物质的同位素组成常用同位素比值 δ 表示，其定义为：

$$\delta = \left[\frac{R_{\text{样品}}}{R_{\text{标准}}} - 1\right] \times 1000‰ \tag{14-2}$$

它表示了样品中两种同位素比值相对于某一标准对应比值的相对千分差。当 δ 值大于 0 时，表示样品中重同位素比标准物富集；当 δ 值小于 0 时，表示样品中重同位素比标准物贫化。在实际应用中，δ 值就是物质同位素组成的代名词，例如，通常用 $\delta^{13}C$、$\delta^{2}H$、$\delta^{18}O$、$\delta^{34}S$ 分别表示碳、氢、氧、硫稳定同位素相对于各自标准物质的比值。

在自然界中某种同位素不同核素的组成比例是固定的。如 C 元素的两种稳定同位素的比率 $R={}^{13}C/{}^{12}C$ 是固定的。但在不同产地的动物或植物体内，这个比例受气候、土壤、经纬度、海拔等因素的影响通常会发生变化，进而引起 δ 值的变化，即"同位素分馏"原理。利用同位素分馏产生 δ 值的差异可以对植物源产品或动物源产品进行产地溯源。前人利用该原理已成功实现了稻米、牛肉等食品的产地溯源。

受前人对其他动植物产品产地溯源研究的启发，已有木材科学领域内的学者尝试利用稳定同位素对木材产地溯源进行研究。产地溯源常用稳定同位素包括：碳、氢、氧、氮、硫、锶、硼、铅等。各同位素分馏机理不同，适用于不同种类产品的产地溯源。碳、氢、氧三种同位素较适合大范围内的木材产地溯源。这主要是因为木材主要是由纤维素、半纤维素、木质素组成(简称"三大素")，碳、氢、氧是"三大素"的重要构成元素。三大素的物理及化学性质相对稳定，特别是纤维素，在木材中一旦形成便不容易与外界发生物质交换。

14.4.2 木材产地溯源的意义

木材产地溯源技术对于保护森林资源具有非常重要的作用，主要体现在以下 3 个方面。

14.4.2.1 协助执法部门打击木材非法采伐及贸易

在我国及世界范围内都存在木材盗伐、滥伐及走私严重的现象。执法部门在定罪量刑时根据不同的案件性质，除了林木数量外，还要考虑树种、林种、森林起源以及地理位置等因。在没有确凿证据追溯木材产地来源的情况下，某些案件的量刑缺乏公正性。

14.4.2.2 为国际木材贸易提出的"可追溯性"提供技术支持

为了打击木材非法贸易，世界各国纷纷出台了相应的法律法规。这其中较具代表性的包括：2008 年美国出台的《雷斯法案(修正案)》，2010 年的《欧盟木材法案》以及 2012 年的澳大利亚《非法木材采伐禁止法案》。上述法案都以立法形式强制性在世界林产品贸易中引入了"木材可追溯性"要求。"木材可追溯性"是指贸易过程中须能提供对木材来源的相关信息(物种名称、产地及其相关的合法证明等)，以确保所用木材是合法的，是来自可持续经营的森林。

14.4.2.3 为具有地理优势特性的木材提供产地来源证明

在农产品领域，很多种类的食品、药材等，为提高其产品竞争力，纷纷实施了地理标志品牌注册及保护工作。木材作为一种天然植物，某些种类的木材其产地的地理位置也会为其带来优良特性。如：产于缅甸的柚木，产于老挝的交趾黄檀，产于缅甸的花梨木等。虽为同一树种(或材种)，但某一产地的木材材性通常优于其他产地，并享有很好的声誉。因此，消费者在购买实木家具(尤其是名贵木材家具)时往往对木材原料的产地具有倾向性。

14.4.3 稳定同位素木材产地溯源的研究现状

木材稳定同位素产地溯源研究尚处于起步阶段，很多学者都意识到了稳定同位素木材产地溯源的必要性和可行性。在有限的相关文献报道中，关于木材产地稳定同位素溯源只有少数几位学者做过探索性研究，这些研究主要是通过不同产地稳定同位素 δ 值的显著性差异，证明木材产地稳定同位素溯源的可行性。但对于稳定同位素在树木植株体内的分馏规律并没有相关的研究报道。

NB English 曾对新墨西哥州查科峡谷的古木屋木料进行产地溯源。由于当地地层富含锶元素，通过将来自不同建筑时期的木料中 δSr 值(87Sr/86Sr)与周围山上活立木的 δSr 值进行对比，确定了这些木料伐自 Chuska 和 San Mateo 山脉，而不是同样靠近的 San Pedro 山脉。日本学者 Akira Kagawa 在分析来自美国 13 个产地的马尾松树轮 α-纤维素 $\delta^{13}C$ 值时发现，同一产地的木材树轮 $\delta^{13}C$ 值序列趋向一致，并且产地之间的距离越近，其相关性越强。

14.4.4　稳定同位素木材产地溯源研究存在的问题

根据前人的研究，同位素的分馏不仅发生在不同产地之间，同一生物体内的不同部位、不同化学组分、不同种均有可能引起同位素分馏，且不同的同位素在不同生物体内有不同的分馏规律。关于稳定同位素木材产地溯源，对于树木内不同部位、不同化学组分以及不同树种引起的同位素 δ 值变化并没有系统研究。而上述因素的研究对于提高木材产地溯源的准确率是十分必要的：同位素在树木木质部不同部位的分馏规律关系到木材产地溯源的取样部位；同位素在木材不同组分的分馏规律关系到测试样品的化学组分；同位素在不同树种间的分馏关系到在木材产地溯源中是否要考虑到"种间"因素。综上分析，阐明木材中稳定同位素的分馏规律及机理，是实现高分辨率木材产地稳定同位素溯源的前提理论基础。

14.4.5　稳定同位素木材产地溯源展望

在前人关于稳定同位素木材产地溯源初步探索的基础上，要实现成熟的稳定同位素木材产地溯源技术，未来的研究应主要集中在以下 4 点：

稳定同位素在树木植株内部的分馏规律。树木不同部位(基部、中部、顶部，北向、南向，心材、边材)同位素 δ 值可能不同，如：树木的基部和顶部、北向和南向的 $\delta^{13}C$ 值，由于接受日照不同可能产生差异。这就意味着同位素木材产地溯源时，取样部位和方法会对结果的正确判别率产生直接影响。

稳定同位素在木材不同化学组分间的分馏规律。已有学者证明了木材的不同化学组分同位素 δ 值存在差异。Wilson 等通过研究发现：木材不同组分(α-纤维素、木质素、全木)$\delta^{13}C$ 值存在差异。同一时期 Epstein 通过试验证明了同一样品中硝化纤维素和全木的 $\delta^{2}H$ 不同。和木质素相比，α-纤维素分子结构单一，有固定的分子式(图 14-1)，碳、氧元素一旦固定便不会与外界进行物质交换。；α-纤维素羟基上的氢原子是相对不稳定的，可用硝基(NO_2^+)将羟基上的氢原子取代，再测定 $\delta^{2}H$ 值(图 14-1)。因此，测定 α-纤维素中的 $\delta^{13}C$ 和 $\delta^{18}O$，或测定硝化纤维素中的 $\delta^{2}H$ 比直接测定全木的 $\delta^{13}C$、$\delta^{18}O$、$\delta^{2}H$ 更有利于提高产地溯源的准确率。

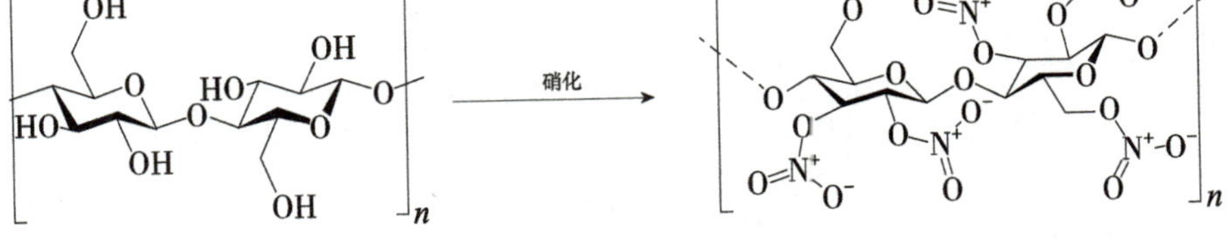

图 14-1　木材纤维素的硝化示意图

稳定同位素在不同树种间的分馏。探明不同树种、不同产地对δ值变化的方差贡献率大小十分必要。如果树种对同位素δ值变化影响显著性明显小于产地，则在木材产地溯源中可以忽略不计树种对δ值变化的影响。

不同产地的气候、降水、经纬度、海拔、土壤类型等因素对稳定同位素分馏规律的影响。在探明了上述稳定同位素在木材内部的分馏规律及机理后，应进一步探究外部因素对树木稳定同位素分馏规律的影响。结合我国及世界深林资源分布情况，在不同的地区采集样品、测定样品δ值，分析总结δ值随上述各因素的变化规律。

参考文献

陈士林，2012. 中药DNA条形码分子鉴定[M]. 北京：人民卫生出版社.

陈媛，邹献武，黄洛华，等，2017. 10批次伪品沉香鉴别方法的相关性[J]. 林业科学，53(4)：114-120.

成俊卿，蔡少松，1982. 木材识别和利用[M]. 北京：中国林业出版社.

成俊卿，1985. 木材学[M]. 北京：中国林业出版社.

丁沪闽，2010. 非洲主要林业国家木材资源概况[J]. 河北农业科学，14(2)：88-90.

窦刚，陈广胜，赵鹏，2015. 采用颜色纹理及光谱特征的木材树种分类识别[J]. 天津大学学报(自然科学与工程技术版)，48 (02)：147-154.

方立红，2015. 中俄木材贸易与合作研究[J]. 世界农业(2)：151-153.

古兰德尔·辛格，2008. 植物系统分类学[M]. 刘全儒，郭延平，于明，译. 北京：化学工业出版社.

郭波莉，魏益民，潘家荣，等，2007. 碳、氮同位素在牛肉产地溯源中的应用研究[J]. 中国农业科学，40(2)：365-372.

韩丽晶，2015. 木材可追溯性视角下的林产品环境贸易政策研究[D]. 哈尔滨：东北林业大学.

何拓，高瑞清，焦立超，等，2020. 世界木材标本馆现状与发展建议[J]. 木材工业，34(03)：40-43，55.

何鑫，沈华杰，林启招，等，2019. 大数据背景下数字木材标本馆建设刍议[J]. 信息与电脑(理论版)(03)：19-20.

黄超，孔东池，程书栋，等，2020. 国内外对标准定义和类型的比较和思考[J]. 中国卫生标准管理，11(07)：1-3.

江泽慧，黄安民，王斌，2006. 木材不同切面的近红外光谱信息与密度快速预测[J]. 光谱学与光谱分析，26(6)：1034-1038.

江泽慧，彭镇华. 2001. 世界主要树种木材科学特性[M]. 北京：科学出版社.

姜笑梅，殷亚方，刘波，2010.《濒危野生动植物种国际贸易公约》保护与管制木材种类的诠释[J]. 木材工业，24(5)：36-38.

姜笑梅，殷亚方，刘波，2010. 木材树种识别技术现状、发展与展望[J]. 木材工业，24(4)：36-39.

焦立超，2015. 基于DNA条形码的濒危木材识别技术研究[D]. 北京：中国林业科学研究院.

克里斯安，2015. 中国和喀麦隆木材贸易及对策研究[D]. 广州：广东外语外贸大学.

李桂兰，2007. 亚洲主要商品木材构造与识别研究[D]. 南宁：广西大学.

李杰，田园，2019. 木材法案对世界原木贸易网络结构的影响[J]. 世界林业研究，32(01)：1-5.

李康，2018. 基于可见光-近红外光谱与数字图像特征信息融合技术的木材识别初步研究[D]. 北京：中国林业科学研究院.

李文英，2004. 新西兰的森林产业[J]. 世界林业动态(17)：7-8.

林光辉，2013. 稳定同位素生态学[M]. 北京：高等教育出版社.

刘宏艳，2017. 冬小麦籽粒稳定同位素指纹特征及其影响因素研究[D]. 北京：中国农业科学院.

刘顺治，2014. 黄檀属和紫檀属6种红木化学特性的研究[D]. 福州：福建农林大学.

刘亚娜，2014. 基于近红外光谱技术的木材识别初步研究[D]. 北京：中国林业科学研究院.

刘一星，赵广杰，2004. 木质资源材料科学[M]. 北京：中国林业出版社.

刘莹，2015. 我国进口北美木材现状与发展趋势研究[D]. 北京：中国林业科学研究院.
刘子豪，祁亨年，张广群，等，2014. 基于横切面微观构造图像的木材识别方法[J]. 林业科学，49(11)：116-121.
罗塔切娃，2018. 俄罗斯木材出口研究[D]. 沈阳：辽宁大学.
孟倩，罗信坚，刘颖，等，2017. 我国进口《濒危野生动植物种国际贸易公约》管制树种贸易动态[J]. 世界林业研究，30(2)：73-76.
邱坚，2016. 生物质材料学实验实习指导[M]. 昆明：云南教育出版社.
邱坚，郭梦麟，2016. 木材显微技术[M]. 北京：中国质检出版社，中国标准出版社.
沈明月，章启元，朱仲良，等，2012. 基于 HPLC 技术及模式识别方法鉴别 4 种红木[J]. 林业科学，48(5)：168-172.
唐耀，1982. 木材解剖学基础[M]. 昆明：云南林学院.
汪杭军，祁亨年，2012. 木材显微图像的局部水平集分割方法[J]. 中国图象图形学报，17(2)：236-240.
汪奎宏，朴世一. 2000. 木材竹材识别与检验[M]. 北京：中国林业出版社.
汪万森，张顺生，2002. 澳大利亚国家公园考察报告[J]. 河南林业(6)：52-53.
王克奇，陈立君，王辉，2016. 基于空间灰度共生矩阵的木材纹理特征提取[J]. 森林工程，22(1)：24-26.
王清涛，杨洁，2019. 应用改进的灰度共生矩阵识别木材纹理多重特征值[J]. 西北林学院学报，34(3)：191-195.
王书光，1987. 木材标本的采集与制作[J]. 辽宁林业科技(2)：55-57.
王宪，沈华杰，于清琳，等，2019. 基于 IAWA 的 3 种简易木材识别方法探究[J]. 西南林业大学学报，39(6)：167-72.
王毅，汪海燕，2018. 森林生态环境的刑法保护[J]. 法治与社会，11：217，233.
杨家驹，卢鸿俊，2003. 龙脑香科木材[M]. 北京：中国建材工业出版社.
杨忠，江泽慧，费本华，等，2005. 近红外光谱技术及其在木材科学中的应用[J]. 林业科学，41(4)：177-183.
杨忠，吕斌，黄安民，等，2012. 近红外光谱技术快速识别针叶材和阔叶材的研究[J]. 光谱学与光谱分析，32(7)：1785-1789.
殷亚方，姜笑梅，焦立超，等，2018. 新版 GB/T 18107《红木》标准解读[J]. 木材工业，32(5)：23-26.
于海鹏，刘一星，刘镇波，2007. 基于图像纹理特征的木材树种识别[J]. 林业科学，43(4)：77-81.
张贝，徐峰，牟继平，2013. 六种南美热带珍贵木材识别研究[J]. 绿色科技(4)：58-62.
张毛毛，蒋劲东，刘波，等，2019. 实时直接分析质谱技术在木材识别研究中的应用[J]. 木材工业，33(1)：29-33.
朱佳，2014. 基于 SEM 显微图像的木材材种分类研究[D]. 杭州：浙江农林大学.
庄子龙，刘英，沈鹭翔，等，2020. 基于多层感知机的木材颜色分类[J]. 林业机械与木工设备，48(6)：8-14.
ABE H，WATANABE U，YOSHIDA K，et al.，2011. Changes in organelle and DNA quality，quantity，and distribution in the wood of *Cryptomeria japonica* over long-term storage[J]. IAWA Journal，32：263-272.
AKIRA K，STEVEN W，2010. Leavitt stable carbon isotopes of tree rings as a tool to pinpoint the geographic origin of timber[J]. Journal of Wood Science，56(3)：175-183.
ASIF M J，CANNON C H，2005. DNA extraction from processed wood：A case study for the identification of an endangered timber species (*Gonystylus bancanus*)[J]. Plant Molecular Biology Report，23：185-192.

BOKOBZA L, 1998. Near infrared spectroscopy[J]. Journal of Near Infrared Spectroscopy, 6(1): 3-17.

BORGA P, HMLINEN M, THEANDER O, 1992. Correlations between near-infrared spectra of wet-stored timber and the storage time in relation to the water quality[J]. Holzforschung, 46(4): 299-303.

CBOL PLANT WORKING GROUP, 2019. A DNA barcode for land plants[J]. Proeeding of the National Academy of Sciences, 106(31): 12794-12797.

CBOL PLANT WORKING GROUP, LI D, GAO L, et al., 2011. Comparative analysis of a large dataset indicates that internal transcribed spacer (ITS) should be incorporated into the core barcode for seed plants [J]. Proeeding of the National Academy of Sciences, 108(49): 19641-19646.

CHEN T J, ZHAO Y, ZHANG W X, et al., 2016. Variation of the light stable isotopes in the superior and inferior grains of rice (*Oryza sativa* L.) with different geographical origins[J]. Food Chemistry, 209: 95-98.

CODY R B, DANE A J, DAWSON-ANDOH B, et al., 2012. Rapid classification of white oak (*Quercus alba*) and northern red oak (*Quercus rubra*) by using pyrolysis direct analysis in real time (DART™) and time-of-flight mass spectrometry[J]. Journal of Analytical and Applied Pyrolysis, 95: 144-147.

CODY R B, LARAMÉE J A, Durst H D, 2005. Versatile new ion source for the analysis of materials in open air under ambient conditions[J]. Analytical Chemistry, 77(8): 2297-2302.

COLOMBINI M P, ORLANDI M, MODUGNO F, et al., 2007. Archaeological wood characterisation by PY/GC/MS, GC/MS, NMR and GPC techniques[J]. Microchemical Journal, 85(1): 164-173.

DEGUILLOUX M F, PEMONGE M H, Petit R J, 2002. Novel perspectives in wood certification and forensics: Dry wood as a source of DNA[J]. Proceedings of the Royal Society B, 269: 1039-1046.

DONG W, XU C, LI C, et al., 2015. *ycf1*, the most promising plastid DNA barcode of land plants[J]. Scentific Reports, 5: 8348.

ENGLISH N B, BETANCOURT J L, DEAN J S, 2001. Strontium isotopes reveal distant sources of architectural timber in Chaco Canyon, New Mexico[J]. Proceedings of the National Academy, 98(21): 11891-11896.

ESPINOZA E O, LANCASTER C A, KREITALS N M, et al., 2014. Distinguishing wild from cultivated agarwood (*Aquilaria* spp.) using direct analysis in real time and time of-flight mass spectrometry[J]. Rapid Communications in Mass Spectrometry, 28(3): 281-289.

EVANS P D, MUNDO I A, WIEMANN M C, et al., 2017. Identification of selected CITES-protected Araucariaceae using DART TOFMS[J]. IAWA Journal, 38(2): 266-S3.

FAHRUROZI A, MADENDA S, ERNASTUTI E, et al., 2016. Wood classification based on edge detections and texture features selection [J]. International Journal of Electrical and Computer Engineering, 6 (5): 2167.

FILHO P L P, OLIVEIRA L S, NISGOSKI S, et al., 2014. Forest species recognition using macroscopic images[J]. Machine Vision and Applications, 25(4): 1019-1031.

FINCH K, ESPINOZA E, JONES F A, et al., 2017. Source identification of western Oregon Douglas-fir wood cores using mass spectrometry and random forest classification[J]. Applications in Plant Sciences, 5 (5): 1600158.

GRANGE A H, 2014. Semi-quantitative analysis of contaminants in soils by direct analysis in real time (DART) mass spectrometry[J]. Rapid Communications in Mass Spectrometry, 27(2): 305-318.

HAUNSCHMIDT M, KLAMPFL C W, BUCHBERGER W, et al., 2010. Rapid identification of stabilisers in polypropylene using time-of-flight mass spectrometry and DART as ion source[J]. Analyst, 145(1): 80-85.

HE T, JIAO L, WIEDENHOEFT A C, et al., 2019. Machine learning approaches outperform distance-and tree-based methods for DNA barcoding of *Pterocarpus* wood[J]. Planta, 249(5): 1617-1625.

HEBERT P D N, RATNASINGHAM S, DE WAARD J R, 2003. Barcoding animal life: Cytochrome c oxidase subunit I divergences among closely related species [J]. Proceedings of the Royal Society B (Suppl.), 270: S96-S99.

HERMANSON J C, WIEDENHOEFT A C, 2011. A brief review of machine vision in the context of automated wood identification systems[J]. IAWA Journal, 32(2): 233-250.

HWANG S W, KOBAYASHI K, ZHAI S C, et al., 2018. Automated identification of Lauraceae by scale-invariant feature transform[J]. Journal of Wood Science, 64(2): 69-77.

IAWA COMMITTEE, 2004. IAWA list of microscopic features for softwood identification [J]. IAWA Journal, 25(1): 1-70.

IAWA COMMITTEE. 1989. IAWA list of microscopic features for hardwood identification [J]. IAWA Bulletin, 10(3): 327-329.

IBRAHIM I, KHAIRUDDIN A S M, AROF H, et al., 2018. Statistical feature extraction method for wood species recognition system[J]. European Journal of Wood and Wood Products, 76(1): 345-356.

JIAO L, HE T, DORMONTT E E, et al., 2019. Applicability of chloroplast DNA barcodes for wood identification between *Santalum album* and its adulterants[J]. Holzforschung, 73(2): 209-218.

JIAO L, LIU X, JIANG X, et al., 2015. Extraction and amplification of DNA from aged and archaeological *Populus euphratica* wood for species identification[J]. Holzforschung, 69: 925-931.

JIAO L, LU Y, HE T, et al., 2019. A strategy for developing high-resolution DNA barcodes for species discrimination of wood specimens using the complete chloroplast genome of three *Pterocarpus* species[J]. Planta, 250: 95-104.

JIAO L, YU M, WIEDENHOEFT A C, et al., 2018. DNA barcode authentication and library development for the wood of six commercial *Pterocarpus* species: The critical role of xylarium specimens[J]. Scientific Reports, 8: 1945.

JONES R W, MCCLELLAND J F, 2014. Analysis of writing inks on paper using direct analysis in real time mass spectrometry[J]. Forensic Science International, 231(1): 73-81.

KHALID M, LEE E L Y, Yusof R, et al., 2008. Design of an intelligent wood species recognition system [J]. International Journal of Simulation System, Science and Technology, 9(3): 9-19.

KITE G C, GREEN P W C, VEITCH N C, et al., 2010. Dalnigrin, a neoflavonoid marker for the identification of Brazilian rosewood (*Dalbergia nigra*) in CITES enforcement[J]. Phytochemistry, 71(10): 1122-1141.

KOBAYASHI K, KEGASA T, HWANG S W, et al., 2019. Anatomical features of Fagaceae wood statistically extracted by computer vision approaches: some relationships with evolution[J]. PLoS One, 14 (8): e0220762.

LANCASTER C, ESPINOZA E, 2012. Analysis of select Dalbergia and trade timber using direct analysis in real time and time-of-flight mass spectrometry for CITES enforcement[J]. Rapid Communications in Mass Spectrometry, 26(9): 1147-1156.

LEE S Y, NG W L, MAHAT M N, et al., 2016. DNA barcoding of the endangered *Aquilaria* (Thymelaeaceae) and its application in species authentication of agarwood products traded in the market[J]. PLoS One, 4: e0154631.

LENDVAY B, HARTMANN M, BRODBECK S, et al., 2018. Improved recovery of ancient DNA from subfossil wood - application to the world's oldest Late Glacial pine forest [J]. New Phytologist, 217: 1737-1748.

MARTINS J, OLIVEIRA L S, NISGOSKI S, et al., 2014. A database for automatic classification of forest species[J]. Machine Vision and Applications, 24(3): 567-578.

MCGUFFIN M, ILLEGAL, 2008. Logging and global wood markets: The competitive impacts on the US Wood Products Industry[J]. Forest Policy and Economics, 25 (2) : 20-24.

MOHANS S, VENKATACHALAPATHY K, SUDHAKAR P, 2014. An intelligent recognition system for identification of wood species[J]. Journal of Computer Science, 10 (7): 1231-1237.

RACHMAYANTI Y, LEINEMANN L, GAILING O, et al., 2006. Extraction, amplification and characterization of wood DNA from Dipterocarpaceae[J]. Plant Molecular Biology Report, 24: 45-55.

RACHMAYANTI Y, LEINEMANN L, GAILING O, et al., 2009. DNA from processed and unprocessed wood: Factors influencing the isolation success[J]. Forensic Science International-Genetics, 3: 185-192.

RAJAGOPAL H, KHAIRUDDIN A S M, MOKHTAR N, et al., 2019. Application of image quality assessment module to motion-blurred wood images for wood species identification system[J]. Wood Science and Technology, 53(4): 967-981.

RAVINDRAN P, THOMSON B J, SOARES R K, et al., 2020. The XyloTron: Flexible, open-source, image-based macroscopic field identification of wood products[J]. Frontiers in Plant Science, 11: 1015.

RAVINDRAN P, WIEDENHOEFT C, 2020. Comparison of two forensic wood identification technologies for ten Meliaceae woods: Computer vision versus mass spectrometry[J]. Wood Science and Technology, 54: 1149-1150.

SCHIMLECK L R, MICHELL A J, VINDEN P, 1996. Eucalypt wood classification by NIR spectroscopy and principal components analysis[J]. Appita Journal, 49(5): 319-324.

SILVA N, RIDDER M, BAETENS J M, et al., 2017. Automated classification of wood transverse cross-section micro-imagery from 77 commercial Central-African timber species[J]. Annals of Forest Science, 74(2): 1-14.

TNAH L H, LEE S L, NG K K S, et al., 2012. DNA extraction from dry wood of *Neobalanocarpus heimii* (Dipterocarpaceae) for forensic DNA profiling and timber tracking[J]. Wood Science and Technology, 46: 814-825.

VACLAVIK L, CAJKA T, HRBEK V, et al., 2009. Ambient mass spectrometry employing direct analysis in real time (DART) ion source for olive oil quality and authenticity assessment[J]. Analytica Chimica Acta, 645(1): 56-63.

WANG C, ZHU H, CAI Z, et al., 2014. Newborn screening of phenylketonuria using direct analysis in real time (DART) mass spectrometry[J]. Analytical and bioanalytical chemistry, 405(10): 3159-3164.

WANG H J, ZHANG G Q, QI H N, 2014. Wood recognition using image texture features[J]. PLoS One, 8 (10): e76101.

WATANABE U, ABE H, 2017. Sequencing and quantifying plastid DNA fragments stored in sapwood and heartwood of *Torreya nucifera*[J]. Journal of Wood Science, 63(3): 201-208.

WATANABE U, ABE H, YOSHIDA K, et al., 2015. Quantitative evaluation of properties of residual DNA in *Cryptomeria japonica* wood[J]. Journal of Wood Science, 61: 1-9.

WILSON A T, GRINSTED M J, 1977. $^{12}C/^{13}C$ in cellulose and lignin as palaothermometers[J]. Nature, 265: 133-135.

XU B, ZHU T, LI J, et al., 2014. Identification of wood between *Phoebe zhennan* and *Machilus pingii* using the gas chromatography-mass spectrometry direct injection technique[J]. European Journal of Mass Spectrometry, 19(3): 187-193.

YADAV A R, ANAND R S, Dewal M L, et al., 2017. Binary wavelet transform-based completed local binary pattern texture descriptors for classification of microscopic images of hardwood species[J]. Wood Science and Technology, 51(4): 909-927.

YU M, JIAO L, GUO J, et al., 2017. DNA barcoding of vouchered xylarium wood specimens of nine endangered *Dalbergia* species[J]. Planta, 246: 1165-1176.

ZAMRI M I P, CORDOVA F, KHAIRUDDIN A S M, et al., 2016. Tree species classification based on image analysis using Improved-Basic Gray Level Aura Matrix[J]. Computers and Electronics in Agriculture, 124: 227-233.

ZHANG M, ZHAO G J, LIU B, et al., 2019. Wood discrimination analyses of *Pterocarpus tinctorius* and endangered *Pterocarpus santalinus* using DART-FTICR-MS coupled with multivariate statistics [J]. IAWA Journal, 40(1): 58-74.

ZHANG M, ZHAO G, GUO J, et al., 2019. Timber species identification from chemical fingerprints using direct analysis in real time (DART) coupled to Fourier transform ion cyclotron resonance mass spectrometry (FTICR-MS): comparison of wood samples subjected to different treatments [J]. Holzforschung, 73(11): 975-985.